U0158225

# 建筑空间序列与组合

# THE DRAMA OF SPACE

[德] 霍尔格 · 克莱内（Holger Kleine）/ 编著
付云伍 / 译
廖春兰 / 译校

## Spatial Sequences and Compositions in Architecture

广西师范大学出版社
· 桂林 ·

著作权合同登记号桂图登字：20-2019-179 号

**图书在版编目（CIP）数据**

建筑空间序列与组合 /（德）霍尔格 · 克莱内编著；
付云伍译 .—桂林：广西师范大学出版社，2024.5
书名原文：The Drama of Space：Spatial Sequences
and Compositions in Architecture
ISBN 978-7-5598-6835-0

Ⅰ.①建… Ⅱ.①霍… ②付… Ⅲ.①建筑空间－建筑设
计 Ⅳ.① TU2

中国国家版本馆 CIP 数据核字 (2024) 第 060835 号

建筑空间序列与组合
JIANZHU KONGJIAN XULIE YU ZUHE

出 品 人：刘广汉
责任编辑：季　慧
装帧设计：马韵蕾

广西师范大学出版社出版发行
（广西桂林市五里店路 9 号　　邮政编码：541004
网址：http://www.bbtpress.com）
出版人：黄轩庄
全国新华书店经销
销售热线：021-65200318　021-31260822-898
凸版艺彩（东莞）印刷有限公司印刷
（东莞市望牛墩镇朱平沙科技三路 邮政编码：523000）
开本：635 mm × 1 000 mm　1/8
印张：36.5　　字数：450 千
2024 年 5 月第 1 版　　2024 年 5 月第 1 次印刷
定价：188.00 元

# Preface
# 序

谨以此书献给每一位激情澎湃的读者。虽然大多数读者可能是建筑师和室内设计师，但本书适合所有喜欢有趣的空间的人阅读，无论专业人士、设计爱好者，还是想将戏剧学应用到各个知识领域中的人。本书旨在帮助大家了解空间对人的影响。书中提出的思想和理论并未考虑读者是否拥有相关的背景知识，我尽可能地避免使用过于专业的术语和概念，以便让每位读者都能理解。除了介绍戏剧学在这些领域发挥的核心作用外，我还参考了建筑知识，并结合自己的兴趣借鉴了音乐和戏剧的思想、概念和原则。当然，每位读者的喜好和特长会有所不同，可能是芭蕾舞、体育运动，或者是组织会议，甚至是安排孩子的生日聚会等各种充满惊喜的活动，但他们都可以用自己的切身经验与本书中的内容进行对比，并进行深刻的思考。

我是一名执业建筑师，从事建筑专业教学工作多年，其间一直在寻找一本系统地探讨建筑设计激情和问题的书。然而，我未能如愿，因此最终决定亲自编写一本这样的书。弗里茨·舒马赫（Fritz Schumacher）曾提出："建筑师的任务不仅是照亮每一个空间，其本质还在于呈现光线在连续空间之间的对比和展示。"*当我在2001年或2002年读到这段话时，被深深地触动了，我确信这不仅是我个人关注的问题，同时也是很难回答的问题。

本书在2010年2月得以成形，当时的德国联邦政府文化与媒体委员会（BKM）提供了经费支持，资助我在意大利威尼斯研究中心进行了两个月的研究。因此，在此我要向威尼斯研究中心、BKM及其评选委员会表示感谢。我从三个位于威尼斯的室内设计项目及其空间演变中发展而来的方法和类型，需要通过研究当今的建筑实例进行验证并加以扩展，方能涵盖前面提到的诸多艺术形式所使用的术语和策略。在本书中，我选择只研究向公众开放的室内空间。公共空间大多与室外的城市空间有关。然而，在一个民主社会，公共的室内空间同样也是公共领域活跃的组成部分，人们会频繁使用、光顾这些地方，还会不断对其进行思考，甚至做出各种有争议的解读。公共的室内空间一定会与那些使用和光顾它们的人产生接触，这让我们想起尼采曾呼唤"为那些渴求知识的人创造建筑"，使无神论者可以在其中独立思考、畅游内心世界，不断探讨、反复论证，提醒我们公共空间应尽的责任。**在本书的第四部分，我将上述研究结果细化为系统的设计导向选项。因此，本书的四个组成部分，尤其是第三部分的案例分析，均可以独立阅读。不过，当然也要参考其他部分的解析和例子。

在大家的支持和帮助下，我完成了本书的写作工作。幸运的是，我得到了来自柏林工业大学、威斯巴登的莱茵美因应用科学大学、纽约库伯高级科学艺术联合学院的师生以及同事们的支持。此外，还要感谢来自彼得·艾森曼事务所、格奥尔格·布米勒事务所和绍尔布鲁赫·赫顿事务所的合作伙伴，以及我工作室的员工和长期合伙人詹斯·梅茨（Jens Metz），他们共同为我提供了一个不断拓展研究的平台。

在定期为我提供探讨空间和空间感受机会的众多人士中，我要感谢我的朋友蒂米·阿齐兹（Timmy Aziz）、达留什·鲍勃（Dariusz Bober）、多米蒂拉·恩德斯（Domitilla Enders）、基利安·恩德斯（Kilian Enders）、斯蒂芬·富尔罗特（Stefan Fuhlrott）、西蒙·季奥斯尔塔（Simone Giostra）、约格·格莱特（Jörg Gleiter）、卡斯滕·洛恩（Carsten Krohn）、康斯坦丁·凡·德·米尔伯（Constantin von der Mülbe）、乌尔里克·帕斯（Ulrike

Passe）、格奥尔格·温德克（Georg Windeck）和塔玛·辛盖尔（Tamar Zinguer）。还要特别感谢建筑师若尔特·巩特尔（Zsolt Gunther）、建筑评论家克劳斯·卡普林格（Claus Käpplinger）、比较文学学者朱莉娅·韦伯（Julia Weber）、音乐教育家及作曲家伯恩哈德·格罗斯-施瓦兹（Bernhard Große-Schware）及音乐学者卡米拉·博克（Camilla Bork），感谢他们对本书某些部分提出的修改意见，这些意见对我来说非常宝贵。

还有摄影师伊万·巴恩（Iwan Baan）、海伦娜·比内（Hélène Binet）、埃马努埃莱·勃朗（Emanuelle Blanc）、迪迪埃·德库昂（Didier Descouens）、威尼斯摄影艺术协会（Camerafoto Arte Venezia）、凯伊·芬格勒（Kay Fingerle）、若尔特·巩特尔（Zsolt Gunther）、卡斯滕·洛恩（Carsten Krohn）、菲利普·鲁奥尔特（Philippe Ruault）、塞布丽娜·舍亚（Sabrina Scheja）、大卫·凡·贝克（David von Becker）及吴潇（Xiao Wu，音译），感谢他们授权我使用这些精彩的照片。同时，我也要感谢书中收录的公共室内空间项目的建筑师、委托方及运营商，特别是威尼斯的圣乔瓦尼福音互助会、加尔默罗互助会和圣洛克互助会。感谢赫尔佐格和德梅隆建筑事务所、卡鲁索·圣约翰建筑事务所、L3P建筑事务所，以及柏林现代艺术博物馆向我提供了未公开出版的方案和材料。鲍里斯·埃格利（Boris Egli）、库尔特· W. 福斯特（Kurt W. Forster）、杰夫·哈泽（Jeff Haase）、约阿希姆·耶格尔（Joachim Jäger）、克里斯汀·克劳斯（Christian Krausch）、乌维·里德尔（Uwe Riedel）、盖尔·G. 斯坎伦（Gail G. Scanlon）和吴潇，他们让我有机会走进那些并未向公众开放的空间，并向我介绍了这些空间的背景信息。

本书中的图纸是在七年内完成的，大多数是我与莱茵美因应用科学大学的学生合作绘制的。其中，第一部分的大多数图纸由雷欧娜·荣格（Leona Jung）绘制，第二部分和第四部分的大多数图纸由安雅·陶德曼（Anja Trautmann）绘制，第三部分的图纸由皮娅·弗里德里希（Pia Friedrich）等绘制。以上提及姓名的绘图师为本书的出版做出了极大的贡献。无论是作为课堂讨论环节的一部分，还是专门为本书而绘制，所有图纸都体现了绘制者对细节、理念及对话开放性的重视程度。特别要感谢其他参与绘制者：克里斯汀·布伊隆（Kristin Bouillon）、尼科尔·杜德克（Nicole Duddek）、埃琳娜·福克斯（Elena Fuchs）、汉内洛蕾·霍瓦特（Hannelore Horvath）、尤比恩·金（Yubeen Kim）、卡洛琳·梅卡斯（Caroline Mekas）、朱莉娅·皮奇（Julia Pietsch）、埃里克·施米卡特（Erik Schimkat）、玛克辛·希尔穆罕默迪（Maxine Shirmohammadi）、厄梅尔·索拉克拉尔（Ömer Solaklar）、拉尔斯·韦内克（Lars Werneke）、马克斯·维德尔（Max Wieder）及吴潇（Xiao Wu），非常感谢你们。

在此，我要感谢本书的平面设计师米里亚姆·布斯曼（Miriam Bussmann）。本书由四个内容迥异的部分组成，使用了三种形式——文本、图纸和照片，它们巧妙地交织在一起，形成了一个连贯且颇具启发性的体系。同时，我也要特别感谢我的编辑安德烈亚斯·穆勒（Andreas Müller）。是他怀揣不合时宜的理想主义，鼓励并推动着这个项目的发展。如果不是他，我可能会在写完第一部分后就结束了书稿的写作。在他的建议下，我继续完成了书稿的第三部分并发给他审读，然后再写作第二部分和第四部分，这样在他审读这部分内容的时候我就可以找回自己的思路。最后，非常感谢我的妻子贝阿特丽丝·杜兰德（Béatrice Durand），她始终支持我的想法，相信这本书存在的必要性，即使没有丝毫证据表明它必须存在。没有她的睿智和理解，我永远都看不到曙光。

在此，还要感谢莱茵美因应用科学大学于2013年颁发给我“杰出教学奖”，让我可以承担本书图纸的绘制费用。

<u>阅读提示</u>

圣乔瓦尼福音互助会、加尔默罗互助会和圣洛克互助会的建筑是本书研究的三个主要对象，为了便于阅读，书中大部分地方用字母缩写代替了它们的名字：

圣乔瓦尼福音互助会：SGE（Scuola Grande di San Giovanni Evangelista）
加尔默罗互助会：SdC（Scuola Grande dei Carmini）
圣洛克互助会：SR（Scuola Grande di San Rocco）

本书第一部分将按此顺序对空间戏剧构作的各个方面进行比较。

互助会建筑内各个房间的名字如下：祈祷室（意大利语oratorio）、下层礼堂（意大利语sala terrena）、上层礼堂（意大利语sala superiore）和楼梯（意大利语scalone）。为了避免引起误解，其他空间的名称翻译成中文后给出了意大利语名称，因为scuola不等同于学校，正如albergo不等同于旅馆，有时它旁边的archivio也不仅是藏书室。对于上层礼堂，原文中有时会以功能描述的方式称其为sala capitolare或sala del capitolo，而有着一排中世纪立柱的圣乔瓦尼福音互助会的下层礼堂，则经常被称为sala delle colonne，在中文版中，未加以区分。

空间比例遵循“长：宽：高”的模式。为了便于理解，空间尺寸始终是最短尺寸（设定为1）的倍数。当只给出两个尺寸的比例时，其中一个为长，另一个为宽或高。

本书从第一部分中的“空间结构的戏剧构作”开始，使用数字模式对空间立方体的六个表面的系列组合进行描述。例如，由地板和四面墙壁限定的空间，其天花板为单独的平面，我们称之为“盆地结构（5＋1）”。在第四部分可以了解空间六面体各种可能组合的系统分解形式（见第205页“空间形态的原型”）。

为了提高可读性并关注相关信息，第一部分的轴测图用光滑的曲面展示了互助会建筑的空间表面，也就是说，没有进行表面调整。在所有图纸中，游客无法进入或仅用于服务的空间通常用砌块表面表示，即融入墙体中[正如布杂艺术传统中的剖碎（poché）理念]。

为了在单幅轴测图中显示出所有内部表面，在第三部分中我将地板和墙壁的顶部视图与天花板的底部视图结合起来。在这种折叠的轴测图中，观者的视角是从空间的内部望向外部，如同在漫画中从鳄鱼宽大的下颌里观察外面。

注释

* 弗里茨·舒马赫，《建筑设计》（*Das bauliche Gestalten*），瑞士巴塞尔，1991年（1926年），第42页。

** 弗里德里希·尼采，《欢愉的知识》（*The Gay Science*），卷四（1882年）。约瑟芬·瑙克霍夫（Josefine Nauckhoff）翻译，英国剑桥大学出版社，2001年，第159—160页。

# Contents
# 目 录

# Introduction
# 绪 论

空间一向与构图、比例、连贯性及对照性有关，即愉悦时刻的美感，空间是对立和统一的结合体。[1]

——阿尔弗雷德·布伦德尔（Alfred Brendel），钢琴家

## 为何提出空间戏剧构作?

直到19世纪末期，对建筑的思考还主要集中在建筑物本身及其组织参数上。直到奥古斯特·施马索夫（August Schmarsow）提出新范式，以空间而非形式作为“建筑创作的本质”[2]，空间与体验者之间的辩证关系才逐渐受到越来越多的关注。随后，在20世纪初[3]，物理学和数学中时间和空间范畴的关联性促使人们逐渐认识到建筑也是以不同的方式经历时间的流逝的，并因此塑造我们对时间的体验。如今，人们已经认识到，只有通过时间的推移和持续的体验才能真正把握建筑的本质。这一共识的审美意义还有待探索，而在主要以图片或视频片段展现建筑的情况下，它的实际意义比以往任何时候都更不明确。

这里所说的时间并非历史时间，而是体验时间。理解空间效果的重要性源自人类视觉方向的限制——当我们置身于一处空间时，无法一睹整个房间全貌。我们需要用眼睛扫视空间的表面，转动头部，然后开始移动。我们记录了一系列独立的视网膜图像，然后在脑海中将它们拼凑成该空间的图像。了解一系列空间效果的前提是，我们必须亲身体验实际的空间序列，并从外部重构空间的感受。根据赫尔穆特·普莱斯纳（Helmut Plessner）的哲学研究，正是“离心体验”或“离心定位”[4]的能力让我们与其他动物不同。这就足以证明我们应该接受挑战，去理解空间戏剧性（the dramaturgy of space，即空间戏剧构作），因为其核心与人类文化素养有关。

作为建筑时间性审美意蕴的一部分，适当考虑空间戏剧构作十分重要。建筑作品的戏剧构作涉及五个关键问题：它如何引起我们的好奇心？如何保持我们的注意力？如何达到令人满意的结尾？如何保持内在的连贯性？如何激发我们重复体验的欲望？

众多参数在空间戏剧构作的设计和欣赏中起着重要作用。我们将空间戏剧构作定义为对空间效果在其时间性方面的创造性设计和系统化理解。所谓时间性，一方面指组成一个体验的事件序列。我们的意识不仅限于眼前所见，还包括哲学家克劳斯·施蒂希韦（Klaus Stichweh）所称的“留存和预期的领域”，这些术语是改编自胡塞尔（Husserl）的概念。滞留（retention）是指“感知行为在意识中所遗留的内容”，而前摄（protention）则是“对要发生的事情的期待”。[5]这个留存和预期的领域是连接视觉和知觉的纽带，特别是在创造性环境中尤其如此。另一方面，时间性的概念不仅是指对体验进行线性重构的思考。

所有引发我们与空间互动（或脱离）的现象，以及帮助我们理解这些现象和我们对它们的反应的各种参数，都属于空间戏剧构作的范畴。

## 研究方法

我们从两个方向探索空间的戏剧性。第一个研究方向是对两个系列的建筑作品实际体验的分析。没有来自实际建筑的证据，任何关于空间设计的阐述都是没有根据的。在本

书的第一部分，我们考察了威尼斯3个互助会建筑中空间的演变，并在第三部分中扩展到对18个当代建筑作品进行分析。这些建筑并不是艺术史上的经典作品，我们无法由此追溯历史发展或者阐述时代特征。但它们代表了一系列与空间戏剧构作相关且易于理解的范例。因此，我们从这些案例研究中得出的原则不是按时间顺序排列和阐述的，而是按照类型和应用范畴排列和阐述的。（对于这些探索结果在某些特定时间点的独特性，我们将留给其他人去研究。）

我的第二个研究方向是探索音乐、戏剧和电影学科中有关戏剧构作的讨论，旨在确定其中与建筑及其设计师的职业和实践相关的方面。通过对历史性建筑论述中空间戏剧构作模式的调查研究，形成了本书的第二部分内容。我的目标不是宣扬跨学科的重要性或者将借用的术语和歪曲的对比引入建筑论述中，相反，我们通过与其他学科进行比较来揭示建筑的特性和其戏剧构作能力。

我的研究重点仅集中在室内空间的戏剧构作上，但所提出的原则同样适用于城市和景观设计。毕竟，当今不同空间设计学科之间的差异主要是在专业方面而非概念方面。然而，将关注点限制在室内，则意味着我们忽略了一个至关重要的戏剧时刻，即内部与外部之间的联系。要充分考虑建筑的外观，我们不仅需要考虑每座建筑的体量、形态和入口情况，还需要考虑如何感受其与周围环境的互动关系：零散的初印象碎片、近距离接触、穿过建筑内部的通道，以及不同时间和天气条件下的外观等。如果要全面地考虑建筑的外观，这可能会使本书的篇幅翻倍，或者为了适应有限的一个方面而模糊了我们原本的意图。尽管如此，在每个案例研究开始时，我们仍然会通过简短地介绍相关背景来弥补这一缺陷。

第一部分和第三部分的案例研究采用了以参观者视角逐步展开的方式来叙述建筑空间。我们避免使用“建筑被划分为四个部分……”这种过于理性的叙述方法，而更倾向于采用探索性的叙述方式，如“进入时，我们发现自己直接面对着前墙……”就像交响乐不是为看谱子的人而创作的一样，建筑也不是为看平面图的人而建造的。分析性的案例研究更应该采用“将自己暴露于建筑环境中”的叙述，这种方法会在第三部分中进一步讨论。

诸如体验时间、感受、身体、前摄或现象等术语似乎暗示了可将本书置于现象学的背景下研读。虽然读者的这种假设是正确的，但我无意对哲学运动的理论基础和区别进行批判性的思考。许多学者已经以极高的专业水平做到了这一点，远比我这样的执业建筑师更为出色。与很多现象学家不同，我不仅关注一般建筑空间，还关注建筑作品及其背后的艺术动机。

我之所以特别受到现象学的吸引，是因为它试图揭示体验的直接性，同时不牺牲其可传达性。在每个案例研究中，作者都尽可能以最自在的方式置身于建筑空间，通过与建筑的接触来重新实现这一目标。我主要通过这种方式发展和测试自己的术语和假设，而非通过研究专业文本。如果定义和概念源自其他文本，如戏剧情境，也会相应地讨论其背景。如果读者偶尔遇到缺乏定义的陌生术语，奥尔本·詹森（Alban Janson）和弗洛里安·梯格斯（Florian Tigges）的《建筑的基本概念》（*Fundamental Concepts of Architecture*）[6]一书提供了权威、清晰、连贯的综述，可供参考。

## 研究目的

我们经常处于各种戏剧性空间操作的影响下，而不仅局限于零售店。此外，我们每一步所采取的行动也会触发这些影响。因此，更深入地了解空间戏剧构作的机制具有相当大的实用意义。分析其发生和机制的能力使我们能够更好地了解它们，并且作为创造者，我们可以更有效地运用它们来达到目标。理解它们有助于我们更加熟练地应对这些操作，更深入地沉浸其中，或者更容易地在脑海中回忆起它们。尽管某些信息形式可能会降低我们的感知能力，但某些理解形式则会提高它。优秀的艺术作品总能引发人们思考，充满吸引力，尽管它们从不给出明确的答案。

作为我们试图用于确定和定义空间戏剧构作原则的内容，第四部分呈现了空间戏剧构作的总体戏剧性，系统分类了戏剧类型，解释了20个参数中的戏剧构作选项，描述了戏剧构作所假设的时间形式，并最终揭示了每一种空间戏剧构作的基础——潜在的戏剧情境，它必须同时被支撑和被超越。

第一部分

# 空间戏剧构作的基本原则

## 3个威尼斯互助会建筑案例解析

# PART 1

激情可以令顽石充满戏剧性色彩。[7]

——勒·柯布西耶（Le Corbusier）

SGE的大理石围屏

# 概述

要确定空间戏剧构作的基本原则，我们应该比较由少量相对简单的元素构成的线性空间序列，这些元素呈现出不同的品质，但基本条件相同。这些空间的装饰处理应当完整并且可以被感知，既不是事后加工用于展示的“博物馆”，也不是部分修缮过的空间。这些特点都体现在威尼斯三个互助会建筑中。除楼梯外，内部空间均为六面正交的房间（地板、四周墙壁和天花板），虽然它们的功能和序列大致相同，但它们的戏剧性却截然不同。尽管某些空间非常华丽并且色彩浓烈，但结构始终清晰可见。

在接下来揭示空间戏剧构作原则的过程中，我们将从四个方面来探索这三个互助会建筑。

<u>表面序列</u>

在“表面序列的戏剧构作”中，我们将探讨一系列房间中连续表面（地板、墙面、天花板）所呈现的戏剧效果。这些表面的序列组合所建立的关系被称为“架构操作”。表面镜像或图案的组合都是架构操作的实例。架构操作在若干个空间之间设置了一个戏剧性的进程，或者成为这一进程的一部分，但它们本身并不构成一个“情节”：单一的架构操作不能揭示某种关系到底只是一种预示，还是占据主导地位，是偶然发生的，还是可以被敏锐感知的，而且对于空间序列的展开或整个建筑来说，这些操作会产生分散注意力的效果，甚至可能是相反的效果。

<u>空间构造</u>

在“空间构造的戏剧构作”中讨论的房间形成的戏剧构作，涉及单个房间内地板、墙面和天花板之间的相互作用。除了包含架构操作外，这种构建方式还产生了一些空间图形，我们称之为“原型”。例如，一个六面空间的边界表面可以被表述为“洞口”“入口”“盆地”“遮罩”等形式（详见第205页图）。

<u>空间序列</u>

在“空间序列的戏剧构作”中，我们将研究房间序列的戏剧构作。到目前为止，我们观察到的架构操作和原型为戏剧情节奠定了基础，或者已经构成了这些“情节”的一部分。同时，考虑房间的构造和它们表面序列的形式，拓宽了我们对房间序列的视野，可以感知到如移动图形（关于移动图形的内容，参见第42页）、定向照明或色彩变化等方面的形

SdC的立面

SR的入口立面

式、效果和戏剧构作的发展。产生的结果可能包括“不断提升的精细度”或者“从正面接近过渡到球面视图”等效应。

空间结构

在“空间结构的戏剧构作”中讨论的是将每种个体构作手法协调应用到整体构作理念中。戏剧构作理念的实例可以是整体分离，或者是补充性空间元素的独特存在。

## 关于互助会建筑

在接触作为案例的三个互助会建筑的“纯可视性”[8]之前，我们先来了解一下这种建筑的背景、历史和现状。

互助会是一种宗教团体，13世纪起源于意大利，最初建立在苦修和禁欲主义原则的基础上，是由游走于各地的苦修者教团在威尼斯设立的组织。随着时间的推移，在共和制社会中，这些宗教组织发展成非贵族公民最重要的社会政治和慈善群体之一，并逐渐变得相当富有。[9]然而，19世纪以来，这些组织一直备受贵族阶级的排斥。威尼斯曾拥有六个互助会建筑，基本上都在19世纪初拿破仑占领时期改建成了天主教堂，唯独圣洛克互助会建筑得以幸存。不过，好几个互助会建筑在19世纪和20世纪进行了重建。目前，意大利政府负责互助会的各项福利，而各互助会则专注于管理自己的建筑及艺术遗产。

从历史上看，互助会建筑是早期公民集会和议事的大厅。这些建筑与小型互助会建筑（如贸易行会、农民协会、较小的兄弟会及犹太人教会堂在威尼斯都被称为互助会）有关。威尼斯有大约300个小型互助会建筑[10]，其中许多至今仍在使用，用来举办活动、展览，或作为藏书室和画室。[11]

威尼斯俯瞰图中的SdC（左下角）、SR（中央带镀锌屋顶）和SGE（右上角）

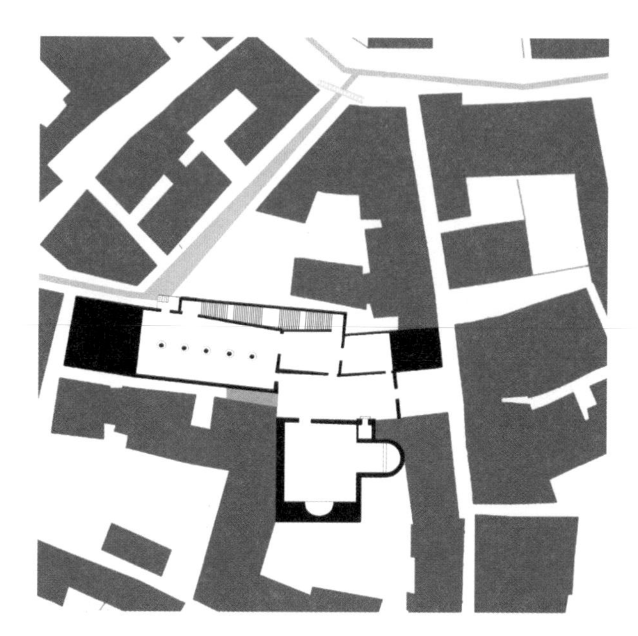

SGE和圣乔瓦尼福音教堂的场地平面图

这些互助会建筑从贵族阶级的总督府（Doge's Palace）中汲取了灵感。声名远扬的总督府议会大厅（sala del maggior consiglio）有着宏伟的大堂，古时候，每个礼拜日的早晨都会有数百名贵族聚集于此并展开辩论。不同于贵族阶级的建筑，互助会建筑是一种多功能混合型建筑。这里不仅可以举办世俗集会，还可以举行圣餐礼等宗教仪式。[12]在我们将要研究的三个互助会建筑旁边，均有一个专门为它们各自的守护神建造的教堂。在真蒂莱·贝利尼（Gentile Bellini）、维托雷·卡尔帕乔（Vittorio Carpaccio）或卡纳莱托（Canaletto）的画作中，也有反映在盛大节日时游行队伍的画面。[13]

互助会建筑一般包括以下几个房间。首先，是位于一楼的下层礼堂，对所有访客开放，特别是为朝圣者和旅行者提供祈祷场所。[14]礼堂可由街道直接进入，因此大堂接待处设在礼堂侧面，而不是前方。主楼梯通往下层礼堂，这里也是通道和戏剧构作的站点，每个访客的必经之地，因为在那个时期，走廊设施在欧洲还未得到广泛应用。楼梯向上通往上层礼堂，此处可供人们举行集会和仪式。此外，从上层礼堂可进入祈祷室、旅馆和藏书室。旅馆具有双重功能：一方面作为提供救济的场所（并非提供庇护的住所），另一方面为秘书厅（cancelleria，也称为banca或zonta，即大总监管理下的互助会管理委员会）提供集会场所。藏书室则用来存放文献和贵重物品，或供行政管理使用。

这些互助会建筑都不是一次建成的，而是在数百年里不断完善的，墙壁、立面和室内装饰也是如此。与威尼斯大多数建筑一样，它们是由为了争夺主导地位的互助会及五六百名会员中富有的资助者推动修建的。多年来，许多建筑师、建筑商、艺术家、商人和委员会成员都参与了互助会建筑的建设。[15]然而，这也引发了一系列争论，如曼弗雷多·塔夫里（Manfredo Tafuri）对圣洛克互助会建筑的评价便颇具讽刺意味。[16]在本书中，我们将深入研究圣乔瓦尼福音互助会（SGE）、加尔默罗互助会（SdC）和圣洛克互助会（SR）的建筑。

SGE创建于1261年。1369年，SGE获得了圣物十字架，并将其存放在祈祷室的一个圣物箱内，从那以后，互助会的声望和地位迅速上升。该互助会坐落在威尼斯圣保罗区的一个狭窄的场地上，这个场地条件在很大程度上决定了建筑内房间

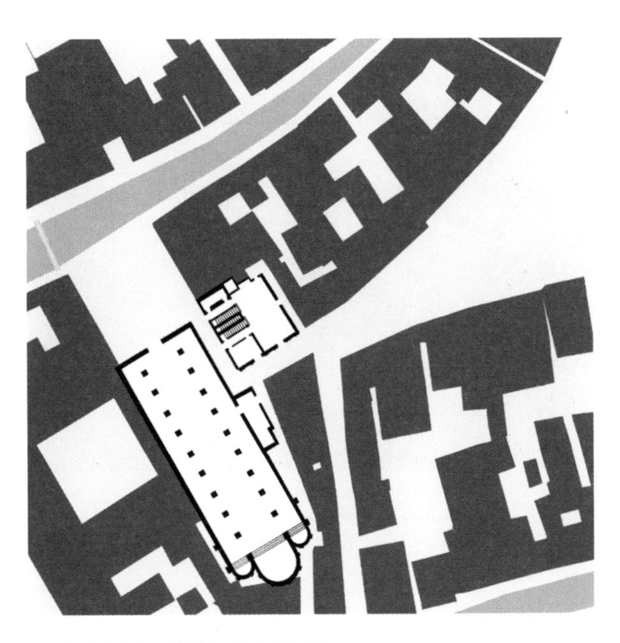

SdC和加尔默罗教堂的场地平面图

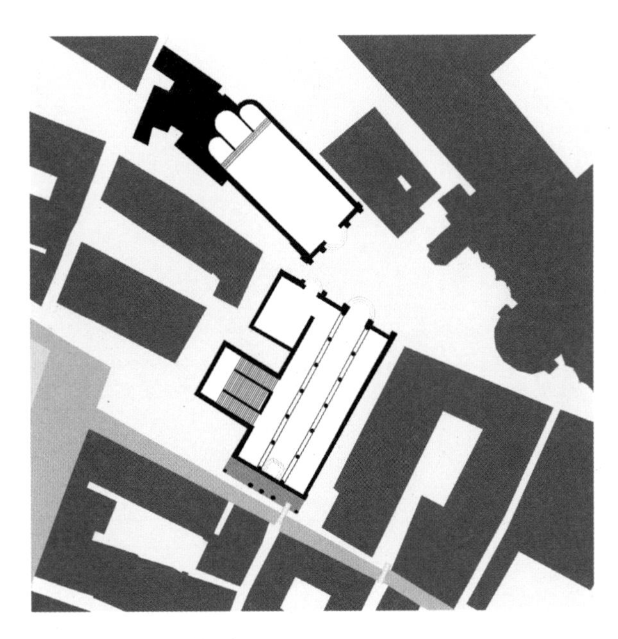

SR和圣洛克教堂的场地平面图

的布局和比例。多年来，该建筑经历了多次扩建。其建筑外观缺乏代表性，仅以大理石围屏（septo marmoreo，一种见于威尼斯的独特的建筑装饰形式）为标志。这种大理石围屏将教堂和互助会建筑区分开来，而我们则将其视为内部空间序列的一部分。我们同样会关注SGE的接待前厅，因为它在整个建筑中起着至关重要的作用。而藏书室和旅馆只是空间主要进程中的短暂插曲，因而被我们忽略。

SdC创建于1594年，1767年被官方承认。在建筑内部，圣母玛利亚施赠棕色圣衣（教徒们相信，死去时身着圣衣的人可以获得救赎）的画面反复出现，如上层礼堂和藏书室的天花板上。这座两层建筑位于多尔索杜罗区的圣玛格丽特广场（Campo Santa Margherita）一侧，比威尼斯另外五个互助会建筑要小得多，其外观呈现出两开间立面（楼梯），旁边是三开间立面（礼堂），第二个侧门面向加尔默罗广场。两部分立面在拐角处均与建于1638年的原有互助会建筑相邻，围成了一个L形的拐角布局。1667年，互助会购置地块并拆除了拐角建筑，通过将每个立面的关键元素延伸到拐角，使整个建筑得以最终完成。礼堂、旅馆和藏书室也成为这幢综合建筑的一部分。

SR建于1477年一场毁灭性的瘟疫之后，得名于蒙彼利埃的圣洛克（St. Roch of Montpellier），其遗骸于1485年归属于SR。互助会在开始照顾瘟疫病患的前一年便获得了官方承认。该建筑位于圣保罗区，每一处细节都能反映出该互助会非常富有。两层高的临街柱廊有着非常壮观的立面，为了与之相配，附近的教堂也在18世纪进行了改建。[17]雅各布·丁托列托（Jacopo Tintoretto）的画作位于下层礼堂，上层礼堂和旅馆则用于传播教义，由弗朗西斯科·皮安塔（Francesco Pianta）设计的上层礼堂唱诗班席位非常具有表现力。[18]在SR建筑内，两个礼堂与旅馆的空间布局构成了一个戏剧构作的单元，这不全是丁托列托的画作带来的效果。由于旅馆和藏书室等其他几个房间是独立的封闭空间，因而不在我们的研究范围之内。

本书第270页的建筑演化时间线主要根据边界表面的完成时间来展示三个互助会建筑的发展历史，并强调了所有传承至今天的建造方法。

SGE前院的地面

SGE下层礼堂的地面

SGE上层礼堂的地面

## 表面序列的戏剧构作

在表面序列中，哪些是可以确定的架构操作和戏剧构作的叙述？是连续的地面、墙面，还是天花板？

**地面（SGE）：组合**

SGE的地面图案看似毫无关联性。教堂与互助会建筑之间的前院铺设着灰色粗面大理石，其间穿插着浅色的装饰条，使得这里看起来更像一个大型广场。然而，在下层礼堂和楼梯平台的地面上只有简单的棋盘图案，没有任何额外的装饰。在上层礼堂中，装饰条再次出现，并与棋盘图案结合，将地面分成三个连续的区域。

在不同的空间内，地面的颜色强度逐渐增加：前院低对比度的双色图案之后是下层礼堂和楼梯平台明亮的双色组合，直至上层礼堂地面的星形图案达到极致——在这里，黑色瓷砖被添加到下层礼堂同样采用的红、白瓷砖中，形成了一个充满活力的三重组合，由柔和的赭色和浅灰色装饰条围绕。这首“色彩协奏曲”旁边是一些颜色柔和的地面区域：由紧密交织的藤蔓和百合花组成的大理石“圣坛地毯”和祈祷室中的米色水磨石地面，其中的装饰带设计与前院中的装饰带相互呼应。

除了增加颜色的强度外，条纹和棋盘格图案的组合也被用来提升空间潜力。在前院采用直角排布，到了下层礼堂则采用对角排布，只需简单地旋转图案即可实现。这种方法一方面可以掩盖瓷砖样式变化、接缝及其与墙壁接合处的不规则造型，另一方面还可以使空间的正交感变得柔和，避免给人留下过于僵硬的方向印象。此外，下层礼堂铺设的这种双色对角砌合图案会迅速消融成一种“点彩”效果般的闪烁，人们只有在经过的时候才会注意到。相比之下，在上层礼堂中，装饰带将地板分成三个主要区域，其图案从星形向外辐射，更容易引起人们的注意。

这种有节奏的处理方式让上层礼堂看起来更加开阔，并且能够以两种不同的方式改变棋盘图案。在每个主要区域

SGE圣坛区的地面

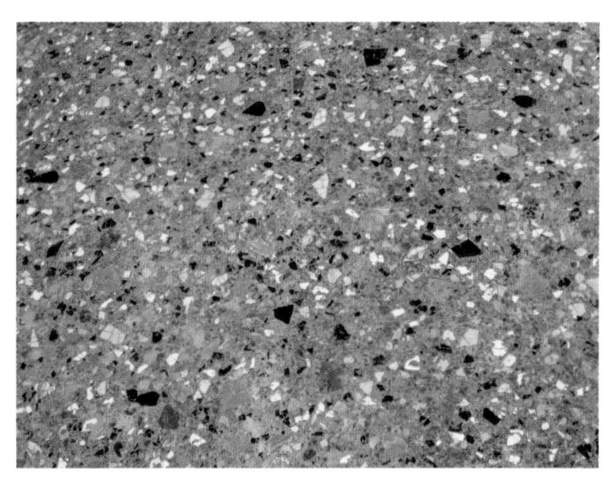

SGE祈祷室的地面

SGE祈祷室的地面

SGE接待前厅的地面

中，曲线辐射线以相反方向交叉，形成扭曲的菱形图案，在中央圆形区域内，特别会给人一种地面向上凸起的感觉。在三个主区域的交会处，这些菱形图案以三种颜色组合在一起，形成了重复的棱柱体图案，呈现出视幻艺术风格（Op-Art，也称欧普艺术或光效应艺术）：一种令人眼花缭乱的立体效果，犹如向远处无限延伸的错落有致的立方体，但是哪一个表面是水平的，哪一个是垂直的，则取决于眼睛聚焦的位置。它也很像一组向三个方向延伸的互相交织的装饰带。地面的外观变化取决于视角、心理联想、焦点和照明的变化，进而呈现出主要色彩的变化以及时而扁平、时而细长、时而处于平衡状态的图案造型。在这些延伸到远处的过渡区域和主要区域内不断上升的视觉旋涡之间，反复折叠的赭色装饰带充当了基准线。与地板图案视错觉造成的视觉深度相比，“圣坛地毯”的藤蔓卷须图案看起来像是一个被压缩的薄层空间，而祈祷室水磨石地面中镶嵌的装饰带仅在相交处才会造成视觉深度。

由于碎块形工艺（opus sectile，一种流行于罗马的工艺，即将材料切割后镶嵌在墙壁或地板上，形成某种画面或图案。SGE的上层礼堂地面便由切割成各种形状的石块镶嵌而成）使用的材料的精细化程度得到加强，大理石的“隐喻”质感得到了越来越好的利用。大理石花纹带的织物感在无数矿物或晶体瀑布间穿梭，这些瀑布与花纹带形成截然相反的材料形态。最终的效果不仅取决于材料的制作工艺，更取决于材料所蕴含的“隐喻”潜力。

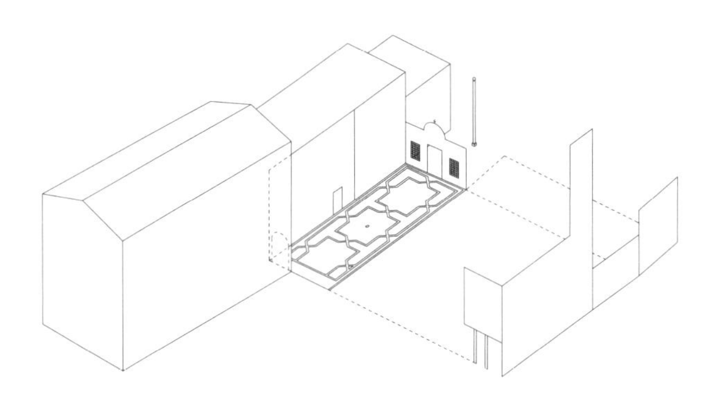

SGE前院的地面

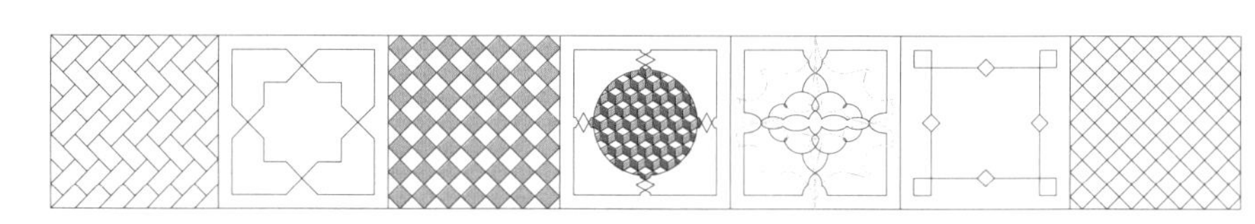

SGE的地面图案

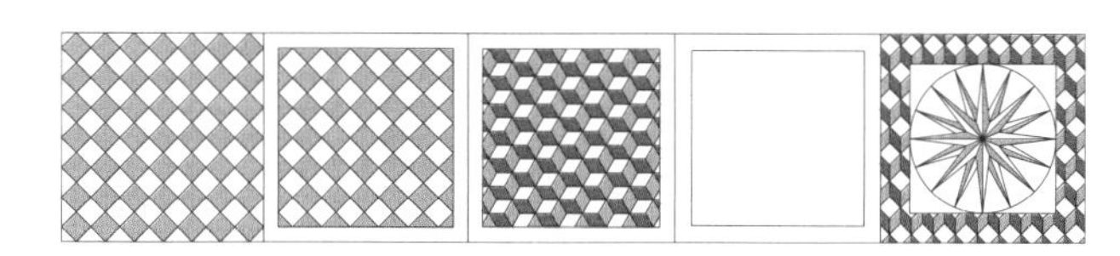

SdC的地面图案

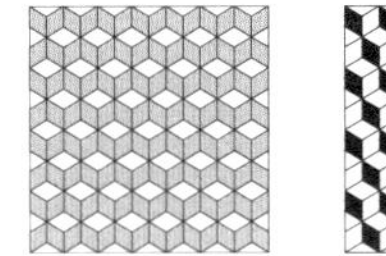
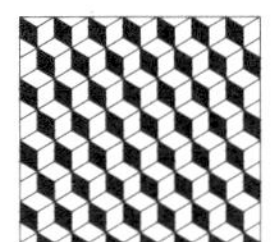
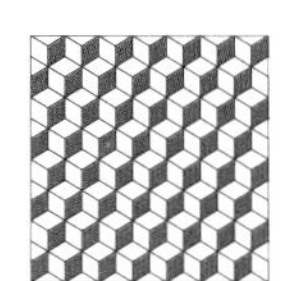

SGE上层礼堂地面的菱柱体图案

SR的地面图案

大理石装饰带止于中庭铺设的大块砖石处，粗糙、光滑的单色表面交替出现，形成棋盘图案。上层礼堂采用装饰带和棋盘图案、抬升和嵌入手法、硬质材料和软性材料、编织纹路和晶体图案等截然不同的元素进行组合，充分发挥原本毫不相干的材料所具有的情感、空间和“隐喻”潜能。戏剧性的强化原则通过组合看起来似乎十分简单明了，甚至显得不言自明。但接下来我们将会看到，事实并非如此。

## 地面（SdC）：转移强化

在SdC下层礼堂中，传统的红白色棋盘图案并不抢眼。相比之下，夹层中采用了红、白、灰三色的棱柱体图案，呈现出与SGE类似的立体效果，这似乎预示着接下来会有更为复杂的图案出现。但实际上，SdC上层礼堂的米、灰、白色间杂的水磨石地面并没有实现这样绚烂的效果。[19]不过，这种效果只是被延迟到了侧面的旅馆和藏书室。这两个侧室空间采用了巨大的双色星光立体图案和很多交织在一起的大理石饰带，产生了震撼人心的效果。除了绚丽多彩的地面，两个侧室的楼面高度比上层礼堂高出两个台阶，也进一步表明它们是专属于少数人的地方。

SdC的地面，从传统的棋盘图案开始，色彩和图案逐渐精致、细化，从下层礼堂的统一图案变成立体图案，最后变成一系列交织的结构。最为复杂的地面图案位于楼梯走廊和小陈列间内，尽管这两个空间并不是最重要的。上层礼堂起到了延迟强度的作用。在SdC建筑内，服务空间的装饰感较强，而被服务空间则较为柔和，强化的效果被转移了。

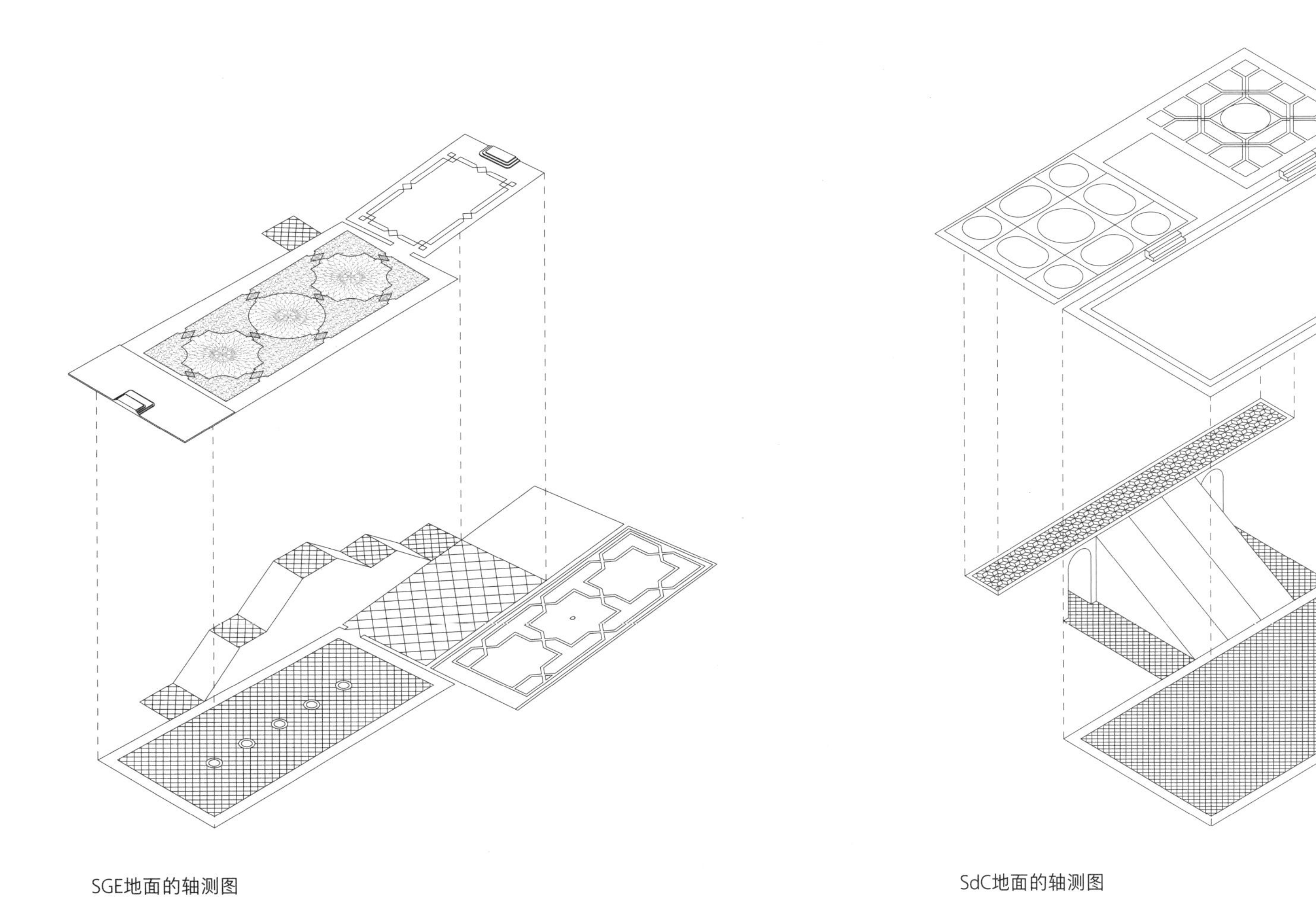

SGE地面的轴测图

SdC地面的轴测图

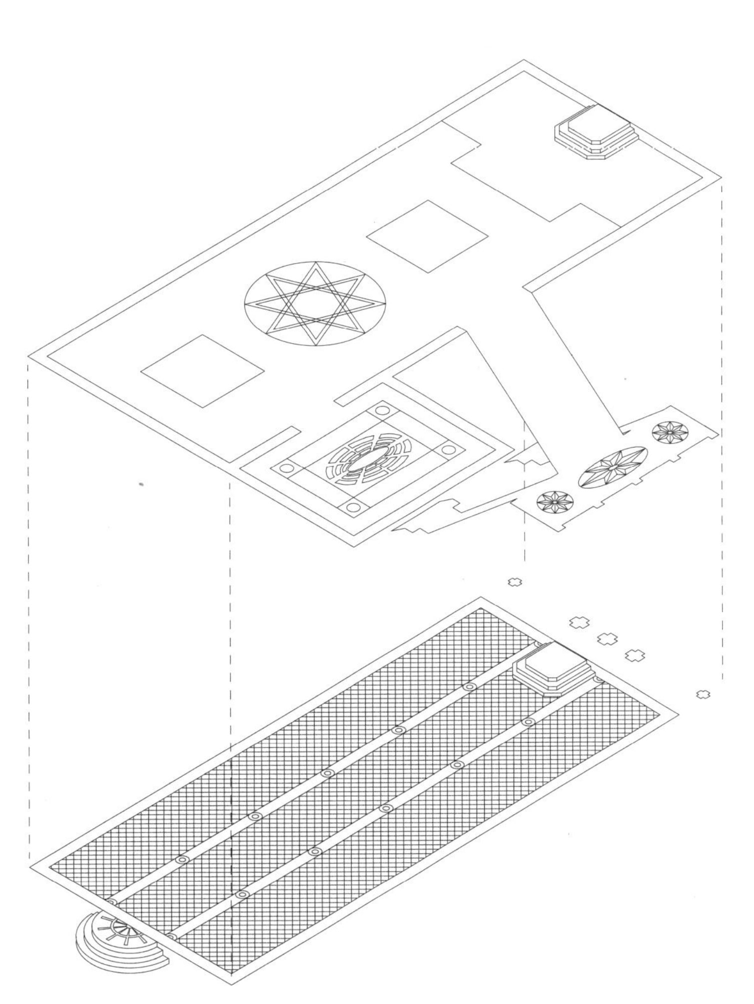

SR地面的轴测图

## 地面（SR）：定向强化

与另外两个互助会建筑相比，SR的地面图案没有采用连续的铺设方式，而是分成了几个部分。下层礼堂立柱之间的地面图案由对角棋盘布局转变为正交棋盘布局，强调了其带有三个通道的结构和房间的长度，突出了其行列特点和接待游客的特殊用途。楼梯上段立板的装饰钉也沿用了这一原则，勾勒出楼梯的双倍宽度，从而有助于在上楼梯时保持队伍的序列。SR地面上的特色图案为圆形，被反复用来标记空间内的关键位置。

- 半圆形的入口平台用红色的辐射状镶嵌图案进行装饰，是该互助会在公共空间内存在的标志。
- 楼梯平台的拐点，在地面上以3个星光图案作为标志。
- 上层礼堂的中央。地面由12种局部无纹理的大理石铺砌而成，如瓷器一般精美、不透明，多种不同的图案互补，给人留下了一种色彩丰富、变幻莫测的印象。尽管棱镜图案的视错觉受到了框架本身的限制，并且框架的数量很多，影响了中央星光图案的效果，但这里仍然是中心区域。
- 旅馆的中央。上层礼堂的地面装饰虽说是竭尽全力，却不能完全令人满意。相比之下，旅馆的地面则借助技巧实现了这一点：将圆圈呈现为一个三维的、有装饰性凹槽的圆顶结构达到了令人满意的效果。这个倒置的圆顶非常吸引人，尽管周围有着丰富的图案，人们的目光也会被它深深吸引。

在所有图案中，圆形占据主导地位，以发散的光束、星芒、饰钉和圆顶等不同形式呈现。

## 架构操作和戏剧构作的叙述：地面

将转移强化和定向强化结合在一起，是架构操作的第一个实例。地面的戏剧构作以不同的方式提升了建筑内部空间的体验：

- 在SGE，通过对比的方式将原本独立的元素和品质结合起来，使强度逐渐增加，在祈祷室和接待前厅达到最强，然后再逐渐减弱。
- 在SdC，线性行列在强度达到极致之前意外地被延缓。
- 在SR，通过突出关键区域来提升空间体验。

## 墙面（SGE）：分解

在墙面处理方面，SGE堪称名副其实的实验室，运用了不同的方法构筑墙壁，实现分解。除了一些用于节日和特别活动的区域外，墙面都是淡雅朴素的：暴露在外的白色石膏表面，与伊斯特拉石灰石和上层礼堂内的深色木凳结合在一起，给人以清净、柔和的印象。

### 分区

在下层礼堂内的全石灰墙面上几乎看不到两个区域间的典型划分，只在楼梯上与嵌入式扶手同等高度的地方通过材料的变化实现了巧妙的衔接。相比之下，上层礼堂直接转换为三分区的布局，这样被照亮的区域就是油画上方而非油画之间，人们在欣赏油画的时候就可以不受强光干扰。

SGE上层礼堂的地面

SGE上层礼堂和祈祷室之间的墙壁

SdC下层礼堂内的纯灰色画

## 定性

在下层礼堂内，拱门上零星的浮雕让位于精细的线性装饰——檐口、栏杆、壁柱和扶手。这些装饰沿楼梯分布，直至上层礼堂石制画框处达到高潮。中部墙面上的油画并未覆盖整个表面，而是像置于墙上的独立画框中一样，使墙体产生一种轻盈的感觉。

## 框架衔接

照明区的墙面被设计成精美的衔接构造框架，在圣坛处形成了完整的双层壁柱结构，其A-B-A式的布局会使人联想到凯旋门的样式。

## 穿孔

分解策略中的高潮部分体现在两处墙面上非同寻常的穿孔结构。圣坛的石膏墙面具有透光性，而礼堂后墙的花饰窗格框架一部分安装了玻璃，可将日光引入房间；另一部分则安装了屏风，人们可以从这里一窥远处祈祷室的全貌。若转头望去，可以顺路瞥见穹顶楼梯平台和两个相对而立的圣坛。礼堂内部和外部的开口呈对称排列，却通过不同的处理方式形成具有超现实感受的平行世界。同时，这些穿孔结构也令人联想起威尼斯现存不多的特色建筑结构——大理石围屏，它将广场划分为一条拓宽的走廊和一个没有天花板的室外房间。大理石围屏是通往互助会的门户，模糊了内外空间的界限。

SdC上层礼堂

SR的旅馆

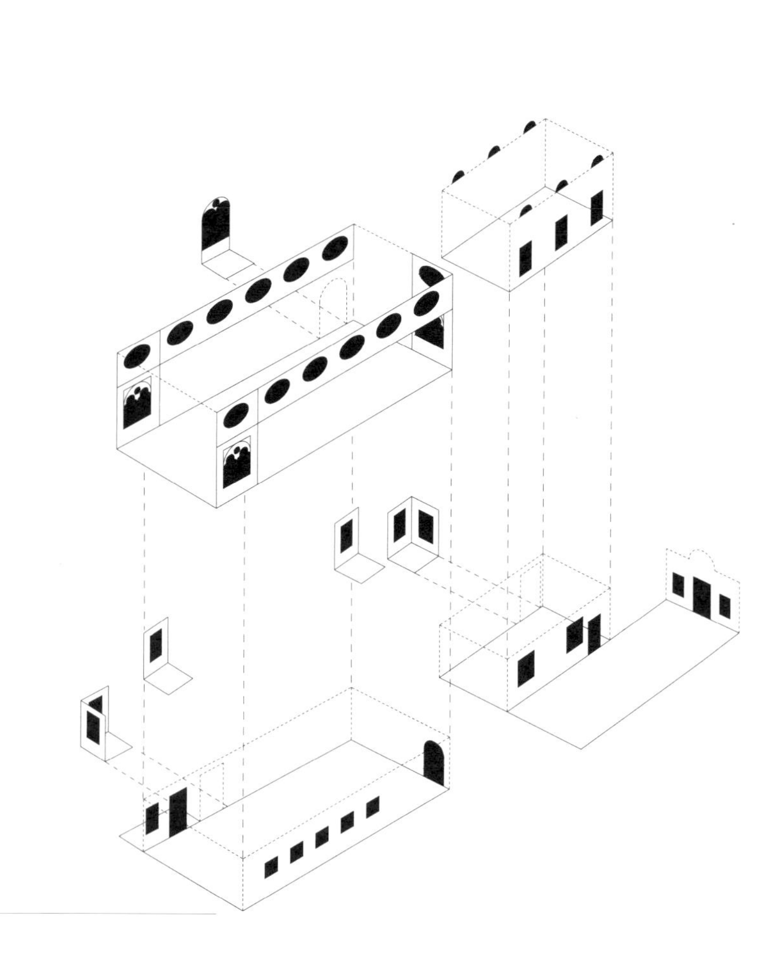
SGE窗户的轴测图

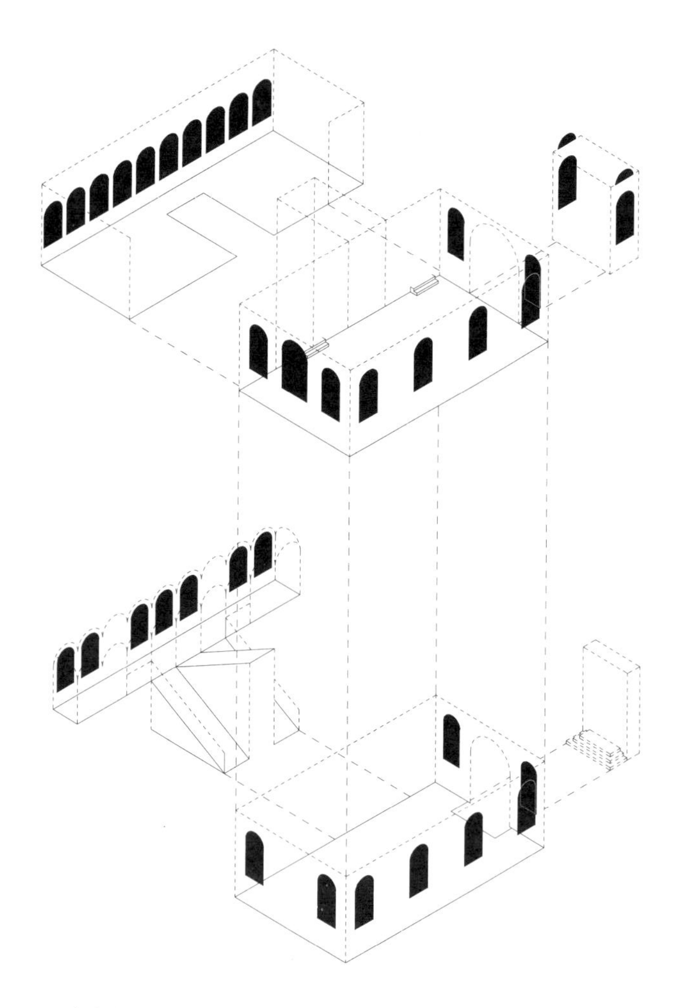
SdC窗户的轴测图

<u>角落的分解</u>

窗户位于角落，属于典型的威尼斯世俗建筑风格，这种布置通过与房间几乎同样高度的延伸结构将拐角处的墙面分割开来。那些被玻璃窗分割的墙面，看上去很像一个个独立的平面——这是古典现代主义时期一种最受欢迎的设计手法的前身。

<u>对位</u>

圣坛体现了上述所有分解方式的相互配合，用音乐术语来形容，可称之为“对位”（指把两个或多个有关但是独立的旋律合成一个单一的和声结构，而每个旋律又保持它自己的线条或横向的旋律特点）。圣坛在水平方向上向前突出四分之三。它也是超越墙壁水平分区并延伸至房间通高的唯一元素。圣坛墙上的双层壁柱则加强了这一“对位”效果。

祈祷室的墙面像是尾声，在没有开启新的尝试的情况下，以较小的规模改变了已经展现在人们眼前的结构和主题——突出的圣坛、椭圆形的徽章、顶灯、长凳区域和壁画区域——之间的水平划分。

在SGE所用的各种分解方式中，大理石围屏只是序幕，上层礼堂和祈祷室之间墙面的“圣坛屏”穿孔结构才是最引人注目的重头戏。

## 墙面（SdC）：干扰

SdC的墙面在水平方向被分成长凳区和油画区，与SGE不同的是，油画并没有与建筑结构融合，而是覆盖了整个墙面上部。这些画作精心布置在圣坛、入口和窗户的多边形檐口周围，没有留下任何会破坏设计的石膏痕迹，让游客产

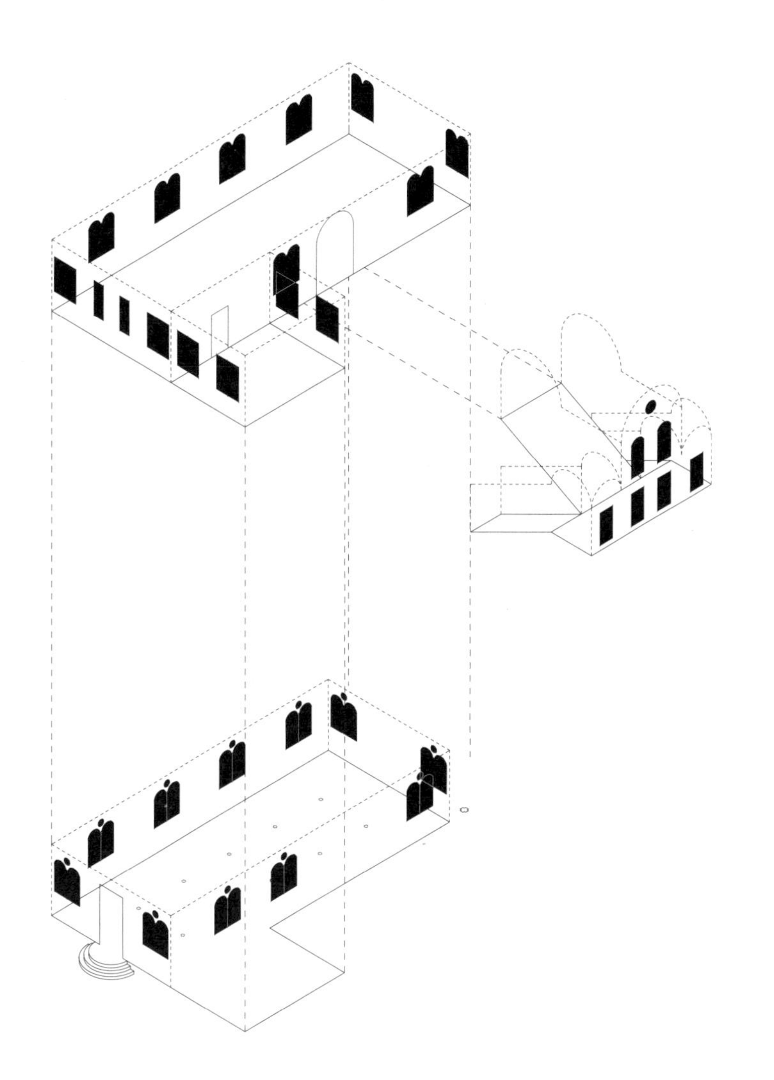

SR窗户的轴测图

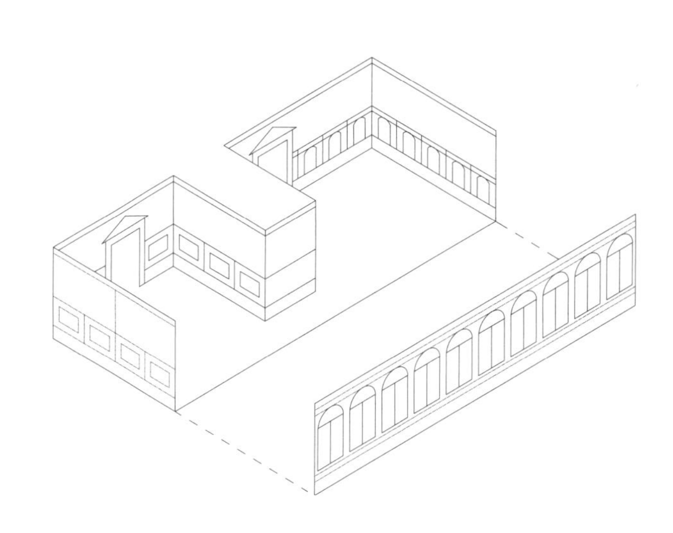

SdC藏书室和旅馆内提供照明的墙面和被照亮的墙面

生置身其中的感觉。SdC的墙面叙事可分为四个“章节”，每个章节都有不同的基调，通过不同画家讲述了大量故事，楼梯门厅处形成了一个戏剧性的停顿。纯灰单色画（grisaille）和彩色油画之间的对比十分强烈。

不过，这两个分区都受到了石质结构的干扰，尤其是下层礼堂的情况更为糟糕。威尼斯纯灰单色画精致的画面被一直延伸到长凳区的开窗和入口反复打断。值得注意的是，五轴入口构成了梯段框架。

在上层礼堂，虚构的世界与实体构造之间的冲突得到了一定的缓解。入口相互独立，并朝向整面圣坛石墙，窗口延伸至长凳区上方结束，从而营造了一个较为平静的整体场景。当然，这也得益于墙基和油画区使用了相似的颜色。

然而，直到旅馆和藏书室的墙面被赋予了明确的角色，冲突才得到了真正的解决。两个房间内各自三面绘有油画的相邻墙壁被从第四面墙壁（外墙）上的玻璃窗射入的光线照亮。由于旅馆和藏书室之间的连接处并没有设置在墙面中央，而是朝向用来隔开房间和外墙的楼梯间的外缘，所以可以将这道外墙看作一个十轴条形窗，看上去很像玻璃幕墙，创造了一个跨越两个房间的连续空间。

连续空间、提供采光的墙面和被照亮的墙面——由油画虚构的世界和必要实体构造之间的冲突，是用古典现代主义晚期才被广泛采用的理念解决的。与瓦萨里（Vasari）的乌菲齐美术馆（Galleria degli Uffizi）一样，这里通过牺牲边界墙的对称性，并分离相互矛盾的需求来实现。

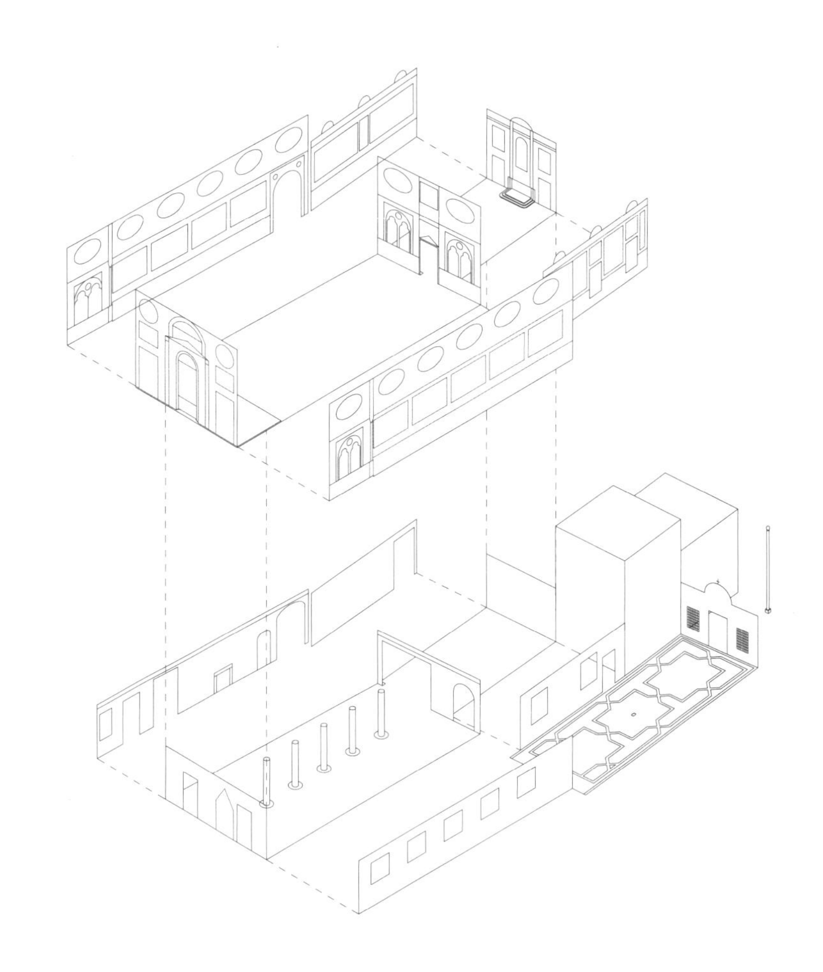

SGE墙面的轴测图

## 墙面（SR）：反转的层次结构

楼梯对面的长墙为SR下层礼堂增添了宏伟气息。石凳区高度与墙高相当，末端远远高于视线高度。宽幅画作（宽高比1.3：1左右）和高窗（宽高比1：1.2）交替排列，构成了与石凳区石质背板分区互补的效果。油画和窗户在天花板下方对齐，增强了礼堂向上伸展的感觉。圣坛壁凹的压缩深度和入口对节奏的干扰几乎没有给设置了通道的墙面带来影响，因为这个带有三个通道的房间内设有一排立柱，在一定程度上掩盖，或者说调和了这种不规则的感觉。

虽然两段低层楼梯的墙面没有任何装饰，但楼梯平台的场景却变化极大。一楼的墙板上用油画进行了装饰，它们突然布满整个墙壁，掩盖了石雕装饰的锋芒。为了与场景的透视关系相匹配，平台栏杆做了变形处理，这样就使美观的栏杆也融入虚幻的场景之中。在油画战胜了建筑、虚幻战胜了现实后，上层礼堂也“无路可退”：窗户看起来像悬挂在镀金的天花板檐口上，被色彩斑斓的背景衬托着，像一个在遥不可及的巍峨宫殿外墙上有规律地出现的碎片。它们不会控制（如上层礼堂）也不会干扰（如SdC）意象世界，而是成为场景的一部分，这便实现了层次结构的反转。

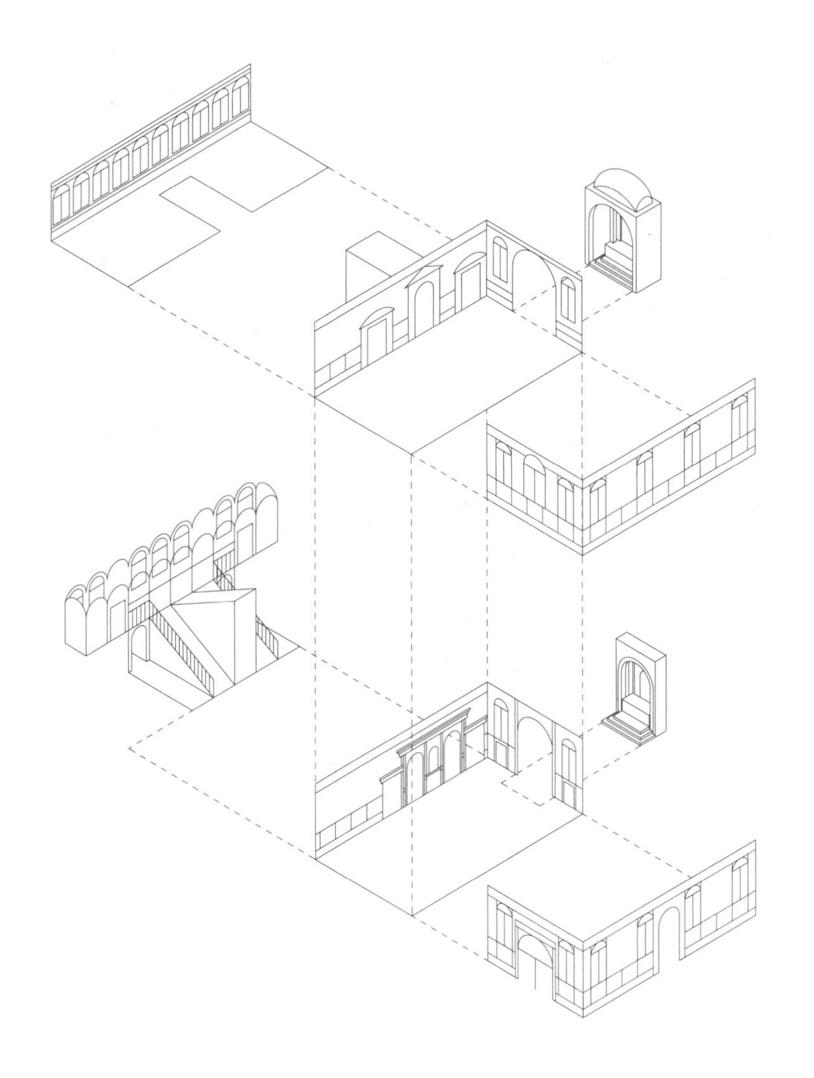

SdC墙面的轴测图

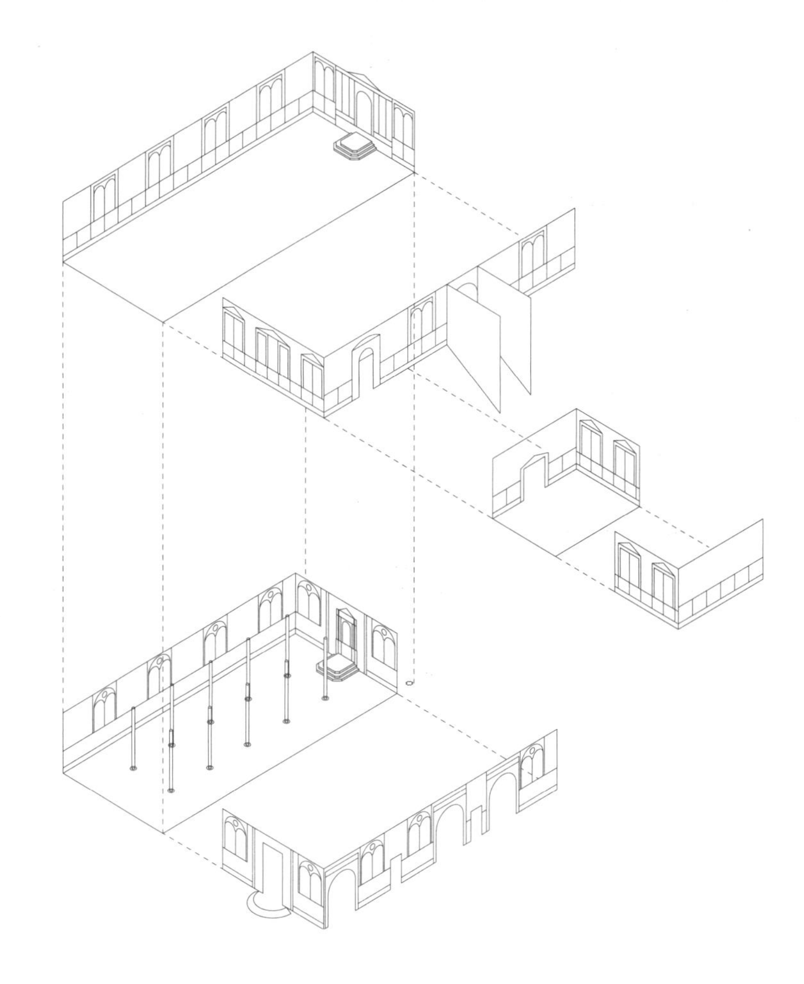

SR墙面的轴测图

楼梯与上层礼堂之间的入口非常宏伟，使楼梯看起来像一个与礼堂相连并急剧下降的耳堂。上层礼堂的木质长椅及华丽的石雕偶尔会反射光线，成为颇具点彩效果的闪光内饰的一部分。在明暗对比中，上层礼堂的墙面区域融为一体。再往前看，旅馆的墙面上都是丁托列托的油画，以及前墙上最引人注目的十字架，几乎与墙面等宽。

与SdC不同，在SR的墙面处理中，虚幻战胜现实的效果并非冲突的产物：当人们来到连接两个礼堂的楼梯上，便会毫无预警地被惊喜击中，甚至被震撼到无法呼吸。

## 架构操作和戏剧构作的叙述：墙面

分解、干扰和反转是墙面处理中最重要的架构操作。它们截然不同的特性表明，与地面相比，墙面的处理更为复杂多变，产生冲突的可能性更大。三个案例墙面的戏剧构作如下。

· 在SGE中，全方位的变化序列由两个令人记忆深刻的区域构成，并在上层礼堂进行压缩。

· 在SdC中，逐步解决冲突。

· 在SR中，层次结构的反转让人备感意外、惊叹不已。

SGE下层礼堂的木梁天花板

SGE下层礼堂的柱顶、横梁和木梁天花板

SGE上层礼堂的细部

SGE祈祷室的天花板

### 天花板（SGE）：平铺和起拱

与威尼斯宫殿建筑底层大厅的天花板一样，整座SGE下层礼堂天花板上紧密排列的染色木梁（有时是粗锯的，有时经过刨光）都暴露在外——有的人可能会觉得这种天花板尚未完工。不过，与光滑的天花板相比，这种交替的横梁和从阴影间隙露出的条纹底面给人一种高远的感觉。另外，根据威尼斯建筑的传统，每段楼梯的上方都采用了桶拱，白色的砖石拱顶沿着楼梯的方向延伸。比较有代表性的中世纪晚期的大厅，一般都采用了底面是交叉排列的方格天花板，并添加了深蓝色镶板和金色浮雕线条装饰。[20]这类设计可以在圣马可互助会（Scuola Grande di San Marco）和圣母玛利亚博爱互助会（Scuoladi Carità，如今是佛罗伦萨学院美术馆的一部分）的上层礼堂中欣赏到。这种天花板当初也为SGE建筑增添了光彩，直到18世纪初才因缺乏代表性而被取代。所有互助会上层礼堂的天花板均为平顶，这也出于对声学方面的考虑：16世纪的威尼斯，复调音乐的韵律变化更为复杂，对音效的清晰度提出了要求，而经过调整的木质天花板可以带来最佳的声学效果。[21]这三种天花板突然相继出现，彼此之间没有明确的联系，但在没有进一步细化[22]并成为整体戏剧构作的一部分时，人们很少注意到前面提到的两种类型。SGE楼梯的拱顶和圆顶就是这种情况，在多段楼梯的镜像作用下，形成了一个巨大的圆拱。

SGE上层礼堂的天花板高得惊人，这与祈祷室的天花板有一定的相似之处，它们的中央都有一个大型的椭圆形彩绘面板。但也正是这种相似性，使两处天花板之间的差异更加明显。上层礼堂的天花板像水平的墙面般延展开来，而祈祷室的天花板则向上拱起，其边缘像毯子一样轻柔地垂落。在上层礼堂，半月形镀金小天窗为其所在的起到过渡作用的区域增添了韵律感，而整块的檐口在天花板和墙壁

SdC楼梯上方的天花板

SdC上层礼堂由蒂耶波洛绘制的天花板油画

SdC藏书室的天花板

之间做出了清晰的分界线。上层礼堂的彩绘面板是扁平的椭圆形，部分灰色、镀金的画框狭窄而低调，使11幅不同的油画看起来像是一幅超大画作的一部分。而祈祷室彩绘面板的扁椭圆形则呈凸起状，被金色的流苏图案围绕，这个面板是房间的主要元素，比周围的石膏天花板更加突出。其周边的画框尺寸很小，因此画面无法呈现较为重要的主题。

上层礼堂的天花板与祈祷室的天花板之间的差异可以看成是硬与软、协调与突出、平铺和拱顶的互补。

### 天花板（SdC）：画框

SdC天花板的丰富色彩和材料之间形成了紧密的联系。下层礼堂、藏书室和旅馆天花板的棕色基调与上层礼堂和楼梯天花板的白色和金色相互呼应，就像天花板的木质材质衬托着石膏材质一样。不同房间的图案和画框主题各异，但都遵循二元论理念，通过远近、前后、轻重、融合与分离等手法，勾勒出空间的形态和结构。

楼梯的镀金天花板由15个圆顶和3个桶形拱顶构成，上面饰有云和卷须的图案，还有天使、丘比特和塞壬在其中嬉戏的画面。上层礼堂的画框和蒂耶波洛（Tiepolo）的油画中也出现了云朵的图案，当人们靠近时，在绿松石色和金红色夜光的映衬下，这些图案似乎会动起来。15个圆顶中有6个进行了装饰，虽然氛围和主题相同，但它们并没有融合成一个更大的画面。天花板采用了纤细的金色线条，给人一种轻盈、畅快的感觉。尽管使用了石膏，但油画、面板和框架似乎都在同一个薄薄的平面内。

相比之下，藏书室的天花板则质朴得多，中央呈深凹状，边框没有上漆，看起来异常厚重。[23] 之前的云朵和卷须图案到了这个空间里突然变成了充满活力的贝壳形和涡卷形装饰。呈阶梯状凹陷并弯曲的画框让中间的油画显得遥不可及，从远处看去甚至有些模糊。L形或菱形的油画组合在一

SdC旅馆的天花板

起，如同几枚胸针被压成柔软的一团。

来到旅馆后，我们可以从更为轻盈、明亮的天花板上看出油画和天花板之间的另一种关系：中央的油画采用了传统的规格（长：宽 = 1.54），以粗糙的宽木板为边框。8个小型徽章形画框附着在这个雕刻着阿拉伯式花纹的边框上，成为边框的装饰。

凸起的石膏与被压成一团的“胸针”，以及与画面几乎在同一平面的浮雕画框及附着在边框上的徽章——这种油画与画框之间的不同关系强烈影响着不断变化的内部空间氛围。

## 天花板（SR）：流畅性

SR下层礼堂采用了裸露的木梁，第一梯段处的天花板是没有任何装饰的桶形拱顶，而到达第二梯段时则发生了巨大的变化。

第二梯段上方的拱顶从上层礼堂的天花板处横向延伸，楼梯平台上方拱顶的高度从4.5米跃升至11.5米。此段楼梯天花板的第三个内凹处距离上层礼堂最近，形成了一个炫目的穹顶，特别是当站在楼梯中段、没有稳定的立足点时向上看去，更会觉得眼花缭乱。

SR的上层礼堂

SR旅馆的天花板

光彩照人的圆顶绘有充满欢乐氛围的图案，为上层礼堂壮观的天花板拉开序幕。SR上层礼堂天花板的宏伟壮观名副其实，其华丽程度令人叹为观止。纵轴上的三幅主画各自被四幅椭圆形和弧边菱形的单色画围在其中。这些菱形内凹的弧形边框并不是静态的角落标记，而是沿着天花板上局部镀金、彩绘的画框和卷须图案主动引导人们的目光。事实上，它们甚至跃出了天花板的实际范围，继续向下方墙面的油画延伸，仿佛一个个漂浮在一望无际的金色海洋之中的木筏。当光线反射在精雕细琢的珍珠串浮雕、双绞线条、卵锚饰镶边、成排的枕梁、编织花环的表面上时，便会熠熠生辉。它们与雅各布 · 丁托列托采用明暗对照法绘制的人物完美契合，使图画和画框在视觉上融为一体。

SR上层礼堂从天花板到楼梯处的转换

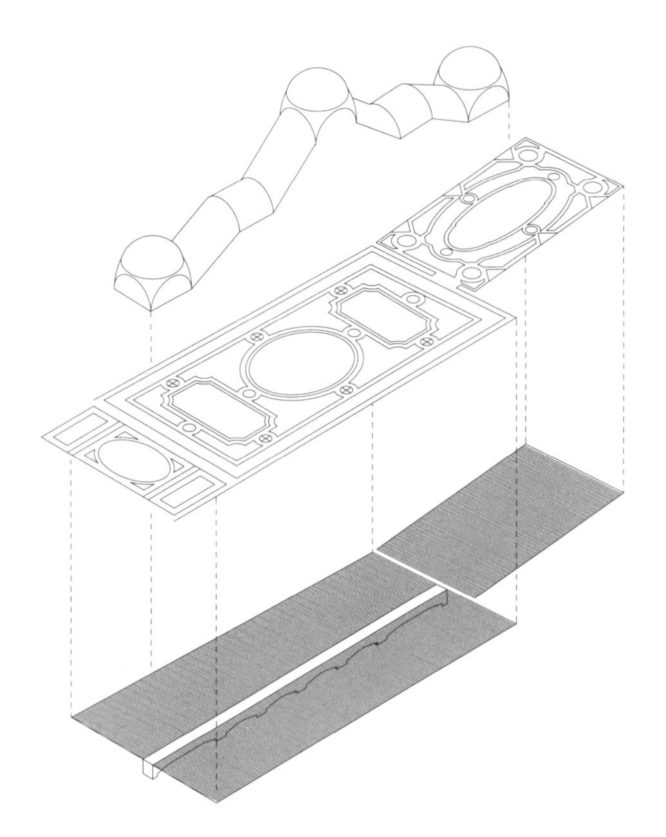

SGE互助会天花板的轴测图

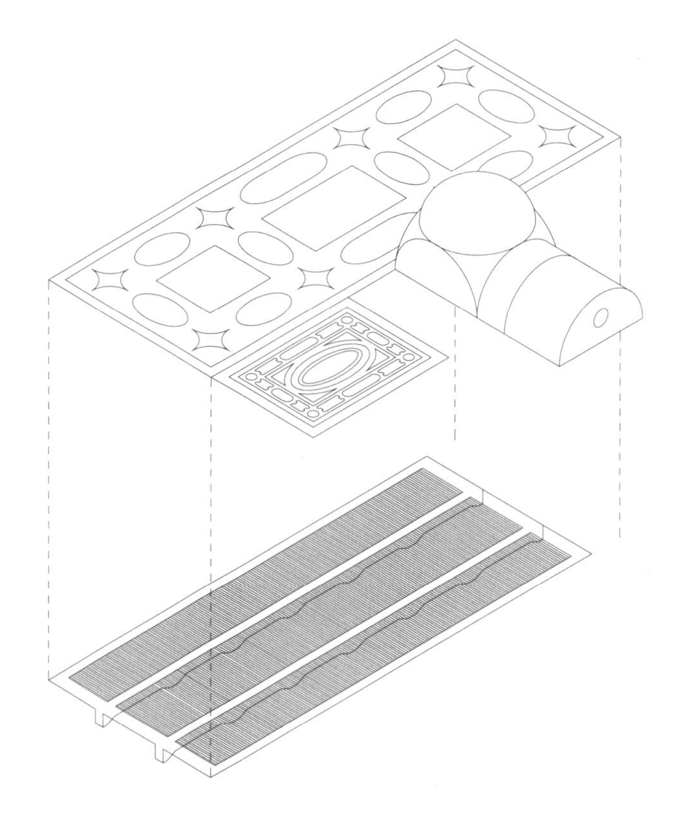

SR天花板的轴测图

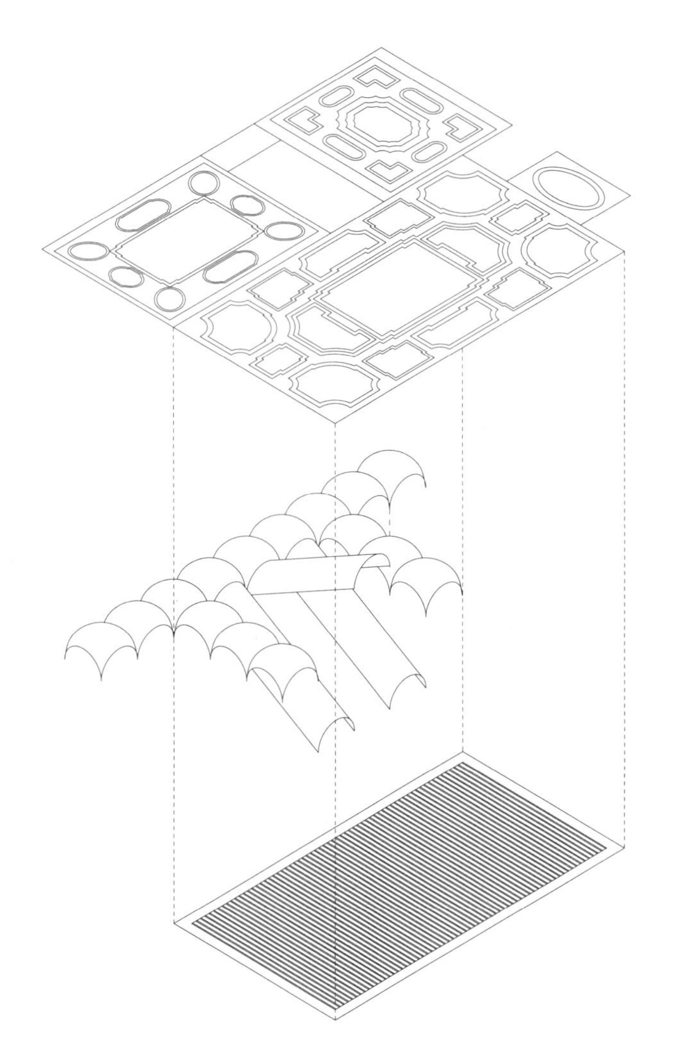

SdC天花板的轴测图

SR旅馆内的金色海洋较为平静：与SdC旅馆一样，采用了很宽的装饰画框，将若干窄幅油画融合在一起，将相对较小的椭圆形油画环绕起来。

这三处彩绘天花板形成了一个连贯的戏剧构作整体：上层礼堂先是给人欣喜、华丽的流动感，接着是令人振奋的跳跃感，然后平静地收尾。

**架构操作和戏剧构作叙述：天花板**

平铺和起拱、画框、流畅性分别是三个案例中天花板序列的主要架构操作。戏剧构作叙述如下。

· 在SGE中是对立的。

· 在SdC中是发展变化的。

· 在SR中是释放、扩展和终结的。

SGE的下层礼堂

## 空间构造的戏剧构作

构成单个空间的表面——房间的天花板、墙面和地面，同样可以通过彼此呼应的方式完成架构操作。三个互助会建筑中所有的主要房间都是由正交排列的墙面、平坦的地面以及平整的天花板组成的。这样的设计提供了检验立体空间内组合可能性的理想机会。

通过连接房间各个表面而产生的空间图形在本书中被称为“原型”，因为我们本能地将基本空间结构与特定的表面结构（如帐篷、入口、分隔或环形，详见第205页）联系起来。我们检验的不仅是空间布局的几何构造，还有它们给空间氛围和人的情绪带来的强烈影响。

本章仅从静态角度进行探讨，而在接下来的两个章节“空间序列的戏剧构作”和“空间结构的戏剧构作”中，我们将从动态角度来探讨空间。

**下层礼堂（SGE）：穿孔**

为了应对洪水的影响，SGE在1969年抬高地面80厘米。这样，下层礼堂看起来更加紧凑（原比例为5：2.2：1），柔和的灯光也不会给展览空间的氛围带来太多影响。如果将房间中央的一排柱子去掉，虽然地面和天花板不相互对应，但它们仍然是协调统一的。这排柱子通过占据空间的中心位置，将焦点转移到周围墙壁上样式各异的窗户上。这样一来，墙面和天花板成为多孔的表面，而地面则成为独立的水平表面（从下到上1+4+1）。它们共同构成了一个不太稳定的组合。

**下层礼堂（SdC）：环绕**

SdC下层礼堂（比例2.7：1.5：1）采用柔和的色彩和亚光表面营造了一种低调的环境。尽管礼堂内有一些出入口，但

SR的下层礼堂

SdC的下层礼堂

四壁布满精美的纯灰色画作，让房间内弥漫着可以让访客将压抑的感受升华成忏悔和奉献的信仰的氛围。然而，斯多葛主义风格的地板和天花板（从下到上1+4+1）显然没有相同的效果。

## 下层礼堂（SR）：抬高

SR三通道下层礼堂的尺寸为40m × 17m × 8.5m（比例为4.7：2：1），给人以高大宽敞的感觉。白色的立柱从细长的基座上高高拔起，形成一种向上推动的效果，并与深色的天花板形成鲜明的对比。通往圣坛的柱廊将中央过道变成了一条凯旋大道，而两边交替出现的柱子和围墙为侧廊

SGE的上层礼堂

带来了无限活力。礼堂内部的边界表面之间相互呼应：石灰石的米白色将地面与柱子和墙面联系起来，红色将地面与油画联系起来，而棕色则将油画与天花板联系起来。绕墙壁设置的高石凳是房间内的决定性元素，连接了地板和墙面，创造了一种概念性的盆地结构（从下到上5+1）。

## 上层礼堂（SGE）：镜像

SGE上层礼堂的尺寸为34.5m × 13m × 11m（比例3.1：1.2：1），与威尼斯宫殿顶层走廊形式的礼堂规模相似。礼堂内各元素之间的比例达到了精妙的平衡：狭长的地面布局是场地的重要元素，与雄伟的挑高达成了平衡，墙面的水平分隔反过来起到了调节作用，人们也可以从较小的水平视角欣赏油画。礼堂墙壁顶部是椭圆形的窗子，从旁边楼梯间的屋脊上方开始，为礼堂两侧提供采光。这是一种在其他互助会建筑中没有出现过的结构布局。

圣坛是得到强调的区域，但礼堂内部的统一性也被巧妙地保留了下来。所有次级处理手段，如台阶、地面材料的变化和类似剧院舞台的入口的引入（这个入口将圣坛从礼堂的5个分隔结构中分离出来），都很谨慎。这样的入口设计在一定程度上将“舞台”的侧墙隐藏起来，由于大扇窗户的存在，光线可以从侧面照亮圣坛，让圣坛成为“舞台”的焦点。

SdC的上层礼堂

与各种边界表面的不同色调相比，材料之间的呼应（地面和圣坛使用了大理石，墙面和天花板使用了油画）显得不是那么重要。明亮的黑、白、红三色地面完全不同于柔和的灰白色墙面和含蓄的灰金色天花板。因此，房间的氛围在阴郁和欢快之间摇摆不定，而这主要取决于光线的质量和视野的方向。因此，礼堂中各个边界表面之间的关联主要是几何性质的：地面的三组图案与天花板上的三幅油画形成了镜像效果；两面端墙都是A-B-A结构；两面侧墙上相对的五个分隔结构也彼此对应。但是，侧墙分隔结构的韵律与地面和天花板的韵律并不相称，在SGE上层礼堂中，垂直表面和水平表面都是独立呈现的。因此，礼堂的六个表面两两互为镜像（2+2+2），这种平铺（天花板）和穿孔（墙面）的关系强调了空间表面的二维特性。

## 上层礼堂（SdC）：连锁

四个层次结构的布置使SdC上层礼堂的边界表面完美交融在一起：

· 水磨石地面和深色木质长椅被处理为抽象的平面，以免影响墙上的油画。

· 墙上的油画相对黯淡，与木质长椅的色调十分协调，并为天花板的白金双色装饰奠定了基础。

· 礼堂入口低调内敛，避免掩盖内部整面圣坛墙的锋芒。

· 水磨石地面的颜色与圣坛墙的颜色协调呼应，而非采用对比鲜明的色彩。

SdC上层礼堂的比例为3.1∶1.2∶1，空间结构协调匀称。

SR的上层礼堂

礼堂上方的层次等级为空间提供了两个结构特征，这些特征决定了礼堂给人的整体印象：表面从下至上被处理得愈加生动、复杂，明暗之间形成了对比。从光滑的水磨石到石雕装饰，再到连续式壁画至天花板上独立式油画的过渡部分，都进行了表面处理。一方面，地面、圣坛墙和天花板之间形成了明暗对比；另一方面，在其余三面墙体中，深色的墙面部分形成了一个U形的分隔结构，浅色的墙面部分则形成了U形扣环结构（3+3）。因此，在SdC上层礼堂中，结构表面的色调——绿松石色、米色、金色和奶油色温暖、饱满的基调，以及它们各自的明暗组合，决定了此处六个边界表面的“3+3”结构。

## 上层礼堂（SR）：包层

SR上层礼堂拥有44 m × 17 m × 11 m的庞大规模和4：1.5：1的协调比例，其威严程度堪比总督府的大会议厅。

闪闪发光的深色镀金表面不仅使天花板的油画和框架、壁画和长凳区和谐相融，也使天花板和墙面融为一体。这些元素相似的色调掩盖了不同的材料特性。天花板和四面墙壁形成了一个遮罩结构，展现出惊人的效果，向浅色楼梯的延伸更是让这一效果得到了强化。同样，窗户的设置也没有破坏这一效果，它们并没有将墙面分割成从天花板上垂落下来的彩色条带，而是在油画之间和精心搭配的木凳上方形成了独立的墙面切口。因此，这些窗户在黑色、阴影和金光闪闪的海洋中呈现为独特而孤立的个体。

SGE的祈祷室

SdC的藏书室

SdC的旅馆

SR的旅馆

另一方面，有着光滑的抛光表面的彩色大理石地面与其他表面有所不同。它与圣坛、入口和窗户等孤立的场景毫无联系，其韵律与天花板也不一致。天花板沿着整个礼堂的长度构建了对称的大厅，但地面只有中心区域是对称的。圣坛区域呈现出属于自己的秩序结构，被两个带着小雕像的基座分开。SR上层礼堂的结构为遮罩和地面（5+1）。

## 祈祷室（SGE）：流动性

SGE的祈祷室与在视觉上与之存在联系的上层礼堂类似，是一个举架很高的细长形房间（比例为1.7：1.1：1）。在这里，狭窄的场地决定了房间的形状。狭长的墙面和天花板没有太多对应的关系，因为檐口在墙面十字架与天花板柔和的曲线造型之间勾勒出强烈的边际线。在场地另一侧，窗户嵌入墙体中（原本的哥特式楔形拱被砌成了矩形开口），完全忽略了墙面油画的比例。圣坛墙与天花板之间的关系更为和谐，因为角落的圆形浮雕、弧形拱、天花板弧度、大理石的纹理、雕带及挑檐都是互有关联的。

虽然祈祷室只有天花板值得称颂，但房间的主导特征是流动性。尽管墙壁和天花板彼此分离，但它们的色调一致，白色和浅绿色的结合非常明显，因此在视觉上形成了一个遮罩结构，以边界表面的5+1关系为基础。

## 藏书室和旅馆（SdC）：变化

SdC藏书室和旅馆的空间比例（藏书室为1.6：1.6：1，旅馆为1.6：2：1）较为规整。虽然天花板和长凳区传递出一种舒适感，但是油画和窗户装饰带独特的水平性和庄严的立柱的垂直性形成了鲜明的对比。尽管无框架的油画将长凳区和天花板分隔开来，但是空间的主要特征在于分隔结构（三面画壁墙）、帐篷结构（画壁墙+天花板）或遮罩结构（画壁墙+天花板+玻璃墙）三个原型之间呈现的变化，这些取决于照明情况和视线的方向。只有地面似乎不是构图的一部分，墙面盖板像是杂乱无章地侵占了地面图案的模式更是强化了这一印象。

SR的楼梯

## 旅馆（SR）：镜像

SR旅馆的空间比例为1.2：1.6：1。两侧带玻璃窗的墙相互映衬，后墙既是最终目的地，也是空间序列的尾声：台阶和长凳横跨整个房间，赋予其司法审判场所的氛围，由丁托列托绘制的耶稣受难场景浮于上方，画作的比例（2.36：1）更是强化了这一效果。虽然这个空间在材料特性、华丽的外观和叙述方法上与上层礼堂有一定的联系，但它在地面与天花板的椭圆形图案之间建立了一条垂直轴线，与广阔、流畅的空间韵律相匹配。因此，SR旅馆空间的表面被分成三组互为镜像的表面（2+2+2）（不过，入口墙面只能与后墙形成部分映射）。

## 楼梯（SGE）：拱顶

镜像楼梯（scala tribunale）的原型最早出现于14世纪，可以在意大利北部的一些公共建筑中找到。[24]这种结构适用于从等高的两侧进入空间的情况，可作为进入狭窄场地的通道。它也是一种有效的出口楼梯布局，可增添行进路线的戏剧性色彩。这种楼梯的顶部最初没有任何覆盖物，但SGE楼梯的上方加了拱顶之后，魅力大增，人们在上行的时候会忍不住仰望，又会在登上楼梯之后回头俯视。楼梯平台的侧光、檐口和楼梯护栏以及白色的石膏表面强化了整体效果，也可以作为雅致的点缀。楼梯利用场地内向上展开的结构，在接近顶部时，台阶变宽，同时建立起“向上、

SR的楼梯

SR的楼梯

SR的下层礼堂及楼梯

光明与宽敞”和“向下、黑暗与狭窄”之间的对应关系（详见第209页通道形状图中的“逐渐变细”类型）。没有任何多余的装饰影响楼梯的纯粹性，地面、天花板和侧墙形成一个四面的隧道结构（4+2）。

**楼梯（SdC）：顶棚**

SdC楼梯天花板由15个约1.6 m × 1.6 m的穹顶和3个桶形拱顶组成，这些拱顶将SdC的楼梯、廊道和双层走廊组合成一个连续的体量（详见第209—210页“体量连续统一体”）。光线透过皇冠形的铅条玻璃窗格洒落到走廊上，照亮了天花板，为这个流动空间带来了不亚于任何剧院门厅的光影特质。两面横隔墙上的开窗提供了跨越不同层面的对角线视角，突出了不同的流动方向。分散的人流在最后一段楼梯处集中到一起，一同进入上层礼堂。

由于SdC楼梯处的墙体只有部分存在对应关系，并且仅有六面横隔墙形成了一组，因而这个空间的统一性主要体现在天花板上。在这一空间连续体中，顶棚才是首要的架构操作形式。

**楼梯（SR）：超越**

SR两个下方梯段形式朴素、氛围平静，具有一定的迷惑

SdC楼梯的下方梯段

性。但当你从楼梯平台拐角转过来，便会看到宽度增加了一倍的楼梯，空间被极大地挑高，桶形拱顶和穹顶采用曲线丰富的构造，人口则通过高开窗露出了上层礼堂的天花板。这种设计使人们视野获得了更为广阔的自由度。整个建筑呈现出令人愉悦的维罗纳风格穹顶、金色与暗影相结合的斗拱、对比强烈的壁画以及上层礼堂金色海洋般的天花板等多变的色彩、规模和氛围。从礼堂望去，楼梯的顶部和楼梯本身似乎形成了一张正在迅速张开的巨口。游客在面对楼梯极具表现力的变形和充满神秘感的华美姿态时，无力感会油然而生。此外，天花板和两侧的墙壁构成了一个通道结构（3+1+1+1）。

作为一种“备选”楼梯，这是一个非常有效的原型，其主要的架构操作是边界的超越。SR的楼梯[25]甚至打动了雅各布·伯克哈特（Jacob Burckhardt）这样的大人物。伯克哈特对威尼斯建筑并无偏爱，却对SR的楼梯设计赞不绝口，认为它“布局自然巧妙，装饰清新典雅”[26]。

SdC的楼梯走廊

SR楼梯的上方梯段

SdC楼梯的上方梯段

## 架构操作

需要注意的是，我们对21个房间表面及构造的序列进行了思考，并揭示了21种完全不同的架构操作。这不仅表明建筑空间可以通过多种方式建立关系，还表明即使来自同一城市的客户提出近乎相同的方案要求，也会产生完全不同的架构操作。这21种架构操作是平行存在的，它们不一定是主从关系。类似的架构操作虽然数量不可能无限多，但也一定有不少。它们可以分为六个基本的架构操作选项：元素在空间中的定位、元素的边界、元素的结构、元素的造型、元素的姿态以及元素之间的关系。

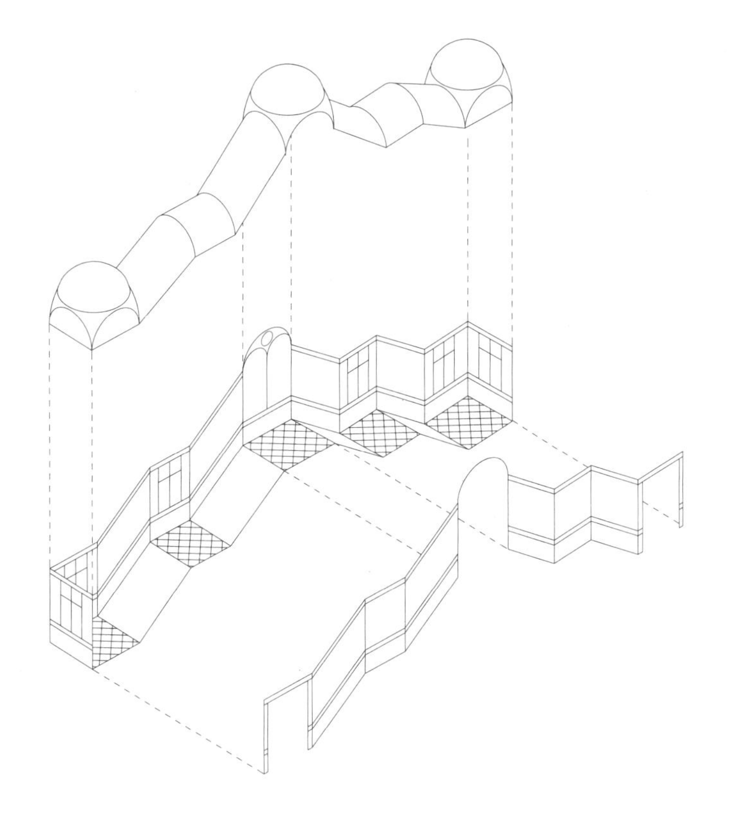
SGE楼梯的轴测图

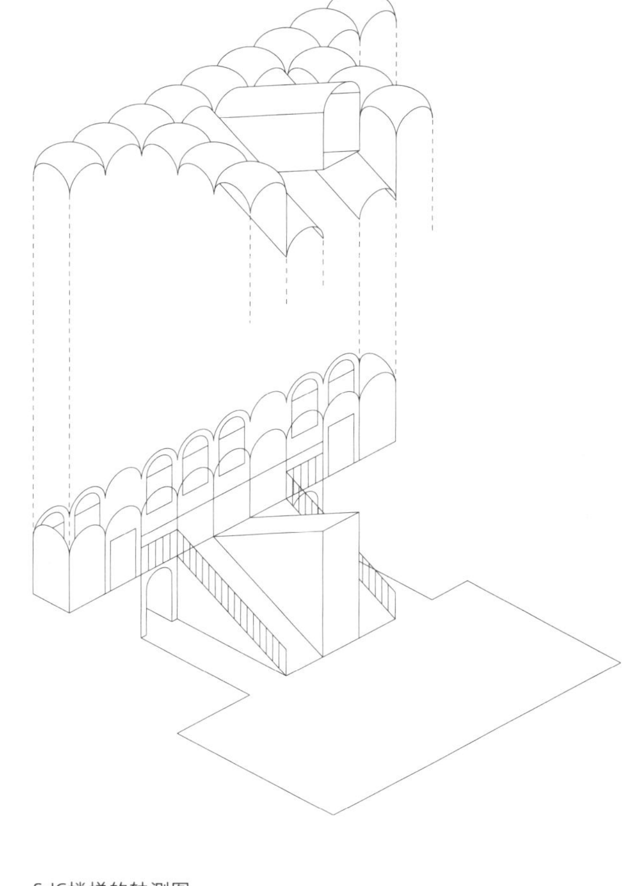
SdC楼梯的轴测图

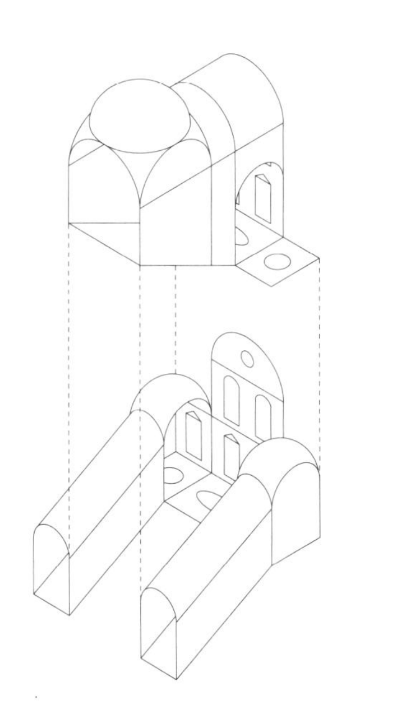
SR楼梯的轴测图

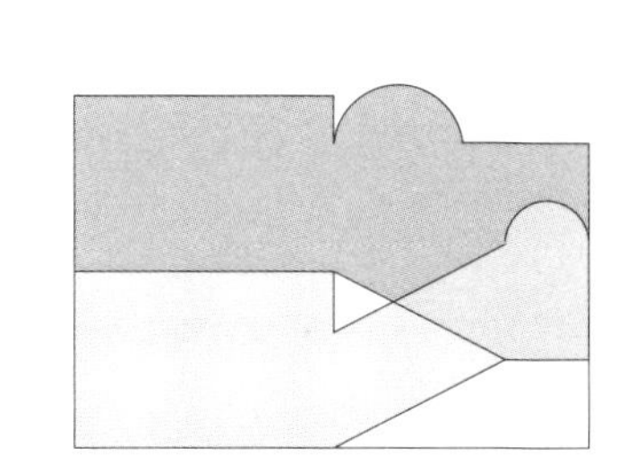
SR楼梯的剖面示意图

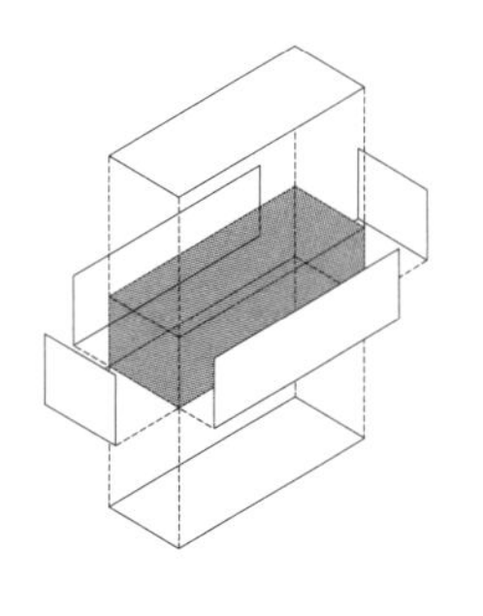

SGE上层礼堂：镜像

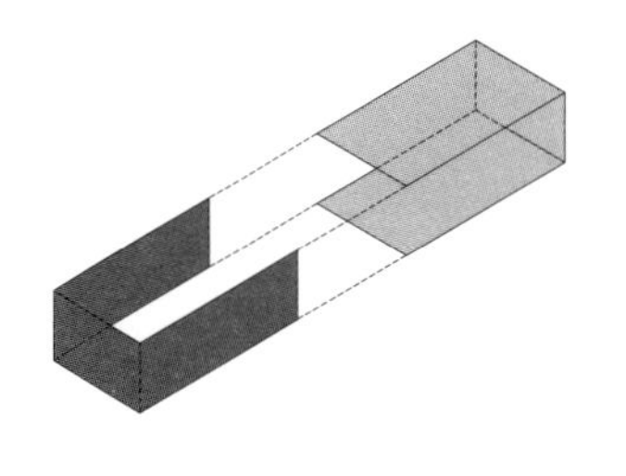

SdC上层礼堂：分隔结构和扣环

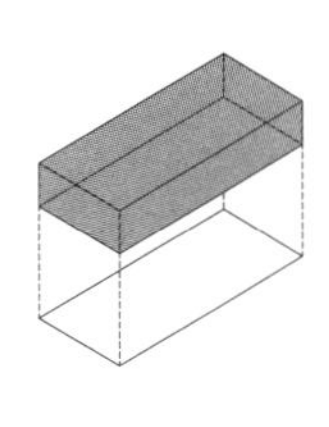

SGE上层礼堂：遮罩结构

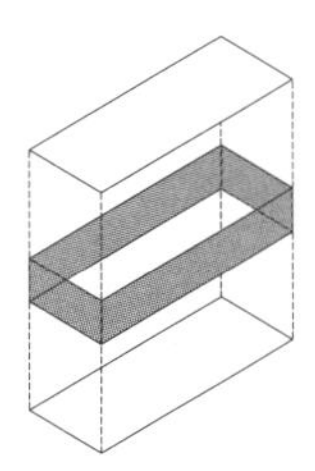

SGE下层礼堂：环形结构

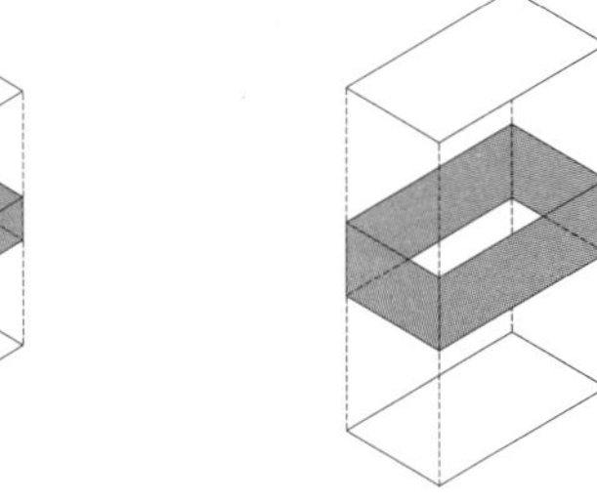

SdC下层礼堂：环形结构

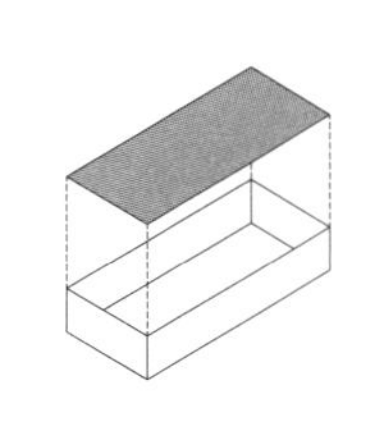

SR下层礼堂：盆地结构

三个互助会建筑上层礼堂和下层礼堂的原型

### 原 型

相比之下，六面空间可以形成的原型的数量是有限的，本书第205页的菱形图系统地呈现了这些原型。这些原型在空间设计中具有各自的内在特征。例如，五面原型通常用于提供遮蔽，四面原型则用于形成对比，三面原型结构具有定向性，两面原型群组结构则具有开放性，而单面原型具有自我参照性和聚焦性。此外，不同的表面结构也会对空间产生影响。比如，天花板可以提供遮蔽，地面则可以让人们停留，成镜像关系的表面结构能够激发运动。但并不是表面组合数量最多的原型对空间影响最大，一些使用较少甚至只有一个表面的原型也可以产生强有力的效果。

当然，原型本身并不能决定一个空间的性质。它的色调、亮度、材料选择、表面处理、比例、内部细分和表面划分（如SdC的藏书室和旅馆）都可以加强、补充、削弱或抵消潜在原型的内在特征。不管怎样，原型是始终存在的，并在一定程度上展现了空间的特征。

## 空间序列的戏剧构作

通过对相同边界表面的序列及其在空间构成过程中的组合进行研究，我们已经弄清了大量的架构操作形式。这些研究反过来又促使我们发现了一些空间构造的原型。现在，我们需要将这两个维度结合起来，以此从整体上检验空间的序列，进而研究那些影响我们感知建筑内时间和空间的参数，如路径、入口、光线和视图。

### 比 例

“比例”一词常常让人联想到有理数比值的美感和象征意义，以及过去普遍适用的所谓“正确”比例的美学原则。前面的“空间构造的戏剧构作”一节已经描述了各个房间规模之间的关系，但需要进一步解释。接下来，我们主要探讨连续房间的比例变化对建筑效果的影响。

### 鼓励移动（SGE）

在SGE内，多数房间都能起到鼓励人们向前移动的作用。首先，下层礼堂的天花板较为低矮，中央空间被一排柱子划

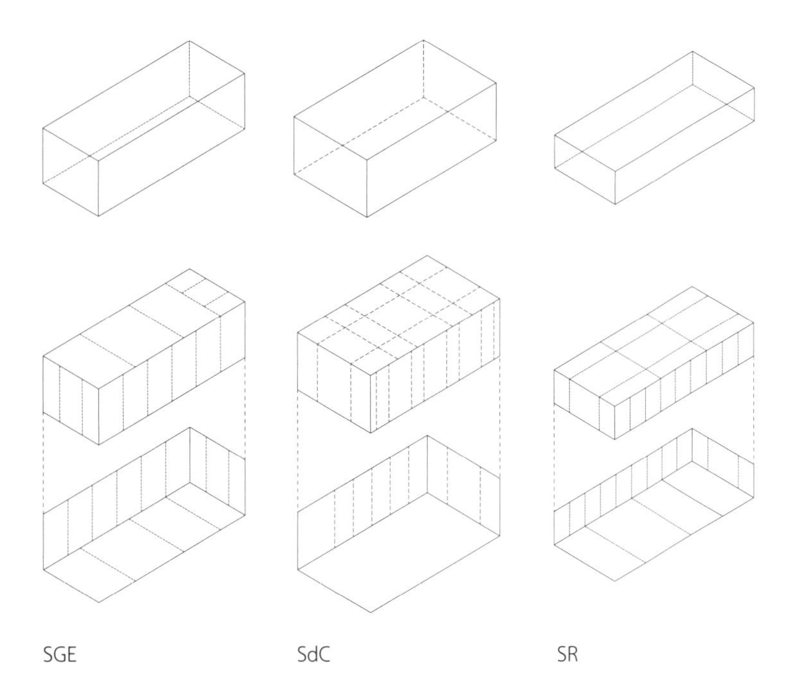


三个互助会建筑上层礼堂边界表面的比例和节奏。相邻表面和相对表面的节奏相互抵消。这是由于礼堂的一条长边设置了通道或照明设施，圣坛区是地面和天花板设计的一部分，并且与地面和天花板分离

分开来，说明这个空间没有为人们提供停留和休息的地方。与所有直楼梯一样，SGE的楼梯也鼓励人们向上移动，尤其是从镜像结构楼梯下方向上看，这种效果更为强烈。相比之下，由于对楼梯空间进行了约束，两个礼堂虽然与圣坛严整地对齐，却显得相当宽敞——这或许就是“比例”在鼓励人们驻足于此这一方面起到的唯一作用。除了所有房间拉长的比例及明显的高度变化外，对墙面的水平处理特性也同样会促进人们向前移动。

## 阻碍移动（SdC）

相比之下，SdC房间的比例却起到了阻碍移动的作用。两个礼堂的空间只是略微拉长，楼梯在上升过程中变宽，两个小房间大致为立方体。房间宽度与长度的对比并不明显，所有房间的宽度都大于高度。只有上段楼梯逐渐缩窄成一条线，有催促人们上楼的效果。

## 更胜一筹（SR）

SR采用了通过放大来创造惊人效果的原则，一切都比预期的大。除下段楼梯限制宽度以增加悬念感外，其他地方均呈现出宏大规模，给人留下深刻印象。下层礼堂在威尼斯这样密集的城市结构中拥有如此巨大的空间，令人难以置信。第二段楼梯同样超出人们的预期，高度和宽度都相当惊人。上层礼堂是单通道，比三通道的下层礼堂长出4米，高出2米。旅馆作为终点，因过高（超过10米）而无法成为私密空间。

## 移动图形

移动图形（figure of movement），作者在研究过程中将人们在建筑内行进的路径视为平面上的线条，这些线条形成的图形被称为“移动图形”。有关移动图形更详细的解释见第227页“参数10：路径”。

所有互助会建筑都具有这样的特点：楼梯直接从一个礼堂通往另一个礼堂，也就是说，下层礼堂也是穿越建筑内部的路径的一部分。因此，每段楼梯都是两个空间之间唯一的“建议路径”通道（详见第227页“路径类型”）。

### 弧线（SGE）

在SGE中，主要房间的入口都位于空间角落，通过这种方式，其环形路线采用了长弧线的形式。由于空间的出入口

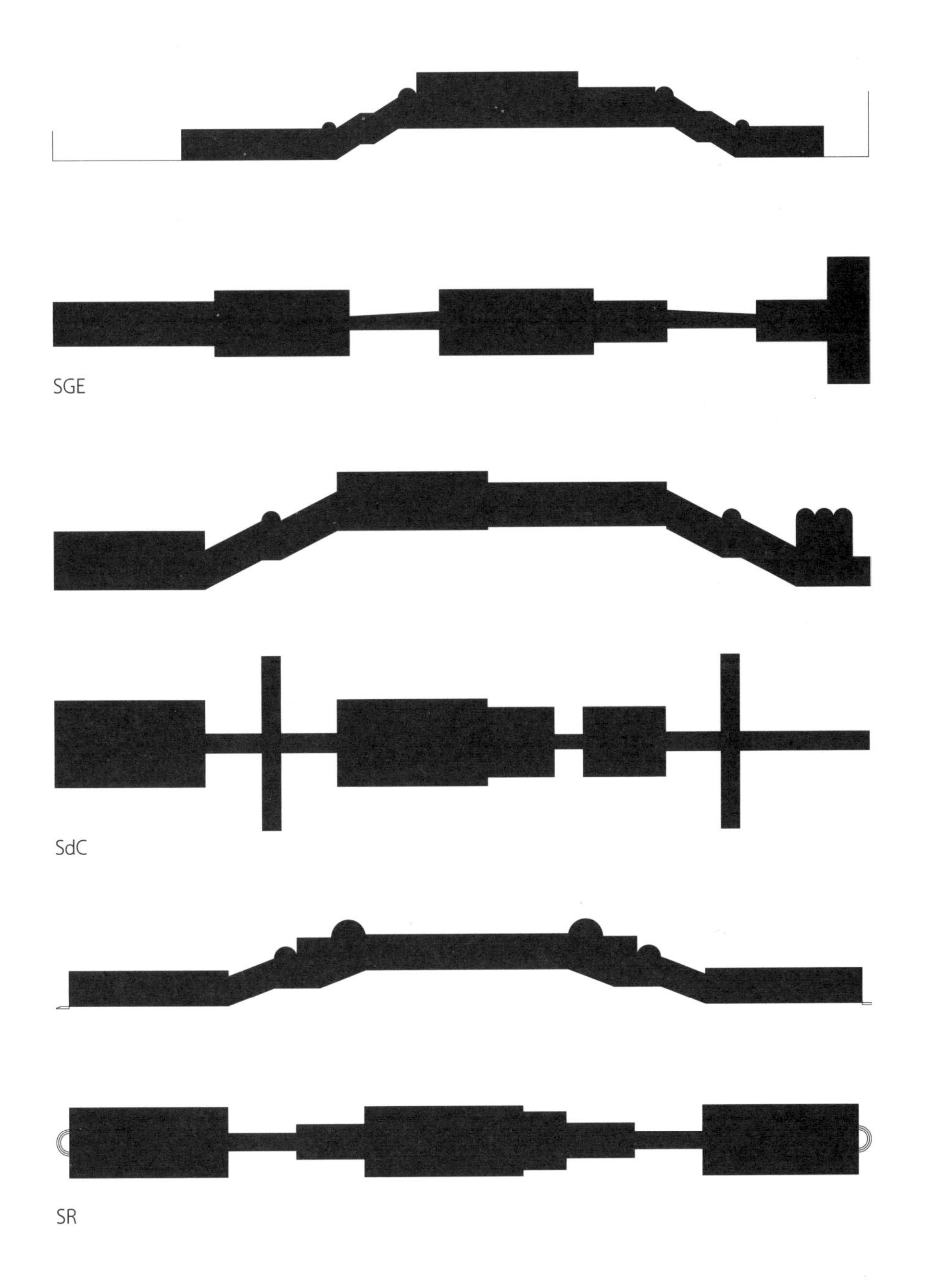


平面图和剖面图中的三个互助会建筑的道路线性网

位于对角线的位置上，游客需要穿过整个房间以亲身体验空间的规模，通常会选择长弧路线而非短弧路线（前提是他们的注意力没有被转移或有仪式上的要求）。游客可能会以“8”字形穿过上层礼堂和祈祷室，然后通过第二段楼梯和中庭这条较短的路径离开。镜像楼梯将三个空间连接起来，形成经典的环形路线。出口路线较短，这很合乎逻辑，因为下层礼堂并不是预备空间，而是过渡空间，人们在通过大理石围屏获得兴奋感之后，会产生空间太大且无须再次通过的感觉。中庭的出口位于教堂入口的正对面，这样一来，行进的游客就可以直接穿过广场进入教堂。

“8”字形（SdC）

圣玛格丽特广场和加尔默罗广场边缘都通往SdC。游客经过带有雕塑的连续楼梯空间后，进入位于长墙中央的上层礼堂。长墙在互助会建筑（SGE除外）和文艺复兴时期威尼斯宫殿的沙龙中常见。但从空间角度来看，这并不是最佳方案，因为人们无法一口气欣赏完整个礼堂，需要环顾四周。大多数游客会先前往圣坛，然后沿着墙面上的画作走长弧路线，最后进入藏书室和旅馆。因此，SdC上层采用了“8”字形的建议路径。

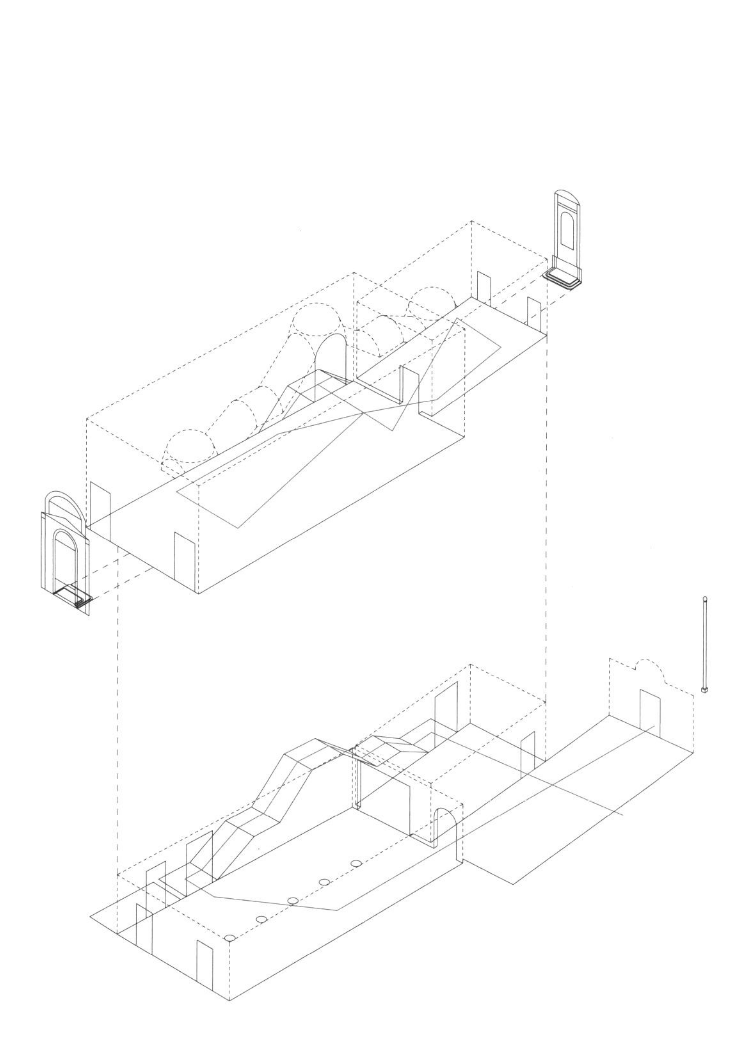

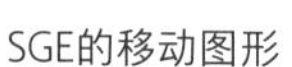

SGE的移动图形

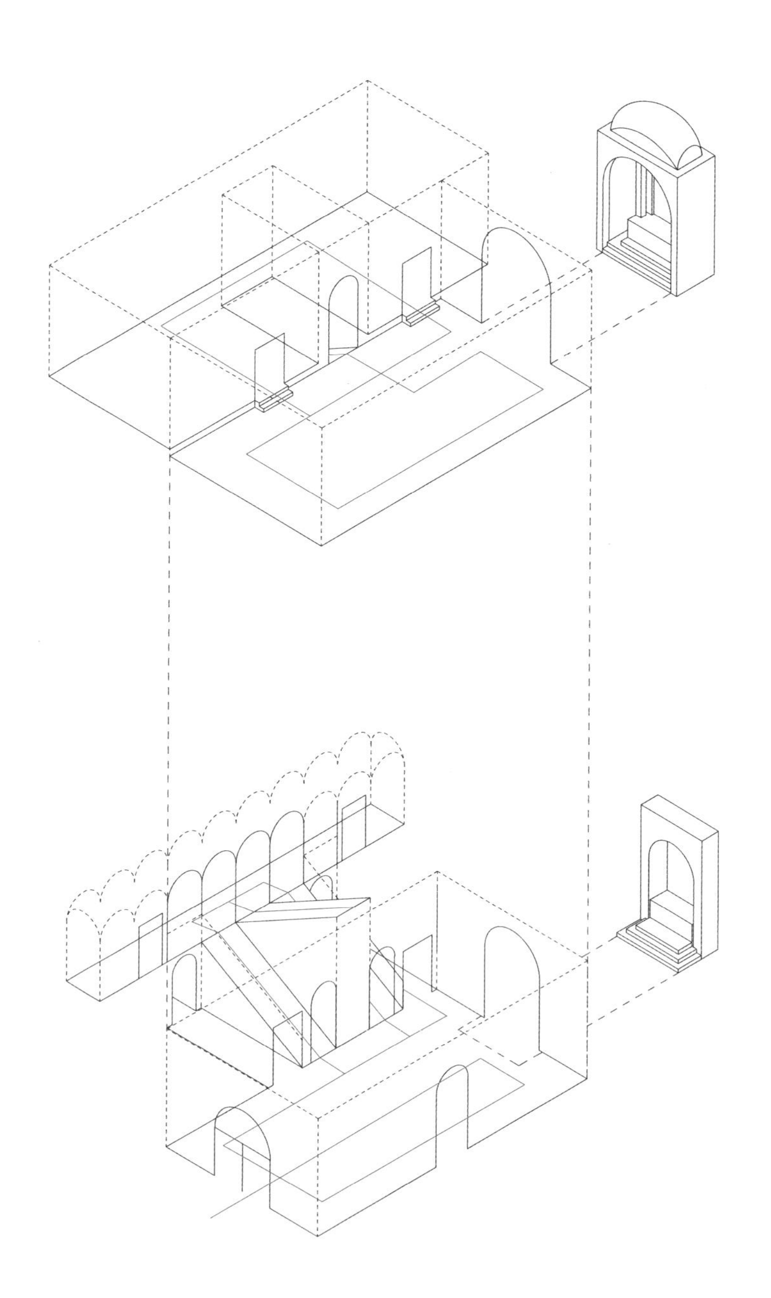

SdC的移动图形

## 环线和端点（SR）

SR下层礼堂的三通道结构为游客提供了两条主要路线：一是由中间通道通往圣坛的直线行进路线，二是沿墙面上的油画设置的环形路线。大多数游客似乎是先被吸引到圣坛，然后向左拐，通过环形路线欣赏油画，感受墙面呈现出来的宁静氛围和精致的装饰。不过，由于两部楼梯位于礼堂中央，而且游客之前到达过圣坛，因此从楼梯口到圣坛一段的墙面上的油画常常被忽略，而有些墙面上的油画则会被观赏两次。路径由此开始变得模糊。在经历了停顿、转弯和走上楼梯三重体验之后，游客便可以置身于上层礼堂华美的装饰和热烈的氛围之中。在礼堂漫步时，游客可以抬头望向天花板，感受精美的雕刻细节；也可以回望楼梯，辨认暗绘风格绘画的诸多要素。相比之下，旅馆的装饰要简单得多，游客只需要通过一两个视角就可以迅速做出判断。

因此，SR的移动图形的特点在于，下层礼堂在轴线和环线之间的切换、楼梯的线性约束、上层礼堂的行动自由和旅馆的安静氛围。换句话说，它遵循这样的行进路线：可选路线—引导路线—个人路线—休息场所。

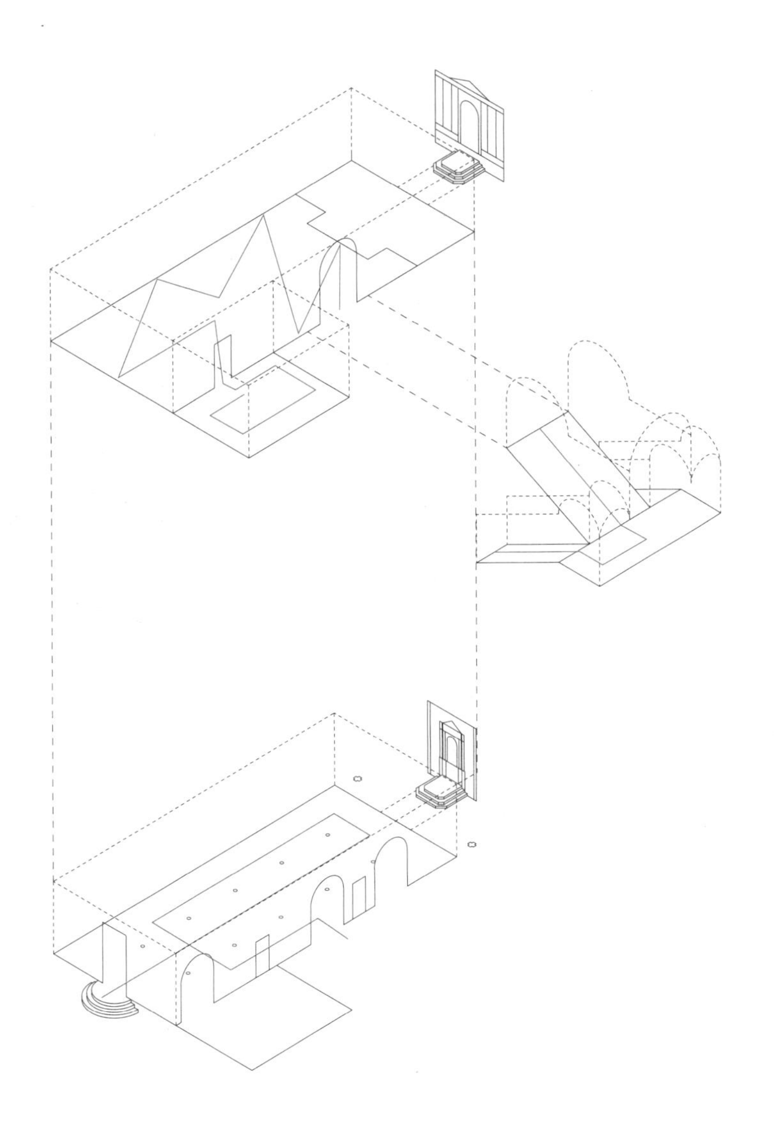

SR的移动图形

## 门 口

门口，标志着边界和过渡点。作为一个同时起到分隔和连接空间作用的元素，门口的存在有些矛盾，但同时也是其吸引人的地方。因此，它的作用相对重要，其表现方式也不尽相同。

礼堂和楼梯之间的内部关系并不会用门或大门阻断，最多只是在特殊情况下或天气寒冷时拉上深红色的幕帘。这种开放性设计原则让礼堂不仅可以用来举办会议和圣餐等庆祝活动，也有利于形成连续行进的空间序列。尽管互助会建筑有很多分隔开来的结构空间，但还是形成了一个空间连续体，人们可以通过开口进入另一个房间。这些开口不仅是墙壁上的切口，而且毫无例外地成为连接空间的门户。门的材料品质和精致的表面突出了门口的重要性，也强调了从一个场景过渡到另一个场景的行为。

吸引（SGE）

SGE的人口并没有以特殊“事件”呈现，而是作为低调谨慎、精致美观的元素组合中的一员，强调空间之间的联系，而不是空间的分隔，使房间、光线和圣坛在吸引游客目光的过程中起到主导作用。上层礼堂和楼梯不仅在空间上有联系，在图案上也有关联：楼梯上的精致双扇窗（一

SGE的楼梯接待前厅入口

SGE的双扇窗（一种被分成两个高大的拱形和一个中央圆孔的拱形窗户）

种被分成两个高大的拱形和一个中央圆孔的拱形窗户[27]）的轮廓与礼堂入口的设计相呼应。从另一个角度看，楼梯窗口就是礼堂窗口的外向投影，上层礼堂的另外三个双扇窗就印证了这一点。

迷人（SdC）

SdC的入口比较醒目，还起到了一定的指示性作用，同时也是前文（见第18页）提到的对墙面进行上下分区的其中一个原因。入口还提供了各种不同寻常的视野，激发了人们的好奇心：游客从下层礼堂可以感受楼梯的动感活力，从上层礼堂可以欣赏到上层梯段富丽堂皇的石膏天花板一直向下延伸，目力所及的还有一些互助会的陈列室，它们沿着在光照之下闪闪发光的窗饰带分布。通往陈列室的入口多设置了两个台阶，一方面表示其地位的特殊性，另一方面也划定了礼堂水磨石地面的边界，使其自成一体。

召唤（SR）

SR下层礼堂两个巨大的入口与圣坛的规模相当。醒目的入口似乎在召唤人们从中穿过——也许是由于它们看起来像是一直凸出到房间内部的缘故。

与SdC一样，SR的楼梯及其桶形拱顶一直延伸至上层礼堂，没有设置缓步平台，甚至没有留出足够的入口空间。不过，考虑到礼堂内恢宏气派的场景，入口也许显得有些多余。巨大的单拱凯旋门在礼堂一侧勾勒出入口的轮廓，相比之下，三轴圣坛看上去就显得矮小、敦实多了。尤其是它的柱顶过梁位于天花板之下，感觉比别的带有弧形顶饰的设计更加适合。

SR的入口既不精致也不迷人，而是在发出召唤，人们别无选择，只能从其中通过。

SR下层礼堂的入口

SR上层礼堂的入口

SdC上层礼堂的入口

SGE上层礼堂的圣坛

SGE祈祷室的圣坛

SdC下层礼堂的圣坛

SdC上层礼堂的圣坛

## 目的地

作为主角，圣坛决定了空间的朝向和人们通过空间时的移动方向。虽然圣坛的设计和规模可能难以与整个空间融合，但它也会给空间特征带来极大的影响。这三个互助会建筑再次展示了多种解决墙面和物体之间冲突（礼堂需要一个连贯的封闭空间，而圣坛需要强调悲情的感染力或只作为一种展示）的巧妙方法，具体如下。

尽头（SR）

SR下层礼堂的圣坛带有弧形顶饰，被设置在凯旋大道的尽头。圣洛克雕像的壁龛离圣坛似乎有些远，这是因为圣坛壁柱的接合设计延续了礼堂立柱的视觉外观。从建筑实体结构到通过圣坛设计产生的深度感之间形成（尽管透视线略有弯曲）了这种连续的过渡。礼堂最后一对立柱比较矮，因为它们需要支撑较厚的顶盖。立柱变矮使弧形顶饰的底座高于立柱的柱顶，这样圣坛就不会显得像是挤进天花板下方一样。通过这种视觉设计，圣坛在空间内显得至高无上。

正向移动（SGE）

高大、修长的SGE上层礼堂的所有比例和细节都强调了它朝向圣坛的方向。然而，圣坛并没有延续这种透视关系，反而像舞台上的主角一样破开墙壁探入礼堂空间。圣坛的接合部位与墙面采用了相同质地的大理石，充满了雕塑感，与礼堂其他部分平坦的表面形成了对应。来自隐蔽的侧窗的间接光线进一步强化了圣坛的外观，赋予了它可以触及的存在感。位于祈祷室内的圣坛也以同样的方式探入空间。

平行分层（SR）

在SR上层礼堂中，圣坛被前移，成为一个独立的、布景般的“墙前墙”。尽管圣坛有独立的轮廓和丰富的装饰图案，但它的比例显得有些失调，好像一个细长的立体布景挤进了封闭、高大的礼堂窗户之间和天花板下面。与庄严、美观的大门相比，圣坛的大小显得不太协调。

后向移动（SdC）

如果在整个空间的宽度上采用与其他墙面不同的处理方式，剩下的三个墙面就会形成一个面向圣坛的壁凹结构。SdC的上层礼堂便是唯一充分利用这种结构方式的互助会礼堂，它的场地和空间布局限制了圣坛区的划分，因为藏书室的入口必须靠近端墙。为了解决这个问题，圣坛被放在“主厅旁边的空间”，这个空间比壁龛大但比后殿小，可以从三个方向被照亮，使圣坛看起来像一个明亮的实体，出现在柔和的金色和粉色色调的礼堂之中。此外，通过墙壁开口和旁边圣坛的几个连续的小型立柱、半身柱和壁柱，对大门图案进行四重透视处理，将圣坛投射到远处，而明亮的光照，尤其是对《圣母子》（*Madonna col Bambino*）这幅画作的照明，又把圣坛拉回前景，形成了一种微妙的远近互动。浅色的大理石与壁画丰富的色彩形成鲜明对比，通过黯淡的色调强化了深度和距离的印象，其色彩比天花板上的画还要黯淡。圣坛和礼堂之间的呼应形成了生动的对比，同时达到了完美的平衡效果。虽然在下层礼堂的圣坛中已经引入了透视分层的主题，但在那里无法对光线进行同样巧妙的处理。除了从两侧射入的光线，上层礼堂还充分利用了上方洒下的金色光线，将光线引入“主厅旁边的空间”。

SR下层礼堂的圣坛

SR上层礼堂的圣坛

## 色 彩

色彩在本质上是纯粹的，但也会受到各种因素的影响。同时，色彩也是所有事物必不可少的属性之一。处理色彩需要的细致程度，可与语言表达的复杂性媲美，因此，即使是最微小的空间或细节参数也需要仔细处理。马塞尔·普鲁斯特（Marcel Proust）在《追忆似水年华》（*In Search of Lost Time*）中用许多段落试图抓住色彩（特别是威尼斯的色彩）的微妙之处，尽管这些如此重要的特质往往只是短暂地闪现，但它们会唤起人们的联想。虽然我们并不试图与之争锋（谁又能与之相争呢），但我们将揭示一系列色彩背后的基本原则。

### 从独立标志到不协和音（SGE）

在SGE的下层礼堂内，方格地面温暖的红色成为我们在前往上层礼堂的路上看到的唯一的亮色。相比之下，上层礼堂也没有采用过于炫目的颜色来占据我们的视线，而是像之前的空间一样，吸引我们去分析不同表面组合的颜色之间的协调与不协调。只有从这个角度出发，才能真正领略上层礼堂与众不同的品质。

### 对比与联系（SdC）

下层礼堂的纯灰色画和上层礼堂的三色油画之间形成了强烈的对比，这本身就是一种布置方式。然而，在考虑到其他表面的颜色之后，人们会意识到，另一种戏剧性的叙事正在发生。在这个过程中，每个场景中的一到两个角色会再次出现在下一个场景中，而其他角色则会离开舞台。下层礼堂的浅灰色和深棕色形成了鲜明的对比，接着是楼梯的灰、白、黄三色组合。这个颜色组合在上层礼堂中得到延续，成为画框周围的次级和声，同时油画的暖色调也随之迸发，最后被陈列室的棕色和红色所淹没。

### 对比和过渡（SR）

在SR中，感染力的巨大反差在各个空间及空间序列上均占据主导地位。下层礼堂的两个大型单色表面——石灰石底座和木制天花板——形成了强烈的明暗对比，地面和油画的颜色试图在其中起到调和的作用。第一段楼梯处连续的白色墙面是一个突破口，让第二段楼梯的丰富色彩像像素点那样得以凸显，仿佛这些颜色凭空出现，有如重生。对比鲜明的金色和彩绘高光突出了逐渐变暗的视觉效果，让所有的颜色在旅馆金色的天花板面前相形见绌。空间的表面实现了从占主导地位的单色过渡到像素化效果，从半亚光过渡到高光，从石灰石一灰色一暗影过渡到装饰丰富的暗金色。与SdC一样，SR中独立的场景总是与前一个场景中反复出现的元素存在联系。

## 表 面

空间的表面及其效果是由多个属性决定的，如它们的质地、光泽度和细分程度。通常情况下，只需其中一种属性就可建立起连续表面之间的戏剧构作关系。

### 细分（SGE）

我们对SGE的各个表面进行了研究，发现随着空间规模的增加，边界表面会变薄，构成材料变多，轮廓和色彩也更加丰富。SGE空间规模的增加并不是用来营造宏大的空间效果的，而是用来细分和调整表面的，使之成为边界元素。

### 主要和次要角色（SdC）

SdC的每个房间里都至少有一个抽象设计的大型表面，这样人们在看过了其他精心装饰的表面后眼睛可以得到休息：如下层礼堂的地面和天花板、楼梯的墙面、上层礼堂的水磨石地面、陈列间的带状窗口。这些表面为油画和石膏工艺的展示奠定了基础。

### 增添装饰（SR）

SR内部处处有惊喜。从下层礼堂铺装着精致亚光方格图案的三通道，到楼上错综复杂的抛光大理石马赛克地面；从裸露在外的带有雕刻的木梁天花板，到楼上金框彩绘天花板；从宽阔的浅浮雕墙面处理，到楼上丰富、精致的墙面调整。尽管在这一进程开始的地方，空间的戏剧性已经相当成熟，但是通过表面连接的丰富手段，令人印象深刻的空间戏剧得以强化。

## 光 线

日光的方向、照射量和对其的调整会影响空间的氛围，吸引人们的注意力并引导人的移动方向。通过不断变化的光线条件，一条简单的路径可以变成一个空间序列，而逐渐变化的空间照明只有在一天中才能将静态的房间变成美丽迷人的动态空间。人的眼睛会本能地寻求和期待平衡的状态。

### 柔和渐变（SGE）

波光粼粼的圣祖安 · 伊万杰利斯塔河（Rio San Zuane Evangelista）透过角落的窗户，将摇曳的光线送入室内，照亮了SGE的地板，使得原本光线稀疏的下层礼堂对角线方向的通道变得生机勃勃。楼梯平台上微妙的光线吸引着游客向上行进。高窗在上层礼堂两侧，确保了空间内均匀的光照，角落的窗户与礼堂等高，为圣坛及其周围区域提供了额外的照明。在祈祷室里，从6个镀金小天窗射入的光线让室内的氛围更加温暖。除此之外，SGE通过设计对光线进行调整，不断刺激人们前行，而不是让人驻足停留。

SdC上层礼堂及圣坛壁龛：圣坛侧面及上方照明

紧张的三角关系（SdC）

SdC的光线布置精心，以此吸引人们的注意力。礼堂内会面区域的背景光和明亮的圣坛壁龛形成了鲜明的对比，两者之间形成了紧张的对立关系，这是通过光线的方向、强度和颜色来实现的。下层礼堂的背景光是灰色的，壁龛的光线是白色的，而上层礼堂的背景光是白色的，壁龛的光线是金色的，而且是从3个方向照射的。午后，阳光透过1400块吹制玻璃片倾泻而下，随着时间的流逝，光线不断发生细微的变化，吸引游客走出礼堂，前往楼梯和展厅。上层和下层空间都充分利用了背景光、亮度和倾泻而下的阳光之间紧张的对立关系。

照明（SR）

在SR，日光透过一系列规律间隔的窗口进入室内。在楼梯处，这种采光效果良好，从侧面照亮了墙面和天花板上的画。但是在上层礼堂，就需要为窗户安装窗帘进行遮挡——这不仅是为了让正对窗口的油画免于褪色，也是为了遮挡刺目的光线，让人们能够更好地欣赏油画。另外，礼堂的半昏暗状态也增加了人们对空间的奇妙感受，因为房间边界模糊不清，所以人们无法对其一目了然。相反，人们对于闪烁的烛光和火把映照下的礼堂产生了一种印象，仿佛丁托列托构想的空间明暗对比在真实空间中得以体现。

## 视 角

连续性视角的构成不仅引导了人们的视线方向，也赋予不同视角以秩序。由于互助会建筑是由独立的单层结构单元组成的，所以很少提供全局视角或俯视视角，但确实呈现

SdC圣坛壁龛：镀金天花板改变了光线的颜色

了很多形成戏剧性视角的方式。

交叉入口视角和引人注目的物体（SGE）

虽然我们最初可能只是偶然地认识到一个空间，缺乏有关该空间的详细信息，但后来我们会看到更完整的画面，而这一切都会与我们最初的认知有关。然而，SGE以开放的视角呈现了整个空间，将引人注目的物体置于“舞台”中央。在两个礼堂中，游客从一个角落进入，然后被远处角落的光线所吸引（在上层礼堂中，视线会被引向圣坛）。在楼梯处，由于远端进行了镜像处理，从长距离视角看，似乎没有尽头。这样，我们只需通过来自三个位置的三个视角就能把握建筑、房间和中心区域的全貌。在从入口到中心的路上，我们被下层礼堂的地面图案、立柱柱顶、桶形拱顶的曲度和精致的檐口所吸引，还有上层礼堂地面的立体图案和墙面结构，这些都能给我们带来愉悦，甚至迷失于其中的感觉。每个房间最初的直观视图和全景宽度起到了将后续画面框起来和收集起来的作用。

从正面视角到球面视角（SdC）

SdC下层礼堂的圣坛是直接面向入口的，人们一进入就能够看到。而大门分散了人们对正面视图的注意力，吸引人们先去欣赏礼堂周围的纯灰色画作。当到达楼梯时，人们的视线会被引向斜上方，看到楼梯拱形天花板下方落地窗前颤动的光线。在上层礼堂，人们用目光衡量空间，视线在墙面和天花板之间来回穿梭，最终回到圣坛。同时，天花板上的绘画也起到促进移动的作用，在礼堂内到处都有适合欣赏这些画作的视角。另外，水磨石地面成了一个安静的背景。在两个陈列室内，房间的六个面以同样强烈且相

SdC的藏书室：十轴带状窗局部

互制约的刺激因素争夺着人们的注意力，最终形成了球面视图。因此，随着人们逐渐深入建筑，这些视图也越发具有立体感。

碎片化场景汇聚成正面视角（SR）

SR下层礼堂的视觉背景以礼堂中央凯旋大道的直线视图和立柱之间规律间隔的侧景为基础，形成了巨大张力。下层楼梯段引导人们在缓步平台的拐角处转身，感受远处上层礼堂天花板的场景，然后回到穹顶之下，再到桶形拱顶和楼梯侧壁，直到自己站立的地方。在首次观察之后，人们的目光沿着轴线向上，迅速投向上层礼堂周围的各个方向，了解其广阔的内部空间。虽然长方形空间的六个表面各显其能，但最具吸引力的是令人叹为观止的天花板。观察天花板的方式是以观察球体内部为基础，视线不会在与礼堂边缘平行的轴线上停留过久。相比之下，在旅馆中，人们的视线集中在正面与房间等宽的耶稣受难场景上。地面采用镜像圆顶碎块形工艺，而天花板有着金色表面，二者竞相吸引人们的眼球。房间的三个正交轴在中央重合，既赋予房间一种平衡感，又让人们能够一览空间全貌。

## 氛围

“感知的主要‘对象’是氛围。”正如格式塔心理学（gestalt psychology）思想所述，人们初次和即刻感知到的不是感觉、形状或对象，或它们的组合结构，而是氛围。在这一背景下，格诺特·波默（Gernot Böhme）在他的著作《气氛美学》（*The Aesthetics of Atmospheres*）中阐述了氛围的概念。[28]他认为氛围不是凭空产生的，而是由事物、事物的组合和人共同营造出来的。[29] 詹森和梯格斯[30]进一步提出，氛围是由空间给人们留下的第一印象、空间表面的感官品质、所有永久性或临时性元素以及创造它的人相结合，给人们带来的内心感受，也是人们通过感官感知到的事物的象征性共鸣所决定的。如果我们客观地考虑这些参数，会发现一点：在当前互助会建筑作为博物馆的背景下，只有表面的感官品质始终存在。其他品质不再充分发挥作用，这部分是由建筑的新功能决定的，或者由于现在的教育背景已经发生改变，这些品质只能通过额外的研究才能显现出来。因此，我们在这里只简单地探讨氛围的品质，表面的感官品质已在前文进行了详细说明。

在SGE，氛围会在有仪式感的开端（大理石围屏）后发生变化，从肃穆（下层礼堂）到高贵（楼梯间），再到偶尔清爽、大部分时候温暖（上层礼堂）。在前几个空间，无论人们身在何处，都能感受到同一个空间的氛围是一致的，而在最后的两个空间内，边界表面的不同特色使得氛围随着视角和方向产生了明显的变化。

在SdC，氛围从亲密（下层礼堂）到压迫感（主要是空间表面）和喜悦（主要是油画区域）之间变化不定，到向四面八方弥漫的欢腾、起伏、令人眼花缭乱的节奏（楼梯），再到欢快和谐（上层礼堂），最后回归沉寂（陈列间）。

SR以缓慢、谨慎的氛围（下层礼堂）为开端，然后进入肃穆的抑制氛围（下段的楼梯），接着切换到热情的氛围（上段楼梯），继而是魔幻的氛围（上层礼堂），最后以悲剧性的感染力告终（旅馆）。

简单地说，SGE只是引起了我们的注意，SdC以魅力诱使我们走人其中，而SR则让我们沉醉。我们很难想象，在相同类型和同一时代的建筑内可以获得如此多样的情感和氛围体验。

## 戏剧性发展线

第56页的这些图有点像心电图，其线条峰值和偏转并不表示边界表面的审美价值，而是表现它们所获得的关注程度。这些图展示的主要信息是，即使在“终结型”戏剧的空间（这一类型详见第200页），如带有上层礼堂的互助会建筑，也不是所有的边界表面都是一致的，而是在某种程度上独立发展了各自的表达方式和戏剧叙述方式。这一点在我们反复讨论后得到了证实。这些表面的叙述方式差异不是偶然形成或由于建筑工程的复杂性而导致的，而是一种平衡手段。时而低调，时而夸张，同时衡量引人关注的事件的强度，将这些强度分配给不同的角色，以吸引不同的观看者并激发不同的反应。这样的戏剧性发展线可能有一至三处高潮，它们之间可能是中断的，也可能是相辅相成的。这些戏剧性发展线可能是一种谨慎的平衡行为，骤然拉升人们的情绪，然后又不断给人喘息的机会。所有这些参数都可以在这样的“心电图”中直观地展现出来，如光线、视角和色彩……其中任何一个都足以推翻教科书中的弗赖塔格金字塔理论（Freytag's Pyramid，详见第二部分“戏剧性情境”一章中“金字塔和拱门”一节）。不过，这样的图无法表明单独的戏剧性发展线所承载的意义和品质。

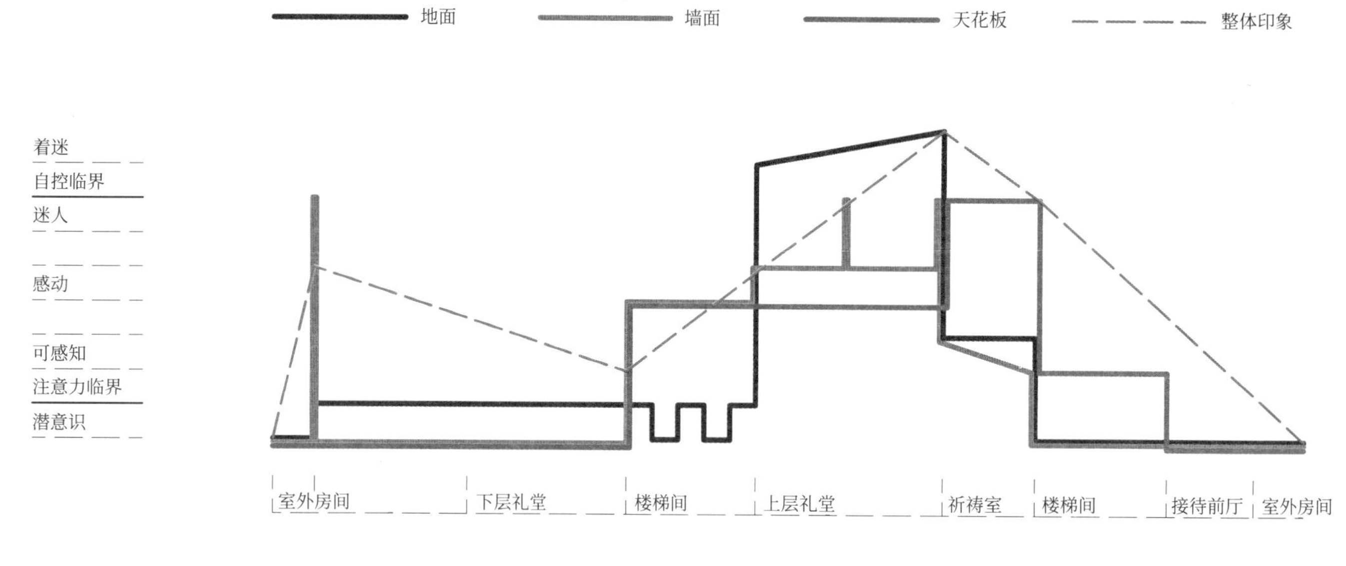


SGE

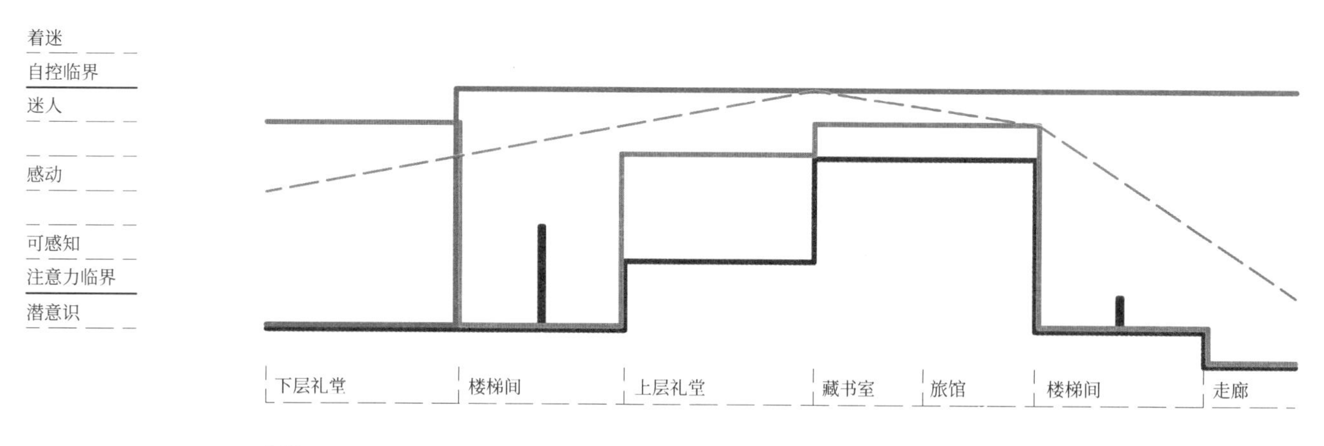


SdC

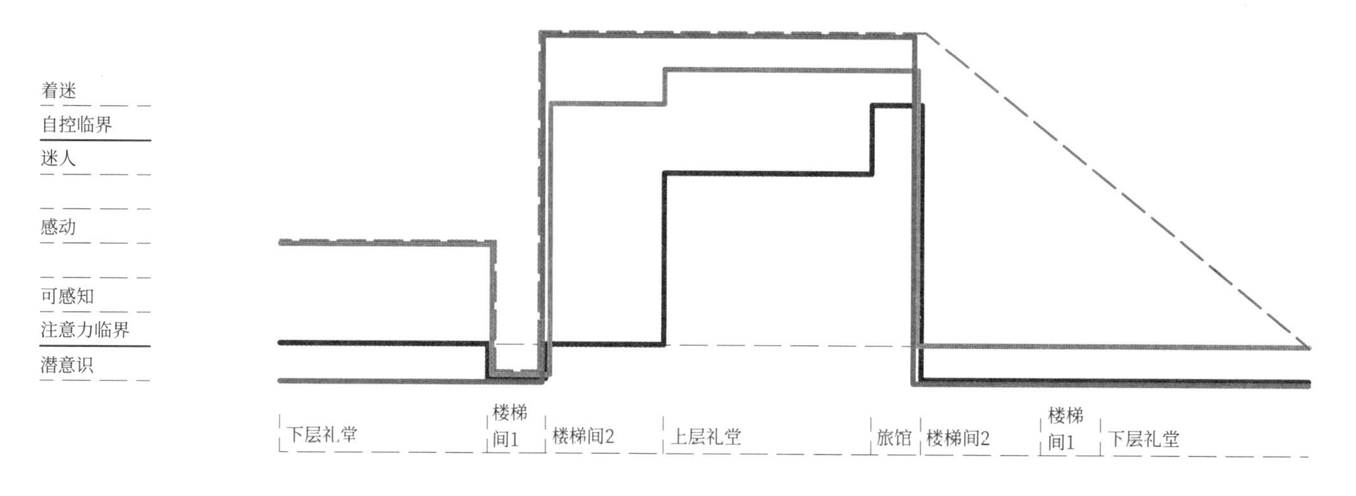


SR

三个互助会建筑的戏剧性发展线图解，体现了不同边界表面的强度

## 空间结构的戏剧构作

光线的品质、氛围、环境背景和时间序列等因素，都会影响人们对建筑体验的惬意程度和感知意义。感官知觉需要在特定的过程中扮演有意义的角色，才能承载理念。汉斯·夏隆（Hans Scharoun）曾说过，感官知觉需要变得有意义，才能承载理念。[31]通过精心编排的戏剧性空间构成，建筑可以以感官体验的方式传达概念性想法。在理解建筑空间的戏剧构作过程中，我们需要寻找的是视觉上的连贯感受，而不是它们在形象或社会功能方面的非同寻常的表达——这并不是因为博物馆建筑作为过去时代的见证，与我们今天的理解有所偏离。在前面的章节中我们探讨了视觉上的连贯感受是通过明确的架构操作来实现的。现在，我们需要权衡这些操作如何协同运作，又如何帮助传达空间结构连贯的整体概念，不管是否有意为之。

### 脆弱性（SGE）

建筑的功能不仅是纵容感官，还要激发人们的反思。[32]在SGE中，组合、分解、对比、停顿和镜像架构操作，以及遮罩结构原型的缺失都与这一点有关。与休息场所相比，SGE采用高度上的鲜明对比和强烈方向性（入口和出口都位于房间角落，人们都以长弧形的路线移动，从而避免了不断往复）来鼓励人们前向移动，同时精心把控视野和引导视线。建筑采用简朴的色彩符号、柔和的光线和充满吸引力的大门来确保人们不会在穿过大理石墙进入第一个主要空间后放缓脚步，甚至驻足。薄墙壁表面所体现出来的协调性和渗透性，在下层礼堂的厚墙壁和模糊了灭点的圣坛中都能找到与之对应的元素。墙体和空间的协调性和渗透性在犹如背景幕布的大理石墙和将上层礼堂一分为二的墙体上体现得最为明显。被墙体隔开的上层礼堂产生了如同二次曝光或人造废墟的效果，在一个平面上展现出不同的世界：内部与外部、完整与碎片、前进与静止。

背景墙和分隔墙并不是唯一的例子，发上层礼堂的相邻边界面之间的脆弱联系（被分成三组、两两相对的边界面以及端墙四角处被高大的窗槽隔开等）都展示了这种戏剧构作的脆弱性。这种空间戏剧构作早在“建筑漫步”（Architectural Promenade）和不同品质的视觉压缩等概念被命名之前，就已经在进行了。只是直到现在我们才能真正欣赏到其别出心裁、启发灵感的特质。

### 连续的空间（SdC）

SdC的空间戏剧特色是两个空间连续体之间的紧张关系：楼梯的拱形景观和一端连接着带形窗、一端连接着两个礼堂的陈列间。这两组房间之间的关系不是对立的，相反，它们在设计中以几种方式交织在一起。它们的相互关系、特性和强度使服务空间和被服务空间之间失去了明显的区分。

SdC戏剧构作的各种叙事思路相互交织，呈现出了许多横向序列和变化形式。戏剧性发展线、紧张的三角关系，以及以尾声为导向的逐步升级或波形线条等特征同样突出。因此，我们无法确定某个单一的主导原则。或者说，戏剧构作叙述的韵律变化本身就是主导原则。这是因为这些叙事思路并没有互相抵消，而是在各自的环境中脱颖而出。如下层礼堂的纯灰色画、楼梯的拱顶结构、上层礼堂的天花板油画和双重采光，以及陈列间的质朴风格等特点，都凸显了各自的特色。

SdC并非一座等级严格的建筑，而是一个开放式的艺术作品。其中，特色各异的片段可以用前所未有的方式串联起来，将人们的注意力转移到不同的方面。值得一提的是，对光线的操控使得这一尝试变得生动而合理。其滤光效果、形式和色彩在一天中不断变化，最终将房间的二元关系转化为三角关系。

### 互补性（SR）

SR的空间戏剧构作清晰地展示了线性强化的原则。它采用了展开、细化、丰富、提亮、增强对比度、表面分割、自由使用虚构等手段，以实现最佳效果。内部设计的戏剧情节是压倒性的，主要是因为它产生的效果没有立即显现，而是被四个“假象”所掩盖。第一，下层礼堂庄严宏伟，且自成一体，不知情的游客可能会将其误认成真正的目的地，实则展现给游客的是尾声阶段的外观。第二，下段楼梯严肃的中立性加剧了不确定的感觉。第三，在人们最不经意间，情况突然发生了变化，两个礼堂之间的楼梯缓步平台的拐角处发生了转向。第四，穹顶和水平桶形拱顶的狂放风格蔓延到上段楼梯倾斜的地板上，表现出扭曲的感觉。最终，楼梯的视觉变化激发了上层礼堂的丰富性，也让旅馆这一最后“和弦”变得更加动听悦耳。

这两个礼堂之间的相互联系进一步增加了戏剧性效果。下层礼堂是一个高大、明亮、封闭的空间，天花板为深色，按原型术语称之为盆地结构。而上层礼堂的地面为浅色，上方则覆盖着昏暗的遮罩结构。从方向和亮度上看，这两个礼堂形成互为倒影的镜像。盆地结构和遮罩结构的互补性是互助会建筑中其他重要反转的主要空间定义框架：将现实中的虚构融合转化为虚构中的现实融合。两个礼堂截然不同的特征遵循了这一原则：下层礼堂低调、理性，上层礼堂自由、奔放。为了避免削弱这种互补性，楼梯的设计也分成两段——下段楼梯为中性空间，上段楼梯则是上层礼堂的延伸。强化、反转、流动、向上对齐和遮盖等特别操作，以及盆地结构、隧道、入口、遮罩结构和镜面原型都有助于巩固互补性，这是互助会建筑的主要戏剧构作原则。

尽管我们确定了不同的架构操作、原型、戏剧参数和构思，但是在这里，它们只和互助会这种建筑类型有关。这种建筑类型面向单一的目的地，在这一特定情形下，这个目的地可能是会议大厅，也可能是空间内的一个点，如圣坛。我们将在第三部分中看到，朝向最终目的地的进程只是空间戏剧构作的一种可能的配置。

第二部分

# 戏剧构作模型

PART 2

人们预感到将会出现这样的情况：两队终将迎来他们伟大的结局。当这一刻终于到来时，由于对结局的期望值总比实际的结果要高一些，人们会感觉失望，甚至觉得自己的智商受到了侮辱。话说回来，还有什么比一场精彩绝伦的超级对决更戏剧化的吗？[33]

——克里斯托夫·克内尔（Christof Kneer），
《南德意志报》（*Süddeutsche Zeitung*）

## 概述

在试图找寻建筑理论中空间戏剧构作的证据之前，让我们想一想音乐、戏剧、电影和表演等艺术形式，其实戏剧构作一直在这些艺术形式中发挥着核心作用。

艺术需要关注。为了实现这一目标，艺术必须在一定程度上满足或超出我们对它的期望，否则会使我们感到失望，开始忽视或远离它们。但是我们的期望往往是潜意识的、不明确的，而且常常相互冲突，直到最后一刻仍然存在——我们总是坚持“再多一点点”或想要一些“有点不一样”的东西，但是“也不过如此”。因此，本页开篇这段关于一场德国对意大利的足球比赛最后的点球决战的评论或多或少反映了我们的内心状况。值得庆幸的是，每一次新的经历都会使我们的个体和集体的期待视野发生转变，并采用艺术家和设计师的策略来吸引人们的关注。没有一个解决方案会长期奏效，即便是好莱坞，也对走上巅峰或跌入谷底的不可预测性抱有理智、谨慎的态度。[34]

## 场景

戏剧构作是由场景的组合构成的。场景是从时间的无定形流动和空间的无定形界限中提取出来的实体，可以吸引关注、建立期望或唤起记忆。通过引出、提取或重组主题和事件，场景可以使我们关注到这些主题和事件，否则我们可能会忽略它们。由于建筑作品是高度复杂的多媒介组合，需要通过戏剧构作和不同的主角来争夺游客的注意力，因此我们将首先通过选定的单个组件的“独自表演”（solo）来审视场景的可能性。当代艺术为“独自表演”提供了诸多机会，因为“克服感知的无意识模式已成了现代主义中的一种重要美学意义标准”[35]，而独自表演特别善于回避我们的无意识反应。瑞恩·甘德（Ryan Gander）为2012年第十三届卡塞尔文献展设计的艺术装置作品《我需要一些可以记住的意义（无形的引力）》[*I Need Some Meaning I Can Memorise (The Invisible Pull)*]，是一阵微风——一开始会被视为自然风而遭到忽视，实际上是人为产生的空气流动——穿过空旷的展览空间。在安东尼·麦考尔（Anthony McCall）的《五分钟纯雕塑》（*Five Minutes of Pure Sculpture*）中，移动的光线在无尽的黑暗中创建空间形态，而在沃尔夫冈·格奥尔格斯多夫（Wolfgang Georgsdorf）的装置作品《嗅觉戏剧艺术节》（*Osmodramas*）中，一个名为“Smeller 2.0”的嗅觉器官装置根据剧本将气味散播到空间中。这种由空气、光线或嗅觉构成的戏剧，瞄准了我们在日常世界的喧嚣中很少会注意到的感官反应。它们将最初空洞、无形、有些令人费解的行为变成了有意识的、愉悦的反射行为。

空间及其边界，以及激活空间的方式（如本书第一部分所述）同样可以成为表演的主题——布鲁斯·瑙曼（Bruce Nauman）的视频表演和房间装置作品就是这样呈现的。在现场表演和“沉浸式演出”[integrativen Inszenierung，由保罗·迪维亚克（Paul Divjak）创造的术语]中，表演者和观众之间的界限是模糊的：“这种形式吸引人们关注空间和物体，以及自己沉浸于其中的潜力，创造了一些空间，在类似实验室的条件下制造相遇和集体创作的机会。沉浸式演出形式的主要方式是刺激—开放—动作。它旨在解构完善的元信息传递形式，如框架、状态差异、关系控制和制度化。”[36] 例如，引发不安可以被看作一种对抗个人和社会疏离状态的方式。沉浸式演出创造的混合型生活空间的主要特征是将感官存在和讨论结合起来。[37] 同时，人们也必须承认并考虑到，这种“社会乌托邦的跨学科实验空间”[38] 无法完全超越舞台表演的固有边界——毕竟，这种思想的原创者或组织者始终在分配角色并设置操作框架，这并不意味着创新方法或预期效果没有作用。

很多场景并不像传统的古典戏剧形式那样有明确的起始和结束，而是由不同的时间段叠加或交织在一起，甚至似乎是无限循环或没有明显的目的。这种形式可能令人不安[39]，但对前卫派来说，这样的场景过于简单化。在这些场景中，意图可能通过空间表达、精心布局或建立紧张关系表现出来。但这些场景也更容易引发问题、促进沟通或产生疑惑。它们可以引发五感、感知或肢体表达的反应，让我们对角色或状况产生怀疑，或揭示空间或时间的产生及表现。在这些情况下，观众必须融入场景，赋予其意义。

“后戏剧化”（postdramatic）一词是由戏剧理论家汉斯-蒂斯·莱曼（Hans-Thies Lehmann）创造的，代表了20世纪70年代以来出现的一系列新的戏剧概念。这些概念的共同点是拒绝传统的、以情节为中心的戏剧及其绝对形式（独立的戏剧世界）、结尾（努力解决冲突），以及主要由对话推动的叙事。[40]

场景通常与特定场所紧密相关，场景的使用、展示、转换和改变位置都是表演的一部分。视频表演等与特定场所无关的表演形式更常见于博物馆，而不是电影院或剧院，这赋予了观众更大的自由度，他们可以自由地前往下一个场所，那里也许会有更令人兴奋的艺术作品，或者前往咖啡厅、卫生间、商店。艺术事件常常会消散在非正式的艺术探讨中。正如弗兰克·登·乌斯滕（Frank den Oudsten）所说：“布景师拥有的是空间，观众拥有的是时间。”[41] 但是，如果观众虽有时间，却愿意将空间塑造任务交给别人，即使这是出于方便或者意味着他们的行动自由受到了限制，又会怎样呢？那么剧院或音乐厅就可以更好地为观众提供服务，艺术家在那里可以呈现更具活力的戏剧构作角色，决定场景出现的顺序和节奏。

形式纯粹的器乐表演是独自表演诸多变体的又一种形式，就声音本身的产生而言，还没有其他艺术形式取得过如此之早、如此巨大的戏剧构作成功。尽管在不同情况下，音乐服务于不同的目的，但值得注意的是，16世纪以来，人们创造了空间，并为制作音乐和聆听音乐留出了时间。这种表演艺术的早期主角很快就有了“自主性”（尽管面临着相当大的阻力和质疑），也从文本旁白的说明性角色中解放出来，成为一种“绝对主角”。是什么让它如此特别呢？

## 声音戏剧

音乐被称为“运动的声音形式”[42]，虽然这个表述并不十分明确，但作为“精神化形式”，音乐却是永不枯竭的源泉，能够带给人难以置信的愉悦感受。作曲家必须动用全部智慧，通过精确的“紧张”和“释放”来让听众进入欣喜若狂的状态，因为在绝对形式下[43]，音乐就是如此。因此，我们对音乐的体验对于空间戏剧构作有着重要的指导意义。

戏剧构作的意图和直觉凝聚成音乐形式。这些形式并非给定的一成不变的规范，它们不会指导乐曲的走向，而是提供一种倾向或“意向”（leaning），指引一部作品的有意计划的方向。同时，每个戏剧构作的意图都在寻求一种合适的音乐形式。具体的乐曲可以抑制或突出某种形式，但并不会忽略这种形式。

我们将对几种音乐形式的戏剧构作意图进行探讨。这些意图会影响音乐的所有类型、所有层次（音程的进行、段落主题、组合、部分、乐章的序列和曲目）及各个参数（音高、音符时值、音量、音色、音调位置）。我们将通过观察几种乐章形式来探讨这些问题，因为在宏观结构中，紧张和释放的连续性尤为明显。

**简单的乐曲形式：难忘的时光（A式）**

在漫不经心地哼唱一段旋律之后，我们可能会感到这段旋律显得毫无目的和根基，需要一个新的形式、方向或可辨认的特质。有着西方文化背景的人可能会本能地赋予其一个“古典”的八小节形式，以主音开头和结尾，并在中途或结束前到达属音。我们甚至可以让它呈现为四个一小节乐句连续重复：第一小节音高略有上升，第二小节音高更为强调而持续，第三小节音高迅速下降，第四小节以饱满的音高结束。这样的形式与《雅克兄弟》（*Frère Jack*）[44]相类似，是一种简单的乐曲形式，它在稳定的基础上呈现出一个小型的戏剧性发展线，这条线贯穿固定的起点和终点，赋予时间以清晰而难忘的形式。

**复调：循环的时间（A+A+A+A……式）**

如果我们不仅在横向上，而且在多个声部中对乐曲的小节进行对角线排列，就会得到一个复调（canon）。复调是一种交织的音乐形式，旋律线条互相穿插交错，形成略微不稳定、不完全可控，但可立即感知的效果，引起越来越令人晕眩的兴奋感。因此，它被广泛用于室内娱乐游戏。由于复调可以有效地无限重复，因此，在经过几个循环后，其张力会逐渐减弱，所以常常被设计得很短。这是“收益递减定律”在音乐方面的一个典型例子。根据编剧罗伯特·麦基（Robert McKee）的说法，当重复过于频繁时，预期的效果很快就会消失。[45]

**主旋律：流动的时间（A式）**

我们也可以唱出一段旋律，并引入另外三个声部以次要的主题来伴奏，从而形成一个主旋律，也就是固定旋律。在文艺复兴时期，将主旋律指派给嗓音洪亮的男高音，赋予了乐曲垂直的对称性和透明度，使得伴唱声部既可以在主旋律之上，也可以在主旋律之下。这种前景和背景、清晰的轴线和柔和的伴奏、恒定和变化的融合可以持续相当长的时间，而不一定需要总体的发展。

**极简音乐：暂时停滞的时间（A+A+A+A……式）**

如果我们连续重复同样的音乐片段，似乎无止境地持续下去，就创造了一个基准，能让我们意识到自己所处的空间。这种模式的统一性使我们忘却了时间。在这个均衡的空间中，音调或音域的微小变化不是用来制造对比或引起发展的，而是用来影响情绪的微妙变化的。此类变化比主旋律更能强化永恒的延续感。我们与空间融为一体，任何细微的变化都无法使我们从出神的沉醉状态中抽离出来。例如，舞者无休止的旋转，或由菲利普·格拉斯（Philip

Glass）创作的时长为25分钟的《双钢琴四乐章》（*Four Movements for Two Pianos*）。这种形式最强大的动力是提升了自我沉醉的强烈感受，超越了张弛有度的范畴。

### 帕萨卡里亚舞曲：踏步的时间（A+A+A+A……式）

强调重复可以引发入迷和出神状态，这种技巧也可以转换成低音音调作为一个潜在的主题（低音附带主题）。帕萨卡里亚舞曲（passacaglia）由此产生。它规定了共同的低音部，我们可以在低音部中加入其他不同的声部，同时不会使乐曲分崩离析。在崎岖的“音乐景观”中，这样的低音附带主题坚持不懈地前行，可以令人着迷，甚至令人害怕，如同约翰内斯·勃拉姆斯（Johannes Brahms）的《e小调第四交响曲》（*Symphony No. 4*）的最后一个乐章，或恐怖电影中的音乐。但是，低音附带主题通常会以一种更为轻松的形式出现在爵士乐和流行音乐的诸多变体中。

### 赋格曲：定向的时间[A+A+A+A……（+B+C+D）式]

赋格曲是唯一真正的累加性和单向性音乐形式。它从一个单独的声部开始，根据不同的声部规则不断加强和发展，直到接近结束时达到戏剧性（或巴洛克术语中的“修辞性”）的高潮，然后通常通过一个快速下降的多声部均衡的结尾来解决。赋格曲通常有三个或四个声部。“对位主题”（countersubjects）与主题相反，可以围绕自己的主题展开，产生所谓的双重、三重甚至四重赋格曲。

### 幻想曲：悬而未决的时间（A–B式）

当紧张的气氛已经建立起来时，通过对比可以更容易地实现令人满意的解决方案。但如果仅仅是在A之后放置B，然后戛然而止，显然无法令人满意，因为第二部分会替代或超越第一部分。对于结构不均衡的音乐作品，如有引导章节和主要章节的作品，或者是像“黑暗与拯救”“预兆与确信”“平静的海面与顺利的航行”等叙事主题A-B模式的方案是最合适的。莫扎特（Mozart）在他的钢琴曲《D小调幻想曲》（*Fantasy in D minor*）中便用到了这种手法，通过欢快的D大调来驱散前面旋律的忧郁情绪。然而，由于A只是被替换而不是被框定的，因此这种忧郁情绪无法完全消除。由于A-B模式天生具有时间定向性和缺乏循环性，因此在音乐领域中（与小说不同），它会带有一些支离破碎、反复无常的感觉，甚至有一些强迫性。因此，这种模式是浪漫主义和现代主义的音乐家最喜欢的手法之一。他们经常喜欢采用开放式的结局。

### 三段式乐曲形式：平衡的时间（A–B–A式）

在前面的A-B式的末尾加入A，可以让这种音乐形式更具稳定性。这样不仅增加了主题转换的乐趣，还可以重温最初的主题的舒缓结尾。所有小步舞曲都是按照这一模式创作的，中间部分通常更加平缓，以缓解紧张之感[46]，给舞者足够的喘息时间。戏剧性发展线很少会越过开头部分，而且在对比部分或意外进展之间很少会有过渡，最多是在接近结束时有一个逐渐增大的高潮及速度的加快、调性的转变或稍大的动态变化。A-B-A式是协调定向时间和循环时间的一种简单方法，给人以满足的围合感。

### 回旋曲：再现的时间（A–B–A–C–A–D–A……式）

“回旋曲”这种音乐形式是指如果我们不仅有A和B的想法，还有C、D和E的构思，可以使用A作为反复出现的副歌来衔接后面的部分，同时不会让听众迷失方向。要想为这种回旋结构创作一个令人满意的结尾，需要具备相当的才华或者在最后加入一个小节来圆满地结束这个模式。

### 奏鸣曲形式：紧凑和宽泛的时间（A–A'–A"式）

A-B-A式呈现出定向时间和循环时间的巧妙平衡，这种平衡可以通过强调中间部分，而非结尾部分，与较长的戏剧性发展线相结合。古典奏鸣曲经常以最大限度跨越戏剧性发展线。各种音乐参数的创作技巧可以塑造多种非常灵活的结构形式。例如，主题之间不仅彼此形成对比，其自身也存在对比；通过过渡与合成，可以使对比变得更加平稳或是故意造成不协调；主题的部分可以自行剥离并独立发展。通过主题的发展，对比的双重性变成了辩证法：巴洛克风格的情感状态对比被不断发展、具有不确定性的细腻情感所取代。例如，再现部（recapitulation）不再是仅仅重复之前展示部（exposition）的内容，而是对展示部的材料进行选择和重组。考虑到古典奏鸣曲的发展形式和情感特点，查尔斯·罗森（Charles Rosen）准确地将其称为"戏剧性风格"[47]。关于贝多芬（Beethoven）的音乐，西奥多·W.阿多诺（Theodor W. Adorno）谈到了"紧凑"（加速、统一、目的性）和"宽泛"（减速、曲折、反思和持久）时间类型的连锁作用[48]。尽管古典奏鸣曲形式已经衰落，但在扩展的大型音乐作品中平衡这些部分的高雅艺术并没有消失，而且仍然是人们关注的话题，这在当今年轻作曲家恩诺·波普（Enno Poppe）的作品中依然可见，尤其是他最引人注目的长达75分钟的音乐作品《记忆》（*Speicher*）（2008—2013）。

### 原始单元：结构性时间（X in A–A'–A"式）

有人认为，艺术作品应当有动机，并且易于理解，因此，人们在实验的基础上，遵循这一观点，尝试从单一的"原始单元"（primordial cell）中扩展出典型的多样性，以创造具有丰富层次的"听觉表面"。这个原始单元并没有确定性的作用，却激发了整个作品的发展，使听众可以在无意识的情况下感受到隐藏在看似多样的表面下的音乐关系。例如，贝多芬的《第五交响曲》（*Symphony No. 5*）（基于四音符主题）和《槌子键琴奏鸣曲》（*Hammerklavier Sonata*）（下行三度）就是从这样的原始单元发展而来的。[49]最终，这种原始单元作为一个大型形式激发了整个作品的扩展：结构变成了形式，形式变成了结构。

### 序列主义：在空间内体现时间（X）

20世纪初，对古典浪漫主义戏剧性发展的厌烦引发了人们对那些既美丽又令人惊喜的瞬间重新燃起兴趣。虽然阿诺德·勋伯格（Arnold Schönberg）的自由无调性音乐仍然根植于发展原则，但对许多听众来说，其最引人注目的时刻是小型形式中的：开放性结尾的流动、模糊、非终止韵律形式，与紧张不安的发展线中的凝固声音一样震撼人心。因此，这些趋势使音乐更加强调其存在性，而不是追求变化："他们[梅西安（Messiaen）、布列兹（Boulez）、施托克豪森（Stockhausen）、郭伊瓦尔特（Goeyvaerts）等人]对声音感兴趣，是将其视为存在的一部分，而不是将声音作为功能的一种媒介，即将其视为当下的体验，而非时间流逝的媒介。"[50]每个单独的音符都应展现其自身的内在价值，进而表达空间。一个单独的音符可以在特定的时刻展现其价值，这是许多20世纪50年代的音乐作品经常出现的情况[51]，它可以平行地铺设几条线，就像莫顿·费尔德曼（Morton Feldman）的许多作品一样；或者将声源分布在空间中的不同位置，以从多个方向塑造空间，并打破音乐家和听众之间的正面关系。这只是一些可能的例子。但是，时间永远不会完全变成空间，两者仍然相互依存，即便在序列音乐中也是如此，因为"序列组织的音符不仅代表其本身存在，它们是按照顺序演奏的，尽管它们看起来好像被剥夺了所有的时间方向"。[52]尽管序列和其他经典前卫作品中充满了微秒级别的"断裂"，但它们也是共同时间连续体的一部分。换句话说，X趋向于A。

### 偶然音乐：不确定的时间（不确定式）

作曲家是否会“随机”地使用无关联的，甚至外部的标准来确定作品的形式，或者作品是否会在每次演出中都呈现出不同的形式，取决于作曲家的偶然性和不确定性的程度。艺术家对作品做出了贡献，例如，他们通过选择乐章的顺序[如皮埃尔·布列兹（Pierre Boulez）的《第三钢琴奏鸣曲》（*3rd Piano Sonata*）]，或者让观众发出的响声构成表演的一部分[如约翰·凯奇（John Cage）的《4’33”》]，从而避免作品退化成完全随意的、无法识别的形式。在这类形式中，任何事情都可能发生，各种风险最终会否定作品本身。偶然性和不确定性绝不是音乐领域的全新现象。进入18世纪后，各个歌剧团体都根据一些作曲家的作品创作了自己的歌剧选集，供晚会演出使用。同样，莫扎特的三乐章钢琴协奏曲最初并不是我们今天所知道的“封闭式作品”（closed works，是指一个音乐作品中的每个乐章之间有着紧密的关联性，形成了一个整体，缺失任何一个乐章都会使整个作品变得不完整。在封闭作品中，乐章之间的过渡通常是流畅的，旨在创造一种连贯的音乐体验，而不是简单地将多个独立的乐章组合在一起）：如果将它们换成不同的调式，就可以根据需要重新组合这些乐章。（根据目前的表演实践，一些“封闭”作品已经更具开放性，作曲家为其营造表演环境并提高批评接受度。[53]）然而，只有通过使用随机技巧，偶然性和不确定性才能成为音乐作品的组成部分。

虽然上面只是对音乐编曲及发展形式的高度概述，但也揭示了塑造时间体验之丰富方法的惊人画面。建筑是否只具有时间成分，还是可以被视为一种时间艺术——一种塑造时间体验的艺术，取决于它是否能够像音乐一样提供丰富的塑造时间的手段。

## 戏剧和电影策略

口述剧（spoken drama）和音调剧（tonal drama）都是戏剧的形式，但口述剧更加注重语义。在广播剧中，口语可以以独立、“离身”（disembodied）的形式被体验，也可以以朗读或表演的方式呈现。在古典戏剧中，虽然其他方法和效果也会发挥作用，但主要是为了帮助传达口语。在以情节为中心的古典戏剧和电影中，许多技巧已经被长期使用，以至于我们觉得它们都是理所当然的，往往忽略了它们可选的和可操纵的本质。因此，即使是最简单的情节推进方法，也值得仔细研究。

### 戏剧策略

本节论述的关键术语和主要思想大致借鉴了曼弗雷德·普菲斯特（Manfred Pfister）的开创性著作《戏剧理论与戏剧分析》（*The Theory and Analysis of Drama*）。[54]

#### 场景细分

几乎所有合理长度的戏剧都会将其叙事划分为场景。场景转换表现、刺激或解释了时间和地点的变化，人物之间的关系转变，以及语言层次的改变，同时不可避免地重新引起观众的注意。场景的长度、节奏和种类决定了人物性格和戏剧效果。莎士比亚戏剧以场景的强烈对比为特点，而瓦格纳（Wagner）音乐剧的“无终旋律”（endless melody）则导致场景之间混为一体。另一方面，“场景衔接”（liaison des scènes）的概念通过在后续场景中引入前一场景中至少一个角色将场景联系在一起，如在拉辛（Racine）的《费德拉》（*Phaedra*）等法国古典戏剧中可以看到。

#### 场景的顺序组合

为了使剧情得到更好的理解，特别是考虑到技术、资金和组织等原因（如舞台布景的变化），戏剧通常呈现出按时间顺序排列的场景结构。回顾性质的“剧中剧”[如莎士比亚的

《哈姆雷特》（*Hamlet*）]或前瞻性质的“梦境插入”属于例外，但可以让观众马上理解剧情。

<u>选择和叙事协调</u>

剧目的制作人决定在场景中呈现什么信息或以口头叙述的方式传达什么信息。19世纪，大歌剧院的演出通常以壮观的群众场景（收场画面）结束，而资产阶级悲剧则相反，人物内心冲突是通过对话来展现的。表现舞台之外事件的常用方式包括信使的报告、伪装成询问的报告，以及从墙上看到的景象（teichoscopy），演员在这里描述舞台背后发生的事情。

<u>信息的连续传输和差异意识</u>

这些提前得到的信息可以增加我们的期待感（“他会中计吗？”），增强我们的同理心（“要是我能警告他就好了……”）或幸灾乐祸的感觉（“他会遭到报应的……”）。同时，虚假信息也可以用来误导观众（为了让他们之后感到惊喜），如只提前提供表面的信息。尽管有时只提供部分信息会令人失望，但这种做法可以鼓励观众更加积极地反思人物行为背后的动机。

<u>视角</u>

“选择”这个行为本身已经建立了观察行动视角，几乎每一次信息传递也会传达一种视角：作者通过人物传达自己对事物的看法，或者伪装、隐藏、质疑、讨论和改变这种视角。

<u>插曲</u>

插曲作为明显的孤立事件散落在戏剧之中，它们可以分散观众的注意力，建立反射距离，引导观众走向另一个方向，提供喘息的机会，或者，特别是在那些结尾时才汇聚在一起的戏剧中，在最终结局明朗之前，通过插曲看似合理的出现，进一步增加悬念。

<u>直接吸引力</u>

总体来说，观众通常是心甘情愿地沉浸在舞台表演中的，但人物有时会直接让观众参与其中。在独白（人物显然是在自言自语）或对话的简短旁白中，人物会转向观众，争取让观众成为“同谋”[例如，莎士比亚的《理查三世》（*Richard Ⅲ*）或者政治惊悚电视剧《纸牌屋》（*House of Cards*）中的弗兰克·安德伍德（Frank Underwood）]。除了上述这种戏剧内部交流体系中的直接呼吁之外，还有一些外部交流方法，如开场白、收场白或插曲。当演员“跳出角色”时，“行为与观众之间的外部交流体系”[55]就会打破内部体系的理想统一，迫使观众退后一步进行反思。从这里，只有一步之遥，就可以让观众开始质疑、鼓励他们作为共同表演者即兴创作并参与行动。

## 电影策略

在电影中，全部的可用策略都发生了巨变，因为舞台变成了一堵墙，空间深度被压平到屏幕上。时间、主角、空间、光线和声音都是通过媒介来表现的，由此产生的变化影响着如下四个重要的方面。

<u>间接视角</u>

在电影中，摄像机的视角总是处在我们和正在发生的动作之间。它比舞台上的视线引导更加严格，但也引导我们采用不同的距离观察事物，如全景、远景、跟踪镜头、平移镜头、晕影、变焦或特写镜头。不同场景之间的转换可以通过突然的跳切、无缝切换[即所谓的匹配剪辑，例如，在阿尔弗雷德·希区柯克（Alfred Hitchcock）1959年导演的电影《西北偏北》（*North by Northwest*）中，罗杰·桑希尔（Roger Thornhill）的营救之手直接将夏娃·肯德尔（Eve Kendall）从拉什莫尔山陡峭的悬崖边拉进卧铺车厢]、平稳的过渡、擦除切换、分屏、渐入和渐出等手段实现。

### 蒙太奇

蒙太奇最早出现于马戏团表演和大城市的综艺剧院，但是在电影中，这种“场面衔接”（mise-en-chaine）[56]不是一种选择，而是必须遵循的规律。谢尔盖·艾森斯坦（Sergei Eisenstein）就提出过令人信服的观点，蒙太奇不仅是出于设备的原因（电影胶片长度的限制）、信息方面的需求（展示哪里的事物）或联想的目的（手持刀具的特写镜头和恐怖的表情可以表示杀人），更重要的是为了产生情感效果：“我们确信，镜头位置的变化是电影中最具吸引力的元素。在舞台上展现谋杀并不困难，但是在银幕上，利用不间断的场景来展示同样的谋杀案，才能真正震撼人心。”[57]例如，在《惊魂记》（*Psycho*，1960年）中的45秒的浴室谋杀场景中，希区柯克使用了大约78个不同的拍摄角度。[58]吉尔·德勒兹（Gilles Deleuze）将无声电影的蒙太奇手法分成了几个类别，后来也得到了广泛的认可：“有机”（synthetic）的美国学派，“辩证”（dialectic）的俄罗斯学派，“计量”（quantitative）的法国学派，“张力”（intensive）的德国学派。[59]随着声音在电影中出现，所谓的序列短镜头或长镜头得到了完善，它是一种通过连续移动的摄像机在单个连续镜头内安排场景的方法。这种方法和利用景深变化对场景进行排序的单镜头连续拍摄一样，被归类为“内部蒙太奇”（inner montage）技术。[60]

### 时间处理

电影在时间处理上更加灵活，不再受到技术和资金的限制，因此可以摆脱线性叙事，而对于闪回和闪现场景的难以理解之处，可以通过蒙太奇手法或者对电影素材进行能够产生历史感的处理来解决（如更改场景序列的色调）。电影可以中断、重新排序、倒放、缩短、延长或者暂停时间序列。“如你所知，现实时间和电影时间之间没有任何关系。”阿尔弗雷德·希区柯克在接受年轻且有点狂热的弗朗索瓦·特吕弗（François Truffaut）采访时如此解释。[61]

### 同步暂停

最后，电影具有系统地分离信息传播方式（特别是图像和声音）的能力，从而使不同现实的相互融合和重新定位成为可能。图像和声音的非同步性让人们看到了处理和传播信息的全新可能性。

戏剧和电影的手法和策略相互影响，并互相借用。“戏剧仍然是抵抗社会分裂和时间分化的关键领域之一，其中一个必要条件是戏剧需要‘慢慢来’。”[62]莱曼的这一说法同样适用于电影。俄罗斯导演亚历山大·索科洛夫（Alexander Sokurow）的《俄罗斯方舟》（*Russian Ark*，2002年）便是这样一个例子。这部电影通过一段96分钟的稳定摄像机单镜头拍摄，带领观众穿越圣彼得堡的冬宫博物馆（Winter Palace）。在图像的连续流动中，视觉和声音效果中交织着外化的内心世界和内化的外部语言。这种连续的拍摄手法只有在数字电影时代才可能出现，使得艾森斯坦的蒙太奇技法不再是20世纪的技术必需品，而只是21世纪众多创作手段之一。

## 喜剧效果

众所周知，戏剧手法，如提前信息、偶发的看似无关的情节插入，或演员跳出角色等，可以非常有趣。一项对喜剧电影的研究[63]总结了20种笑料的基本类型：情境喜剧（尴尬的情况）、小因大果、大因小果、复杂对象、对象的变形、不端行为、破坏艺术、反笑话、连续笑话、延迟笑话、晚期意识到、连锁反应、蛋糕大战、身体畸形、玩弄危险、解离效应、滑稽模仿、不当行为、错误期望与真正惊喜、语言笑话。

一方面，营造喜剧效果特别有效的技巧包括“助跑”和“翻番”，或是通过减速、加速和一次或多次波折强化幽默滑稽的节点。参考德国讽刺作家扬·波默曼（Jan Böhmermann）的观点，可以这样描述这些技巧："那些认为他在这些时刻'不好笑'的人，根本没有理解两次反转产生的笑点——先是虚晃一枪，然后来个意想不到的转折。他们不仅没有看到真正的厌女症是多么庸俗，也没有看到毫无幽默感的道德说教又是多么无聊——两个毫无创意的素材发生的碰撞才是其讽刺的要点。"[64] 另一方面，要让某个事物有趣，就必须系统地利用情境提供的所有可能性，否则就会变成一个独立的笑话或是没有根基的效果。这一点可以通过查理·卓别林（Charlie Chaplin）的两个场景来说明。在《冠军》（*The Champion*，1915年）的拳击场景中，几个标准的滑稽拳击动作被编排在一起，尽管这种杂耍表演令人发笑，但很快就显得愚蠢、荒唐。此外，打斗场景与观众的平行场景交织在一起，狗的介入也使得查理最终的胜利不像是凭空出现的，而是自然出现的。而在《城市之光》（*City Lights*，1931年）的拳击场景中，所有拳击场地元素（如拳击台、裁判、绳索、铜锣、中场休息、毛巾、观众和积分等）都被充分用来支持那个处于劣势的角色。在短短的4分钟内，作者将20个经典的笑料中的14个联系在一起，相互交织，就像一场拳击比赛本身。这种精心构建的戏剧性不仅在瞬间带来欢笑，而且能让这种欢笑在观众内心长久地保留。

## 紧张与悬念

康拉德·保罗·李斯曼（Konrad Paul Liessmann）将悬念描述为"对意外情况的期待"。[65] 如果我们相信广告和意识形态产业，那么兴奋、刺激的体验是我们每天都需要的东西。这似乎有点儿老套，却是艺术体验的一个重要标准。但是，兴奋、紧张和悬念可以用很多微妙而复杂的形式来呈现，而不仅是与爱情、死亡和谋杀相关的极端感受。如果悬念只是一个关于"谁是凶手"（Whodunnit）的问题，那么就不会存在希腊悲剧，因为这些故事已经为观众所熟悉，他们完全可以去读《荷马史诗》。古代戏剧的观众最感兴趣的显然是作者对这些素材的解读。因此，对结果或"何为紧张"的预期，并不是当时戏剧中唯一的紧张形式，这种预期会因为事件过程中出现的紧张或"如何紧张"而被掩盖或加强。对于希区柯克来说，"谁是凶手"根本不值一提，他的电影是关于悬念而不是惊喜和震惊的："结论是，只要有可能，就必须使公众了解这一点。除非惊喜是一种转折，也就是说，意外的结局本身就是故事的亮点。"[66] 在希区柯克的电影中，影射性暗示也是一种信息媒介。

除了"何为紧张"和"如何紧张"的概念外，我们还可以确定两种深层次的形式："是否会紧张"和"为何如此紧张"。当一件艺术作品的时间长度和结构（或建筑的规模及建筑的部分可达性）不明确时，出现了"是否会紧张"的概念，这就提出了一个问题，即紧张是否会继续存在。这种效果可以通过或显而易见或虚假的结局得到强化。当然，这只是开放式戏剧、实验性作品、长期性结构，特别是沉浸式场景设计的一种选择。而一旦这种效果得到认可，紧张状态就会从"是否"切换到"如何"，即使在重新审视情况时也是如此（例如，"为什么我上次观看的时候，会认为电影在这里就结束了"）。"为何如此紧张"也是一种紧张类型，源自观众尝试去探索一种静态体验（如一个图像）是如何存在的——当然是在作品本身显然尚未解决这个问题的情况下。在艺术史和艺术理论中，这相当于赋予图像内在的张力。除了图像，它还适用于想法及提出的问题。上述四种紧张状态对受众来说都是一种刺激。

这四种主观紧张状态的动机可以通过不同的手段来实现。其中，最明显的是对一个或多个角色及其所涉危险程度（"生死攸关"）的认同。另一个"经典"的方法是，在时间紧迫的情况下需要完成某事："很少有什么比缩短时间更能提高紧张感的了。时间永远不够用。"[67] 此外，以下两个结构层面可用于仔细操纵长期和短期戏剧情节的发展。[68]

首先，要提供恰当程度的未来导向信息[69]，并对其进行持续调整，因为要营造紧张氛围，观众需要能够想象出几种可能性——令人焦虑的和令人满意的方向。沿途的震撼和惊喜是不够的："悬念始终取决于完全无意识的状态和某种程度的预期想法之间的紧张元素的存在，后者基于某些特定的信息。"[70]随着新信息的出现，某些假设可以被排除，而其他假设会继续出现。因此，每一部戏都由众多短期的戏剧性发展线组成，这些线索不能解决整体长期戏剧性发展线的问题，但可以帮助维持整体发展线的连贯性。[71]

其次，事件的信息价值[72]：事件发生的概率越小，其信息价值就越高，悬念的潜力也越大。但无论这些事件的概率、可信度、可预测性和逻辑性有多高或多低，它们只有在有一个"戏剧性情境"（dramatic situation）作为出发点时才会引起观众的共鸣。这个术语是剧作家兼教师贝恩德·斯特格曼（Bernd Stegemann）发明的，他认为戏剧需要一个隐蔽的双重内部结构（Doppelbödigkeit）。那么，什么是"戏剧性情境"呢？

## 戏剧性情境

贝恩德·斯特格曼对"戏剧性情境"一词的定义借鉴了黑格尔在1817—1829年的《美学演讲录》（*Lectures on Aesthetics*）中对情境和冲突的定义。对黑格尔来说，可以产生戏剧的情境是指在"总体环境"[73]中出现未解决的矛盾，这种矛盾的爆发引发了一系列行动和反应，这些行动和反应都是"合理"和"正当"的。这两种同样有效的原则之间的"冲突"[74]（不是善与恶、真相与谎言等的简单对立），揭示了现实的"重要性"[75]和矛盾性，从而引发了新的情境。在此基础上，斯特格曼阐述了如下观点：

"在黑格尔看来，戏剧情境是指一个共同主题下的共同世界，其中人物之间的冲突是通过辩证的相互作用来呈现的。在他的理想化美学思想中，是人物之间竞争的意图使得在共同世界中呈现出矛盾的结构。这种存在被认为是'本不应该'的，因为只有当两者（世界和情境）在相互作用中出现时，才会出现戏剧情境。只是创造冲突或创造一个发生冲突的世界并不能体现戏剧中的戏剧性。后者只是一个作为包装的社会背景，而前者是一个没有结果的争论，因为世界不会受到它的影响。[76]而关于剧中的角色，我认为每个角色必须有一个对立的、关联的意愿，只有这样才能体现戏剧性情境的逻辑。这一规则包含了戏剧情境中隐含的双重内部结构，即角色之间的对立和共同利益。如果没有共同利益在第二个层面的简单对立，就不会产生戏剧性情境。"[77]

那么，我们如何开发戏剧性情境呢？从读者对建筑产生兴趣的角度来看，这与之前的音乐剧一样，就是把它们想象成几何图形，并审视每个图形在其中承受或是能够产生紧张和悬念的潜力。

## 要点

“对立的意志”和“联系的意愿”的戏剧性情境可以在舞台上只有两个人物的情况下，以原型的方式清晰地展开。正如塞缪尔·贝克特（Samuel Beckett）在《等待戈多》（*Waiting for Godot*）和《终局》（*Endgame*）中所展示的那样，戏剧效果通过限制两人的行为得到了提升。当舞台上几乎没有什么事情发生时，角色之间互动的紧张情感来自期望降低，观众会认为还有可能发生某些事情，于是产生“为什么没有事情发生”的疑问和对可能真的发生某些事情的不断增加的恐惧。我们作为观众，与角色达成隐性的共识，已经习惯并希望维持这种扭曲的默许状态。在这种悲喜剧情境中，即使是细小的变化也会引发波及范围巨大的事件。这里本质上的主要戏剧发展线是“是否紧张”，短期戏剧发展线的仪式和滑稽表现会对其进行反复重申。在这些戏剧中，空间和时间浓缩成一个点：《等待戈多》形成一个闭环，因此观众不会从场景中醒悟过来。另一方面，《终局》以反派角色克洛夫（Clov）的退场作为结束，《美好的日子》（*Happy Days*）则分几步落下帷幕，而《克拉普的最后一盘录音带》（*Krapp's Last Tape*）更接近终极目标，即死亡。在这些戏剧中，时间一直在流逝，从未停下脚步。虽然这些戏剧可能是由要点构成的，但是这些要点是松散的，其边缘是粗糙不平的。

## 循环

在许多戏剧中，主人公会踏上前往未知世界的旅程，在那里接受秘密的启示，经历几次考验后重新回到家乡，最终成为英雄。这种启程、启示和回归的三部曲模式不仅存在于神话、传说和童话中，而且在电影中[如德国女导演玛伦·艾德（Maren Ade）2016年执导的《颠父人生》（*Toni Erdmann*），虽然剧中存在批判性的悲喜剧转折]，尤其是好莱坞大片中也被广泛采用。美国神话学家约瑟夫·坎贝尔（Joseph Campbell）在他的畅销书《千面英雄》（*Thousand Faces*，1949年）中描述了这种故事情节，称之为“英雄之旅”[78]，并将其画成一个圆圈，圆圈中间有一条地平线，标志着已知世界和未知世界之间的分界线。在整个戏剧中，观众与英雄的认同是情节发展的基础，没有这个，这些“英雄之旅”只是凄婉的故事而不是戏剧。虽然我们从恐惧中寻找希望，希望正义能够战胜邪恶，但这只是童年时代的虔诚愿望，无法真正点亮世界。

## 螺旋

如果人们从字面上理解坎贝尔的循环概念（不幸的是，有太多的垃圾戏剧），英雄不会获得经验，同时他留下的世界也不会发生改变。电影学家米凯拉·克鲁茨（Michaela Krützen）对很多部好莱坞电影进行了详细分析，并将坎贝尔的循环概念发展成可以展现内外转换的多轨道螺旋概念[79]，因此，用“分离”和“抵达”分别取代了“启程”和“回归”。此外，她还指出，与史诗不同的是，在电影中，最初的分离通常是由角色过去生活中类似梦境的事件（“背景故事”）推动的。[80]

## 纠结

如果过去已经积累了足够不祥的征兆——“内疚本身就是戏剧性的时间维度”[81]——那么确定紧张程度的问题就是为了重新获得稳固的基础。我们必须深入挖掘这些问题。通常情况下，在这种反向视角的所谓分析性戏剧中，“信息的连续披露”是在对立和相互联系的意愿之间展开的。它以一种逐渐揭示过去的种种丑陋和罪恶行径的方式进行结构安排。这种剧情并不提供最初问题的解决方案，反而逐渐扩大了问题的规模。这类剧情与那些社会新闻一样，超越了观众最深的恐惧和最大的预期，引起观众的厌恶、震惊和愤怒。短期的戏剧性发展线不仅维持了长期的悬念，而且每一次新的信息都会强化悬念。这类戏剧完全聚焦于结局，即对于开始时已经发生很久的事件进行最后的澄清。像古希腊悲剧作家索福克勒斯

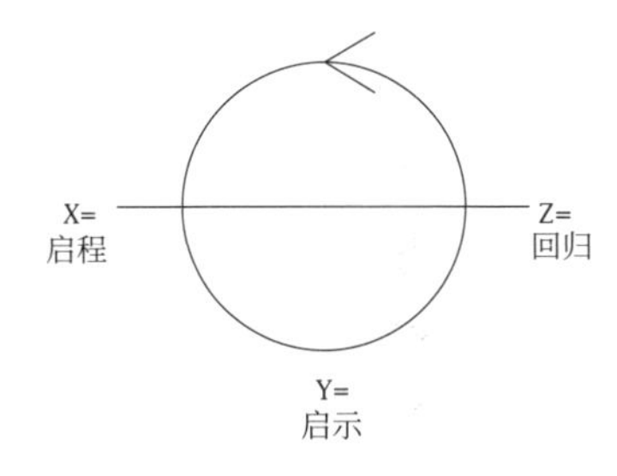


约瑟夫·坎贝尔的“英雄之旅”模型：启程—启示—回归

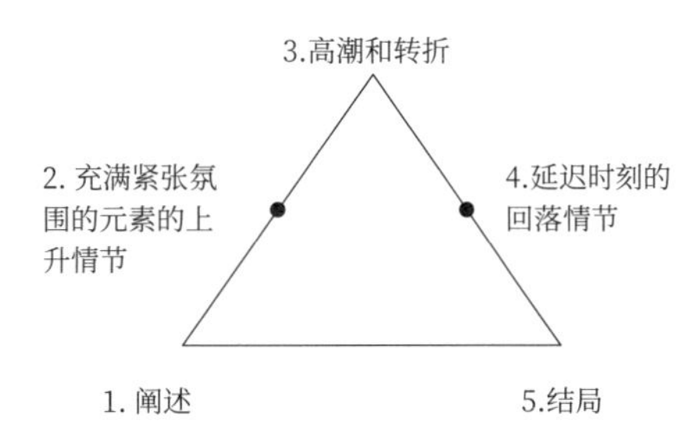


弗赖塔格金字塔

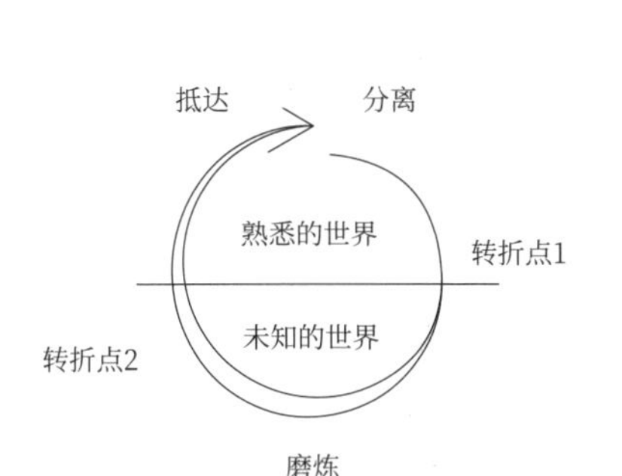


米凯拉·克鲁茨的阶段模型

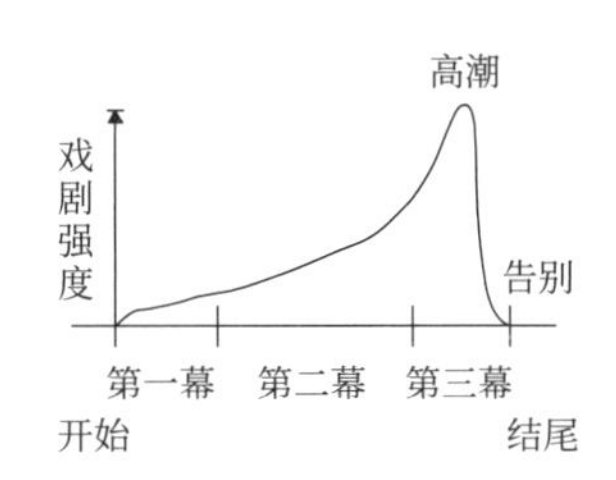


彼得·汉特的情节曲线

（Sophocles）的《俄狄浦斯王》（*Oedipus*），亨里克·易卜生（Henrik Ibsen）的大部分戏剧，以及罗伯特·奥特曼（Robert Altman）的电影《高斯福庄园》（*Gosford Park*，2001年）和托马斯·温特伯格（Thomas Vinterberg）的“道格玛95”电影作品《家宴》（*Festen*，1998年），都是这种分析性戏剧的例子。毁灭性事件的强烈效果在于“因为做过的事情是不可改变的，因此更为可怕。而对于某件已经发生的事情所带来的恐惧，与某件可能发生的事情所带来的恐惧是截然不同的”[82]。

## 轨 道

米开朗琪罗·安东尼奥尼（Michelangelo Antonioni）的电影坚决拒绝解释角色的心理状态，也拒绝让剧情走向结论。虽然戏剧性情境从一开始就存在，但最终未实现的解决方案（如果没有解决方案的话，结局将是难以想象的）主要运动方向是缓慢轨道，一直保持距离。这种运动方式贯穿了人物的动作、情节的发展、稀少的对话、主题、摄影技术以及剪辑技术。然而，这些运动实际上只是一种表达静止的方式，戏剧性情境仍然被锁在空间的虚无中，时间围绕着它旋转，或者更确切地说，场景本身就是静止不动的。

## 分段线条

如果一个情节（或对时间或空间的描写）的推进是不连续的，表现为不相关的点，那么就会产生空缺，留给观众想象的空间：“主角的发展在时间和空间之间持续，超越了作品的边界，将作品置于更广阔的视野中。”[83]这样的结构通过其形式，将未知看作令人不安、难以理解或微不足道的事物。这种结构在中世纪的耶稣受难剧中占据主导地位，并在契诃夫（Chekhov）[84]和斯特林堡（Strindberg）风格的表现主义场景剧（station drama，中世纪的场景剧是一种基督教戏剧形式，通常在复活节期间上演，以耶稣基督受难和复活为主题，被划分为多个场景或“站点”，每个场景表现不同的情节）中再次出现。时至今日，由于这种支离破碎的结构带来的疑惑和距离感，这种结构在许多大师级导演的电影作品中也有所体现。这种结构倾向于保持恒定的悬念水平，或者有规律地起伏交替，始终关注情节的发展而不是结局，这是因为结局始终是开放的，而且不一定总是出现在最后。同时，独立的剧情片段是可以互换的，从而保持相同间隔的剧情插入，直到情节结束。这种中断线条模式的戏剧通常是由碎片拼接而成的，因此它们连续地构建一个画面。我们可以将它们视为后戏剧结构的先驱。

## 金字塔和拱门

尽管在戏剧中并非必须有转折点，但如果需要设置转折点，就必须做好充分准备[85]，因为转折点必须既合乎情理又出人意料，并且能产生重要影响。这一点早在西方剧作理论的鼻祖亚里士多德（Aristotle）的《诗学》（*Poetics*）中就有所论述：“在事件突然出现而且其中一个事件是另一个事件的结果时，最容易引起恐惧和悲伤的效果。”[86]而后，他又写道：“戏剧中的结局往往与诗人的期望相去甚远。这样的事件在概率学意义上是可行的。正如阿迦同（Agathon）所说的那样，‘很多事情的发生违背了可能性，但这是有可能的’。”[87]

亚里士多德将好运向厄运转变的点称为“突转”（peripeteia），从无知向知晓转变的点称为“发现”（anagnorisis）。在剧情的不同线索汇集在一起的这一点上，它成了解决剧情难题的基础。虽然“希腊悲剧没有遵循预设的外部模式，也不是由明确定义的独立部分组成的”[88]，且所谓的亚里士多德的时间、地点和情节的统一并非源于亚里士多德本人（这在意大利文艺复兴时期被归于他的名下[89]），但情节的统一和完整性仍是其戏剧理论的核心：情节以明确定义的戏剧情境为起点，需要人物采取行动以解决最初的问题，并在剧情结束时达到解决难题的目的。1863年，当时备受欢迎的作家古斯塔夫·弗赖塔格（Gustav Freytag）厌倦了当时流行的史诗式的历史剧，于是他以亚里士多德的零散材料为基础，在其仍有阅读价值的《论戏剧情节》（*The Technique of the Drama*）中构建了一个由五个部分和三个时刻组成的金字塔结构（弗赖塔格金字塔），代表了古典戏剧的结构。上升的行动（rising action）中的紧张氛围是通过行动和反行动的交替发生得到的，而回落的行动（falling action）中的很大一部分则是由于观众担心情节将会越来越不可信或不合理，同时也抱有希望结局会好转的心理状态所形成的紧张氛围。作者在最终悬念时刻有机会挑战观众的希望和恐惧。这个“最终悬念时刻”可以让结果变得不确定，同时也增加了故事有一个好结局的可能性。[90]由于观众的注意力极难维持到最后，弗赖塔格建议回落的行动要尽可能简单明了，并且对有趣情节的利用要少于上升的行动。[91]因此，金字塔不是对称的，其顶点被放到了结局（在古典戏剧中，这通常发生在五个部分中的第三部分之后）。此外，这种封闭式戏剧（closed drama，通常是指情节发展具有严格的逻辑连贯性、只涉及极少的主角和场景、时间发展比较紧凑的戏剧，如古希腊悲剧等）中的紧张氛围不是持续线性增长的，而是以指数形式增强的。[92]考虑到这两个不对称的因素，编剧彼得·汉特（Peter Hant）重新绘制了金字塔，使其看起来更像一个滑雪坡。此外，汉特建议在困难的“阐述”[93]阶段添加一个“引人入胜的时刻”或“钩子”，以吸引观众的注意[例如，由恩斯特·卢比奇（Ernst Lubitsch）导演，并于1942年上映的电影《你逃我也逃》（*To Be or Not to Be*）]。另外，汉特也建议在故事中的一个高潮出现之后添加一个“告别”（Kiss-Off）[94]，以让观众有机会恢复常态。

### 交织的主线

如果情节不仅或者不一定是由主角和反派角色的相互作用驱动的，还衍生出另一个表面上独立的（重要）故事情节，那么人们很快就会开始怀疑它们之间的关系，想知道它们是否以及如何交织在一起，进而增加了紧张氛围的要素。[95]它们的交融可能构成了戏剧性情境本身[例如，由让-吕克·戈达尔（Jean-Luc Godard）导演，并于1966年上映的电影《男性女性》（*Masculin Féminin*）]，也可能有助于问题的解决[例如，由查理·卓别林导演，并于1940年上映的《大独裁者》（*The Great Dictator*）]，或是代表了至少一条主线的转折点，甚至推进了延迟时刻。在延迟时刻中，平行的故事情节似乎危及了主要故事情节中已经达到的情境[例如，由拉斯·克劳梅（Lars Kraume）导演，并于2015年上映的《国家反抗者弗里茨·鲍尔》（*The People vs. Fritz Bauer*）]。有着多条主线的叙事，亦称多元主题（polymyths），提供了比传统的主要平行故事情节设计更为复杂的可能性——特别是在有着诸多可能性的电影媒介中，它实现了年代交错的效果并推迟了同步性，因此会变得更为开放。就其本身而论，它展现了一种极具吸引力的叙事方式，可以替代传统的金字塔结构。当代的例子包括有着起伏戏剧结构的电影《性本恶》[*Vice*，由保罗·托马斯·安德森（Paul Thomas Anderson）导演，并于2014年上映]，有着交织情节的镜像对称模式的《云图》[*Cloud Atlas*，由瓦霍夫斯基姐弟（Lana and Andy Wachowski）和汤姆·提克威尔（Tom Tykwer）导演，并于2012年上映]，以及《通天塔》[*Babel*，由亚利桑德罗·伊尼亚里图（Alejandro Iñárritu）导演，并于2006年上映]。较早的例子包括威廉·莎士比亚（William Shakespeare）的戏剧，特别是他的喜剧。在类似的喜剧中，平行或交叉的故事情节从不同社会阶层的角度呈现了同样的话题。例如，雅各布·米歇尔·莱茵霍尔德·伦茨（Jakob Michael Reinhold Lenz）的《士兵》（*The Soldiers*，1776年）。[96] 在这部剧中，两条互补的主线交替出现，一条整体主线，一条个体主线。[97] 一般来说，多元主题叙事形式中的紧张氛围是从恒定与变化之间的相互作用中产生的，因此是一种定向的，有时甚至是公式化的对比，这是纯粹的封闭式戏剧形式刻意避免的叙事形式。

沃尔克·克洛茨（Volker Klotz）在他的戏剧形式研究中比较了封闭式戏剧和开放式戏剧的理想特质[98]，并得出结论："封闭式戏剧以一个整体的部分作为特征，包括情节、空间和时间的统一以及几个主角。而开放式戏剧则以整体作为部分的原则，包括情节、空间和时间的多样性以及众多人物角色。"[99] 尽管这些理想的戏剧类型可以进行理论化，但是现实中的戏剧很少能够以如此纯粹的形式呈现，即使是塞缪尔·贝克特或威廉·莎士比亚的作品也是如此。

## 反复体验

这种结构形式不仅塑造了我们在欣赏演出过程中的体验，也塑造了演出结束后的体验。当离开剧院时，我们通常会感到愉悦，同时也会有些许困惑。我们会同别人讲述刚刚看到的那些复杂纠结的叙事线索，这种行为也时常令人困惑不解。这种困惑往往是由我们自身的四个争相出现的普遍反应造成的：

- 我们认识到要吸取的教训（如在巴洛克戏剧中）；
- 我们受到激励或鼓舞（如在英雄剧中）；
- 我们或愉快或失望地反思这次体验的艺术层面；
- 我们继续思考戏剧提出的问题（特别是在反映社会问题的戏剧中）。

在第一种反应占主导地位的情况下，一旦我们有了感官体验，它的原始效力便会减弱，因此几乎不需要重申这种体验。如果第二种反应占主导地位，则不宜进行重复体验，因为紧张感不再起作用了，我们会看穿戏剧设定，甚至会因为被欺骗而感到尴尬。在第三种反应占主导地位的情况下，我们会寻找理由来解释自己的反应，并将其作为一般原则与其他反应联系起来。然而，由于我们无法完全解释自己的反应，因此重复观看通常会对我们大有帮助。第四种反应也是如此，通过对戏剧所探讨的现实问题进行推敲，我们也会对戏剧的构建方式以及对我们体验的影响产生怀疑。

建筑所传达的信息并不像语言和文字那样清晰明确，而如果一座建筑的英雄式姿态也是为自身服务的（如创造纪录），那么往往就是微不足道的。由于很多建筑每天都会接待相同的游客，因此其戏剧性构造不能仅仅关注于"何为紧张"等一次性效果，而是必须集中于循环往复的"如何紧张"。只有当室内设计对不同时间、不同光照条件、不同社会构成和用途做出不同的氛围回应时，建筑才能成为人们喜欢多次光顾的工作或游览场所。

在探讨这些准则在当代建筑案例中展现的潜力之前，我们首先看看关于建筑的论述为我们对空间戏剧构作的探讨带来了哪些启示。

## 建筑论述中的空间戏剧构作

建筑一直是游行和仪式活动的背景环境，同时也是公共和私人之间的过渡地带，其作为通路的控制者和行为的调节者需要在一开始就融入戏剧构作的规则和效果。然而，长期以来，有关这些规则和效果的讨论一直未得到系统整理。多年来，人们通过直觉、实践、评价、体验、反思和讨论逐渐获得的隐性知识[implicit knowledge，即迈克尔·波兰尼（Michael Polanyi）在1958年提出的“默会认识”（tacit knowing）]对建筑造成了深远的影响，其影响程度远超过空间戏剧构作的显性知识。这一点在古代文明遗留下来的建筑作品中得到了证明。

在本节中，我们从西方建筑著作中筛选出若干关键性文本，以寻找有助于系统地阐述空间戏剧构作的方向和合适的建筑模块。我们不会对每一部文献进行详细的说明，也不会探讨它们对建筑史或建筑批评的贡献——这两种贡献在建筑理论专家的著作中随处可见。相反，我们的目标是更好地了解这些作者所用的术语及其用法。我们选择的标准是，作者所设想的建筑使用者是在其探讨的建筑中四处走动的人，或是作者根据参观者在参观前后的体验情况对空间进行的反思。如果作者的反思仅限于静态或布景方面，或者重点集中在具象或直觉方面而不是术语的情况，我们在此也不考虑这种方法。我们还排除了关注普遍（建筑）空间的文本——如巴切拉德（Bachelard）、博尔诺（Bollnow）、杜克海姆（Dürckheim）、德塞都（de Certeau）、梅洛-庞蒂（Merleau-Ponty）、德波（Debord）、斯特克（Ströker）等人的很多作品，而选择专注于以实际建筑作品为重点的文本，它们可以为我们在本书后续部分中的调查研究提供依据。

### 公元前25年，《建筑十书》，维特鲁威
*Ten Books on Architecture*, Vitruvius

该书中除了对光线效果做了一些评论，如斜切边缘石头的“宜人外观”（第四书4.4）、神殿的东向（第四书5.1）、温泉浴场的浴盆与光线之间的垂直轴（第五书10.4），以及根据它们相对于太阳的方向完成的功能布局，还有一些无关痛痒的论述（第六书2.2~2.4），如感官的欺骗效果以及观者的位置如何决定外观。维特鲁威的建议是受到实用主义和比例规则驱动的，这些比例规则要么被人格化，要么为有理整数。他最基本的主张（第一书2.6）是“华丽的室内”应当配以“体面讲究的入口大厅”，而不是“低矮、小气的入口”。尽管其背后的用意只是为了合乎“适度”的原则，但这些言论代表了空间戏剧构作的第一次闪现。另外，比例协调（维特鲁威的核心研究内容之一）只不过是“构件调整中的美观性和适合度”（第一书2.3）。因此，建筑是画家和工程师的艺术作品，而不是时间和空间的艺术作品。如果古代留存下来的唯一建筑论述不是维特鲁威的作品，而是罗马帝国后期的作品，那么空间戏剧构作在西方理论中，特别是在文艺复兴时期，可能会有完全不同的地位。

### 555年，《建筑》，普罗柯比
*On Buildings*, Procopius

同样的情况也适用于普罗柯比，他对拜占庭帝国皇帝查士丁尼的建筑活动进行了论述，该著作在很早的时候就获得了广泛的认可。[100]几乎可以肯定的是，当时的读者一定非常厌烦他对统治者单调的讲述和歌颂，即便对于今天的读者来说也同样如此。但是普罗柯比似乎已经意识到了这一点（第一卷），他写道：“俗话说，‘在一部作品的开端，我们需要设置一个光彩照人的开篇’。”他通过对圣索菲亚大教堂（Hagia Sophia）（532—537年）的华丽描述实现了这个目标，他介绍了圣索菲亚大教堂的材料构成，还试图捕捉它的空间感受。他不仅说明了圣索菲亚大教堂如何统一教堂内相互对

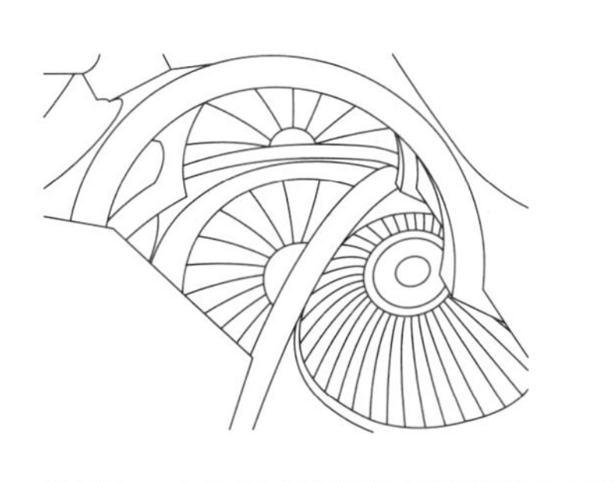

从其中一个贝壳形屋顶望向圣索菲亚大教堂

立的紧张关系——“教堂似乎以某种方式飘浮在空中，实际上却是以异常坚固的结构支撑着的”，还描述了远远早于埃德蒙·博克（Edmund Burke）和伊曼努尔·康德（Immanuel Kant）时代的关于“崇高”的基本特征：“优美绝伦，但由于结构似乎不稳而令人心生恐惧。人们可能会认为它们是陡峭的山峰。所有细节与令人难以置信的技巧相结合，使主体结构互相依偎飘浮着，仅以旁边的构件为依托，人们的视线也因而不断移动，因为观看者会目不暇接，无法确定哪处特定的细节比其他细节更值得观赏。这样一来，他们会把注意力放在各个方面上，导致对每一处细节都观察不细，因此无法理解这些娴熟的工艺，他们最终会离开这个充斥着令人眼花缭乱的景象的地方。”

尽管普罗柯比没有探讨人在移动时空间是如何逐渐呈现的，但他指出人们的目光会沿着空间的圆顶、拱门和边界不安地反复凝视，迷失在房间的细节中。虽然作者在“艺格敷词”（ekphrasis，一种古典文体，是对艺术作品的描述，通常在建筑落成的揭幕仪式上以致辞形式出现）中对这种奇妙的建筑体验进行了生动的描述，在这种情况下，他并未使用其他地方常用的标准措辞，而这也是观者所期待的。最后，他谈到了试图理解艺术及其效果的原则是徒劳的。这种失控情况使人们对自身有了一些发现。据我所知，普罗柯比的描述是最古老的，它不仅涉及观看的乐趣，还指出了视觉感官是无法洞悉一切的。此外，他的另一个观察结果如今已得到证实：人们不仅在第一次看到教堂时，而且在每一个连续的场景中都会获得同样的体验，好像每次的景象都是新的。没有人会对这种景象感到厌倦。优秀的戏剧构作的特点在于，一旦人们理解了作品（“何为紧张”），它的效果便不会消失。重新思考普罗柯比的著作，可以重新评估“艺格敷词”作为一种表达方式的价值。它不仅是一种致辞的文体，还是一种阐释空间戏剧构作敏感性的手段。

**1452年，《建筑论：阿尔伯蒂建筑十书》，莱昂·巴蒂斯塔·阿尔伯蒂**
*On the Art of Building in Ten Books*, Leon Battista Alberti

作为一位“严谨风格”的倡导者，莱昂·巴蒂斯塔·阿尔伯蒂备受争议。他主张研究过于复杂的比例，并提出视觉感官优于其他感官的观点[101]。他还创造了严格美学（strict aesthetics）[102]的概念，这是反戏剧构造的杰出代表。因此，通过仔细的观察来恢复平衡，是一件非常值得称赞的事情。

一方面，阿尔伯蒂对神殿的描述非常精准，他对古代和他所处时代运用光线营造空间气氛的作用和概念提出了批评。他认为黑暗中自然产生的敬畏会激发人们心中的崇敬感，对威严也会产生敬畏之感。此外，应当在神殿内燃烧的圣火是宗教崇拜中最神圣的装饰物，在光线过强的情况下会显得十分微弱。古人通常将门作为唯一的通路，但阿尔伯蒂更希望神殿的入口光线充足一些，使其内部和中殿不要太过昏暗。他建议将圣坛设置在威严的地方（较为昏暗的地方），而不是典雅的地方。当时，调节空间内的光线或让圣坛区域变暗都不是标准的做法。此外，他还注意到人工照明和香气对空间氛围有促进作用。他希望神殿的照明具有一定的威严感，而不是用微弱的、闪烁的烛光营造气氛。他更喜欢使用烛台和几盏大灯的古老传统，在这些烛台和大灯中跳动着的香气弥漫的火焰可以营造出独特的氛围。据记载，在古罗马的每个宗教节日期间，王公们会要求在大教堂内用公费焚烧580磅（约263千克）的香脂。另一方面，世界各地的人在来到这个国家后，都会忘记他们的紧迫感：“这里的一切都面带微笑，似乎在欢迎客人的到来。这使得那些已经进入的人感到犹豫，不知道是应该留在原地享受快乐，还是向着吸引他们的美好事物前进。人们被引导着从方形房间进入圆形房间，再从圆形房间进入方形房间，然后进入既不是圆形也不是方形的房间，它们由混合线条构成；通道通向最里面的套间，如果可能的话，不设置上坡或下坡，而是将其设置在一个平面上，或是至少让上坡变得容易些。”[103]阿尔伯蒂梦想在这里打造一种平房。实际上，他在这本书中建议尽可能避免楼梯和多层建筑。

**1570年，《建筑四书》，安德烈亚·帕拉第奥**
*The Four Books of Architecture*,
Andrea Palladio

帕拉第奥把楼梯作为他研究的对象。他认为通向楼梯的入口应当易于识别，但只有在游客看到房子里最漂亮的房间之后才能找到。这是他在长篇论文中唯一一次将正确的时机作为设计的标准。此外，他认为楼梯应当引导人们进入一个宽敞的房间，楼梯本身应当“采光良好、宽敞且适于行走，因为它们似乎是在邀请人们登上去”（第一书，第28章）。帕拉第奥采用了“似乎”这种语言方式来表达空间特征、姿态和感觉，这表明他对此并不自信。在介绍开放式旋转楼梯时，他认为在楼梯上能够看到一切，并被所有人看到是最好的，无论是出于享受还是控制的目的。[104]关于人们的视野方向，他只在第二书的第2章中提到过一次，建议将关注的焦点放在最大和最漂亮的房间上，而不是放在较小的次要空间上。在文艺复兴时期，楼梯被视为次要空间，然而这位头脑冷静的空间创造大师选择借助这一元素来展示他的设计技巧。

**1770年，《近世造园管见》，托马斯·惠特里**
*Observations on Modern Gardening*,
Thomas Whately

**1779年，《风景造园要旨》，**
**克里斯蒂安·凯伊·洛伦兹·希尔施费尔德**
*Theory of Garden Art*,
Christian Cay Lorenz Hirschfeld

**1834年，《造园指南》，**
**赫尔曼·冯·普克勒-穆斯考**
*Hints on Landscape Gardening*,
Hermann Fürst von Pückler-Muskau

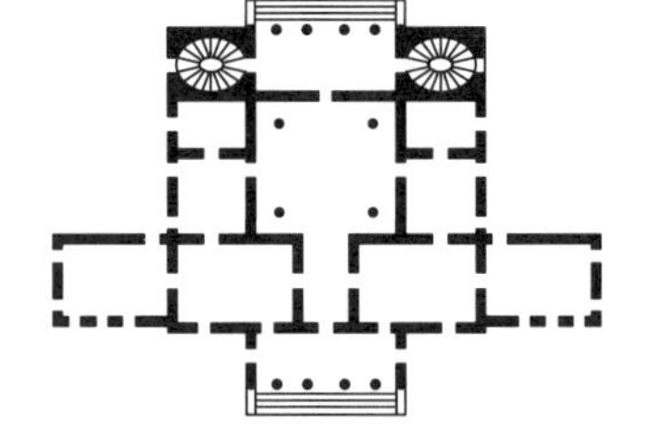

科尔纳罗别墅（Villa Cornaro）

随着英国景观园林的兴起，人们开始利用新手段和新现象，如晕影、隐藏和显现，人工自然主义，视错觉深度，假设、情境和临时边界，变化和对比，新颖，不对称，讽刺，过渡，交替，惊喜，风景画，视角变化，风景移位，时间延长，连通表面等，都成为当时的审美语言。英国园林的创新形式在欧洲引发了一场空间革命，并产生了许多关于这一主题的著作，至今仍在持续。

托马斯·惠特里（Thomas Whately）是最早支持园林创新设计的人之一。他对英国园林的许多风格策略和效果进行了系统、精细的区分，并根据“地面”“树林”“水”“岩石”进行分组。所有设计的目的都是尊重地方特色，在保持公园统一性的同时，创造千变万化的景观效果，并完善过渡的艺术，使变化和反差之间的过渡不会过于突然，而且几乎没有明显的中断。他认为：“如果没有变化或是对比，地面会显得不美观或是不自然。而已经采取的预防措施，只是为了防止多样性退化为不一致性，对比性退化为矛盾性。”开发独特风景的艺术在于精心地运用各种手段，因为“在没有其他不同之处的情况下，人们将更加关注某一处差异”。惠特里关于形态论的论述读起来像是对交响乐的描述，只要换掉几个词语就行了。而他对林地边缘“凸出和凹进”的阐述，则同样适用于任何形态上的显著效果。视野的方向和入射点的密度取决于空间设计的规模和预期用途。在骑马时，人们只能从远处观赏成片的树木，但在公园内，人们可以近距离触摸树木，并独享园林中这样的空间。尽管惠特里的规则似乎非常合理（“如果这样的暗示配得上规则的名称”），但他也意识到了它们的局限性：“绝不接受用一般的考虑因素来干涉非同寻常的巨大效果，这种效果高于一切规则。”在感性的新时代到来之前，这种对古老格言“所有规则都有例外”的诠释是不会如此随意的。同样，相对于单纯的视觉美感，感官和感性特征也不会被赋予价值。因此，惠特里

1779年由弗雷德里克·马格纳斯力·派普（Fredrik Magnus Piper）绘制的平面图中的斯托海德风景园（Stourhead）平面图

的形态论是连贯的、精确的，但它缺少适用于大型景观的一般性术语和概念。希尔施菲尔德（Hirschfeld）在描述场景的氛围特征时比惠特里更进了一步，他使用了相当简单、质朴的方法，将园林建造成“舒适宜人、凉爽通风、生机勃勃”“优雅宁静”“温馨浪漫”“绝妙无比”的模样。赫尔曼·穆斯考从惠特里那里借鉴了很多想法，但只是进一步阐述了道路的主题。在他看来，英国园林中很少设置道路，并强调“步行道路之间必须有功能上的联系，从而提供许多看似彼此分离、杂乱无章的人行道，但是这种通行方式却可以让人们在其中随意行走”。因此，他的方法要求建立一个可以提供不同选择的路径网络。就路径的安排而言，他的主要规则如下。

1. 道路应当将人们自然地引向最佳视角。
2. 道路应当沿着一条宜人、实用的路线安排。
3. 当道路穿过从远处可以看到的绿地时，它们必须将这些区域划分成风景如画的形态。
4. 在没有障碍或明显理由的情况下，道路不应转弯。
5. 最后，道路在技术上应当是合理的，同时要保证它结实、平坦和干燥。

### 1780年，《建筑天才/艺术与感觉的类比》，尼古拉斯·勒·加缪·德·梅齐埃

### *The Genius of Architecture; or, The Analogy of That Art with Our Sensations,* Nicolas Le Camus de Mézières

根据克劳德·佩罗（Claude Perrault）1673年的建筑理论，不应盲目采用古典比例规则，只有在合理的情况下方可采用。相关论述出现于17、18世纪的法国[105]，一方面称赞实用性、舒适性和适宜性（最终汇集成一系列的风格指南），另一方面更加注重个人的敏锐感觉，同时强调特色与表现力的品质。这两条推论线索是由勒·加缪·德·梅齐埃结合到一起的[106]，他将特色从个体空间的属性提升为反映客户地位和职业的指导原则，解决了所有的感官问题，并主张从外墙到花束香味的整体设计理念。在英国园林的启发下，他将法国酒店设想为更加壮观的房间序列，营造出连贯一致的氛围：外墙设计不应多于室内设计，前厅的色调特征应当与客厅相同，但不应比客厅更富丽堂皇，等等。他的论述第一次倡导了空间戏剧构作的理念，而他也意识到了这一点。然而，他将单个房间描述成准静态的偶然发现的空间，而不是在时间和空间上展开的风景。他将注意力放在光线设计上，关注所有的光线设计，却忽略了视野的调整，或是从纯粹实用的角度探讨路径的设计。令人惊讶的是，他对马厩这样平凡的空间都异常关注，却对楼梯的设计言之甚少[尽管他非常了解枫丹白露宫（Fontainebleau）或尚博尔宫（Chambord）的楼梯]。通过倡导“行进顺序”这一最重要的戏剧构作原则，在对所有空间均进行了细致入微的探讨后，他吐露了自己的偏好——寻求一种没有反差、没有惊喜和交错变化的和谐。

**1793年，《建筑——关于艺术的随笔》，艾蒂安-路易·布雷**
***Architecture, Essay on Art,***
**Étienne-Louis Boullée**

布雷设计的建筑中巨大的楼梯和大厅无疑延缓了移动的进程，但他并未强调移动的步伐——尽管他确实通过设置障碍，将重点放在人们移动的欲望上。牛顿纪念碑（Newton's Cenotaph）的绝美夜空既能刺激移动又能阻碍移动："（球体的）曲线确保观者无法走近他所看到的物体；他身不由己，仿佛所有事物都脱离了他的掌控，只能待在指定的地方。"身体的重力体验及未完成的欲望的浪漫原则成为（空间）规划的重点。"不可思议的空间奇观"也可以在绿树成荫的街道和以五点梅花形排法（Quincunx）种植的树林中看到。在这些区域中，树木似乎在"与我们一起移动，好像我们给予了它们生命"。这里描述的是一种运动视差现象，它逐渐成了一个问题。设计的景观越大，运动的速度就越快。随着铁路出行方式的出现，这成为19世纪备受争议的话题。因此，无边无际或崇高的感觉也可以通过将观者固定在广阔的空间中来实现，就像调动观众在一个有节奏的结构化空间中移动一样容易。

**1869年，《建筑空间的力量》，理查德·卢卡**
***The Power of Space in Architecture,***
**Richard Lucae**

卢卡曾在柏林合唱协会发表演讲，他的听众多为受过教育的非专业人士。在演讲中，卢卡故意避开了建筑界的主流问题：建筑应该采用何种风格？相反，他强调形式、光线、色彩和尺度是决定建筑空间力量的主要因素，"风格只能在极小的程度上产生影响"。这些元素在一般审美印象中符合基本要求，光线可以改变其特征，色彩可以改变其氛围，而尺度则取决于我们自己，因为"我们通过感官感知到的一切影响着我们，它们之间的对比只与我们自己有关"。在对万神殿（Pantheon）和水晶宫（Crystal Palace）的描述中，他通过轻松愉快的风格，将客观描述和主观观察交织在一起进行了生动的阐述。当他描述空旷感对剧院礼堂或教堂的不同影响，以及火车站对抵达者和离开者的不同影响时，很自然地将环境的意义及各自使用者的立场纳入了考虑。

**1888年，《文艺复兴与巴洛克》，海因里希·沃尔夫林**
***Renaissance and Baroque,***
**Heinrich Wölfflin**

"巴洛克建筑变得引人注目；艺术作品不再是由一系列精美的、自成一体的部分组成。只有通过整体，单个部分才能获得价值和意义，或是带来令人满意的结果和结论。"尽管他认为巴洛克风格可以吸收、融合各种不和谐的元素，并在另一个点或整体外观上分解这些元素，但是沃尔夫林几乎没有提到任何空间的运动。对单个主题进行比较的方法使沃尔夫林能够判定一个时代的特征，但是无法确定作品内部、空间之间或在被接受的过程中的内在关系，因此他对巴洛克主题的判断往往是诋毁性的。他对罗马圣耶稣大教堂（Il Gesù）的描述是一个例外："人们被吸引着前行，好像被施了魔法，向着光明的方向走去，圆顶本身只有在人们向前行进的时候才会展现。"奇怪的是，对于由多种元素组成的序列，他只对阿尔多布兰迪尼别墅（Aldobrandini Villa）和康帝别墅（Conti Villa）花园内的瀑布额外做了描述。另外，他关注的主要是二元对比，例如，活泼的外墙与平静的内饰，昏暗的中殿与明亮的圆顶。沃尔夫林在他后来的著作中对巴洛克风格给予了较高的赞誉。不过，在他的所有著作中，包括《艺术史的基本原理》（*Art History*）（1915年），沃尔夫林对绘画的阐述和定义要比对建筑的更有说服力。他对建筑是"物理体量的艺术"（1888年）这个定义没有得到进一步发展，因此，空间进程只发挥了很小的作用。尽管如此，沃尔夫林的著作，包括他对建筑的思考，初步奠定了通感（共鸣）、美学和形式化分析的广泛基础。[107]

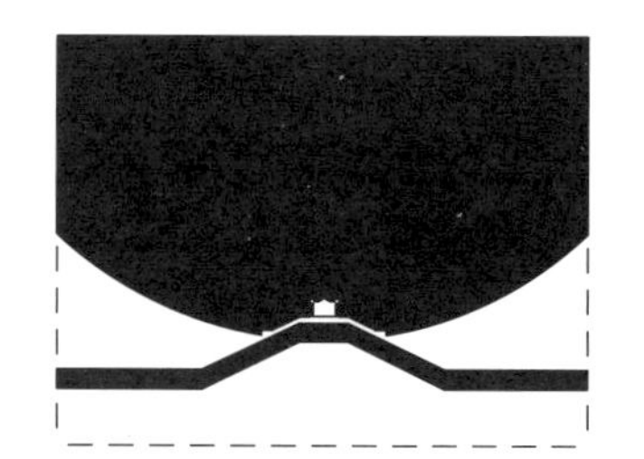

牛顿纪念碑（细部）

卢卡的广场序列

圣吉米尼亚诺（San Gimignano）的广场序列

尽管空间布局非常不同，但是空间序列都产生了两种情况，从广场布局到主路左右两侧的布局。

**1889年，《遵守艺术原则的城市设计》，卡米洛·西特**
*City Planning according to Artistic Principles*, Camillo Sitte

广场空旷的中心和封闭的墙壁正面，以及它们根据主体建筑轮廓确定的方位（教堂前的“深广场”和市政厅前的“宽广场”），作者认为比例规则的处理方法和对不规则的无关性意识并不应教条化。他认为人们的记忆决定了哪些特征仍然是最显著的，与现实的对比揭示了我们对规模和比例有多少误判。作者认为最宏伟的城市广场是为了遮挡部分纪念碑结构而形成的广场群落，以及由此形成的“三个广场和三个城市中心区场景。它们各不相同，而且本身就是封闭的和谐统一体”（第六卷）。作者认为，从一个广场走向另一个广场所产生的特殊效果，是由于我们的参考框架在视觉上不断发生变化，并给人们以全新的印象。（第六卷）最后，艺术城市原则的巅峰并不是理想的景观，而是序列的选择。

**1893年，《建筑创作的本质》**
*The Essence of Architectural Creation*

**1896年，《论尺度在人类空间构建中的价值》**
*On the Value of Dimensions in Human Spatial Constructs*

**1897年，《巴洛克风格与洛可可风格》，奥古斯特·施马索夫**
*Baroque and Rococo*, August Schmarsow

1893年，施马索夫在莱比锡大学的就职演说中提出“每一个空间创造首先是对一个主体的围合”，“可以说，空间结构是人类存在的必然产物”，并得出结论：“建筑的历史是空间感的历史。”《巴洛克风格与洛可可风格》一书是这样开始的：“建筑的本质是空间的塑造。”并在关于米开朗琪罗的一章中，他这样总结道：“他的建筑围绕广阔且全面的空间展开，人们需要一个接一个地体验各个空间的时间序列；它在很大程度上与诗歌和音乐作品密不可分。”在当时，这些都是革命性的语言。

1893年，施马索夫就“调节（所有空间）创造的自然法则”，即“轴向坐标系统”给出了如下限定：主坐标包括直立步态的垂直轴和指示人们自由移动方向的深度轴，而宽度的基本尺度只需要超过“人的臂展”。当深度轴和宽度轴差不多等长时（如在正方形或圆形内），向上的目光就越发重要，空间的垂直轴也因此越发重要。我们用“延伸”“广阔”“方向”等词语将“与我们密切相关的移动感”归结于房间的维度，这样我们就不再将房间视为“冰冷、僵化的形态”了。只有当我们走出典型的“四壁”结构时，空间结构才会成为“我们身外的主体”，其垂直轴越是占主导地位，它就越发显得独立。1896年，施马索夫写道，当空间超过最小尺度时，我们的视觉和触觉就会按照层次架构空间，而空间的客观轴线也会随着我们的视野和运动的主观轴线开始发生转变：首先，我们用目光上下左右“打量”墙面来度量它们，然后转头，以（空间的）宽度轴作为（视野的）深度轴，激发“侧壁的艺术感染力和整齐空间序列内的通道，一连串心理意象的通道，让僵硬的造型充满生命力，唤起与因果关系的类比，通过与我们的想象进行诗意互动来吸引我们”。在它的时间体验中，“只有音乐和诗歌可与其媲美”。

从这个意义上讲，高度不仅是衡量比例的尺度，也是衡量增长的尺度；宽度不仅以对称为特征，而且以空间的展开为特征；深度不仅取决于构造的节律，也是由可逆转的运动来定义的。正是这三个维度之间的关系塑造了一个空间的特征。

施马索夫利用这套方法描述了米开朗琪罗设计的卡比托利欧广场（Piazza del Campidoglio）。在这个设计中，建筑大师预见了“即将走来的漫步者”，这是对广场轴线及交叉点的巧妙处理：人们沿着中心轴线“缓慢上行”，最终抵达“宫殿层，其钟楼耸立在空间上空。在广场的中心，骑马雕像矗立在椭圆形的两个焦点之

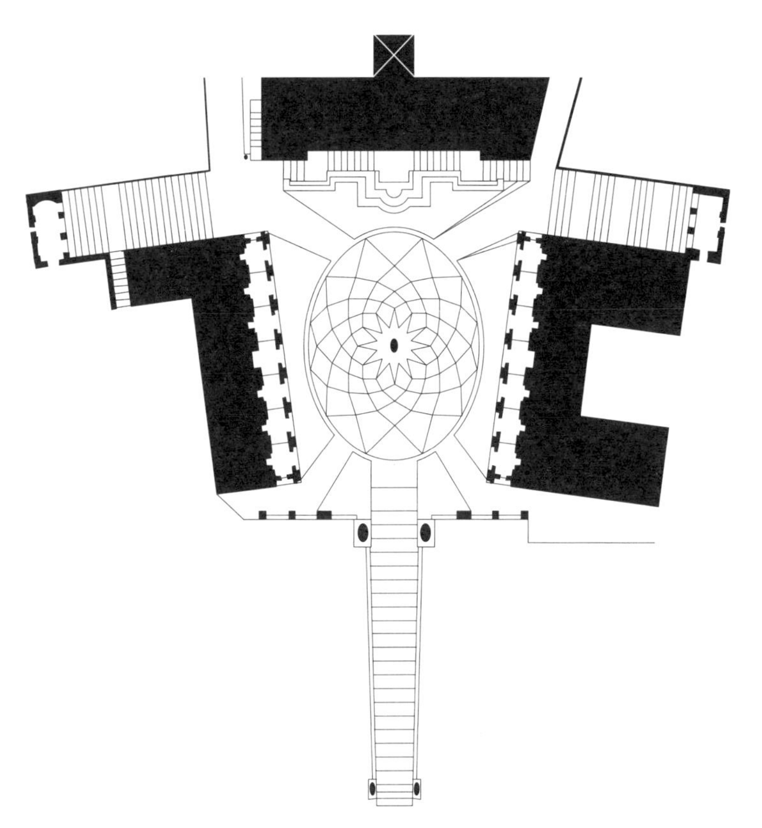

卡比托利欧广场上的高度轴、深度轴和宽度轴

的细节所困扰，只是简单地向上望去。”这与哥特式建筑追求威严高耸是不同的：“哥特式建筑总是向上延展，并随着建筑无限地向上延伸而逐渐变细。而在这里，我们只有一个高度，一个有着巨大周长的厚重体量。”

在施马索夫对米开朗琪罗的解读中，不同的力量（及它们各自不同的氛围）可以相互跟随，在空间序列及相同的内部空间中密切相连。在建筑构图中，协调是衡量美感的标准，在施马索夫关于空间和时间艺术的建筑新概念中，力量的作用决定了建筑的美感。

**1899年，《建筑史》，奥古斯特·舒瓦西**
*History of Architecture*, Auguste Choisy

为什么谢尔盖·艾森斯坦将雅典卫城（Acropolis of Athens）称为“最古老的电影艺术之一”[108]？为何勒·柯布西耶使用雅典卫城109阐述他的建筑漫步概念？因为这两个前卫派的支持者都读过奥古斯特·舒瓦西这部厚达1400页的《建筑史》的同一章节。在这个关于“希腊艺术中的风景”的章节（第1卷）中，舒瓦西展示了雅典卫城结构的自由分布形式和定向是如何按照四个视角精确计算序列的：首先，是正面视图，包括卫城前门凹面狭长区域和结构富有韵律感的大厅；其次，是巨大的雅典娜雕像的中央视图；再次，是帕特农神庙的中后视图；最后，是斜对面伊瑞克提翁神殿的移动视图。每个视图中只有一个“主角”完全呈现，其他角色只在人们的视野边缘处被察觉，或是被隐藏起来——如在雅典娜雕像的中央视图中，雕像沉重的基座挡住了女像柱，依此类推。这样一来，每个场景都非常平静，但在场景边缘看到的模糊的、瞬间的或局部的景象又刺激着人们向前移动。每个场景都体现了精心设计的体量平衡。舒瓦西认为，希腊人更喜欢对角线视角，将雄伟的正面视角留给特别壮丽的时刻。由于人们需要从帕特农神庙后方进入，因此，舒瓦西描绘的路径并不只是一种随意的选择。此后，舒瓦西对雅典卫城进行了

间，三个维度发生了转变；我们行走的深度轴，此刻让位给展现整体组合的宽度轴，而宽度轴又让位给主导整体结构的高度轴，然后再次朝着深度方向汇聚到一起，也就是整个空间的生命轴”。

因此，在空间的三维设计中，米开朗琪罗没有将重点放在组合上，而是放在力量的重新定向上。而这种重新定向不仅要在游客面前呈现出来，还要深入游客的内心[施马索夫说的是建筑空间（Bildungssphäre）]；它形成于一个单独的房间或封闭的空间：“用稳定渐进的比例取代了协调的比例。”这很了不起，因为“建筑本身只能在非常有限的程度上适应通过成长而产生的过渡关系”。但它确实存在，如罗马圣彼得大教堂（St. Peter's in Rome）的圆顶下方及内部的空间就是这样的：“在无法令人满足的探索下，一种黑暗的成长和展现的冲动将人们引入其中，但人们也不会迷失于宽度，或被深度

1

2

3

4

5

6

**国会大厦广场刺激移动的元素**

1. 当人们走近时，深度轴由倾斜状态变成垂直状态，以楼梯和钟楼为标志。
2. 雕塑围成一个菱形，广场周围的墙壁形成一个分隔结构。
3. 雕塑形成一个门户。
4. 宽度轴变成深度轴。
5、6. 宽度轴的三维表达和高度变化的戏剧表现。

更为详细的分析，但他并没有考虑沿途场景是如何相互交错的，也没有考虑人们如何在移动过程中感知这些场景。尽管如此，他对重要的移动过程的清晰观点也成为空间戏剧构作研究的一座里程碑。[110]他在书中对特殊剖面进行的轴测展示也是革命性的。在这部两卷本图书中，舒瓦西仅在展示雅典卫城的时候使用过这个方法——相比于手绘草图，人眼在观看轴测图时会更加自如。

**1914年，《建筑史原理：建筑风格的四个阶段1420—1900》，保罗·弗兰克尔**
*The Principles of Architectural History: The Four Phases of Architectural Style, 1420-1900*, Paul Frankl

与沃尔夫林和施马索夫相似，保罗·弗兰克尔主要通过探索文艺复兴时期和巴洛克时期建筑之间的对立关系（进而探索洛可可时期和古典主义时期的建筑）来发展他的概念和观点。“整体和部分是最高级的对立关系。这是第一个也是唯一的对立关系，根据对四个要素的分析以不同方式呈现出来。”在弗兰克尔的理论中，这四个要素是空间形态、物质形态、可见形态和功能。物质形态在文艺复兴建筑中以“内部力量的辐射”形式出现，而在巴洛克建筑中则以“外部力量的传递”形式出现，即“依靠外部力量并受到外部力量约束和威胁的碎片”形式及“本身不完整的、过渡的”形式。在洛可可建筑中，这种不稳定的“引导”力量变成“伴随外部力量的从属对立关系”。空间构成原则分为“附加”与“分离”。弗兰克尔参考由“附加”空间构成的空间，对协调辅助空间（他称之为“对齐”）和从属空间（他称之为“分组”）的韵律的可能性进行了严格的分析。例如，有着一系列协调辅助空间的房间和有着分组辅助空间的空间序列。巴洛克建筑对附加空间的反感导致了“空间的相互渗透和外围的融合”，“它们逐渐将自身平衡的

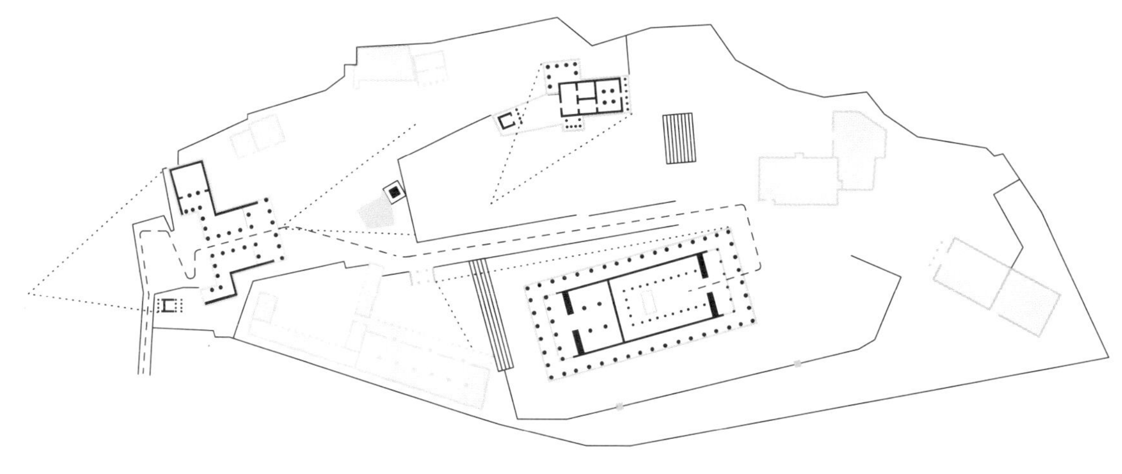

**雅典卫城**

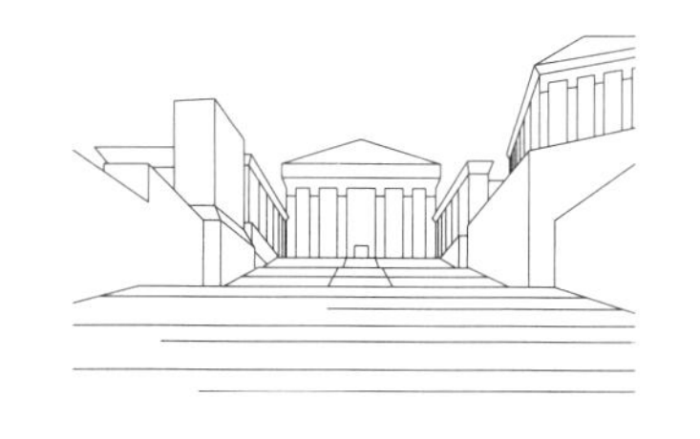

帕台农神庙

雅典卫城前门

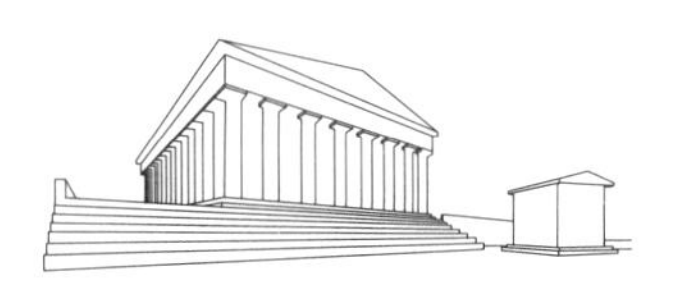

雅典卫城前门

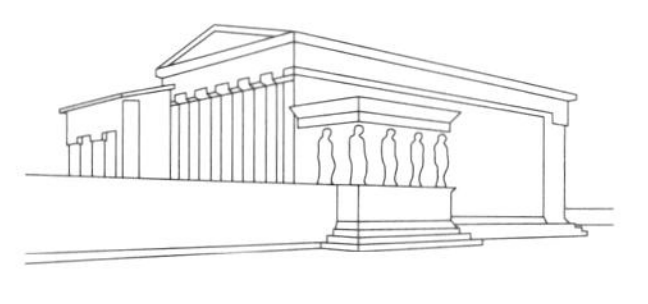

雅典娜雕像

**舒瓦西所说的雅典卫城的四个主要视角**

空间组群融入系列的纵向拉力中”。附加空间被内部形式取代，如画廊、桥梁、小天窗等，这些形式使空间的轮廓变得模糊不清：“轮廓越是缺少趣味，我们对轮廓内的空间及其连续性的感知就越强烈。”从这种对连续性的偏好中，人们对内部和外部之间的连续性和普遍空间的概念有了一定的认识，内部空间只是更大空间的一部分，这最终使“阻碍定向”的手段成为一种合理的、受欢迎的策略。“这也使得一种建造理念多次出现，从建筑迷人的外观，我们推断出会有更多的惊喜等待着我们”，这便不可避免地会调动观看者的积极性。对文艺复兴时期的建筑来说，情况还不是这样的。“从各个角度来看，画面（建筑造型）都是完整的。没有任何吸引我们从各个角度进行观察之处，因为我们对建筑的情况一目了然，毫无惊喜之感。”另外，对巴洛克建筑而言，这意味着“这种极度模糊的情况使整体构图拥有了一种躁动的魅力；我们只有尝试走近它，画面才能变得清晰起来”。关于洛可可建筑的过度装饰，他说：“我们无法从一个视角猜到后面造型的特点，于是惊喜接踵而至，甚至成为建筑造型的特点。”在此之前，他说：“关键是我们不是坐在芭蕾舞表演的舞台前，而是被舞蹈包围着。”这里弗兰克尔指的不是身体在空间中的虚幻运动，而是每个个体形象内部的运动。因此，高处的视角在洛可可建筑中被赋予更高的地位：“在这些极端的情况下，第三阶段（洛可可建筑）与第一阶段（文艺复兴建筑）的经典范例截然相反。在第一阶段，我们总是能从一个视角的无数局部造型中看到同一个建筑造型。在此，我们对很多造型的印象扩展为对无数造型的印象。”

一百多年前，沃尔夫林、施马索夫、弗兰克尔等人阐述的概念和理论所产生的影响远远超出了古典艺术史的范畴，时至今日，仍然可以给建筑师带来启发。例如，格雷格·林恩（Greg Lynn）认为“更为灵活的建筑感知重视的是要素之间的联结，而不是冲突”，并表示“汤普森的灵活几何结构既能在外部力量下弯曲，又能在内部将这些力量折叠”，最后提出问题：“在其外部的特定因素已被塑造的情况下，如何将建筑配置为一个复杂的系统？”[111] 他的观点与弗兰克尔对巴洛克建筑“传递外部力量”或洛可可建筑“伴随外部力量”的描述相差无几。而当帕特里克·舒马赫（Patrik Schumacher）将“完美衔接的流动性”“连续不安定的差异化”和“复杂、有序的典雅”[112] 作为参数化的特征时，这些特征在扎哈·哈迪德（Zaha Hadid）的建筑创作中展现得淋漓尽致。然后，人们还会想到弗兰克尔关于巴洛克神圣建筑内“移动演变成空间”的表述。

德国汉堡的圣米歇尔大教堂
（St. Michael's Church）

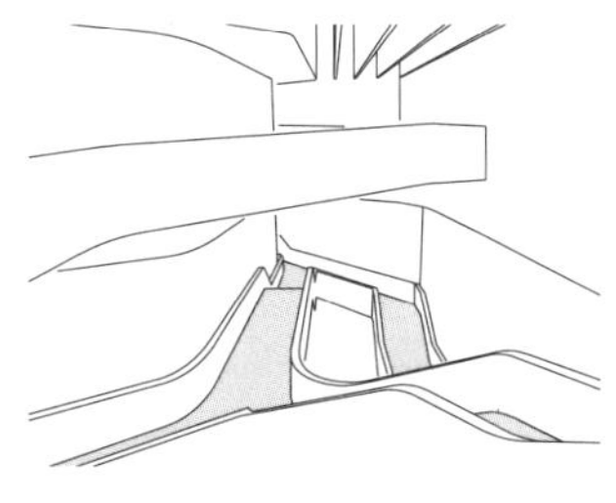

由扎哈·哈迪德设计的罗马国立当代艺术馆
（MAXXI Rome）

1919年，《空间感知》，保罗·克洛普弗
*Spatial perception*, Paul Klopfer

“观看是通过双目巡视获得的‘触感’。”只要没有障碍物，我们的视线就会一直游走。当双眼发现一个“闲适、幽雅的景象”，一个“理想对称的正面视图”时，视线便会停止移动。所见画面的中心轴通常是隐含的（如有两个塔楼的哥特式教堂）。如果没有这样的图像进入视野，我们就会试图赋予这种“正面触觉图像”以稳定性，在其中找到一个“基本维度”，这是我们为了评估图像所采取的“视觉步骤”的产物。侧墙是“空间触觉图像”，它会将我们的视线引向正面，要么分散我们的视线，减缓它的移动；要么让我们在侧墙中断的地方向前眺望。框架装置和侧面布景成为“将视线推移到远处的因素”，而巧妙排列的“触觉图像”序列（如沿着蜿蜒小巷）会将“探索和窥视”的视线引向更远的地方，直到它最终停留在塔楼等垂直的“休止符”上。如果静止的图像不再完全位于凝视的视野中，那么人的视线就会继续搜索，直至在空间视野中找到一个新的静止的部分——如某一处细节。

1924年，《走向新建筑》
*Toward an Architecture*

1957年，《勒·柯布西耶与学生的对话》，勒·柯布西耶
*Talks with Students*, Le Corbusier

作者一次又一次地把建筑比作戏剧：“构建的目的是让事物结合在一起；建筑的目的是让我们感动。”我们一旦被感动，便会愿意探索它的关联性，“在符合宇宙法则的前提下”欣赏建筑。然而，建筑作为“阳光下巧妙的、精确的、壮丽的形式之戏剧”，只有在这场戏剧按照节奏进行的情况下才能实现：“节奏是一个方程式：均衡（对称、重复，如埃及和印度寺庙）；补偿（相对部分的移动，如雅典卫城）；调整（原始塑造的发明和发展，如圣索菲亚大教堂）。”在一篇激情洋溢的文章中，柯布西耶以布尔萨的绿色清真寺（Green Mosque）为例，描述了对尺度和光线的调整，强调不透明墙壁、小型入口空间和连续视图的必要性，然后深入他自己的住宅设计项目阐述大小相等的原则，并以雅典卫城为例表达对立关系的布置。他将轴线作为“方向线”，巧妙地将物体放置在轴线之外，使体量和周围空间转化为内部空间：“在建筑群体中，场地元素本身也通过其三维体量、密度及构成材料的品质参与其中，并带来各种感官体验，如木头、大理石等材料，或远或近的天空和海洋，等等。场地元素如同房间的墙壁一样升起。”然而，柯布西耶此时所描述的壮观场面仍然是比较静态的，墙壁仍然比道路更为重要，“建筑漫步”这一术语还未诞生，其“漫步”的潜能，即人们在移动中的感知，几乎没有被提及。

勒·柯布西耶于1929年在作品全集中描述拉罗什别墅（Villa La Roche）113时首次提及这一术语。柯布西耶将道路提升为建筑的主要特征和塑造秩序的手段，他在1942年《与学生的对话》演讲中详细阐述了这一观点。演讲稿于1957年发表：“建筑是可以被‘通过’和‘穿越’的。人的双眼直视前方，四处走动并变换位置，在一连串的建筑现实之间移动，体验通过运动的秩序所得到的强烈感受。我们可以根据移动规则被无视或充分利用的程度来判断一座建筑是死气沉沉还是充满活力，这一点千真万确。” 他的这番论述明确批判了古典主义及其对平面图和中心的过高评价。虽然勒·柯布西耶没有将此作为一种理论[如他的《模度》（*Modulor*）]来进一步阐明如何穿越建筑，但他确实在作品中熟练地应用了这个有些棘手的概念。

1924年，《建筑中的时间概念》，保罗·朱克
*The Concept of Time in Architecture*, Paul Zucker

“当人们带着一定的意图在建筑物内移动或走向建筑物时，建筑物就变成了建筑。”他对“意图”的定义既宽泛又精确，即原始使用模

式的移动追踪：“我进入一座古老的教堂，是否亲自追踪移动（如在建筑内观察某物），或者我是否打算在那里做些什么（如祈祷等）。如果我的移动追踪与原始的使用模式相同，这都没有什么区别。”凭借这一点，朱克断言，从单一的静态视角欣赏建筑的方法是过时的。它只能提供“装饰”和“图像”；它只能被“观看”，却无法“使用”。这样一来，空间结构便只是艺术而不是建筑。可以得出这样的结论，对朱克来说，空间、建筑只能与时间共存。时间对他来说（与他所批评的“心理学家”不一样），不仅是体验的时间，也是建筑的内在范畴。由于空间效果、目的和时间之间的关系是“相当多变的”，朱克希望他对建筑的定义可以为历史研究提供新的动力。“各个时代的时间概念”必须是可确定的，例如，通过“文艺复兴及巴洛克楼梯的强度和方向变化、道路进行对比”。朱克的观点为“建筑历史心理学”奠定了坚实的基础，雷吉娜·赫斯（Regine Hess）在她的论文《情绪运作》（*Emotionen am Werk*）中将其作为对空间戏剧构作概念进行历史性和批判性研究的一种方法[114]。

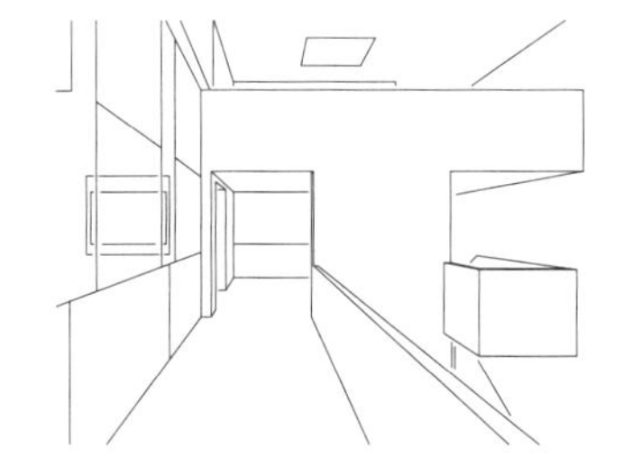

根据弗里茨·舒马赫所说绘制出的时空示意图

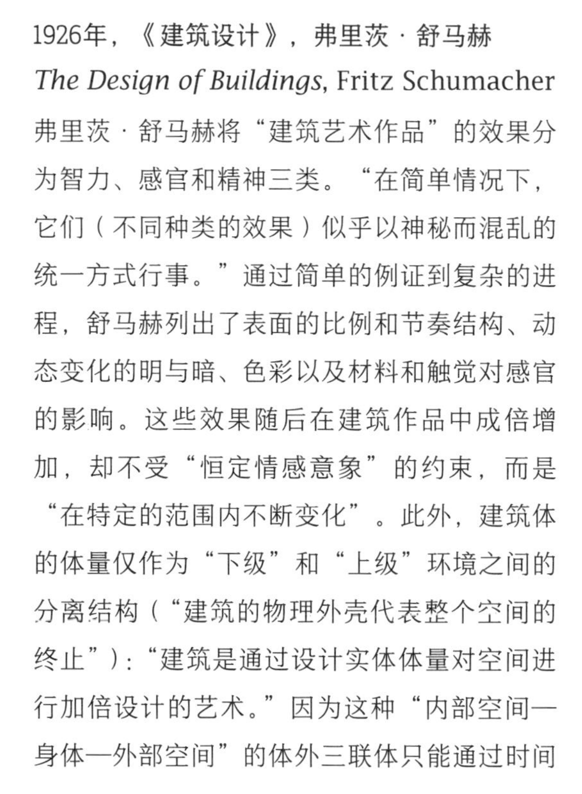

1926年，《建筑设计》，弗里茨·舒马赫
*The Design of Buildings*, Fritz Schumacher

弗里茨·舒马赫将“建筑艺术作品”的效果分为智力、感官和精神三类。“在简单情况下，它们（不同种类的效果）似乎以神秘而混乱的统一方式行事。”通过简单的例证到复杂的进程，舒马赫列出了表面的比例和节奏结构、动态变化的明与暗、色彩以及材料和触觉对感官的影响。这些效果随后在建筑作品中成倍增加，却不受“恒定情感意象”的约束，而是“在特定的范围内不断变化”。此外，建筑体的体量仅作为“下级”和“上级”环境之间的分离结构（“建筑的物理外壳代表整个空间的终止”）：“建筑是通过设计实体体量对空间进行加倍设计的艺术。”因为这种“内部空间—身体—外部空间”的体外三联体只能通过时间的运动来体验，因此，舒马赫在其定义的基础上更进了一步。时间要求观看者也成为空间创造的一部分：“时间随着我们移动而展开的效果意味着我们承载着建筑有机体的不完整视觉形象，并在我们有意识或无意识地移动时将我们看到的图像结合起来。”因此，我们在空间和时间上的视觉总是被构建和反映出来，超出了预期、原始意图和记忆。舒马赫解释说：“因此，接下来的力量取决于移动的重新定向。设计师要考虑的不是在特定空间内对人们进行潜移默化的引导，而是借助约束移动和促进移动效果、人们的注意力、安静的过渡区域对一系列空间进行布置。除了光线的变化外，水平面和楼梯也存在变化，这样一来，有才华的设计师就可以向人们展示他的梦幻之地。”

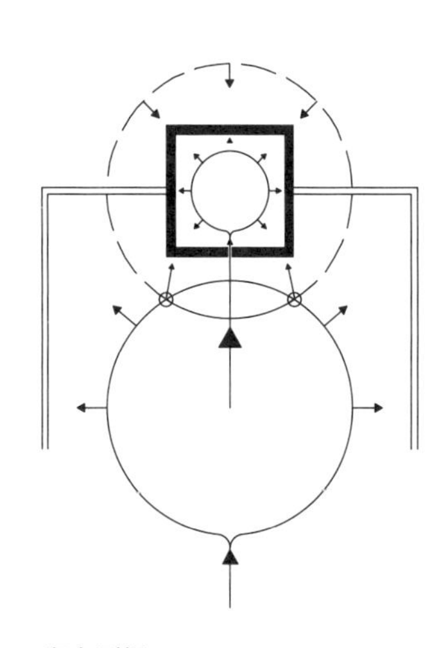

海上剧场

没有哪一位理论家、作家或建筑师，甚至是勒·柯布西耶，能如此清晰明了地展示戏剧构作对建筑的核心艺术贡献。遗憾的是，在以如此令人印象深刻的方式走进建筑的本质之后，舒马赫却将注意力转向了更具历史意义的研究，而不是系统性的研究。这也许是因为他认为移动无法通过“术语（引发），只能通过图形化的固定点”来引导。20世纪初期，出现了一些更为成功的作品，如希格弗莱德·吉迪恩（Sigfried Giedion）的《空间·时间·建筑》（*Space, Time and Architecture*，1941年）、布鲁诺·塞维（Bruno Zevi）《建筑空间论》（*Architecture as Space*，1948年）和尼古拉斯·佩夫斯纳（Nikolaus Pevsner）的《欧洲建筑纲要》（*European Architecture*，1942年），但相比之下，它们对空间戏剧构作的阐述要少得多。

1950年，《哈德良别墅》，海茵茨·克勒
*Hadrian and his Villa at Tivoli*, Heinz Kähler

根据克勒的说法，古罗马人并不居住在空间内部，而是在相邻的空间中生活，因为所有的设备都是沿着墙壁或在墙壁内放置的。因此，墙

体的开放和封闭表面之间的冲突主要是通过对墙体进行处理来解决的：首先，将墙体分成实心基座和给人以深度感的彩绘面板，然后打破墙壁、“回填房间”（backfilling the room）。在哈德良别墅的第一个施工阶段，这种“回填”方法的戏剧构作潜力被发掘出来。建筑师在图书馆中轴线上开了一扇大窗，形成了一条视觉轴线，通过亮度对比和墙壁向远处退去的隐蔽性，揭示出相邻空间，并让墙壁看起来像悬浮在远处一般。但是，人们进出房间只能通过小侧门。在海上剧场，人们的视线甚至可以穿过位于水面远处的11个连续的空间层面。在第二阶段的施工中，几个不完整的圆形场地向内将凹形空间环绕其中，并在各自的中心设置了一座喷泉，从而“迫使”人们在这里徘徊游走。对克勒来说，这反映了哈德良别墅的一个特征——不连续性。这样处理还产生了一个效果，沿着弯曲的路径围绕空间轴移动，强调了对角线景观，在这个过程中突出了独立体量和空间的动态特质。

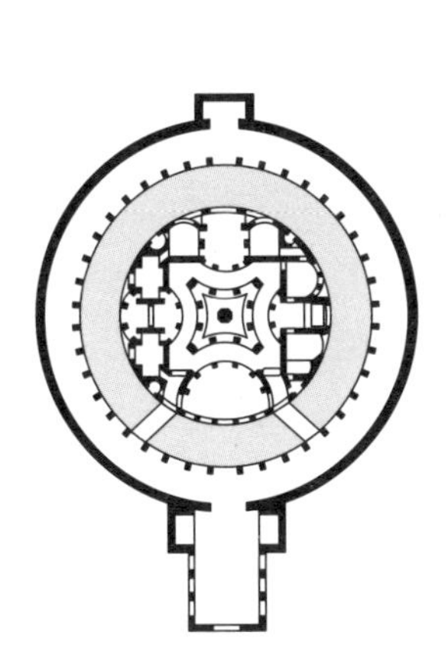

海上剧场

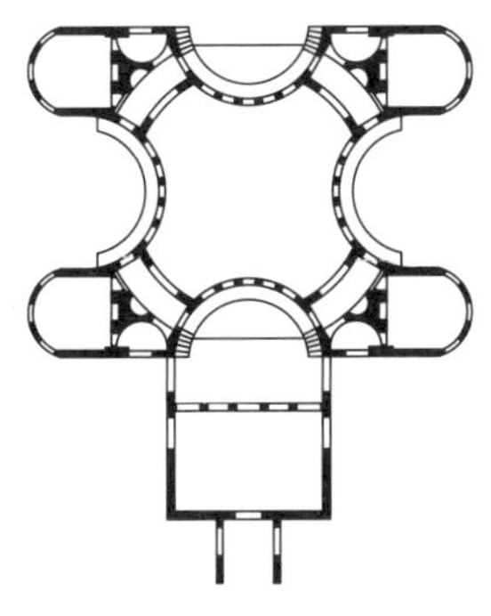

宫殿内的大厅

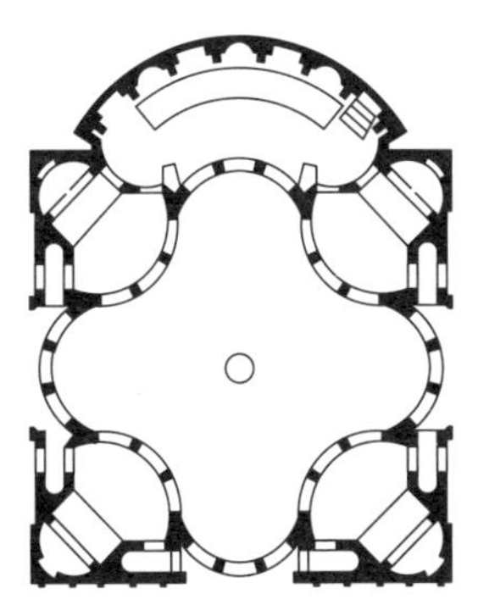

与d' Oro广场相邻的圆顶大厅

**哈德良别墅凹凸空间的3个变体**

**1977年，《建筑形式的视觉动力》，**
**鲁道夫 · 阿恩海姆**
*The Dynamics of Architectural Form,*
Rudolf Arnheim

“显然，任何物体在空间或时间上都没有固定的界限。”与柏拉图式的传统认知不同，艺术史学家和格式塔心理学家鲁道夫 · 阿恩海姆对我们所认知的空间是这样理解的：空间不是一个物体容器，而是一个充满对抗的力场。他意在描述和理解物体之间的视觉感知力量，及这些力量之间吸引与排斥的设计潜力，这些物体在垂直方向上受到重力的限制，在水平方向上与人的视野以及人的移动愿望所带来的水平状态一致。此外，他的兴趣在于理解和探索离心力和向心力的平衡，如交叉点或圆柱形空间的离心力和向心力的平衡，以确定元素通过其位置而拥有的“视觉权重”（图形背景之间的转换或两个毗邻区域之间的相互对抗）。“每个视觉对象都是由视觉力量的配置而产生的。这种配置就是视觉对象本身。”他通过解释圆顶空间内的扩张和约束力量来说明这一点：“凹面边界顺应了它本身产生的力量。它为扩张的凹陷空间提供了最大的自由度，但同时这种扩张的力量来自边界的阻力。圆顶的反应是将内部空间封闭，并从四面八方以类似紧握夹钳的动作进行挤压。这种约束力的强度反映了它所包含的扩张强度。”同样的情况也发生在立方体造型的空间内，只是张力水平较低。

建筑师的任务是为不同程度的张力状态赋予合理的节奏：“事物彼此相随，在改变位置的同时也改变了空间。没有进行任何序列设计的建筑令人失望。当然，从根本上讲，所有空间均保持着严格的固定状态，但从视觉上看，居住者不会因空间组合的停滞状态而感到压抑。虽然将这些空间连接在一起的走廊未能传递连续感，但是通过形成制约的紧张关系而开拓了新的扩张空间，这样一来，狭窄的走廊通道就给人带来了动态的感受。通过轻微的视觉冲击，任何通往豁然宽敞的房间的狭窄通道都可以提升游客的体验。对狭窄通道的严格控制并不是引导移动的唯一手段。在足够的指示性冲动的推动之下，游客可能会发现自己正在穿越一个房间，并且是垂直穿过了房间的主轴。突然间没有了支撑，他享受到了一种带着焦虑的自由，一种对自己的渴望，一种力量感和冒险感。”

但是，正如阿恩海姆在别处解释的那样，大型广场往往会有一个喷泉、方尖碑或类似形式的“建筑伙伴”。对阿恩海姆而言，建筑可以分为两类：一类主要是“视觉理解的形式”，基本上不受人的移动模式的影响，他称之为“庇护所”；另一类是人们从建筑中穿过而产生的形式，他称之为“洞穴”。可以说，第一种空间结构相当于单独成形的印刷体字母，第二种空间结构则相当于连续流动的手写体字母。

这一说法诠释了建筑的本质属性，因为大多数建筑结合了这两种方法的特点：印刷体字母和手写体字母。此外，我们对建筑的感知也取决于我们如何使用它：一个房间，如书房，当我们离开一段时间后，可能会觉得它比我们记忆中的小很多，因为我们参考的是它的视觉概况，而当我们使用书房时，是通过线性移动模式对它进行探索的。

**1999年，《建筑空间的舞蹈编排》，**
**沃尔夫冈·迈森海默**
*Choreography of the Architectural Space*, Wolfang Meisenheimer

“建筑空间主要通过设计空间所暗示的移动性而成为体验空间。”它是“姿态”“虚拟布景”以及“等待可能行动的空间”。迈森海默在文章中以文字和图片将这种时空现象的“表现形式”分成两对互补的形式：基本姿态——“场地”对“路径”，以及复杂的布景——“静态场景”（安静的房间，那些“取代时间在空间中位置的布景”）对“动态场景”（动荡的房间，其中“空间消失于时间的洪流中，为瞬间的力量而存在”）。迈森海默建议用舞蹈家何塞·利蒙（José Limón）提出的术语描述体量的紧张状态——对齐（alignment）、承接（succession）、对抗（opposition）、跌落（fall）、重心（weight）、复原（recovery）、回升（rebound）及悬吊（suspension），从而更好地理解建筑。因为建筑的“创作概念，如博罗米尼的概念，事实上与舞蹈编排别无二致”。

**1988年，《勒·柯布西耶之路》，**
**伊丽莎白·布卢姆**
*The Paths of Le Corbusier*, Elisabeth Blum

**2010年，《勒·柯布西耶与建筑漫步》，**
**弗洛拉·塞缪尔**
*Le Corbusier and the Architectural Promenade*, Flora Samuel

勒·柯布西耶创造了“建筑漫步”这一术语，并使尼古拉斯·勒·加缪·德·梅齐埃首次提出的理念成为现实，也就是将房屋内部设计成花园——一个供人们沉思散步的空间。虽然勒·柯布西耶没有明确提到英国的园林景观，但是正如他对拉罗什别墅的描述，“在这个房子内，出现了名副其实的漫步空间，提供了变化万千、令人惊喜的环境”[115]，托马斯·惠特里（Thomas Whately）的作品也提到过这一建筑。毫无疑问，与其他空间概念相比，建筑漫步与英国园林的概念更为相似。在这两种概念中，要达成的效果都是风景如画的连续场景。对于勒·柯布西耶来说，他的漫步空间不仅是为那些散步的人打造沉思的情境，本身也是人们沉思的对象。它们是如此重要，充满教诲的意蕴和视觉吸引力，一次次地征服那些体验它们的游人。它们不仅要给予，也会索取；它们不只是背景，也会吸引人们的注意力。这就是它们与路德维希·密斯·凡·德·罗（Ludwig Mies van der Rohe）、汉斯·夏隆或路易斯·康（Louis Kahn）的空间结构如此不同的原因，这些人的空间场景和结构更为同质化，一旦这些结构到达“巅峰”，就会在背景中静静地持续下去。另外，建筑漫步最大限度地利用了所有方面的设计可能——无论人们采用哪种建筑参数，勒·柯布西耶都能从中梳理出细微差别和极端条件，协调和平衡这些鲜明的对比，而且还带有一种趣味感。如果你还记得英国园林景观的关键特征，那么你就能很清楚地了解建筑漫步。伊丽莎白·布卢姆和弗洛拉·塞缪尔两人的书都非常关注勒·柯布西耶提出的路径与走在路上的关系及其路径设计的意识形态背景。勒·柯布西耶的路径总是与启蒙有关，与在移动中建立意识的过程有关，根据布卢姆的说法，那是意识的漫步。从这两本关于建筑漫步的书中，我们可以发现以下特征。

**开启刺激**

正如科林·罗（Colin Rowe）在谈到拉图雷特修道院（La Tourette）冰冷的北墙时所说的那样：当人们第一次看到并踏入建筑时，总是会

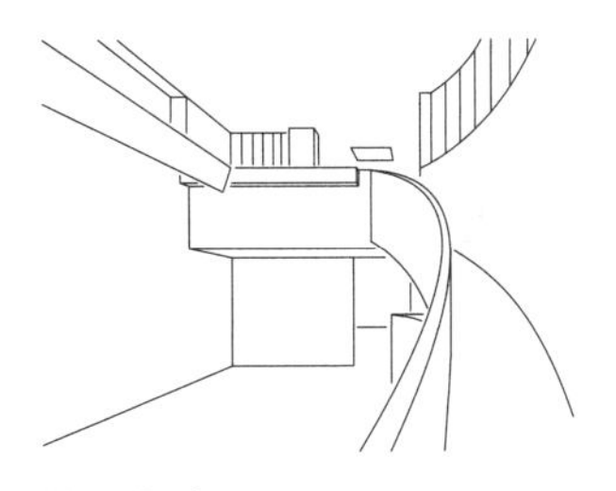

拉罗什别墅

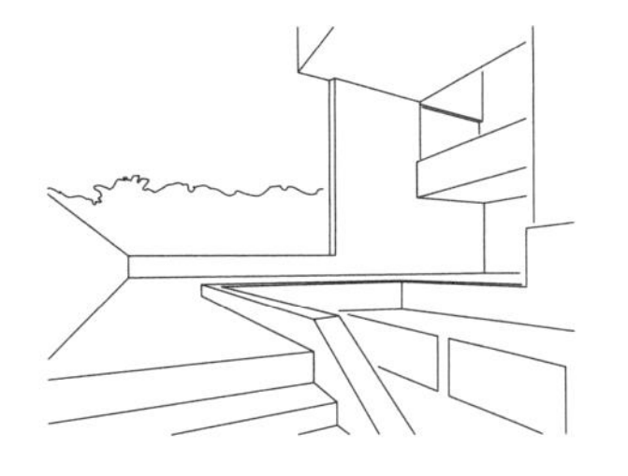

斯坦因别墅

马赛公寓（Unité d' Habitation in Marseille）

因为一种引发刺激的信号而感到意外和不安，甚至会感觉受到了“冷落”。[116]尺度规模的极端变化是人们最无法预料的，这样做的目的是让人们接受新的体验。

### 转换和旋转

伊丽莎白·布卢姆以拉罗什别墅为例描述了典型的凹形湾式人口的情况，由侧壁支撑的会“述说”的前墙吸引着人们的注意力，光线洒满前墙，但除此之外，前墙都是“沉默”的，是后墙在“述说”，就这样，入口处的空间在小尺度（楼梯平台、图书室）和大尺度（两个大厅）之间反复切换。这种墙壁角色的转换赋予它们各自难以辨识的封闭侧壁更大的重要性，从而引导游客在空间内移动，探索新的发现，并诱导游客重新整理他们对细节要素的印象及自己的方向——就像施马索夫对卡比托利欧广场所做的描述那样。对科林·罗[117]来说，旋转和正面姿态的叠加，集中体现了柯布西耶的空间概念，也鼓励了移动，特别是指向空间边缘的离心运动。对游客（也许还有居住者）的影响既能让人措手不及，又能令人着迷，即使再次遇到这种情况也是如此。

### 框架

与科林·罗和罗伯特·斯卢茨基（Robert Slutzky）提出的“现象透明性”（phenomenal transparency）的观点稍有不同，塞缪尔认为，与其说柯布西耶的空间是由交错的墙壁构成的，还不如说是由分层排列的框架构成的：“沉重的框架在空间、活动或仪式中创造了一个终点。最小的框架创造了空间流动——框架和框架内的结构相统一。”为了在此基础上进行扩展，框架视图不仅突出了特殊的时刻，并将重要的和私密的空间（如拉罗什别墅的图书室和大厅）谨慎地连接起来[118]，起到了前向和后向视图的作用，消除了单一时刻的空间和时间分隔，让游客确定他们在时间和空间上的位置，并对周围的要素（框架、节奏、拉窗）进行排序。

### 压缩

不仅在视觉上借助前向和后向视图，还在实体上借助了二者之间对比鲜明、相互排斥的情境，例如，引导路径和展开路径（布卢姆）在一个空间内汇聚（如拉罗什别墅的走廊），或是环绕和越过两个空间之间各自的相对边界（垂直或水平）。它们中止了连续空间的印象，以此创造丰富的活动和同时性感受。它们使戏剧构作变得紧凑。

### 结尾

在整个漫步空间中，勒·柯布西耶避免使用任何材料进行精饰，正如塞缪尔所指出的：“当你在建筑内移动时，材料的独创性、复杂性和丰富性不会逐渐增强。”同时，在塞缪尔的眼中，建筑漫步是线性的，并以终结为导向。漫步空间的终点充满光线，是与宇宙融为一体的时刻。理想的情况是，空间以经过设计的屋顶露台作为终点和顶峰，并把天空作为天花板。在这里，房子只不过是大地与天空之间的过渡结构，是一种对天梯的戏剧化描述。[119]在一个为人们遮风挡雨的家庭住宅内，这种感觉绝对是不可言喻的，因为房屋的日常道路通常是线性的。这与网状通道截然相反。塞缪尔在各个阶段构建了通往露台道路的关键时刻，即“入口—感光前厅—质疑—重新定位—高潮”。她的五阶段戏剧模型是对弗赖塔格金字塔的自由改编（详见72页）。

在本书第三部分的案例研究中，我们将看到，除了弗赖塔格金字塔这种传统结构，建筑还可以采用其他戏剧化结构。也就是说，如果有必要的话，室内空间戏剧构作的目的，不一定是开阔的天空，空间戏剧构作也可以在没有说教和启动姿态的情况下获得成功。

同时，这一尝试表明，从概念的历史去发展系统的空间戏剧构作，与通过现场参观建筑的戏剧构作并获得客观的观察结果相比，很可能是一个更为烦琐的过程。

第三部分

# 当代建筑空间的戏剧构作

# PART 3

“这首歌被歌手世代传唱。历代音乐学家也对这首歌进行了仔细研究，并对每一个音符和每一个音节的含义都做出了解释……”

“是的，这些都对讨论做出了贡献。但绝对的真理是不存在的。最后，即便是作曲家也不知道他想表达的意思。”[120]

——歌手克里斯蒂安·格哈赫（Christian Gerhaher）与爱蕾欧诺尔·布宁（Eleonore Büning）的对话

# 概述

## 感受作品

在本书的第三部分，我们将以18个当代建筑作品为例，探讨它们的空间戏剧构作给人的直观感受。进入这些建筑作品，就意味着我们要为自己设定条件，并结合自身的感受来展开研究。这样的分析描述实际上是我们对建筑的细心感受的报告。由于每个案例都有自己的特点，报告没有明确遵循表面序列、空间构造、空间序列和空间结构这一框架（我们在本书的第一部分中是以此来分析互助会建筑空间的戏剧构作原则的）。相反，我们完整地体验了每一个选定的建筑作品，看它会把我们带到何处。在这方面，某些自诩拥有“内在公正性”的模糊形式无法满足我们的要求。相反，我们在参观建筑时，应尽可能不了解建筑内部的情况。这种强加的自我约束为我们提供了条件，并让我们能够：

· 避免将这些建筑作品看作解决诸多城市、功能、技术、政治或方案问题及任务的办法。相反，我们应该将其纯粹视作概念的表现形式，通过感官的反应和反思逐渐显现出来。即便“见多识广”的建筑师知道埃克塞特学院图书馆（路易斯·康作品）屋顶空间的巨大混凝土梁支撑着顶部的天窗，而且关于康的偏转光线方法的讨论已经有很多，但从大厅地面上看，这些巨大的混凝土梁的功能并不明显，至少没有达到最大限度，因此它们在一开始显得有些奇怪而且超出常规。然而，随着时间的推移，它们会刺激我们去探索空间的其他区域，这种感官的探索可能是建筑师在设计过程中所预期的。
· 不把作品看作标准化美学的代表，而是揭示作品固有的美学原则，不要落入先入为主的观念。这些原则如何实现普遍适用（尽管从未普遍适用）？只有通过第四部分的比较才会呈现出来。
· 避免将作品看作某个时代或某个运动的代表。这类观点都有一种倾向，那就是对建筑的个性视而不见。我们在威尼斯的互助会建筑案例及一些当代案例中就会产生这样的困惑，因为这些建筑实际上非常多元。这类明确的归属总是需要额外的解释或是需要不断地进行相对化处理。因此，这类观点对我们的研究没有什么帮助。
· 避免将作品解释为预期效果的表现。建筑师的解释最多只能作为一种个人肯定或自我质疑的方式，往往只是建筑师自己的观点，仅用来促进传播，以吸引评委会和读者的注意力，使他们的判断有所倾斜，并获得大量的商业价值。就本书中的案例而言，我们感兴趣的是实际效果，而不是预期效果。
· 尝试以不掺杂广告软文和信息内容的方式来看待作品。[121]

这些方法并不需要，甚至不希望以全新的方式来展现这些作品，但它们会让人明白，一个已经被人们接受的主张（模糊的先验意识、众所周知的解释，或者建筑师公开宣布的意图）是否合乎实际体验，或者它的效果是否会随着时间的推移而消退，都不过是道听途说而已。例如，在完成本书的手稿后，我阅读了康拉德·沃尔哈格（Konrad Wohlhage）和尤根·伊奥迪克（Jürgen Joedicke）对柏林爱乐音乐厅内部体验的文章，他们认为这些体验是2200名观众个人亲密体验的缩影。伊奥迪克还用了一句引语进一步强调了夏隆明确将亲身体验视为音乐体验的必要的前提。然而，对我们来说，证据并不在于对“二次诊断”（second opinion）的验证，而在于人们对空间的“纯真”体验。这种描述的可信度在于主体的情感反应。即使人们可能不会将自己暴露在纯术语中的建筑作品下，这些方法也不会失效。读者会自行判断它们在多大程度上是有效的。

## 文字、图纸、照片

文字和图纸相互补充：文字与体验的视角相关，而图纸则传达了建筑的客观化、概括性的次序。因此，图纸“了解”的比游客要多，并以同步的视觉形式展示，将游客看到的事物拼凑在一起。在几乎所有案例中，我们都绘制了30°的轴测图，以便将所有边界曲面轻松地呈现出来。由于我们对参观的描述完全集中在可公开访问的“被服务”空间序列上，所以，“服务”空间部分通常显示为没有内部结构的不透明实体。因此，这些图纸都非常相似，尽管我们没有明确执行图解视图的规则以获得更好的一致性，但我们选择了表现细节程度、色彩、光线、表面和线条的接合、剖面线的位置、正向/逆向扭转、投影角度等方面，以便用最佳方式来传达每个作品的特色及相应的关键信息。与文字一样，这些图纸的目的并非理性化抽象，而是在总结具象。文字和图纸相结合有助于读者了解移动图形、视角方向或是比例变换。

我们使用的照片是从穿过空间的走廊中“猎取”的。在文字和图纸之外，它们展现了空间体验交流的第三个方面。它们并不与文字直接对应，也不呈现“更为真实的”画面。每种形式都有自己的规则、作用、处理方法和局限性。[122]相机对空间的观察、取景和捕捉方式与人眼不同。照片也希望能成为独立的个体，并以强有力的方式将自己的思想传递给读者。[123]但是，我们没有出于记录或说明的目的而明确地选择照片，因为在电子信息普及的时代，图像基本上摆脱了只为此类目的服务的局限——我们也避免使用那些主要体现照片本身的照片。这些照片过于自成一体，不管它们是多么引人注意或是多么精彩。相反，我们的指导原则是致力于这三种表达形式之间的关系，尊重它们固有的个性、根本差异和不完整性，为想象留下空间，任何动态的对应关系均是如此。

## 18份报告

所有选定的研究案例都是公共建筑，原因如下：第一，它们一般对公众开放，几乎没有限制；第二，空间之间的过渡效果作用突出；第三，多变的氛围通常也发挥着重要的作用；第四，公共功能意味着它们的设计不仅是基于独特的想法和个人偏好。这4个原因在大跨度公共大厅、宗教建筑或住宅建筑中并不一致。就我们探讨的问题而言，公共建筑是指为社区或整个社会的教育、福利或交通提供服务的建筑，无论它们是由谁来管理的。

我们从20世纪60年代的建筑开始挑选，因为那10年中发生的剧变仍然是当代建筑实践的基础。现在就把自己局限于数字时代的案例还为时过早，特别是本书的这一部分涉及的是空间的感受而不是空间的产生。虽然研究卡洛·斯卡帕（Carlo Scarpa）的古堡博物馆（Castelvecchio）或奎里尼·斯坦帕利亚基金会博物馆（Fondazione Querini Stampaglia）也很有趣，但我们还是选择将现有建筑的改造和扩建部分排除在外，尽管我们很不情愿这样做。因为那样的话，大多数案例中的关注点就变成了对不同时间段的信息的整理。报告的时间次序排列没有任何深层的原因，事实证明，这种顺序只是为了最好地保留每个作品的自主性。

尽管有上述标准，我们的挑选环节仍然是主观的：它既不是经典建筑的入围名单（如那种收录100个梦幻建筑的合集），也不是作者最喜欢的建筑师的榜单（还有很多建筑师不在其中）。它的目的不是让隐藏的珠宝重见天日——正如黑格尔所说，我们所熟悉的东西往往因为过于熟悉而难以被准确理解。它也不是批判性的评价，而是作者的观点，帮助人们从成功案例而不是失败案例中学到更多。这并不是一本百科全书，因为（幸好）世界上有不止18种公共建筑类型。而且，这样的想法也存在政治错误，一部分原因是研究其他具有代表性的国家和大洲超出了我们现有资源允许的范围；另一部分原因是，仅在18个案例研究中呈现全球建筑的想法并不现实。最后，本研究的目的不是突出最新的趋势，而是提出一系列令人信服的实例，提供一个机会来确定我们当下研究空间戏剧构作的不同概念方法。尽管有这些附加条件，案例中博物馆的数量却还是偏多，其原因有二：一、漫步和参观是此类建筑设计的一个基本部分；二、我们希望至少为一种建筑类型探索一些解决方案，以此向我们自己和读者证明建筑功能及其空间戏剧构作之间没有预定的对应关系。

同时，对于那些只在一份报告中提及的建筑类型，读者将获得足够的材料来尝试对其他相似建筑类型进行解读。例如，在我们详细探讨了柏林爱乐音乐厅之后，读者很快就能明确其他音乐厅的戏剧构作概念，诸如由让·努维尔（Jean Nouvel）设计的卢塞恩国际会议中心（Lucerne

Culture and Congress Center）（1998年）、由伦佐·皮亚诺（Renzo Piano）设计的罗马音乐厅（Auditorium Parco Della Musica）（2002年）、由弗兰克·盖里（Frank Gehry）设计的洛杉矶华特·迪士尼音乐厅（Walt Disney Concert Hall）（2003年）、由雷姆·库哈斯（Rem Koolhaas）设计的波尔图音乐厅（Casa da musica a Porto）（2005年）、由巴罗兹·贝伊加（Barozzi Veiga）设计的波兰什切青爱乐音乐厅（Szczecin Philharmonic Hall）（2014年）、由让·努维尔设计的巴黎爱乐音乐厅（Philharmonie de Paris）（2015年），以及由赫尔佐格和德·梅隆设计的汉堡易北爱乐音乐厅（Elbphilharmonie）（2017年）。

**德国柏林爱乐音乐厅**

汉斯·夏隆，1956—1963

# 发展中的变体

柏林爱乐音乐厅（Berliner Philharmonie）建在柏林墙附近一片无人管辖的地带，它为一座灾难后的城市提供了一个让人们重新走到一起的地方。对这些人来说，历史已经成为一种负担，而不是灵感。

门厅

## 流动空间中的场所：门厅1

当首次进入柏林爱乐音乐厅的门厅时，我们感觉到皮拉内西（Piranesi）式透视角度的画面接踵而至，不分青红皂白地争夺着我们的注意力。但实际情况并非如此：空间的流动总是把我们带到可以辨认的场所，在接下来的描述中，我们将这些场所称为：大厅—道路—广场—走廊—墙壁—楼梯洞穴—通道—长廊—帐篷。[124]

从售票处宽敞、低矮的大厅（与主厅形成一定角度）出发，道路转向，两侧是寄存处的桌子和具有韵律感、趣味性的柱列。低矮的天花板，向大厅一侧开口，透过这里可以看到交错的楼层和天窗。向前大约30米后，道路接入一个宽阔的广场。广场上方是音乐厅的倾斜、层叠的阶梯形底面，看上去似乎只由一对细长的V形立柱支撑着。广场后方的墙壁被漆成黑色，其上的窗洞内镶嵌着鲜艳的红色玻

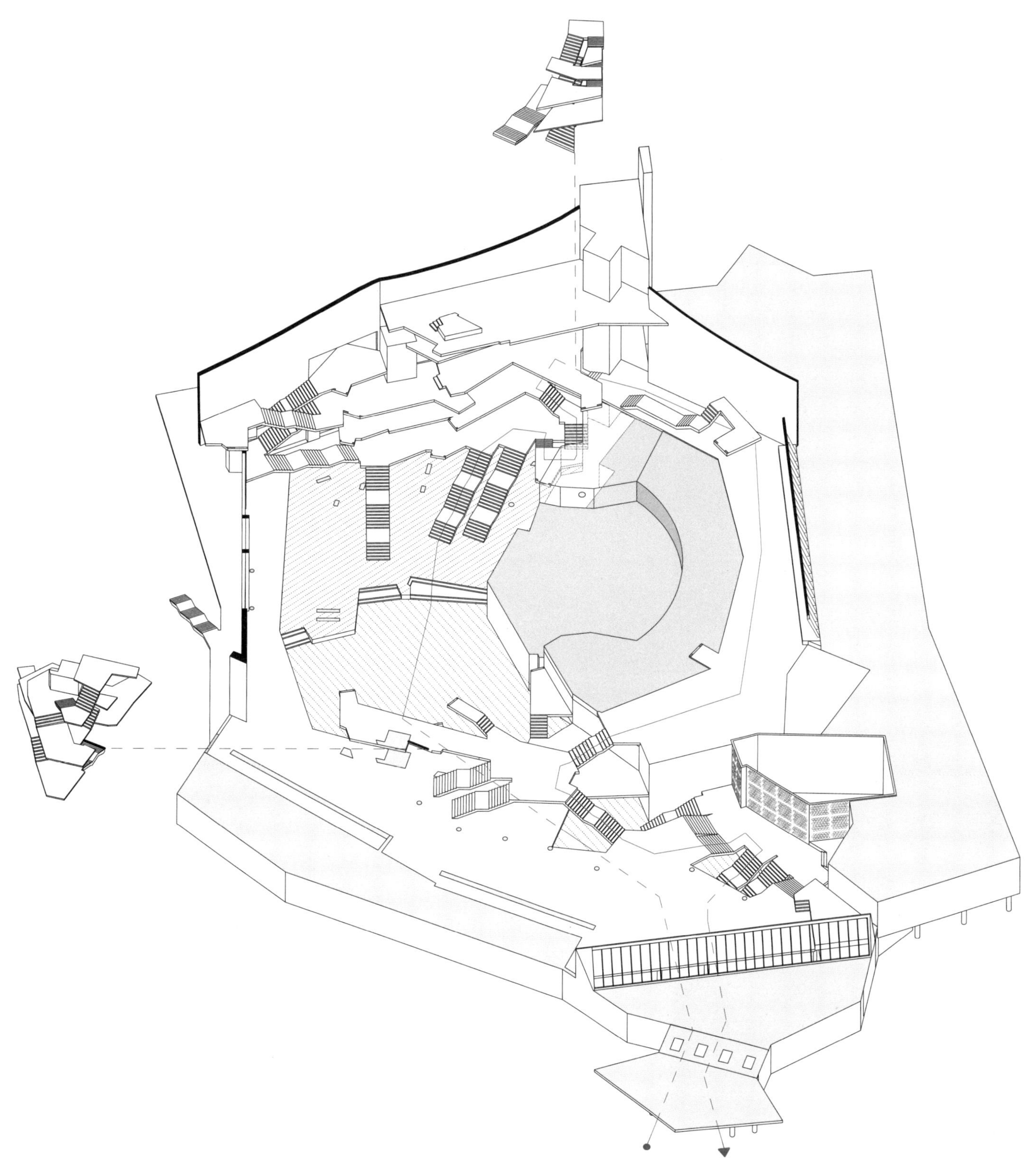

**展现循环路线的门厅轴测图**

走廊，中间偏左
门廊，中间偏右

门厅内的吹拔空间

门厅内的“广场”

门厅内的“楼梯群组”

璃，令人联想到大教堂的圆花窗。广场地面在天花板产生折痕的位置发生了偏移，被两组两级的台阶抬高，预示着可以从这里向上进入大厅。人们可以站在宽敞的走廊层回望下方的广场，或者去往外面的露台和花园。这两个空间几乎与音乐厅内部没有直接联系，因为它们被彩色的玻璃幕墙遮挡住了。

道路、广场和走廊之间的枢纽是一座旋梯，这种类型的楼梯在整栋建筑中仅此一例。在广场的另一端，没有宏伟的纪念碑式楼梯，而是由几组细长的三段式阶梯构成的楼梯群组，它们向左延伸形成楼梯墙，向右延伸形成了吹拔空间。楼梯墙的第一梯段有力地插入空间远处的角落，面向广场开放，而反方向的梯段则隐藏在墙板后面。相比之下，形成吹拔空间的梯段则以不规则多边形的路径向上盘旋。通过这些崎岖山路般的楼梯之后，景色开始稳定下来。我们来到了一条由一道楼梯、一条走廊和一座桥构成的通道，其天花板上有几处折痕，墙壁有几处弯曲。这条通道通往一个在氛围上与大型长廊相似的空间——门厅内唯一有着外向视野的地方：一个有着私密氛围的细长的玻璃长廊。

继续向前，是一个多边形的封闭环形区域，其下方是下层通道低矮的天花板。通过天花板上的开口，我们可以看到多边形部分折叠起来，形成一个细长的帐篷状屋顶，其中一侧还带有玻璃。在这个“帐篷”中，楼梯以一种往复的形式在大厅入口处交错纵横，一条沿着墙壁延伸，另一条则呈螺旋形向下，形成深邃的楼梯洞穴。这些楼梯引领着人们进入大厅、走廊，或是通过旋梯返回门厅广场。

所有的这些区域都没有明确的界线，而是在一个流畅的空间连续体内相互连通。对区域边界的模糊界定让人难以判断门厅的规模和范围。由于它与音乐厅的轴线成直角，所以它不是通往座位最快捷的路线，而是吸引人们在门厅里漫步闲逛。有着众多路线选择的观众可以加快或放慢步伐，在兴奋和宁静之间自由徜徉，有足够的时间从城市的喧嚣走向音乐厅的欢乐空间。

### 衔接空间：门厅2

设计师在这个建筑中使用了相对简单、有限的材料、色彩和形式，这样的搭配有助于整个空间形象的统一。色彩方

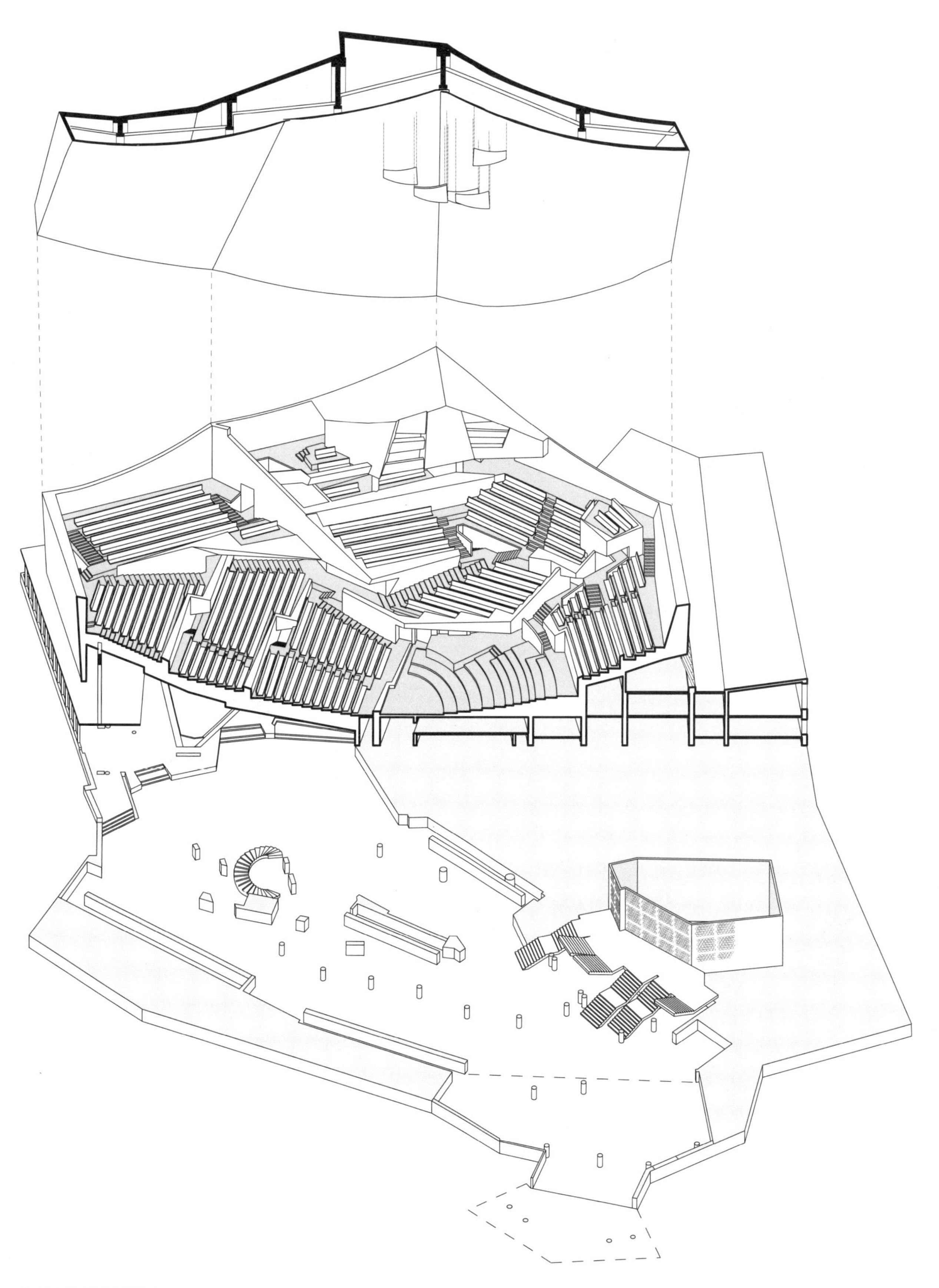

门厅和礼堂的轴测图

音乐厅B、C、D区视图

面，明亮的颜色只是在特定区域得到运用，如与圆形窗户相呼应的彩色玻璃砖，以及铺设在石板地面上的陶瓷马赛克。[125]其余部分则采用了白色的垂直墙体，大厅中的混凝土墙壁裸露在外，以此展现木制百叶窗的特色，外墙表面则涂有光滑的石膏。天花板同样是白色的，而桥和楼梯的地毯则是淡绿色的。黑色、银灰色和灰绿色的石板不仅让平坦的地面散发石质光泽，还强调了人们的移动方向。在它们相互交错的区域，如楼梯通往房间的地方，矩形的石板被切割成平行四边形和梯形。

穿过门厅的移动图形与前面描述的各种空间一样，为人们提供了更加多样化的体验。这些移动图形采用了各种可能的结构变体，有些是悬挂在天花板上或者停靠在立柱上，有些是由立柱支撑着或者倚靠着墙板，还有些则通过悬挑结构固定在墙上或者悬挂在两个楼层之间。因此，我们随处都能看到走廊、地下通道、楼梯、桥梁和人行道。一些移动图形还包括分岔或会聚的道路，相互连接或交叉的道路，上坡和下坡的道路，堆叠、分层或平行位移的道路，以及那些呈蛇形和螺旋形、环形和弯道形迂回曲折的道路。尽管有很多不同的变化，但是这些路径似乎“不言自明”，从未与其所在位置的具体特征发生矛盾，反而强调甚至成就了这些特征。例如，在门厅广场上反复出现的平行位移的道路、楼梯洞穴中蜿蜒的道路、墙壁区域交叠的道路、过渡区域的分岔道路、上坡和下坡道路。即便在最远的角落，建筑师也设计了一些奇思妙想的情境，如从令人眩晕的高度俯瞰走廊，让这些情境也成为空间连续体的一部分。步行区域和观赏空间之间的差异越大，整个空间看起来就越宏大，越壮观。

楔形墙和支撑墙视图

从E区望向其他区域

从D区望向其他区域（一）

当然，这些移动图形并非新鲜事物，它们早已为我们所熟知。但是，在一个地方看到这么多已经成为空间自身特征的路径类型的机会并不多见。尽管这些路径反复出现，我们的好奇心却从未停止，因为它们与建筑语汇不同，没有哪两个路径的配置是相同的。这些路径与传统的巨大楼梯不同，没有一个是主导元素。移动仍在继续，因为中心的空间元素（广场）和门厅作为一个整体，只有从多个角度才能正确理解。道路迂回曲折、交替引导，然后向四方分散，门厅为游客准备了这一决定性时刻，当游客最终进入音乐厅时，情节才会突然发生变化。

### 一个又一个：音乐厅

音乐厅共有近30个入口，以不同方式呈现人们进入时的欢乐气氛。A区的入口通过支撑墙围合，呈现出崎岖山崖的画面；而E区（类似剧场楼座的区域）和F区的入口则像漏斗一样开放，通往大厅。在一些区域，人们从沟谷般的楼梯中走出来，有些区域则从楼梯上直接走下来，还有一些区域则通过人行道到达座位。从某些入口，人们的目光沿着墙壁和观众席向下延伸，最终聚焦于舞台。而在其他入口处，人们首先看到的是30米外的对面区域或天花板底面。座位的价位越低，从“山谷盆地”望去的景色就越美妙。音乐厅的形式和结构具有一种辩证性质，这在很大程度上构成了它的独特魅力，使其与世界上大多数同类建筑有所不同。尽管乐队演奏区位于音乐厅的中心（虽然不是几何中心），但这里并不是一个集中的空间，而是一个面向中心的纵向空间，类似于圣索菲亚大教堂和巴洛克时期的一些宗教空间。从楔形墙的后面开始，地面出现了一条延伸了整个音乐厅长度的折线（仅被演奏指挥台打断），标志

从D区望向其他区域（二）

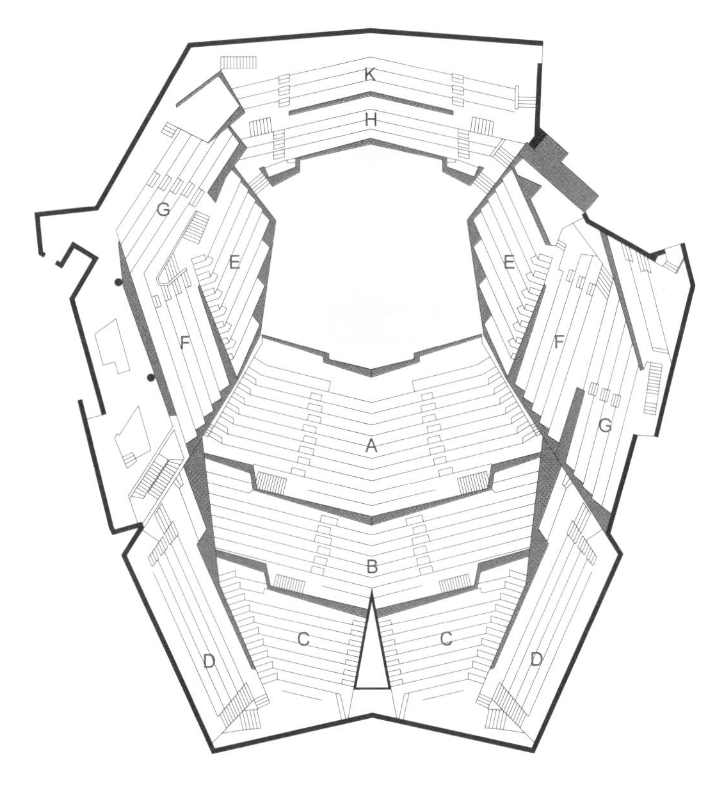


展现座位区布局的礼堂平面图

着纵向轴线。与天花板上的横向交叠结构一起构成了微妙、精致的交叉轴线系统。在地面折线与天花板交叠处之间，是被多边形阶梯包围着的指挥台，这种不规则分布削弱了向心感。人们对空间的印象——无论是轴向的、交叉轴向的，还是离心的、向心的——取决于人们所坐的位置和视野的方向。

虽然音乐厅外观类似一个凹陷的贝壳，但实际上并非完全如此。座椅和天花板采用浅色，与深色的墙板形成对比。阶梯与指挥台形成向心力对抗（D区），指向内部但并非中心区域（D、E、F、G区），或是空间产生了压缩（E区），进一步向远处延展（G区）。巨大的墙体位于D区和E区之间，向指挥台推进，通过其凸起的形态极力抵消凹陷形态的向心感，形成楔形结构。这些墙体与彩色玻璃墙一样，在由地面和天花板界定的建筑内部成为视觉上最为突出的墙体。它们甚至超越了阶梯式看台白色护栏的限制，让观众的海洋呈现出波浪起伏的形态。在许多区域里，观众的座位并没有严格地面向指挥台，而是可以俯瞰其他区域的观众。看到其他观众及其反应可以加强共同体验感和个体的情绪反应。

在这座建筑的礼堂内，由于凹凸表面的相互作用和阶梯看台的划分，观众们可以看到前景、中景和远景的构成。他们不会迷失在人群之中，而是会有被独自对待的感觉，无法确定空间的大小。这个空间不会让人感到恐惧，而是提供一个庇护所，缓缓地散发出温馨、舒适的气息。礼堂中存在的各种对立与融合，如纵向与中央、外壳与狭缝、离心与向心、凹面与凸面、群体与个人，要么局限在礼堂空间内，要么类似地处理在大厅和门厅中。然而，对整座建筑来说，最基本的是门厅和礼堂之间的辩证关系。

## 移动空间和移动的空间：门厅与音乐厅

在门厅和音乐厅之间的入口处，“用于人们移动”的空间转变为“移动”的空间。一方面，在门厅空间，尽管天花板上有很多楼梯和交叠的痕迹，但它作为一个整体，是一个垂直的空间。人们从此处穿过，但是这个空间本身是固定的，好像一切都冻结于某一时刻。而另一方面，音乐厅给人的印象却是移动着的：大厅的外壳仿佛飘浮在静止不动的观众周围，犹如漂浮在海浪中的船或鲸鱼的肚子。这种印象的产生取决于人们所处的位置和视线方向，这或多或少解释了为何人们在此处会产生愉悦的感觉。

当地板斜面与反向斜面相遇时，地面产生了一种在晃动的不稳定感，这一情况与音乐厅的纵向折线沿线区域一样。此外，地面和成排的座位沿两条轴线倾斜，这样一来，它们就不会唐突地伸入空间，而是在不同的方向之间完成平稳衔接，也避免了所有的正交参照。这种双向倾斜也使每个座位都有自己的高度，增强了共同体验的感受。另外，一排排的座椅也与各个座位区成一定角度排列，直至在前方护栏处形成锥形轮廓或锯齿形开口的造型。悬挑体量上下边缘的不平行布置为音乐厅增加了额外的活力。同样，各座位区成角度的布局并没有强化连续移动的感觉，而是加强了空间内的移动和反向移动感。

在幕间休息期间或音乐会结束之后，门厅从一个人们充满期待和逐渐适应的场所转变成一个反思和回顾的场所。以往，传统设计一般会通过在音乐厅门厅墙壁和天花板上加入说教式寓言意象，或是一种潜移默化的优雅氛围来解决这一问题。而这个项目的门厅却激发了人们去反思和交流。它为欢愉的空间提供了一个共鸣之地，也避免了将自身氛围强加给观众。空间的照明强度变化不大，总体上采用了比较低调的设计。同样的理念贯穿其中，氛围的变化不仅来自表面装饰、色彩和照明的搭配，更源于元素的密度和配置的多样性，以及空间的尺度、比例、形式和姿态。由此产生的近乎简朴的设计让音乐厅和门厅两个空间都能成为音乐和社交活动的框架、容器和背景，同时又具

从D区观望礼堂

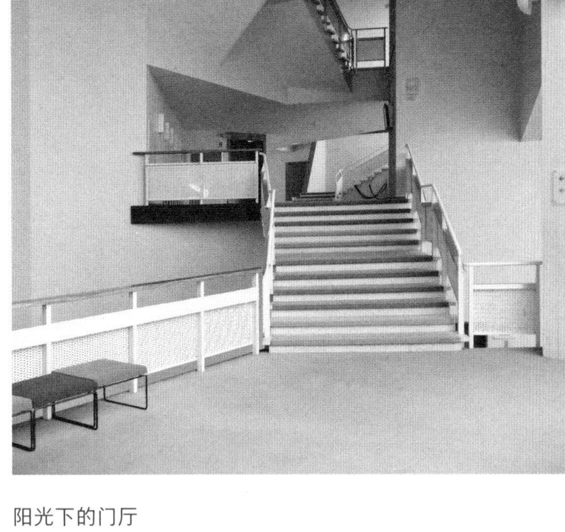

阳光下的门厅

门厅中的楼梯结构（一）

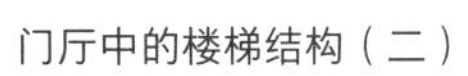

门厅中的楼梯结构（二）

门厅中的楼梯结构（三）

备自我指涉的建筑设计特征。

在音乐厅和门厅的设计中，建筑师显然抵制住了稚拙的诱惑，他既没有在交响乐中表达声音的强度，也没有参考节庆建筑的传统刻板理念。那么，他如何实现自己承诺的目标，赋予建筑与其所服务的活动相适应的理念（他将其称为“过程”）呢？爱乐音乐厅的设计与音乐的演奏和聆听过程有何关系？

## “过程”与空间结构

提供一个能够承载音乐精神共鸣的形象——这应该是与演奏音乐的“过程”相对应的空间的品质。爱乐音乐厅是否实现了这一目标？对贝多芬或肖斯塔科维奇（Shostakovich）所创作的激动人心的交响乐来说，答案是肯定的。它们在结构上和戏剧构作的相似性，使得这个音乐厅成了演奏这类音乐最好的场所。这类音乐和音乐厅的共性在于它们都有形式、视角和照明的持续变化，以及各个元素之间强烈的自我指涉。因此，过渡变化胜过恒定不变。为了引起观众的共鸣，需要挑战与安抚（观众）之间的平衡，新颖性和辨识度的结合，多样性和统一性的并存。

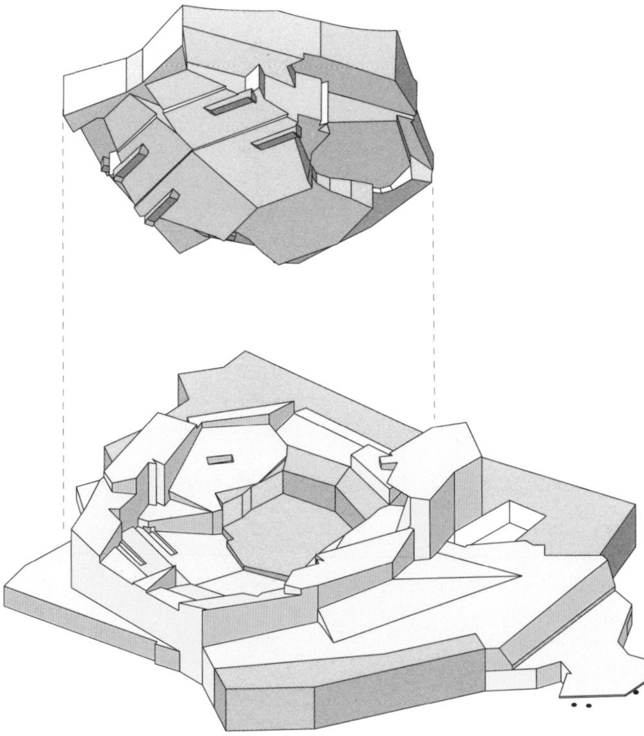

礼堂、门厅和服务区的体量展现

由于交响乐是从空间和时间的多个角度进行创作并被欣赏的，因此人们永远无法完全理解它们，这也是它们令人如醉如痴的原因之一，建筑也是如此：在门厅这种共鸣空间内，场所、移动形式和入口的情境都可以不断变化，而在音乐厅这种庆典空间内，可以发生变化的则是座位区。在交响乐中，主题旋律最终会将中心主题分解为拥有同等地位的形式，从而超越了传统的形式：阐述—展开—有利于不断展开的重述——这一现象自阿诺德·勋伯格（Arnold Schönberg）开始就被贴上“展开性变奏”（developing variation）[126]标签。

在爱乐音乐厅的建筑内，这种“展开性变奏”彻底摆脱了形式主义，这并不是因为建筑师避免了固定的形式规范，而是因为这种形式中没有从一个元素复制另一个元素：楼梯不像看台楼座一样逐渐变窄，外墙也不像音乐厅的天花板那样倾斜，等等，以此来确保形式的功能性不会丧失。换句话说，变化的不是元素本身，而是它们所承载的空间情境以及与观众的互动所激发的效果。

从“展开性变奏”的意义上说，爱乐音乐厅确实是一部建筑形式的交响乐。与构成交响乐的先进结构进行类比是一种极为特别的表达——不是通过说教或迂腐的手段，而是通过提供一种强有力的视觉体验实现的，这与交响乐给我们带来的听觉体验如出一辙。在这里，通过运用结构和空间姿态，获得了比建筑的氛围更具说服力的效果。虽然交响乐经常被用作建筑的隐喻，但是它在音乐厅内极富魅力的表现，多是出于偶然而不是必然。这一隐喻通常是有缺陷的、不妥当的，这或许是因为1804年贝多芬的《第三交响曲》（*Symphony No. 3*）首场演出以来（古典浪漫主义交响乐以其强度和过渡结构特有的相互作用震惊了当时的观众），一直没有任何建筑，尤其是音乐厅能够与交响乐相媲美，直到1963年，柏林爱乐音乐厅向公众开放。

**美国康涅狄格州纽黑文市耶鲁大学艺术与建筑系馆**

保罗 · 鲁道夫（Paul Rudolph），1958—1963

# 色调与寓意

耶鲁大学艺术与建筑系馆（Yale Art and Architecture）因为一系列建筑的黑白照片和令人印象深刻的剖面图纸得以载入建筑史册，在古典现代和后现代主义支持者的眼中，它是建筑界所有问题的典型范例[127]。这些照片和图纸将建筑内部描绘成一个上升到崇高位置的戏剧性空间连续体。然而，实际建造的内部空间却没有得到广泛的讨论——尽管每一位自命不凡的美国东海岸建筑师都对其赞誉有加。在空间的戏剧构作方面，它能告诉我们些什么呢?

评图空间在晚间可作为运动场地使用

耶鲁大学艺术与建筑系馆现在的内部空间与设计方案之间的差异主要是由以下因素造成的：消防安全法规、从最初的自然通风设计“升级”为常规的空调建筑、1969年的火灾、由于“自适应”要求导致的方案变更、在过去的50多年里该校学生人数增加了一倍，以及2008年该建筑的一些功能空间被迁移到由格瓦思梅 · 西格尔（Gwathmcy Siegel）设计的邻接扩建结构内。现在，这座建筑主要由两个双高大厅组成，四周的走廊相互交叠排列，夹在三个单层楼平面之间。其平面布局并不明确：可以被解读为一个交替的四面环形，也可以被理解为一个线性的三通道结构。每个楼层都是这两种选项的一个变体：在展览空间内，设有双高大厅的中心区域一直延伸到侧面的通道；在图书馆内，中心区域放着成堆的书籍；在专业教室的画图空间内，中心区域的地面下降了两个台阶的高度，形成了一个供老师评图的场地。在一些楼层，侧面通道或交叉通道的平行布局占据主导地位；而在其他楼层，由于角落处升高平台或下沉区域的存在，呈现出斜线交叉的布局。尽管专业教室的面积很大，但也有遮蔽的空间。由于建筑结

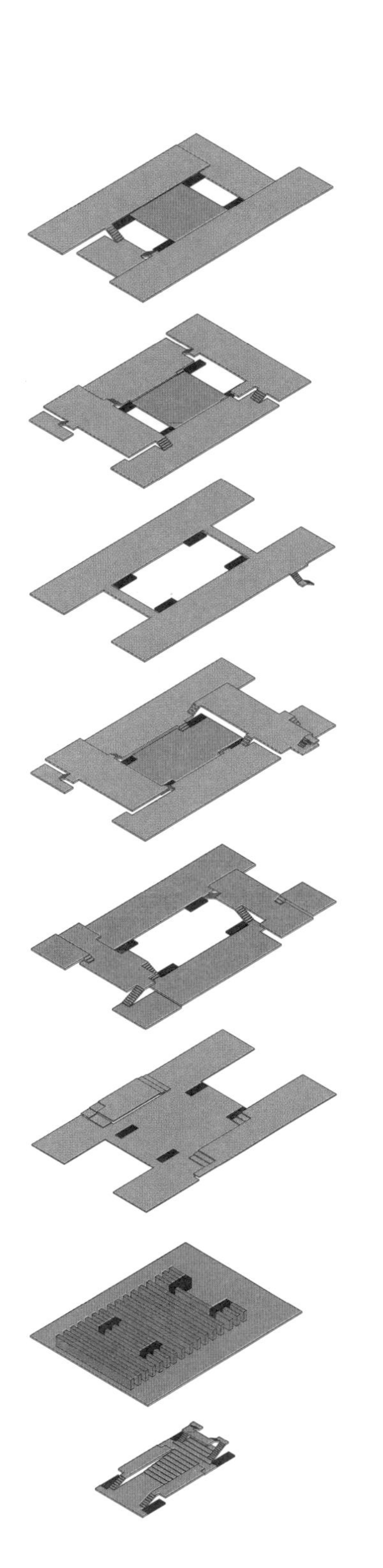

楼板平面的结构：环形结构与三通道结构

从下至上：

报告厅、图书馆、展览空间、行政办公区、专业教室1～4

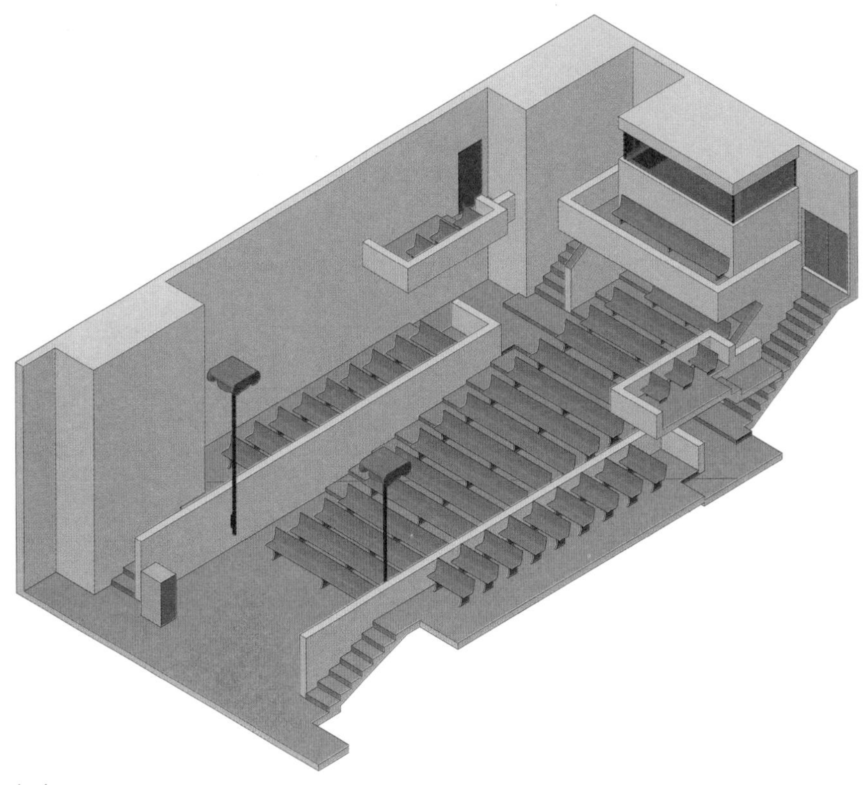

报告厅

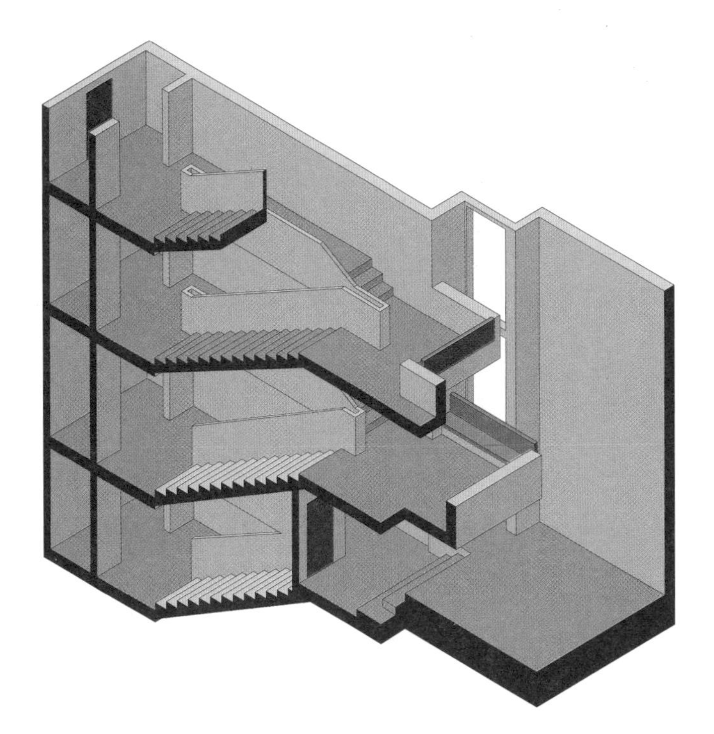

疏散楼梯处设有藏品室

楼梯

楼梯处的长凳

构的环状形式从未完全封闭，这些变体及拐角通道确保了空间始终处于流动状态之中。当然，与外面陡峭的礁石街景相比，这些多半水平的空间的流动感总是更加强烈。

## 独创与模仿

比起那些有点学术性的平面布局变化，更加令人兴奋的或许是建筑师让疏散楼梯空间更富生气的设计巧思。他用藏品室取代了呆板的缓步平台，其中存放着不同时代的浮雕、雕塑、铸件和模型——这几乎是每个建筑学院都拥有的展品。同样巧妙的还有隐藏式壁龛内的人工照明以及与之相对应的侧窗景观。变化的另一个精妙之处是将缓步平台的墙面后退，形成了这些像小画廊一般的藏品室，内部配有橙色绒面软垫的长凳，营造出优雅的氛围，吸引师生在这个从疏散楼梯转化而来的冥想空间中歇息。

楼梯与专业教室之间的过渡空间内的长沙发

报告厅

报告厅中的爱奥尼亚柱顶

然而，这些微型建筑布景中最吸引人的部分当数地下室的报告厅。狭窄的船形楼梯通向一片亮橙色的座位区，两侧的混凝土护墙像游泳者的手臂一样向前展开，将座位区分成了三个部分。虽然报告厅的面积不到22 m × 11 m，但内设包厢和楼座，仿佛是为了举办歌剧演出而配置的。这里的氛围和特别的布局弥补了空间在灵活性上的缺陷。观众可以坐在精致的长凳上（与传统的报告厅相似，这里没有单独的座位，长凳沿着中央舞台进行布置），可以坐在主楼座的单排座椅上（这部分好像是从大银幕影院中借鉴过来的），可以坐在侧廊的座位上（这里的座位像公交车上一样成对地前后摆放），还可以坐在侧面包厢内（每个包厢都设有三个单座，还配设了一扇消防安全门，营造了一种贵宾包厢的感觉）。当观众人座时，便不知不觉地成为这个具有讽刺意味的场景的一部分。报告厅不仅嘲讽了个人的浮华虚荣，也戏谑地体现了建筑的自我意识色彩。屏幕左右两侧的金属杆上有两个深色的爱奥尼亚柱顶，好像被钉在了那里，这似乎是查理 · 卓别林的《大独裁者》中的情境。这就是报告厅营造的不容置疑的良好氛围，让演说者不可避免地感到自己有义务在上场前的最后一刻再检查一遍自己的讲稿。

### 色调与寓意的蒙太奇手法

用同一色调的对比色和材料来装饰不同类型的房间，通常是为了让连续的房间保持一致的基础色调，但最终可能会让空间失去张力，变得平淡。而耶鲁大学艺术与建筑系馆则恰恰相反，设计师运用米色混凝土和橙色材料的组合，让不同的房间呈现出全新的寓意。在报告厅内，橙色材料的质地与电影院舒适的内衬相似；在楼梯上，橙色的座位仿佛是考古随想曲中的一抹流行色彩；在评图空间，橙色的地面标志着当教授们不在时，这里可以用作羽毛球场；在阶梯式办公室层，这种色调展现了国际风格鼎盛时期企业总部大楼一般的乐观主义，让人感到放松；而在教职员工休息室，这种色调与壁炉和真皮沙发一同营造了俱乐部休息室的温馨氛围。更重要的是，当从一个场景转向另一个场景时，这些寓意和它们所传达的精神越来越深刻，这些寓意被一抹华丽的色调联系在一起，这种华丽来自橙色所带来的微妙差别。

这种典雅而有着历史意识的轻描淡写也体现在对混凝土表面的处理上：加里 · 格兰特（Cary Grant）如今与奥古斯

都（Augustus）相遇了。根据光线、角度和视野的距离，沟槽和凹槽表面看起来很像微型地质构造，铺装后看上去像是罗马的废墟或是柔软的毛皮。它们的质地不逊于清水混凝土梁的光滑的表面。

该建筑所有的建筑参照、引用、模仿和氛围基本上来源于这种单一的色彩和材料对比的功能化和语义化。耶鲁大学艺术与建筑系馆是戏剧构作策略的一个范例，它从单一的色调组合中连续获得了丰富多彩的寓意搭配。[128]基调既不是对学校形象老生常谈的阐述，也并非将其潜在的显著特性（平静对活泼、硬对软、光线吸收对光线反射、吸引目光对投射目光，等等）不加区别地应用于所有情况。相反，各种场景（评审、会议、演讲、学习……）允许寓意（时尚、优雅、休闲、舒适、忧郁）贯穿各自的情境并产生共鸣，进而飘散到其他情境中。这种体验是如此令人愉快，以至于人们在下一个令人惊讶的情境中会不禁面露喜色，在报告厅的地下空间中甚至会忍不住放声大笑。

报告厅

**德国柏林新国家美术馆**

路德维希 · 密斯 · 凡 · 德 · 罗，1962—1968

# 四个主角

平台

德国柏林新国家美术馆（Neue Nationalgalerie in Berlin）紧临兰德韦尔运河，由于它位于水面高处，人们无法看到它在水中的倒影。尽管美术馆位于波茨坦桥旁边，即界限清晰的城市街区与开放式城市景观之间的过渡点上，但它的自我参照中心意味着它并没有起到调解的作用。美术馆离波茨坦大街很近，游客们只能看到它的一部分——在接近55° 的常规视角下，65米宽的屋顶需要一个70米深的前院，而110米宽的平台需要120米的深度才能让游客一览美术馆的全貌。如果不是国家图书馆和美术馆之间往来不断的车辆，以及左右两侧的树木遮挡了美术馆悬挑的屋面，人们本可以从对面国家图书馆的平台上看到这里的全景。由于无法看到两侧的屋顶挑檐，因此我们也无法看到建筑备受推崇、犹如神殿般的正立面，只能看到一个连续重复的立面。

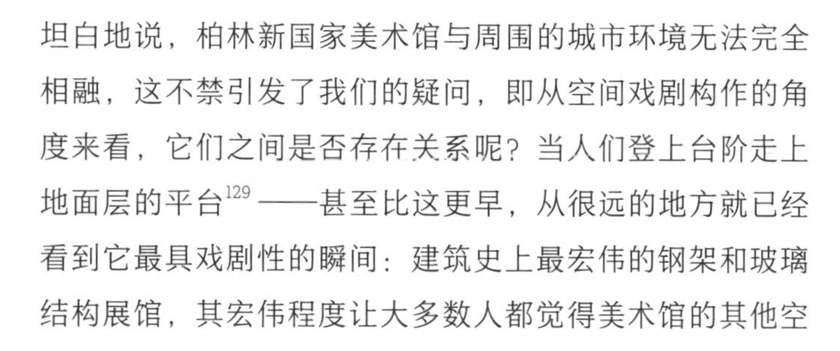

坦白地说，柏林新国家美术馆与周围的城市环境无法完全相融，这不禁引发了我们的疑问，即从空间戏剧构作的角度来看，它们之间是否存在关系呢？当人们登上台阶走上地面层的平台[129]——甚至比这更早，从很远的地方就已经看到它最具戏剧性的瞬间：建筑史上最宏伟的钢架和玻璃结构展馆，其宏伟程度让大多数人都觉得美术馆的其他空间都是为这里服务的。然而，我们接下来就会发现这些假设是多么短视：美术馆的四个主要空间共同构成了一部精心策划的戏剧，每一幕中几乎都有一个完全不同的主角。主角在舞台上的时间并不是为了自我展示，而是为了探索空间、方向、视角和活动的可能性，因为它们都是独立的行动者。

### 平台：地面

人们可以通过三段阶梯到达平台，平台的主楼梯格外宽阔，始于运河处的楼梯显得分外优雅，而始于圣马修教堂一侧的楼梯则威严壮观。一旦人们站上平台，就会立刻将美术馆城市定位的问题抛在脑后，所感皆是建筑宏大、开阔的气势。平台犹如悬浮于周围城市环境基础之上，其沉重的压顶砌块似乎将城市的背景推向远方，而自身则缩小

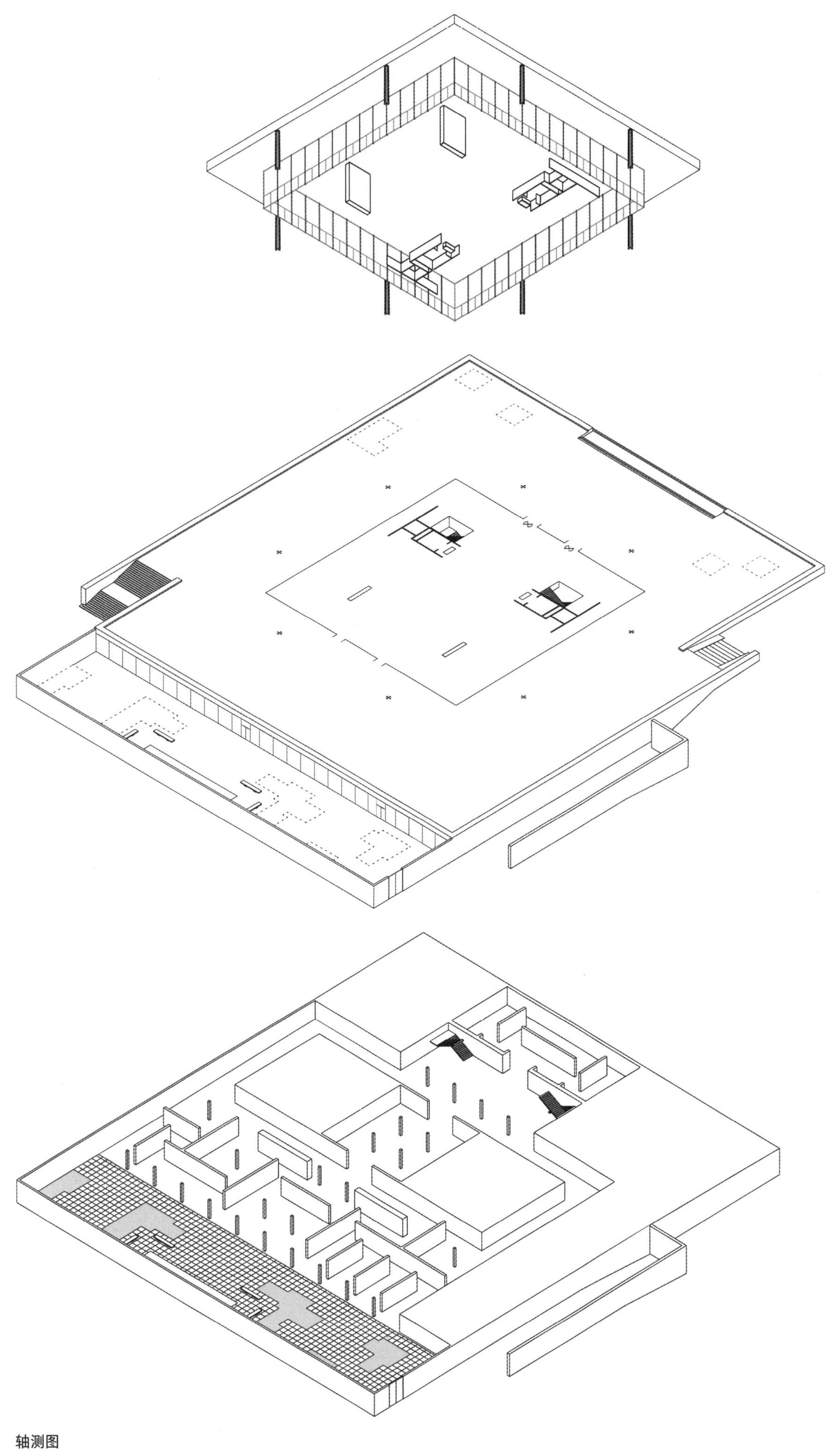

轴测图

成一个没有深度或地基的剪影。站在广阔天空下的平台之上望去，别的游客也成了独特、清晰的剪影。这是美术馆的第一个空间，以单一的边界表面（地面）来界定，从这里，人们的视野可直达地平线。它是一个原始的空间，是一处神灵或神殿的围地，为人们看到的一切设定了基础场景。

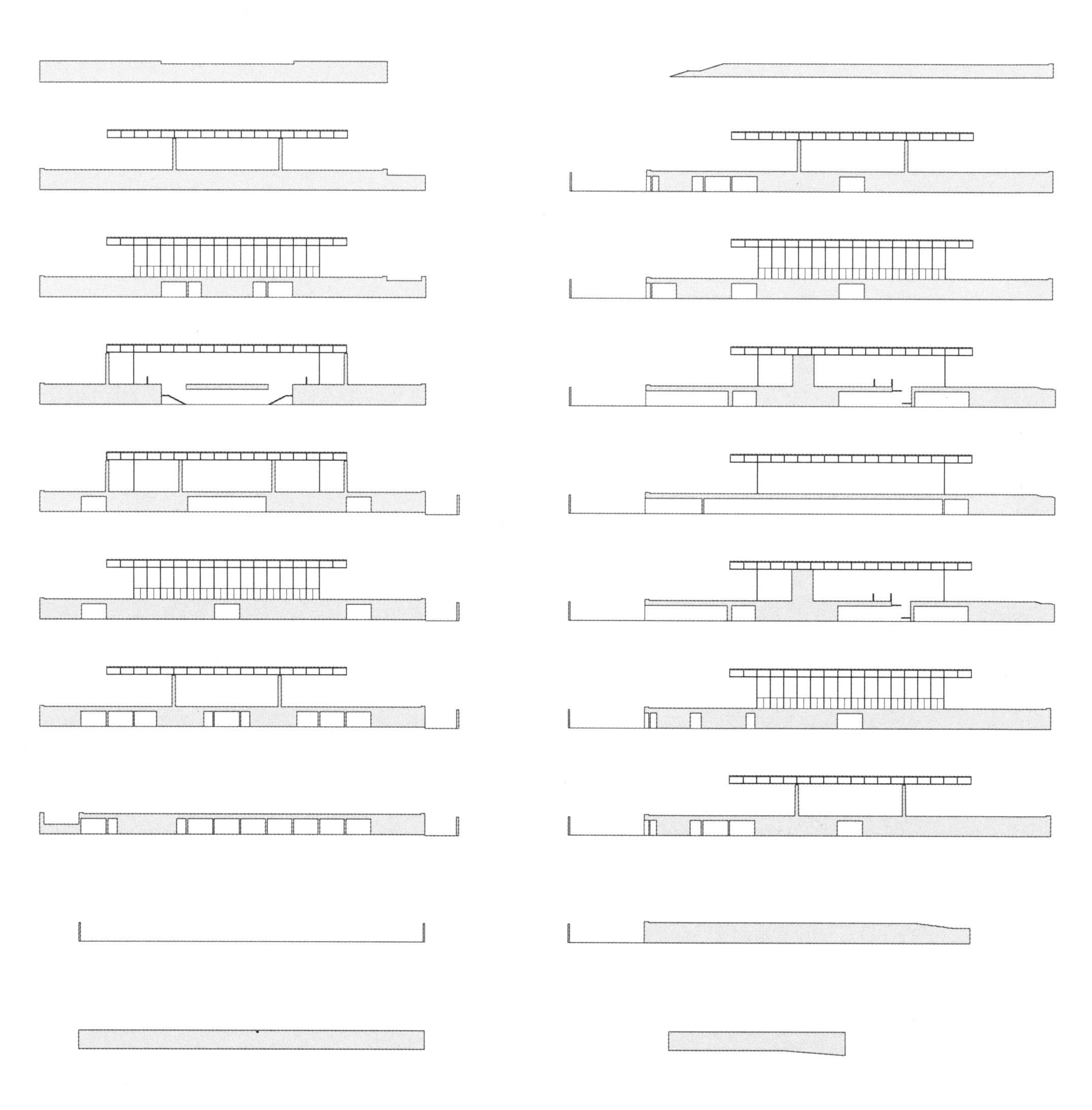

剖面序列

## 大厅：屋顶

如果在展馆的四个侧面都设置相应的入口，人们可以从各个方向横穿平台空间进出展馆。但是，尽管入口和安全出口被小心地镶嵌在玻璃幕墙中，它们仍然可以呈现展馆的正面、背面和侧面，而平台则将展馆环在中央。主楼梯台阶暗示的纵轴方向一路延伸至主厅——同时也是入口大厅、楼梯大厅和展厅的轴线[130]——固定房间元素的对称定位则破坏了通用空间的理念，反而在正方形的大厅内塑造了三个概念上的通道。中央通道没有使用任何元素，由于旋转门、通往下方空间的楼梯、木箱、大理石竖井和消防通道都是成对地设置，因此位于两侧的两个通道没有特别突出之处。楼梯的钢梁穿过地面，木箱立于地面之上，大理石竖井直立着伸向天花板。这些元素的处理、垂直摆放和材料特性体现了沿纵轴的逐渐强化，但是这个情况只在某些位置上较为明显，是一种隐晦而含蓄的表达。结果，几乎所有的展品都是围绕着移动图形和三个通道的轴线方向展开布置的，而不是以强调展品本身为目的进行布置。因此，游客可以在展馆的不同区域内游走漫步（主要是因为入口附近的楼梯会迫使人们往回走），而不是大步穿过展馆。不过，最重要的是，轴线方向始终以天花板为主导，天花板像一块悬浮在8.4米高空的巨大石板，完全无视下方的元素和方向性。

天花板没有方向性，无框且为黑色。其边缘向外悬挑，同时形成屋顶，产生如同纸片般轻薄的感觉。由于仅有50厘米宽的工形梁的底面可以捕捉地板的反射光，骨架肋板格栅却仿佛消失在无尽的黑暗中，反过来，聚光灯隐蔽地悬吊在格栅中，灯光便从这里洒下。屋顶，是第二个空间无可争辩的主角，通过从灰色到黑色的分解、对格栅的重点描摹，以及开敞的无柱内部空间，强化了外部平台已经确立的“绝对表面”（absolute surface）的主题。天花板以

门厅

画廊

其巨大的规模和绝对的高度，展现出来的姿态远比从地面上抬升的平台更具威猛气势，因为后者只是一个轮廓分明的光滑表面。尽管两个表面都呈水平状态，但是人们的目光不仅停留在地面和天花板之间的水平面上，也会被天花板纯粹的美感所吸引。

天花板像一个自由悬浮着的独立平面，而设置在大厅外缘并与玻璃幕墙隔开一段距离的“十”字形立柱强化了天花板的悬浮状态。[131] 此外，游客进入大厅后很快就会发现立柱的下半部分被由木箱排列而成的墙面遮挡起来。立柱极具美感，从整体来看，这似乎是一种设计上的失误，但是，它的存在让楼梯和木箱成了独立的造型结构，这个失误也就可以被原谅了。这样设计的原因及其与空间戏剧性的相关性，在人们走下梯楼时变得明朗起来。木箱墙面遮挡了人们向外的视线，同时也成了楼梯的前墙。这样一来，它们将一组垂直的封闭空间引入下面的楼层。由于内部楼梯只是一种下行方式，它们的对角线路径被墙壁的围护结构隐藏起来。

## 画廊：墙壁

经过平台和大厅之后，建筑的水平状态和广阔感逐渐消失。平台下方是一个与上方展厅形成鲜明对比的空间：既不令人激动，也不令人振奋。这个低矮、平坦的大厅以约8.5：4.8：1的比例横向布置，内部光线朦胧，因此比较昏暗。画廊从大厅向外延伸，沿着长墙方向设置了一个小陈列室和一个由四个立柱支撑的方形房间（看上去像个地下室）[132]，沿着短墙方向有两条宽敞的走廊，每条走廊都有一个转角。这里再次出现了三通道布局，结合环游的理念，打造了一个以墙壁为边界的流动空间（这一特色会在第四部分的“参数3：主体—空间关系”一章中进行分析）。

当人们穿过这些看似封闭的象限结构的空间时，它们会逐渐展开，这是所有空间最强有力的时刻。这类空间同样要求采光，此处的光照是由前立面上与整个建筑等宽的玻璃幕墙提供的，而画廊空间就是沿着并朝向玻璃幕墙设置的。画廊内铺设的地毯和方格天花板逐渐隐退为背景。虽然坚固的边界墙留有开口，但是吸音的暖灰色地毯像是一个基底，将油画和雕塑固定在流动的空间中。在这个画廊里，设定场景的并不是地面和天花板，而是陈列油画的墙壁。透过每个空间内墙壁之间的新开口，人们可以看到下一个拐角处的景象。画廊就像一个有着白色高墙的迷宫，其中的众多精美的艺术品令人目不暇接。这是第一组，也是唯一一组视野完全水平的房间，人们在房间内的移动是主动的，或者说是有选择性的，尤其是在侧面的通道内。

## 花园：围墙

迷宫需要与一个安静的空间与之对应，低矮、宽敞的花园恰好可以满足这种需要。这是一座与主轴线方向垂直的封闭式花园。这样设计很有必要，要沿着平台和平屋顶设置另一个支配性的水平元素几乎不太可能，因此，让花园围墙与画廊的垂直表面连接起来，形成一面封闭的端墙。原本位于中央的主轴线，在通过大厅时偏向一侧，而在画廊的流动空间内受到了一定的阻碍，最后与花园内的一座水池相交。池水、植物、天空、雕塑和玻璃墙上的倒影柔化了坚硬的花岗岩。花园的五边形开放空间与平台的五边形开放空间相对应，不透明的墙壁与上层大厅的玻璃墙形成对比，轮廓清晰的围墙与画廊无界的流动空间形成对照，位于中央的入口与大厅两个对称设置的入口形成反差，长而封闭的墙壁与平台高大、宽阔的楼梯也形成了鲜明对比。这座花园可谓是空间序列的平衡点和终结点。

## 从多个空间到一个空间

在第116页的表中，我们对美术馆空间的戏剧构作进行了总结：先是设置平台，接着建造屋顶，然后是空间的细分，最后是空间的围合。屋顶占据了中心位置，围合空间则位于侧面。空间首先以水平表面为边界，然后以垂直表面为边界。空间的连续边界首先将我们的目光拉向远处，然后

花园

### 四个空间内重复和变化的性质

| | 平台 | 大厅 | 走廊 | 花园 | 强调模式 | 序号 | 频率 |
|---|---|---|---|---|---|---|---|
| 显性空间边界（DSB） | 地面 | 屋顶 | 墙壁 | 围墙 | a b c d | 1 | 6 × |
| DSB边界的排列 | 水平 | 水平 | 垂直 | 垂直 | a a b b | 2 | 2 × |
| DSB的材料 | 花岗岩 | 钢材 | 灰泥，干壁，油漆 | 花岗岩 | a b c a | 3 | 2 × |
| DSB的色彩 | 灰色 | 黑色 | 白色 | 灰色 | a b c a | 3 | |
| 地面材料 | 花岗岩 | 花岗岩 | 地毯 | 花岗岩 | a a b a | 4 | 2 × |
| 墙壁材料 | — | 玻璃 | 灰泥，干壁，玻璃 | 玻璃，花岗岩 | –a b c | 5 | 1 × |
| 天花板材料 | — | 用平顶镶板装饰的钢材 | 吊顶 | — | a b b a | 6 | 2 × |
| | | | | | | | |
| 房间数量 | 一个 | 一个 | 多个 | 一个 | a a b a | 4 | |
| 空间姿态 | 延伸 | 垂直 | 细分 | 封闭 | a b c d | 1 | |
| 活动 | 扩展 | 飘浮 | 交错 | 包围 | a b c d | 1 | |
| 空间方向性 | 离心 | 离心 | 迂曲 | 向心 | a a b c | 7 | 4 × |
| 空间流动 | 辐射 | 辐射 | 流动 | 聚集 | a a b c | 7 | |
| 房间类型 | 平台 | 亭子 | 迷宫 | 后殿 | a b c d | 1 | |
| 视线 | 远 | 高 | 近 | 有界限的 | a b c d | 1 | |
| | | | | | | | |
| 平面图形 | 正方形 | 正方形 | 长方形 | 长方形 | a a b b | 2 | |
| 通道 | 楼梯 | 玻璃门 | 楼梯 | 玻璃门 | a b a b | 8 | |
| 入口 | 1 (+2) | 2 | 2 | 1 | a b b a | 6 | |
| 路径图形 | 个人路径 | 个人路径 | 可选路径 | 建议路径 | a a b c | 7 | |
| | | | | | | | |
| 对抗力量 | 竖柱 | 独立式元素 | 立柱 | 常春藤 | a b c d | 1 | |
| 图形 | 长凳 | 组块 | 无 | 补木 | ab–c | 9 | |
| | | | | | | | |
| 氛围 | 巨大的 | 巨大的 | 集中的 | 冥想的 | a a b c | 7 | |

相同的性质共享，同样的背景色调

2017年翻新改造期间，建筑柱基被拆除

拉向上方[133]，再拉向正对面，最后拉向边界、不透明的围墙和天空。在移动和姿态方面，这一序列激励我们在前两个空间的广阔区域内漫步，并在第二个空间内仰望，接下来人们会被画廊内的各个区域吸引，最后走进花园，坐在整栋建筑中仅有的固定长椅上休息（虽然平台的盖顶石也可用作座椅）。材料的变化同样遵循着一个缓慢、交错的进程。楼梯大厅的白色天花板和墙壁为即将出现的画廊做好了铺垫，而楼梯大厅的地面也铺设了与楼上大厅相同的灰色花岗岩。[134]事实上，在屋顶的黑色和天花板及墙壁的白色之间，地面的灰色起到了调和的作用。花园围墙内壁所用的灰色花岗岩呈直立状态，强调了它的绝对终结性。（美术馆在2016—2017年时经历了翻新工程，当时平台外面的石材饰面被剥除，暴露在外的混凝土墙体和上面富有韵律的石板孔要比原来的花岗岩饰面更有说服力。在混凝土的背景下，钢制的展馆显得更加宏伟。）

虽然大厅的屋顶是整个建筑最具戏剧性的所在，但若不是另外三个空间也分别有一个主角作为主导，它就只是单一的情节。将注意力放在某个单一方面，是构成这部戏剧的基础，也是这部戏剧所定义的基本的、不朽的节奏。它也表达了密斯·凡·德罗对该项目空间构成的四个基本的和标志性的贡献：雕像和地面、全面空间、流动空间和庭院式房屋。从这个意义上说，柏林新国家美术馆是他的遗产。但除此之外，从原创的角度来看，它也展示了以更简单的方式定义空间的可能性。它并没有对组成原型（如出檐结构、入口、洞穴结构等）的独特性、辩证性或思想性进行探索，而是着眼于地面、天花板、墙壁和围墙这些基本要素势不可挡的力量。这里的基本原则是将边界表面分成单个元素，通过弗兰克·劳埃德·赖特（Frank Lloyd Wright）和特奥·凡·杜斯堡（Theo van Doesburg）的思想及“打破盒子”（exploded box）的理念，成为现代主义建筑词汇的一部分。然而，在这栋建筑中，打破盒子的理念既没有被排斥，也没有被广泛运用。相反，独立的元素一个接一个地被放置在一起，最大限度地发挥它们的作用。它们的序列、方向、布置和空间定义都非常简单，就像戏剧或电影导演的惯用做法，只需几个手势便可在空中勾勒而出。由此产生的节奏、呼应和互补关系的丰富程度令人惊叹，在项目中以类似矩阵的形式展现出来。[135]

谈到它们的同时性，即同时发生转变时，四个主角将构成一个紧凑的组块，一个时间和空间上的点。谈到连续性，如美术馆所示，四个主角在保证时间得以流动和循环的同时，仍然让四种空间类型、三个通道、两个层面（其中一个露天）被理解为一个空间内的多个空间，作为一个包罗万象的空间内的组织结构出现。这样一来，密斯在概念上将空间从想象主体中分离出来，变成了嵌入宇宙空间的空间。在这种心理意象中，连续性又变成了同时性，形成了包含多重性的统一体。

**美国新罕布什尔州埃克塞特学院图书馆**

路易斯·康，1965—1971

# 欢迎—概览—占用

美国的新英格兰地区展现了清教徒对完美的追求，将所有大都市的光彩和衰败拒之于千里之外。这座位于历史名城埃克塞特的8层立方体建筑只有部分开口安装了窗户，墙面粗糙磨损，不规则的烧结砖、风化的柚木填充物和藏于敦实柱廊下方的入口，让这栋建筑显得有些难看、碍眼。埃克塞特学院图书馆（Exeter Academy Library）与城市里整洁的小型砖砌住宅毫无干系，却与人们乘火车去波士顿时，在路上看到的劳伦斯站的工厂建筑颇为相似。

通往大厅的弧形楼梯

## 欢迎：动态空间

穿过建筑平淡无奇的入口后，人们会进入一种强烈、欢快的氛围：两道对称的楼梯勾画出一个向上的圆弧，吸引着人们的目光沿着它们坚固的外部护栏投向深邃、高远的上部空间。在这个空间内，巨大的圆弧设计随处可见，人们每前进一步，都会看到它们在以新的方式相互交融。这种开放的姿态产生了欢迎、陪伴、围合、振奋和诱惑的效果，在通过砖砌柱廊之后，人们可以看到楼梯和墙壁优雅、考究的石灰华内衬，更加强化了这一效果。在形态、材料、规模、空间结构、亮度和视野方面，入口与立面和柱廊形成了鲜明对比。与远处的大厅相比，这一空间似乎被压缩得很小，这也是人们往往会匆匆走上楼梯的原因。

## 概览：视觉空间

在楼梯的顶端，场景变得井然有序起来：清水混凝土墙壁上开设了4个直径12米的圆形开口，这些墙壁被巨大的对角交叉横梁固定在九宫格的天花板下方。空旷的中庭周围设置着图书馆的资料目录区、信息检索区和借阅台、阅读椅和小阅读室，借助石灰华、清水混凝土和橡木材料的组合，平衡了精致、华丽和舒适之感。但是，天花板的景象多少有些令人失望。对角交叉横梁似乎规模过大，阳光斜射所产生的多种怪异的形状连同走廊天花板下方毫无生气的线形灯，都令人心烦气躁，这在很大程度上削弱了空间庄重、宏伟之感。九宫格设计，与其说是向帕拉第奥致敬，还不如说只是一种实用的方格天花板。跟所有塔楼一样，人们要想好好欣赏头顶的天花板，就得付出颈部酸痛的代价。虽然摄影照片中出现这种视角的频率很高，但我们都不会特意摆出这种不自然的姿势，我们的目光会沿着墙壁表面观看，而不会将注意力集中在屋顶。

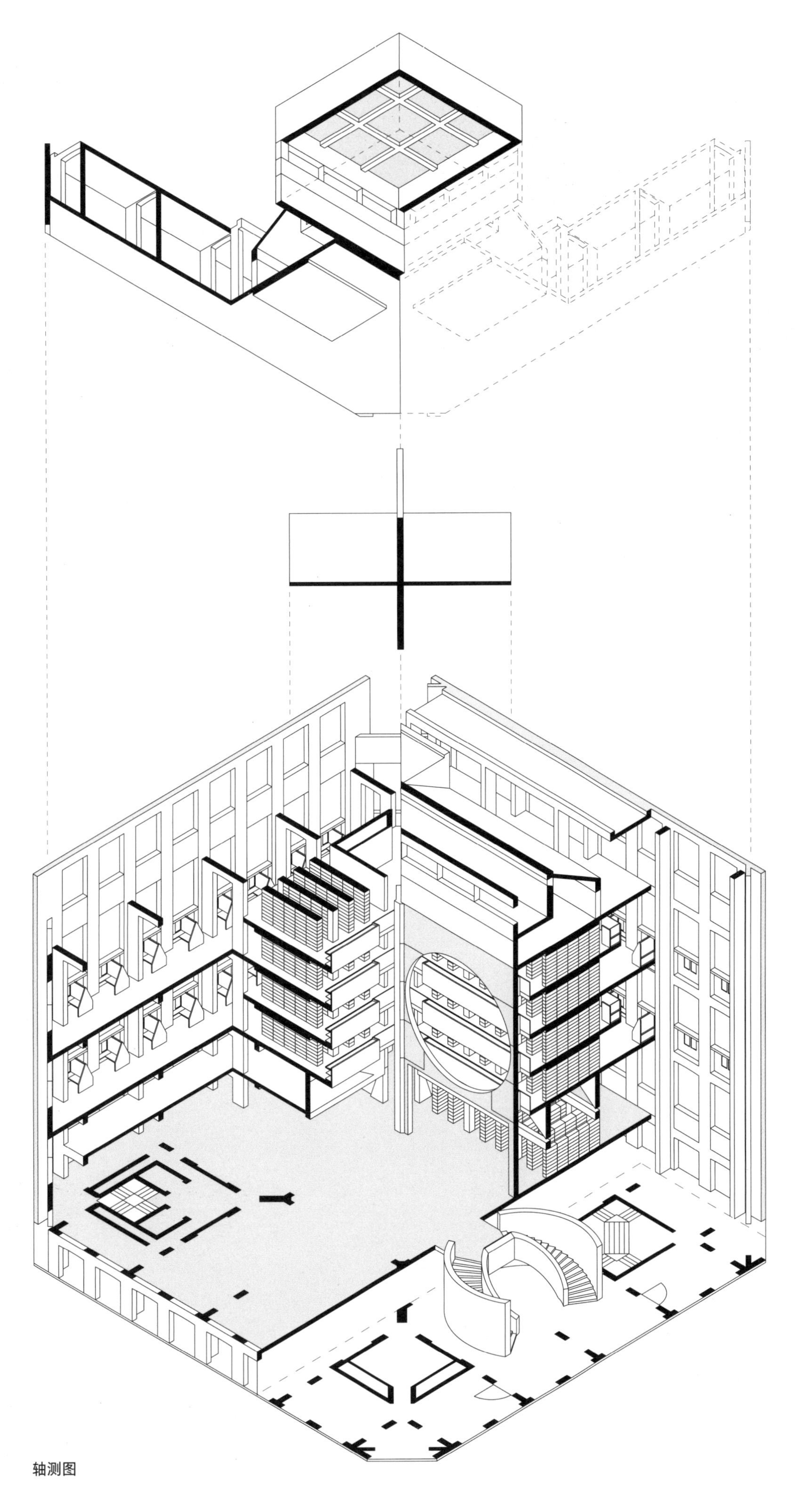

轴测图

从一楼望向其中一个圆形开口

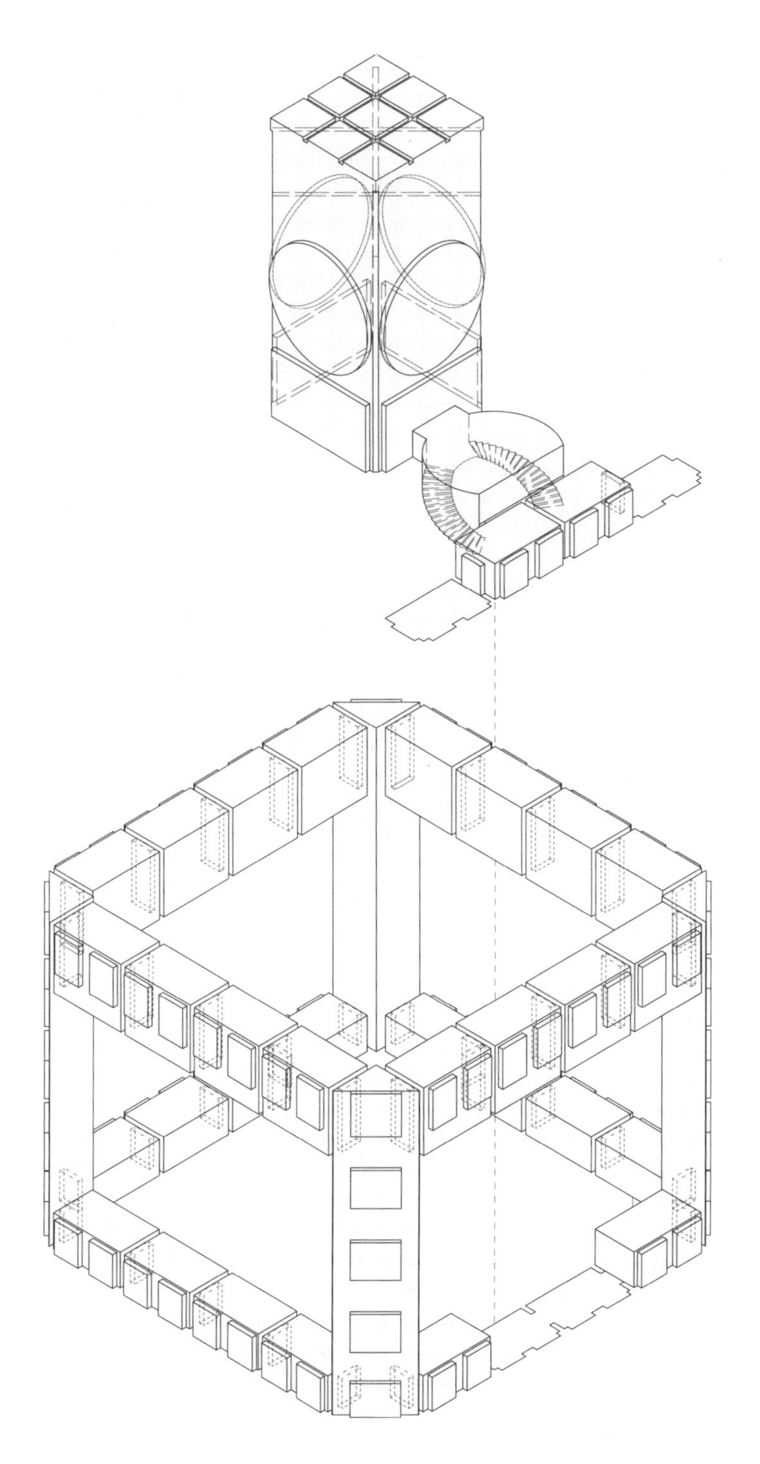

孔洞

从三楼望向圆形开口

环顾大厅，秩序原则变得越发清晰。然而，读者和书籍的角色仍不明确：大厅空无一物，这是对19世纪图书馆中央阅览室的批判和重组。这里显然不是一个阅读空间。但是，仅仅通过否定——说明它不是什么——来定义这个空间，是否足够呢？它虽然是光线的来源，但这并不是主要的目的；它是一个接待空间，也是一个流通空间；它可以用来举办活动，但也只是偶尔为之。与这些相比，它更像一个纯粹的建筑，一个绝对的空间。大多数使用者会在大厅内来回穿梭，他们觉得与其驻足欣赏，不如在移动中更好地体验这个空间，他们知道它就在那里，其引人注目的视觉效果给人一种亲密无间的感受。风格化的混凝土罩面显示出一种沉思的意象，与从上方投射下来的柔和光线一起填补了整个虚空。

同样地，这些形式上的设计尚存疑问：要如何理解交叉横梁和圆形开口？从几何学上看？从象征性上看？将其作为建筑的一部分来看？还是从现象学的角度上看？有两个因素与它们作为几何图形的评价相矛盾：清水混凝土中明确标注的施工结点与圆形开口的顶点不一致，圆形开口没有被设置在墙面的中间，而是靠近墙面下方。这使得圆形开口上方的拱显得很沉重，下方的拱又显得过于纤细，最终形成了一个静而不止，且更为灵活的秩序系统。值得庆幸的是，埃克塞特学院图书馆是一个开放式图书馆，而不是大教堂，这样我们就可以近距离地感受这种对玫瑰窗（通常出现在哥特式教堂的大型圆形彩绘玻璃窗）的现代诠释。

## 占用：触觉空间

上方楼层每层都由三个环形空间构成：内部的走廊，即内环——读者可以在此俯瞰大厅；设有书架的中间地带；外环是紧挨窗口的阅读间，即“小阅读室”（carrel）。读者可以在外环的砖砌壁凹、中间地带的混凝土立柱和内环走廊里木质讲台般的高大书架之间穿梭，在洒满光线的大厅和光线被实体墙壁分隔成一段一段的外环之间穿行，在空间与体量之间往返，在思考（走廊）、搜索（书架）和吸收（小阅读室）之间切换。每个环形空间都有自己独特的物质性和氛围。另外，外环细分为主要楼层和走廊楼层，围绕在它们周围的书架被布置成小阅读室，学生可以在这里全神贯注地学习，这一场景使人联想到绘画作品《书房中的圣哲罗姆》（*Saint Jerome in His Study*）。不过，用于团队合作和讨论的区域则是例外。

大厅内的景象

交叉横梁构成的桨叶状结构

### 圆弧的简明现象学

位于建筑四角的楼梯间并不面向内部开放，我们只能看到大厅对角线上四根角柱狭窄的边缘，这与传统的建筑组织规则形成鲜明对比。由狭窄边缘形成的细线将人们的视野和接下来的移动方向划分成两个对称的部分。然而，远处的视觉效果在不同楼层内却是完全不同的，每个楼层都展现了圆弧的不同分段，因而呈现出各异的姿态。在一楼，一段圆弧呈船帆状向我们展开，然后消失在水平栏杆之后，接着又在远处重新出现。上扬的姿态一直持续下去，但看不到它的顶点（前提是以走廊低矮的天花板为地平线，并且观者的身体没有过度探出平台）。一切似乎都在浮动和摇摆，让人们可以瞥见过渡空间（缝隙）的景象。

在二楼，圆弧的顶点与视线齐平。墙体的狭窄部分与角柱融为一体，形成了一个带有Y形平面的立柱，而Y形平面的位置不高不低、恰到好处。如果没有向外延伸的弧线来引导视线，另一侧其他圆弧的分段会显得遥不可及。角落和整个走廊的氛围是安静、平和的。相比之下，三楼的分段圆弧从角落向室内延伸，犹如弓箭射出，散发着令人惊讶的“紧绷的能量”。当人们走在三楼的走廊上，目光不会跟着弧线向上走，而是会投向下面的空间。这些圆弧显得很沉重，似乎充满了引力，支撑起6.5米高的墙面。最后，四楼的圆弧像半睁的眼睑一样微微抬起。

从高层的两道走廊开始，大厅洋溢着一种庆典的氛围。这不仅是由于形态和象征意义——从船帆到拱顶——发生了变化，也因为光线的特性发生了变化。从下方看时，设置交叉横梁的意图并不明确，实际上它的功能显而易见，其类似桨叶的结构可以将入射光引入下方空间，从而避免书籍受阳光直射的影响，同时还可以为阅读者提供自然光。这种调节光线的方式意味着四面墙壁中实际上只有一两面墙壁反射光线，这不仅强化了房间的轮廓，还产生了一种未被斑驳的光影扰乱的宁静氛围。人们只能看到桨叶状结构上凌乱的光斑，但是在这里，和先前从下方看到的一样，它与建筑操作毫无关系：这是圆形开口，而不是一个尖顶的开口；它不会把人们的视线吸引至圆弧的顶端。因此，那些抬头望向天花板的人，可能会窥得箱子中的奥妙，而不是只欣赏了一出戏法表演。

## 充满活力的定序原则

定序原则充满活力的原因在于，它们不是强行的专制，而是相互依存的融合：次要功能让主要功能变得清晰起来。例如，内部走廊不仅提供了进入成排书架的入口，还有助于我们理解圆形开口和屋顶桨叶结构的特性和运作模式。

这种相互作用也体现在对参与元素的判断和定位中。在形态具有重要意义且富有表现力的区域，如大厅，光线是无形的；而在入射光线充满韵律感且活跃的区域，如阅读区，形态便受到了制约。

最后，更深层次的原因在于，定序原则并没有试图控制和遏制发挥作用的力量，而是揭示它们是如何从一个方面顺利过渡到另一个方面的。这同样适用于开口的布置和比例，正如它也适用于框架及其填充面板的细部，适用于大大小小的组成部件的接合，以及材料在垂直和水平方向的叠加。具体展现这些设计原则的细节包括在混凝土台阶本身而不是台阶上方巧妙地嵌入石板，以及处理圆形开口时强调其曲线张力的变化。上方墙体的重量施加在圆弧上，形成应力分布，而它的重力则被下方承受，并在向上摆动时反弹回来。这个例子清楚地揭示了为什么路易斯·康引用了另一位在“内外移动运动”方面有着非凡成就的大师（莫扎特。莫扎特音乐中的动态性和流畅性，以及旋律、声响和节奏的变化，都体现了一种内在的结构和有序的发展。康用其说明他对建筑的理解，即在不同要素之间实现流畅的过渡与和谐的组织）的话，作为他理解秩序的主要依据。[136]

最终，我们发现了这栋建筑如此迷人的原因：它对力量的表达与我们直接产生了共鸣，反映了我们自身肌肉的紧张和放松状态。[137]我们对其动机产生如此直接的反应的更深层次原因在于，它遵循了传统家庭的待客之道：从热情洋溢的、充满活力的过渡空间（入口和楼梯）进入可以一览空间全貌的房间（中庭），最后走到可以占用（物品和行动）的触觉空间。像埃克塞特学院图书馆这样巧妙地——但不是人为地——将这样的基本规则应用到一栋公共建筑中的实例极为罕见。

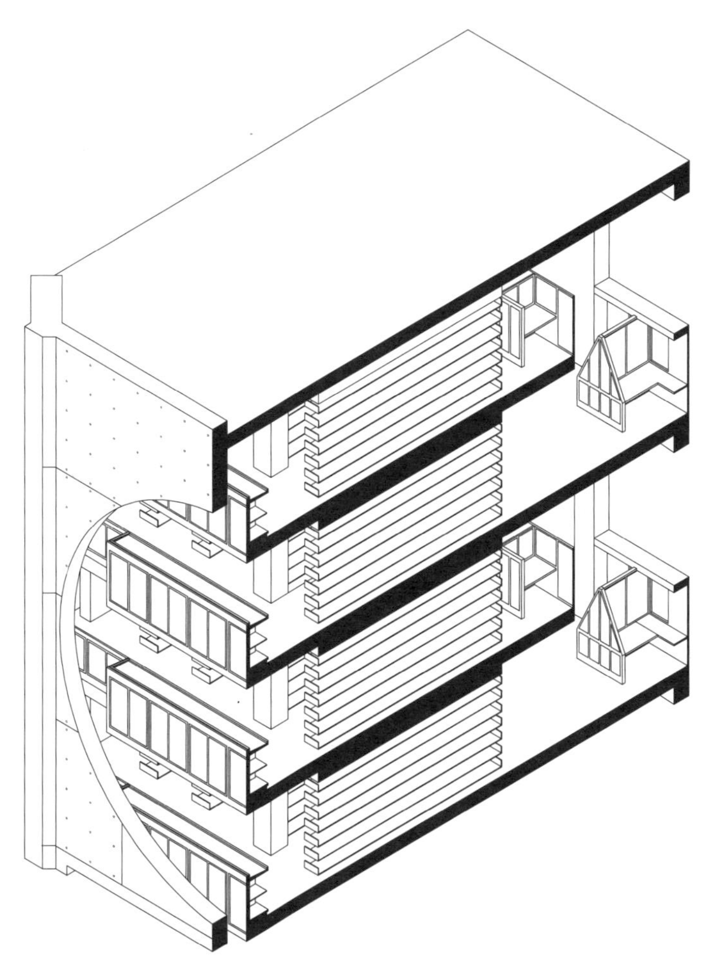

三个环形区域的横截面

小阅读室

**德国柏林费尔贝林广场地铁站亭**

赖纳 · G.鲁姆勒（Rainer G. Rümmler），1967—1971

# 标志与过剩

上行楼梯

地铁站亭是一种导向系统。匆忙的上班族会注意到这里使用的语言和数字标识，而建筑设计也影响着使用者的定向、移动速度和心理状态。我们将通过描述柏林费尔贝林广场地铁站亭（Fehrbelliner Platz Underground Railway Pavilion）的一条路线来论证这一点，读者在轴测图中也可以追踪到这条路线。

## 构建移动图形

乘坐地铁和从地下中转层抵达的乘客都可以看到头顶嵌入侧壁的巨大的鼓形结构，仿佛飘浮在楼梯缓步平台上方。这个鼓形结构再加上一个挑棚，预示着乘客们正在进入一个复杂的“力场”。入口挑棚厚重的红色边框会立刻吸引行人的视线，然后将其引向屋顶的凸起结构。接下来，位于右侧的屋顶前方的体量会进入行人的视野，但马上就被一个距离更近的结构挡住。行人循着这里望去，必须改变一下方向才能看到这些交错元素的另一端。因此，这些内部的边界表面营造了一种加速行人上楼的环境，行人在抵达楼梯顶部后，再180° 转身，此时，下一个端点进入视野。行人头顶的天花板变成了圆形的遮棚，和前面提到过的挑棚类似，以一条明显的弧线将人们的视线和移动方向引至道路左侧。通过这些方式，人们可以感知到一条由天花板和墙壁组成的巨大的S形曲线。

从S形曲线通道走上人行道，我们会看到建筑的下一个端点——一个很高的“转轴”。所有元素都围绕着它展开，接着，进入行人和转轴之间的是一系列交错的、沿着切线布置的体量。继续向前，当人们在尽头处转弯时，就会发现之前在楼梯缓步平台上看到的鼓形结构已经向上延伸形成了一座钟楼。[138]

## 巧妙的策略

在这个项目中，站亭内的路径以堪称典范的方式向我们展示了决定空间戏剧性的5个基本建筑策略。

### 宣告

在实际空间进入视野之前，该建筑用天花板来宣告和指示移动的方向，用墙壁来限制移动的空间，可以在狭小的空间内实现方向的改变。天花板和墙壁借助视觉和触觉方式接连发挥作用，后者会落实前者已经指示的内容。

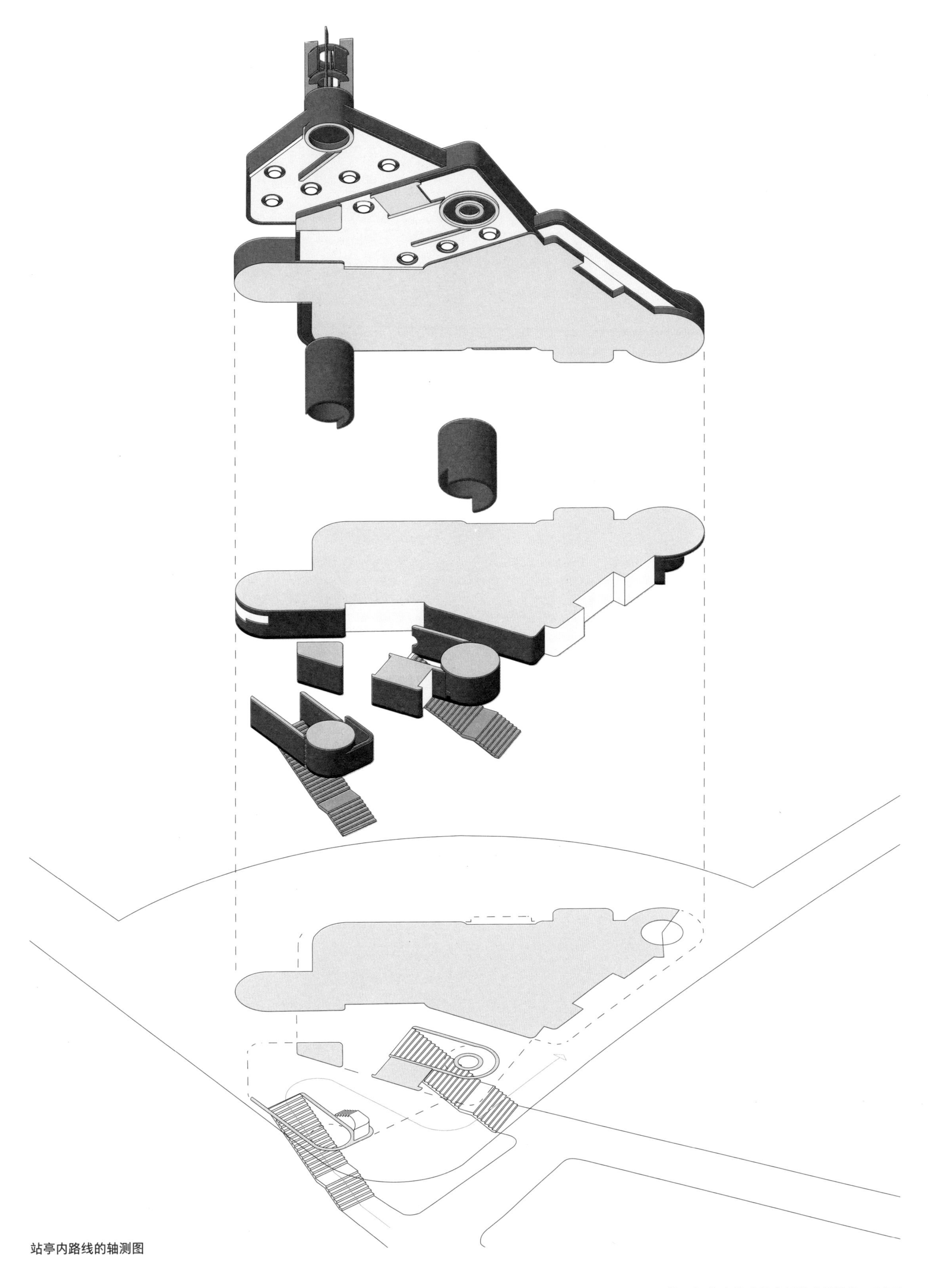

站亭内路线的轴测图

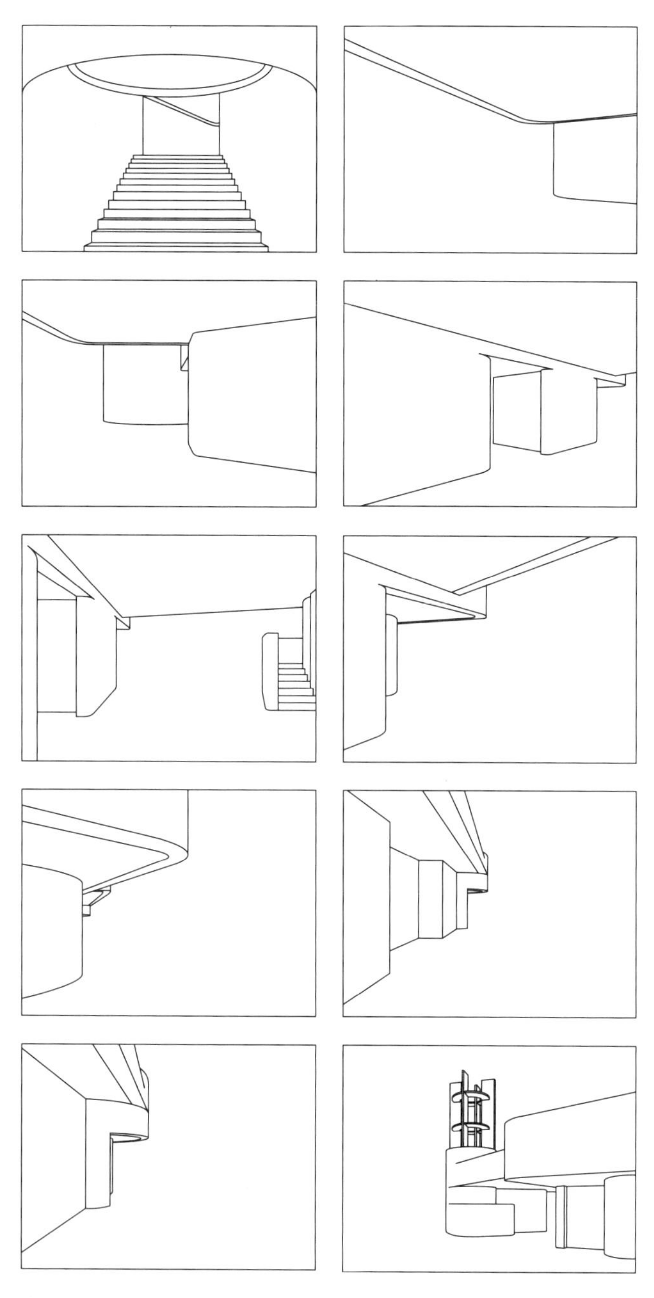

人行道路景象的情节串联图板

穿插

首先展示较远的元素，然后将较近的元素引入视野，这种操作造成了一连串视图与阶梯穿插出现的效果。而这种效果又创造了一系列的减速、惊喜和重新加速的时刻。从楼梯和通道之间的位置以及从通道到外墙的位置都可以看到这种效果，如左侧的情节串联图板所示。

变形

墙体部分的分割与合并意味着它们会以平面、体量或表皮的形式交替出现。

过渡

紧绷的定向墙面和动感十足的圆形转角之间的过渡创造了一个连续的表面，确保移动的活力持续不断地推动人们前行。

矛盾心理

红色瓷砖墙面一直在对内外之间的边界进行模糊处理、相对处理或转化处理。与带有篱墙的花园一样，这些隔间之间是流畅贯通的。

通过室内通道，人们可以得到更多的功能和体验，同时它也成为一个标志性的存在。这条通道既可以促进人们移动，也可以赞美某种“过剩”，即提供一些额外的功能或体验，以一种具有启发意义的方式呈现出来。建筑内部的节奏与行人的节奏十分吻合：抵达的乘客首先通过车厢的固定窗户看到地铁站，轨道连接处的听觉节奏和垂直边缘的视觉节奏犹如横向的电影胶片般快速掠过。在地面上的站亭内，当封闭的墙面分解成独立的偏移墙体时，同样的节奏再次出现。它们逐渐进入视野，似乎在衡量着行人的进程。它们不仅暗示了速度感，也激发了行人移动的速度。

红色

发动机、标识和过剩——地铁站亭将这些特点集于一身，主要归功于贴有红色马赛克瓷砖的内墙面，它们坚硬且有光泽。红色标识的色度——既不偏黄，也不偏蓝——形成了远距离吸引和近距离排斥的效果。而其他色彩和光泽无法赋予墙面如此强烈的方向性和加速效果。在费尔贝林广场，与那些刻板的行政建筑相比，这个车站仿佛一条柔软的火红巨龙，从“摇摆伦敦”（Swinging London）时代进入西柏林时期，堪称构建移动图形的典范。

后向视图

通道

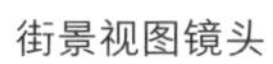

街景视图镜头

反切镜头

**德国门兴格拉德巴赫阿布泰贝格博物馆**

汉斯·霍莱因（Hans Hollein），1972—1982

# 碎片空间内的时事讽刺剧

阿布泰贝格博物馆（Abteiberg Museum）位于罗马式大教堂和巴洛克修道院旁边的一个著名的山坡上。其所在地的地形特征促成了1000多年前修道院的建造及这座城市的建立。

入口处

感觉上似乎只需几步便进入下坡，但我们发现自己仍然身处观景台，只是方位旋转了180°，这种情况在此次的“山丘和洞穴之旅”中发生了很多次。在这个广阔的博物馆内，人们会遇到这样的“枢纽点”，方向在那里急剧改变，原本灵活、松散、延伸的空间仿佛被绳索拽到一个用圆圈或圆柱标记的点上。在入口处，狭窄的“楼梯沟”通向博物馆内的圆形平台。人们抵达这里时，是背对着博物馆方向的，前面或后面就是售票处。站在这个平台上环顾四周，可以看到六个内部空间的景象，它们拥有各具魅力的照明氛围：临时展厅的单坡屋顶散发着柔和的漫射光，天花板上霓虹灯发出的冷光、透过入口大厅的玻璃墙流淌进来的金色阳光、走廊和售票处人工照明发出的暖光，一旁的玻璃“峡谷”发出的明亮、耀眼的光芒，以及“洞穴”视听室里电影院般的漆黑一片。

## 碎片空间

选择去往哪个空间这个问题有些令人困惑，不过人们很快就会发现，这个博物馆是由不同的碎片空间组成的，而不是由带有清晰通道或环路的中性空间组成的，他们可以自由选择。博物馆鼓励参观者发挥自己的主观能动性，强调选择的自由，甚至利用了让游客探索、惊喜、迷惑和疲惫的策略。人们可以在外面的花园里放松，或是坐在不同室内空间提供的四种沙发上放松。这些沙发会将参观者带入不同的世界：摆放在报告厅前方饰以家庭花卉图案的沙发是对寻求启发的中产阶级的嘲讽；环抱在有尖角的大理石坯料中的皮革沙发有一种雅致的清凉之感；略带曲线的酒红色长凳式沙发令人想起维也纳咖啡厅的诙谐氛围；还有可以欣赏到大教堂景致的柔软沙发，情侣坐在这里休闲的画面足以作为旅游手册的插图。坐在这四种沙发中，人们可以感受到弗洛伊德（Freud）、路斯（Loos）和以沙发为

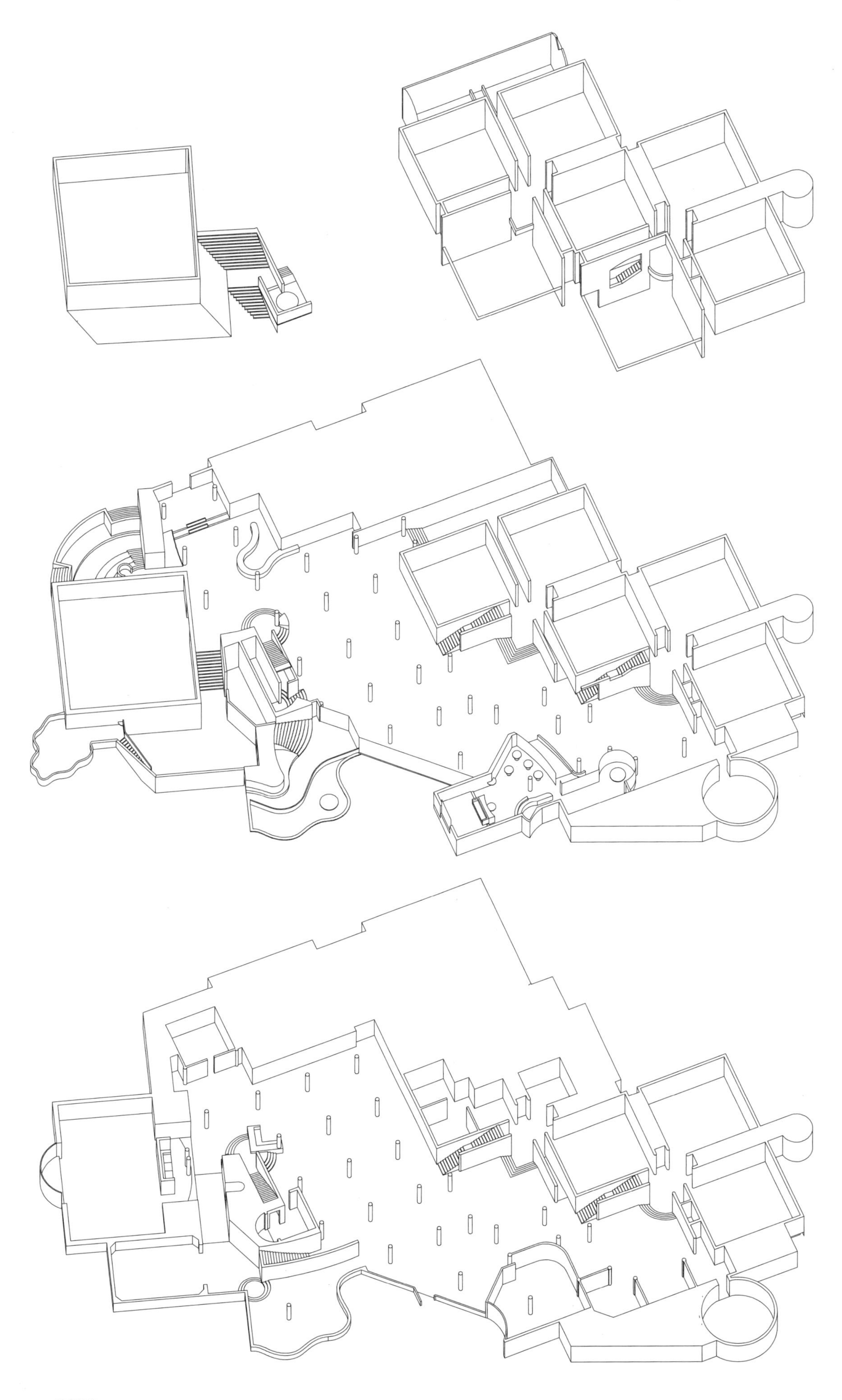

轴测图

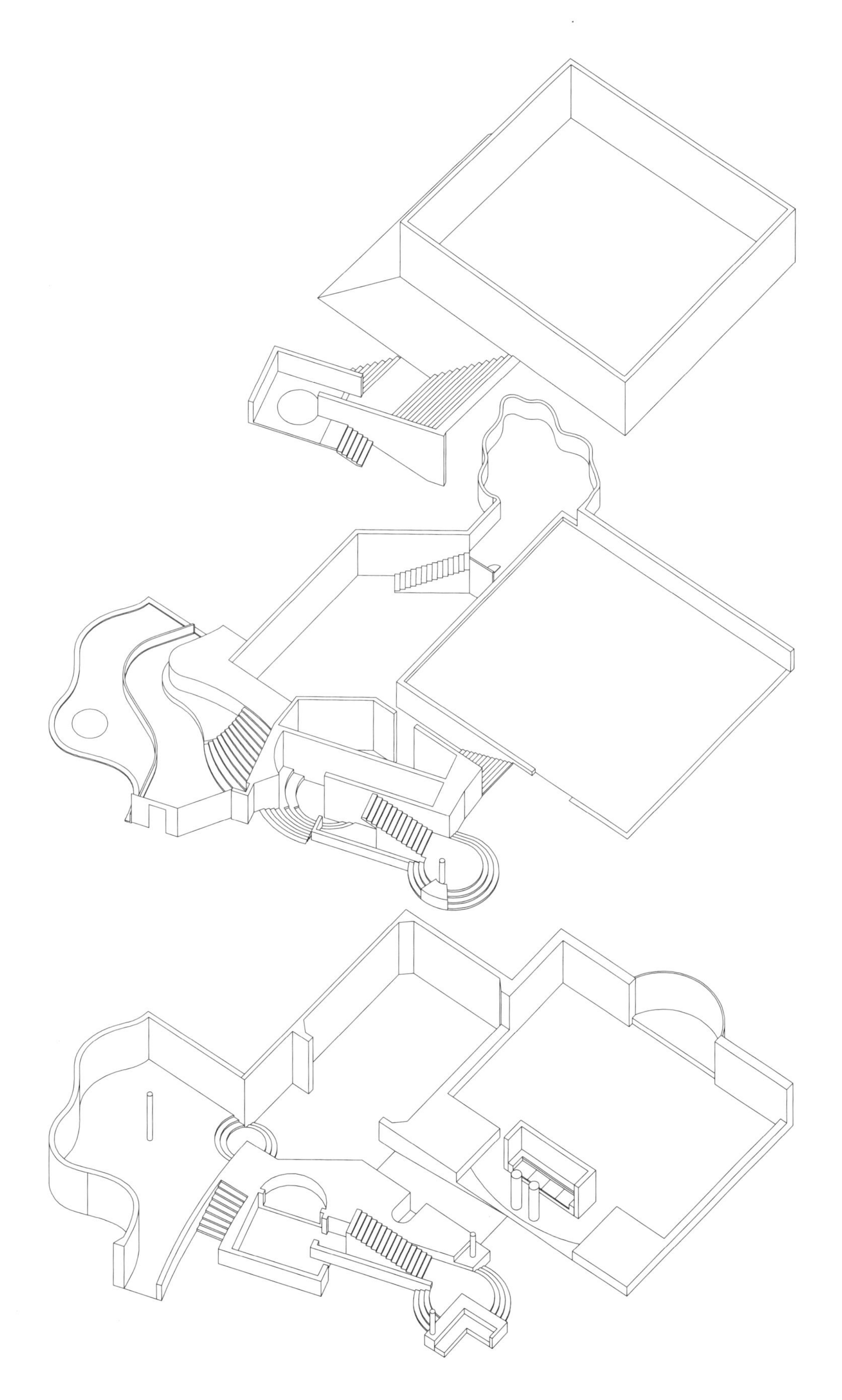

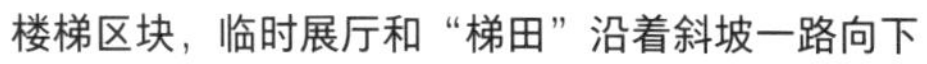

楼梯区块，临时展厅和“梯田”沿着斜坡一路向下

中空体块

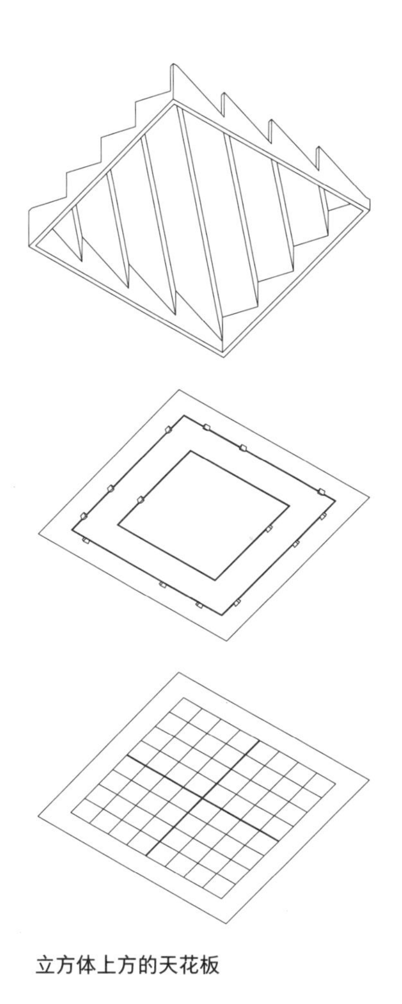

立方体上方的天花板

入口处/立方体的重叠

中心的德国喜剧演员洛里奥特（Loriot）的存在，而潘顿（Panton）、赖特和夏隆也同样被“缝合”进沙发的缝隙之中。

显然，是“一切皆有可能”的精神让这个碎片空间充满了活力。实际上，它的空间秩序是通过在恰当的时机中断楼梯的方式实现的，所以参观者发现自己在每个拐角和平台都会停下来环顾四周，在他们意识到之前就已经步入了一组全新的空间。没有哪个地方的空间和时间的流逝会像这里一般，有着如此明显的分化。人们来回徘徊，仿佛是在并行的情节中踏入、踏出。清晰起见，我们将从空间特征的角度来解释不同的情况，这里主要包括四组空间：楼层、展厅、楼梯区块和“洞穴”。

## 楼 层

除了用霓虹灯装饰的天花板和密集如网的立柱群，白色大理石地面在低矮、广阔的入口大厅和基本相同的花园层占据着主导地位。在这里，参观者往往以小团体的形式聚集在一起，随时交流各自的意见，而不是安静地欣赏艺术品。正如约瑟夫·博伊斯（Joseph Beuys）所强调的，它是一个保存艺术而不是展示艺术的空间[他1969年创作的装置作品《革命者》（*Revolutionsklavier*）是博物馆藏品之一]。楼层之间穿插着楼梯、远景和部分墙体，没有哪个元素特别抢眼或庞大，整个空间也不以崇高庄严之感自诩，即使在大厅与展览空间交会时陡然向上拔起10米的空间也是如此。由于这些楼层本身缺少可供休息的地方，而放置在地面上的艺术作品刚好承担了这一角色。

## 展 厅

在方形展厅的布局中，设计师在拐角处切割出与房间等高的槽口，以对角线方式设置入口（汉斯·霍莱因所谓的“立体交叉流通原则”）。与另外两个楼层不同的是，有

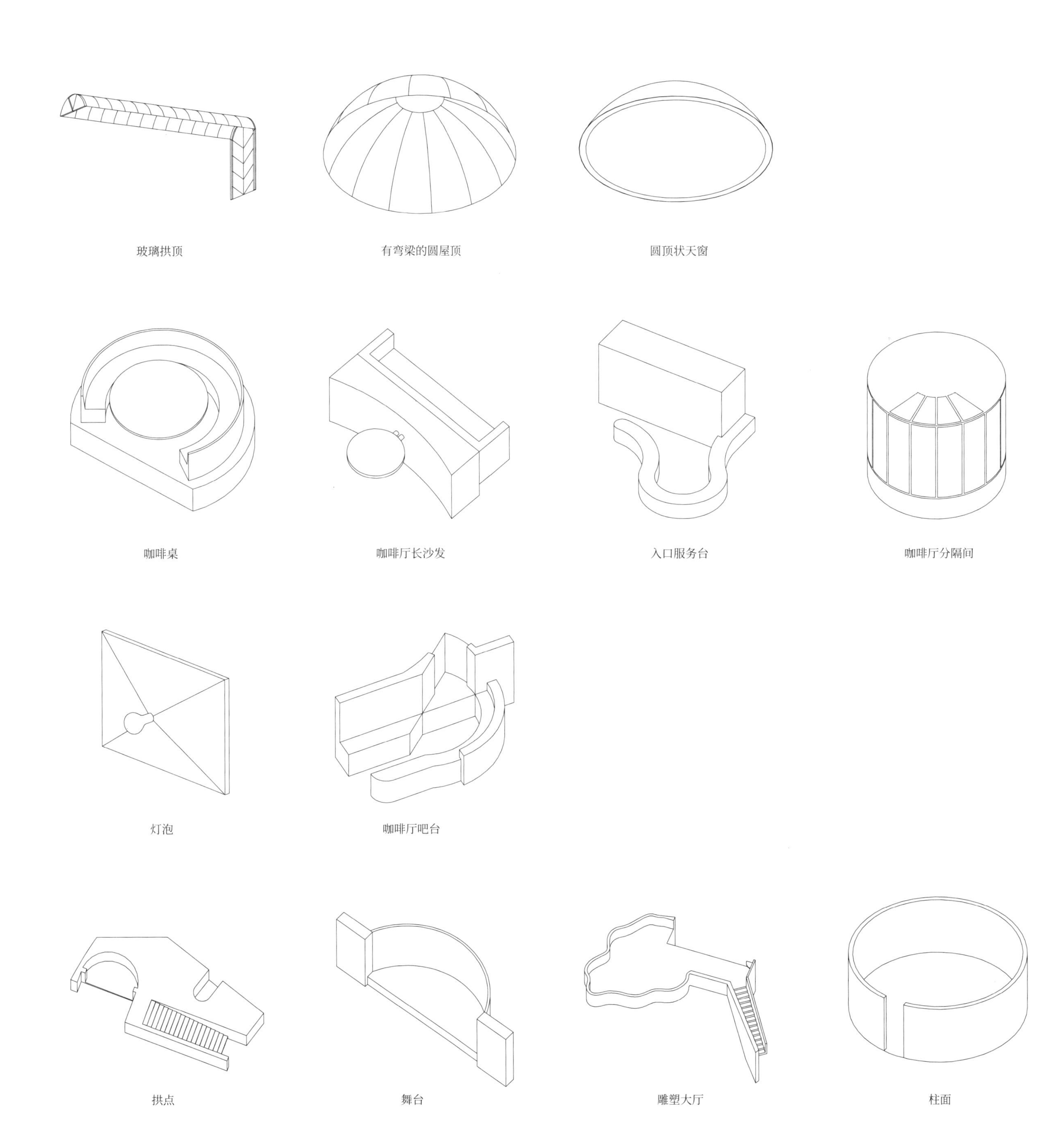


**圆弧拱顶图案的主题变化**

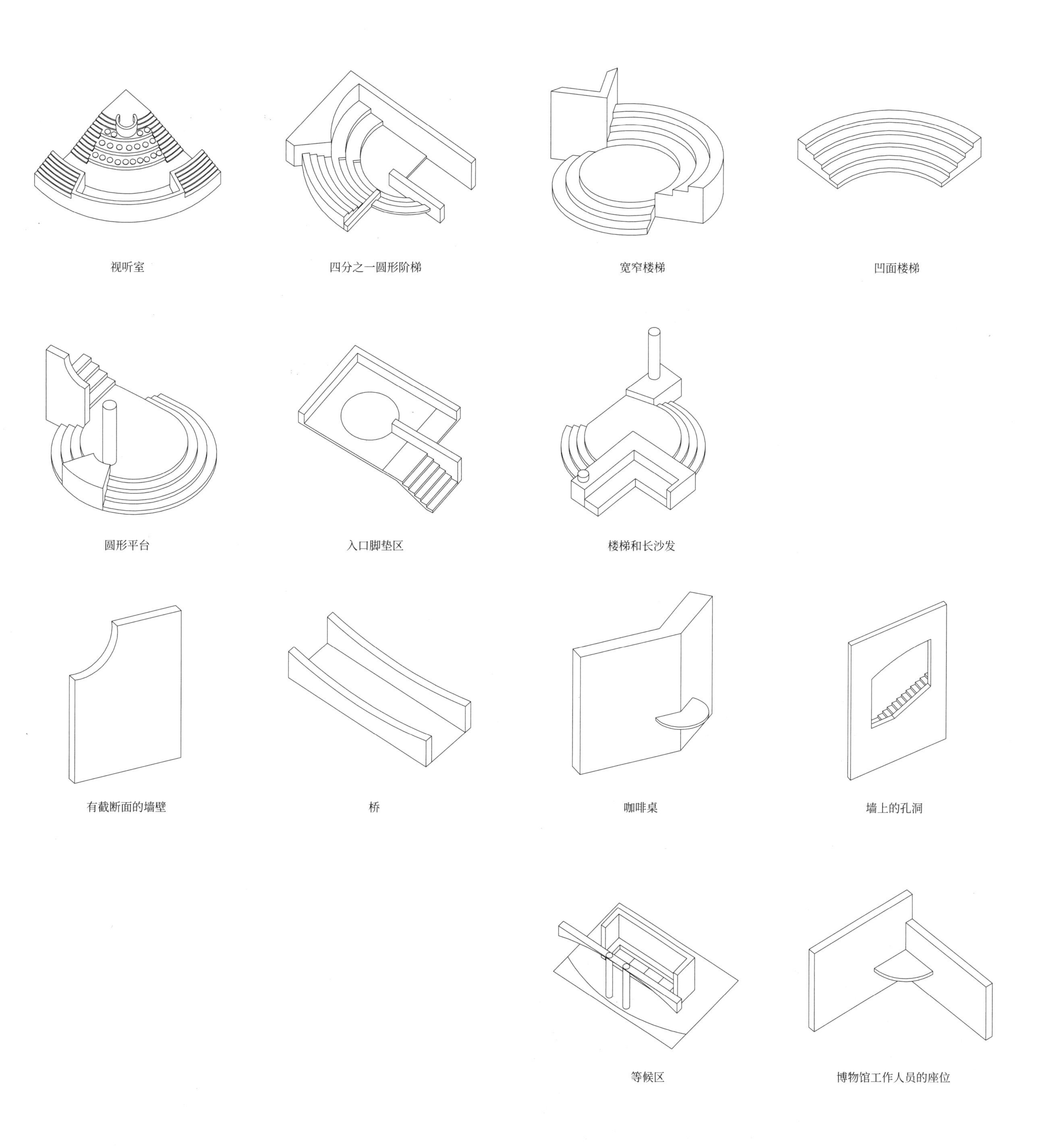
视听室
四分之一圆形阶梯
宽窄楼梯
凹面楼梯
圆形平台
入口脚垫区
楼梯和长沙发
有截断面的墙壁
桥
咖啡桌
墙上的孔洞
等候区
博物馆工作人员的座位

低层楼层

向低层楼层（立方体）的过渡

视听室

着白色中性背景的展厅主要用来悬挂油画和墙壁装置——在这个博物馆内，这意味着展厅的地面和天花板以不同的方式定义空间的氛围。在欣赏了这些楼层“昂贵”的大理石之后，顶层“廉价”的工业地板给人们带来了惊喜，连同单坡屋顶和大幅油画——如格哈德·里希特（Gerhard Richter）或西格玛尔·波尔克（Sigmar Polke）的作品——一起营造了宛若工厂车间的气氛，而这些艺术作品很可能就是在这样的工作室中绘制的。在中间楼层，大理石地面和两个装有射灯的环形天花板导轨能够根据需求在地面或墙壁上放置展品或提供照明。在低层楼层，浅灰色地毯与网格吊顶（在博物馆开幕时已经饱受诟病）将表现主义油画置于密斯风格和办公风格各半的室内氛围中，与画作中对自由的炽热渴望形成了鲜明的对比，甚至让它们格外引人注目。穿过这三个不同的拥有顶部照明的空间，仿佛从20世纪艺术的解放及其艺术品创作和展示的场所中飞驰而过。

## 楼梯区块

多数参观者不会依次经过三个展厅，因为错层式楼层边缘的半圆形和角形台阶总是能成功地引诱人们进入楼层的另一部分，或是跨越到另一个区域。建筑的山坡一侧设有观景台和入口通道，向前延伸至楼梯区，带领游客进入令人眼花缭乱的场景。由于每个楼梯段都错开了，从而互相掩盖，导致这个楼梯区的塔楼形式不是立刻显现出来的，因此形成了一个中间和余地空间的整片区域。之前看到的圆形缓步平台主题以全新的变化形式再次出现。它将楼梯区块切分开来，形成了凹凸曲线造型的阶梯，有的通往上层，有的通往下层，人们看不出它们来自何处。例如，圆形缓步平台的局部增加了一层楼面，其地面高于与房间成直角的壁龛，从而起到相应的隐藏作用。与博物馆的其他区域一样，楼梯构造和装饰图案的主题都是精心布置的。

通过一系列形式上的缩减，从楼梯区块中夺取的空间直接进入从山丘上抢占的空间：由分段式金字塔屋顶覆盖，或是以阿尔托花瓶（Aalto vase）般的曲线围合，走廊或隐或现。虽然房间形式各不相同，但是大理石地面和白色墙壁的材料保持一致，确保了空间的凝聚力。

## 洞 穴

虽然白色的墙壁并不枯燥乏味，但是空间的氛围却一直随着光线的质量而不断变化——来自天窗和侧窗、单坡屋顶和穹顶的光线，以及聚光灯、荧光灯、无罩灯和墙灯射出的光线——建筑师选择用明亮的波普艺术色彩让这些拥有特定功能的房间更具特色：报告厅选用了白绿搭配的“春色”，儿童空间选用了橘蓝搭配的“法奇那汽水（Orangina）色”，小型影院选用了红黑搭配的“夜总会配色”。自助餐厅营造出一种具有超现实主义的场景，空间中松散地分布着大多为白色的塑料圆桌，偶尔会出现摆放在墙壁转弯处的蓝色桌子，以及由两个从沙发尾门上伸出的巨大铬合金排气管支撑的精致的绿色大理石桌子。整个场景显得有些杂乱无章。凸窗旁边巨大的常客餐桌覆盖了一层具有浅米色大理石外观的油毡，看起来与地面的PVC瓷砖非常相似，而酒吧柜台则采用了真正的大理石。大理石纹效果再次出现在卫生间的富美家（Formica）塑料贴面门板上。我们应当如何看待这种虚假的美观和过于真实的战场呢?

### 碎片空间内的时事讽刺剧

这个博物馆没有特别的转折或宣泄时刻；它既不沉重、昏暗，也不细腻、轻快；没有一种元素影响或是显现出恢宏的魅力。然而，它所展现的是一种轻松淡然的氛围及足够的睿智，巧妙的回应总是恰到好处。这个博物馆就是人们所说的时事讽刺剧。时事讽刺剧以平实的层次，各部分之间的松散关系及丰富的色彩、强度、亮度、光辉、典雅和节奏为特点，而各部分在顺序上是可以相对互换的。

在20世纪80年代初期，建筑终于再次迎来了历史的青睐，这是对建筑的历史参照重新敞开怀抱所带来的。然而，这一运动很快就沦为一场闹剧，而且声名狼藉。那么，是什么让我们在30年后重回这场时事讽刺剧呢？为什么它的戏剧构作概念——它那令人兴奋、充满生气的空间多样性——使我们一次又一次地为之着迷呢？为什么这些杂乱无章的碎片经受住了时间的考验？在此，我们试图寻找答案：

· 对来世的重现不仅是对博学的引用，也不仅具有象征性，它始终是在氛围上充满感情的。
· 将日常方面与深层意义融合在一起的简单做法避开了所有史诗般宏大的错觉（除了类似情节的史诗结构）。
· 高雅与低俗、精美与粗劣、平庸与矫饰彼此较量，参观者无一例外受到了影响。荷马式的笑声在空中回荡。
· 展览区保持克制，“洞穴”一个挨着一个地开放展示，同时又不会造成彼此沾染，这种自信令人信服。
· 大规模的空间序列被小规模的空间地块所强化，这一巧妙设计也使小型的艺术作品有了自己的存在感。
· 以娴熟的技巧将秩序隐藏起来，为人们进行探索留出了空间和时间。
· 主题和图案的丰富发展，特别是圆形，赋予每一个独立的时刻一种内在的连贯感。

这种碎片空间的集合无法通过加入更高级的整体戏剧构作结构来实现，而是要通过冒险——甚至是一场豪赌——使其在形式和内容上成为一场纯粹的时事讽刺剧。最终，空间就是这样进行管理的：通过确保空间的艺术呈现不是随意的，证明这是一场关于数十年来令人兴奋的空间实验和艺术解放的时事讽刺剧，其内容令人眼花缭乱。一方面，作为特定空间的集合，它激励艺术家创作与空间共生的特定装置；而另一方面，它指的是艺术作品的创作和感受环境。它激发了艺术的创作，并象征性地再现了艺术的创作和感受环境。这些都是这场时事讽刺剧的主题。

1968年，汉斯·霍莱因发表了“一切都是建筑”的宣言。四年后他通过阿布泰贝格博物馆项目提出了这种与传统博物馆空间“艺术掩体”功能相对的概念，这一概念仍然能够勾起人们对历史上那些短暂时期的回忆，当时乌托邦似乎触手可及，摆脱意识形态的多元化似乎是可能的；那些可以同时向密斯和文丘里（Venturi）致敬的时刻，以及大理石和塑料可以同在一张桌子上出现的时刻也是存在的。这栋建筑具有创造性和相对的独立性，颇有胆识却又展现了这种划时代时刻的胆怯。让后现代主义感到羞愧的是，这个自由主义的时刻这么快就过去了——在德国，人们只建造了一栋这样的建筑。

**瑞士格劳宾登州瓦尔斯镇温泉浴场**

彼得·卒姆托（Peter Zumthor），1986—1996

# 超越场景剧

瓦尔斯镇温泉浴场（Thermal Baths in Vals）位于瑞士瑞提阶山区深达1250米的侧谷中，距离一栋建于20世纪60年代的白色酒店很近。从上方俯瞰，温泉浴场就像一片覆盖着玻璃条的草甸高地；从下方仰望，它又像一组经过切割的岩石块，散布在地毯般的草地上。

更衣室和浴场之间的走廊

## 空 间

温泉浴场没有独立入口，游客可以通过漆成黑色的地下走廊从酒店进入。从这一“延迟时刻”开始，空间的序幕渐渐拉开：长长的通道内有四个喷水口，水流沿着混凝土墙倾泻而下，在石板上留下了半圆形的锈迹，这种金属沉积是岁月不断积累的象征。从以抛光桃花心木为饰面的更衣室出来，游客能直接进入一道长廊，在这里可以一览大型水池的全貌。游客在沿着走廊行进时，视野很像滑轨上的摄像机，巨大的石板一个接一个从面前经过，有些竖立着，有些棱角分明，透过石板间的缝隙，人们可以间或瞥见户外的草坪、干草棚和露出地面的岩石（详见第214页的情节串联图板）。一段浅台阶楼梯与走廊平行，缓缓向下延伸，减缓了人们的步伐、感知，甚至脉搏。

从走廊处，人们已经可以看到建筑是面向中央空间而建的，空间内的方形水池周围是四个以风车形式布置的内环区块、一条走道和一个外环区块。由于区块相互之间略有偏移，当人们四处走动时，就会形成全新的排列布局，并以全然不同的方式重新构建画面：它们时而引导人们的视线深入空间或是阻挡视野，时而引导人们绕过角落或封闭的空间，然后以全新的开口让人们眼前豁然开朗——隐藏与揭示的剧目反复上演。当然，外墙的内表面也可以像内部组块一样看似不断地前后移动，尽管温泉浴场的外表面是一个完美切割的矩形实体。因此，空间的姿态不仅向内

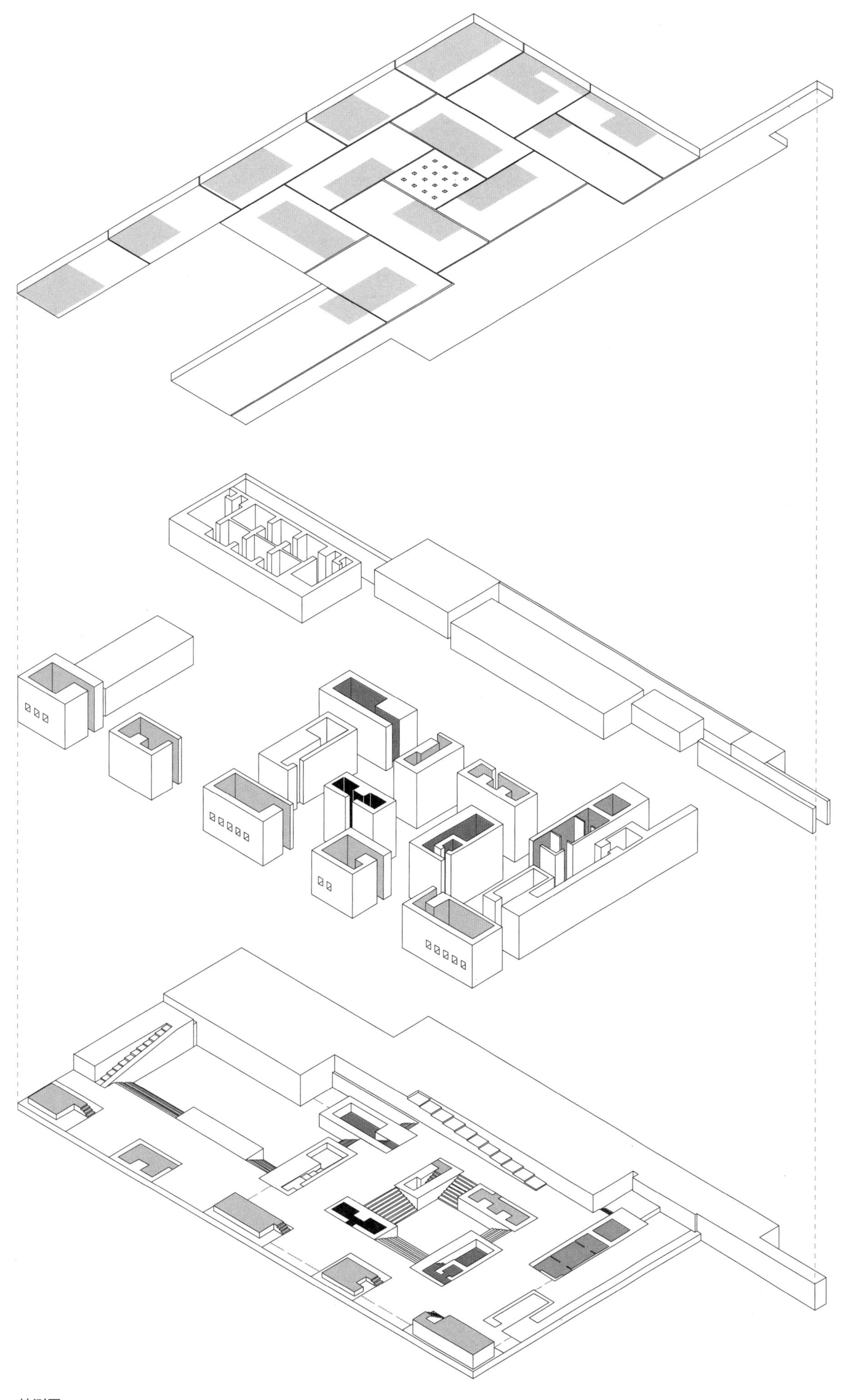

轴测图

推进，还向外延伸。另外，空间还嵌入厚重的砌块之内，在墙壁上形成小型的盒式口袋空间。只有进入水池后，前面的区域才一览无余，玻璃位于水池左右两侧，整个流动空间的景象在一瞬间都静止了。

空间还遵循第二个秩序原则：平行带形区，即走廊和楼梯后是服务区，然后是泳池区，并且在泳池区的前方设有躺椅区域。旋转和平行布局的叠加、室外泳池产生的立方体切口、结构中的对抗力量，以及为了平衡离心力和向心力的小组块布局，为浴场周围的漫步体验带来了全新的动力。因此，在这部戏剧中，区域之间的通道绝不只是过渡空间或过渡时期。

中央水池

## 口袋空间

这些口袋空间（pockets）设有狭窄的入口通道，内部的情况没有显露出来，因此给人以神秘之感。人们需要花点时间才能鼓足勇气进入。在昏暗的序幕和中央大厅之后，人们也期望可以在这里感受层层岩板的静谧。但是，这些小塔形的空间在交流性上有了明显的加强。它们有的大胆利用通感体验（14℃泳池的墙壁为蓝色，42℃泳池则是红色的混凝土墙），有的利用能够唤起对于特定环境的回忆的元素（金色的喷泉饮水器，悬挂在链子上的黄铜杯子，覆盖着墙壁的竖向石板——让人想起小镇房屋的琢石石工工艺），有的营造录音室的氛围[那里有着漆黑的墙壁，人们会在那里欣赏弗里茨·豪泽（Fritz Hauser）创作的美妙石磬之音《漫游》（*Wanderungen*）]，有的则应用充满浪漫主义精神的原始岩画的老套做法（用水下射灯在粗糙的墙面投射出斑驳的光影），还有的使用夸张手法（为高得离谱的淋浴设备安装了形如机器飞轮般的水龙头和有着球形旋钮的巨大旋臂）。黄铜面板上清晰地刻着“冷”“热”字样，这也是建筑内为数不多的标识之一。对于那个温度适宜的加压水还是新奇事物的时代（这个时代是乌托邦希望的象征)，这些淋浴设备向它致以了崇高的敬意，同时也是与由麦克斯·恩斯特（Max Ernst）或尼奥·劳赫（Neo Rauch）创作的拼贴艺术展开的幽默对话。谜一般的布局使管道工程的原因和目的变得模糊起来。所有这些小的交流都让人们更加欣赏实用功能方面的细节：钟柱、扶手、毛巾架和外门都采用黄铜打造，雅致、舒适的桃花心木躺椅随处可见。

## 光 线

温泉浴场建筑是一个密斯风格的流动空间。封闭的立方体空间被分解成一个具有连续天花板和地面的墙体系统，没有借助氛围或装饰的变化，而是通过方向的变化，创造空间的流动感和意外的惊喜。但是，对洗浴的客人来说，使流动空间和隐藏空间区块的这种戏剧性相互作用更加有趣的（具有讽刺意味的说法是寻求放松）是第三个因素：光线。光线是所有建筑设计都要考虑的问题，但是像这里一样引人注目的光线设计却极为罕见。

多变的日常光线以清晰的线条从墙面扫过，照射在天花板的边缘，由于墙壁厚度的缘故，光线没有射入室内很远的地方，因此不会给内部氛围带来太多的影响。相反，通过天花板狭槽射入的光线调节着半昏暗的室内采光，让区域内的某些结构的轮廓更加鲜明，但同时又没有产生眩光。照明情况主要分为四种：

- 如果狭槽在空间内自由排列，而且没有遇到阻挡，那么它可以作为明确的方向标识。
- 如果狭槽在横隔墙处结束，光束会以圆锥状沿墙洒下，然后逐渐变得柔和起来。
- 如果狭槽与组块的拐角相遇，则突出了拐角的线条，从而强化区块两侧之间的对比。
- 如果狭槽在墙边，光线会沿着墙体向下照射，同时突出浮雕的纹理和石板条块的色彩，在半明半暗的光线中强调了这面墙壁与其他墙壁的关系。

狭槽将天花板划分成一系列裸露的水泥板，削弱了它们的压迫感，特别是在那些区块似乎穿过天花板向上延伸的地方。光线也成为水的隐喻，例如，一条笔直的光束与横壁相遇，犹如山间小溪在岩石上流淌一般。光线创造的影像的强度和色调因太阳位置的不同而变化，但由于狭槽很窄，天花板很厚，虽然阳光的入射角度一直在变化，射入室内的光线却是垂直的。

## 夜 晚

透过与房间等高的玻璃幕墙，人们看到的不是山峰和草甸，而是漆黑的夜色，向心效应开始发挥主导作用。水池发出松绿石的光泽，当池中空无一人的时候，平静的水面看上去很像罗尼·霍恩（Roni Horn）设计的玻璃艺术品。打破平静的水面仿佛是在亵渎神明，即便是扶手设计也在安静的场景中获得了崇高的品质。当水流动起来时，激起的涟漪会从台阶传入水池，看上去比以往任何时候都更为动人。无论是哪种情况，风车形的水池都会变得越发醒目，抵消了内向的刚性空间。

顶灯呈断续排列，发出橙黄色的光。空间并没有使用过多的人工照明，从而使空间的边界和谐相融。在白天，空间由清晰的边界元素组成。在夜晚，空间变成了一个巨大的洞穴，被一个边界有些模糊的雕塑般的体量包围着。在暗夜未被强行驱散之处，出现了统一的恢宏效果。昼间，室外泳池少了室内空间的神秘色彩，但是到了夜间，室外泳池松绿石色的水面、暗蓝色的夜空、黝黑的山脉和灰色的石板，一同构成素雅的场景。如果你最后一个离开温泉浴场，会发现有了锈迹的喷水口（有人认为这里的水来自山涧）已经停止喷涌。

## 提供诸多选择的场地

温泉浴场作为一种建筑类型，属于场景剧（详见第71页），这一点显而易见。在瓦尔斯镇温泉浴场，这类表现形式通过各种区域的隔离达到了极致。但是，通过将传统的线性发展逐一分解，温泉浴场变成了一个提供诸多选择的场地。每个区域的六个面最大限度地增加了它们内部世界的强度。从外面看，它们是相同的，但内部截然不同，进入并融入空间的行为永远不会失去其戏剧性的一面。

但是，与真正的戏剧相比，溜进这些口袋空间的行为和揭露奥秘的行为只是一幕幕短剧。这种情况发生在各个场景之间的空间之中。这座建筑绝不只是一个洗浴大厅，形象地说，它是一座拥有广场、住宅、小巷、空地和港湾的完整城市。这个空间也可以说是造物主的作品：它通过建筑结构遮挡阳光，同时将白天的时段简化为光线状况的延续，进而将光线简化为色调的特质、光线的色彩和强度。因此，尽管参观者带来了各种嘈杂的声音，但时间的固化赋予了空间以神奇的宁静之感。通过与那些不可阻挡的变化进行对抗，建筑师给空间带来单一的光线特质，让空间的色调展现一种永恒的状态。然而，由于音调的微妙差别无法被冻结，就像移动的区块无法凝固空间的流动一样，它的内部空间像任何伟大的艺术作品一样，持续吸引着我们。只有那些“了解”所有场景的参观者才能从其魅力中解脱出来。因此，根据黑格尔哲学的观点，温泉浴场的场景剧状态被消解、升华：既得到了肯定，也被超越。

**瑞士提契诺州焦尔尼科镇拉孔琼塔博物馆**

彼得·马克利（Peter Märkli），1989—1992

# 线性叙事

焦尔尼科镇是瑞士提契诺州的一个小村镇，拥有两座罗马时代的桥梁和七座教堂。如今客运列车不再于此停靠，但货运列车仍然会定期从这里通过。房屋墙面上的手绘标识用褪色的字母写着“国家宪兵”和“酒吧运动”。从镇上一个年代久远的餐厅可以拿到拉孔琼塔博物馆（La Congiunta，意为“女亲戚”)的钥匙。该建筑坐落在溪流和铁路、村庄和葡萄园之间的草甸上，建筑入口位于距离道路较远的一端。研究设计风格和象征意义的学者可以将其形态解读为神圣或实用，野兽派或新造型主义。但是，只有进入建筑内部，人们才能真正了解这栋建筑。拉开镀锌金属门后，人们可以看到三面连续的横壁，横壁的亮度各不相同。

博物馆入口

这里没有大厅，没有收银台，没有商店，只有一个指示牌。没有灯，没有开关，没有报警系统，只有一个电源插座。没有水，没有卫生间，没有水龙头，只有雨点滴落在屋顶上的声音。七个门口，没有门框；七个开口，一扇门。三个房间，四个特殊用途的小房间，七个天窗，没有窗户。没有抹灰准条，没有踢脚线，只有裸露的混凝土地面。没有石膏，没有木料，没有石材——墙壁都是清水混凝土。没有背板纹理，只有连接标记。天花板是用钢材和木材复合板打造的，设有通风口，并被漆成灰色。用半透明的玻璃纤维打造的天窗已经变得发黄。没有什么是光滑的，也没有什么是粗糙的。这就是它的本色，它就在那里。

这座建筑不只是给人以古老的印象，它就是古老的。

为什么设置了三个大房间和四个小房间？为什么都是同样的宽度，但长度和高度却不同？为什么只是边界有差异，房间却是截然不同的？这些空间与展品的对应方式如何？这些都是可以让我们更加了解建筑空间戏剧的问题。

## 衡量与被衡量

不同高度的条形天窗决定了三个房间的采光效果，人们在透过成行排列的开口看到房间内的横墙时就会发现这一点。二个房间昏暗—光亮—漆黑的顺序与高—低—更高和短—长—长的布局相对应。在最为协调的房间之后，是最明亮、最狭长的房间，最后是最有戏剧性的房间——因为它的高度，其天花板并没有立即出现在人们的视线中。这

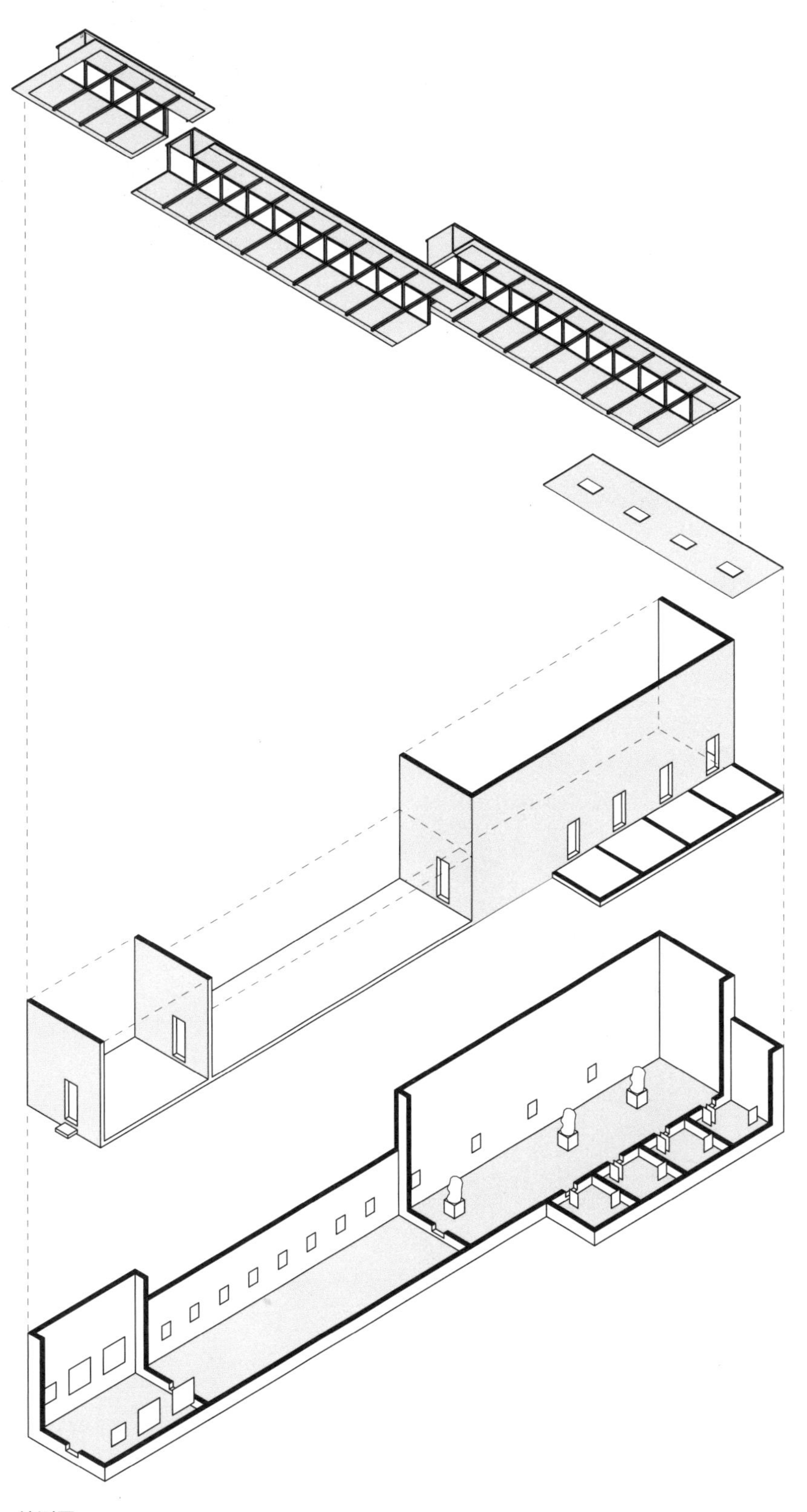

轴测图

房间2的后向视图

房间3内景

房间1内景

是一个线性的进程，逐渐走向高潮，却以一堵封闭、压抑的墙壁为终点。位于一侧的四个特殊用途的小房间，为释放之前不断累积的张力提供了机会。

高阶式门槛的设置使出入房间成为一种有意识的行为。仅一步之隔，空间氛围就发生了明显的变化。该建筑不以长度单位来衡量，而是以人的体形和动作来衡量的：无门的开口结构与人抬起手臂时的高度相当，两个较长的房间有20步长，小房间的开口结构略低于身高加一条手臂的高度。沿纵轴排列的开口并没有居中对齐。正如施马索夫所说，当空间的轴线在我们所处的位置交会时，我们会产生位于空间中心的感觉。[139]

## 距 离

建筑内通道的轴线决定了人们与浮雕的距离，这些浮雕是由艺术家汉斯·约瑟夫森（Hans Josephson）创作的，他也是建筑师马克利的朋友。这座博物馆是马克利为存放约瑟夫森的作品而建造的。这些浮雕被挂在墙壁上，上边缘略高于人的视线水平。混凝土墙既不会与艺术品粗糙的青铜质地发生冲突，也不会用博物馆式的华而不实来否定它们。端墙处于空置状态，所有展品都摆放在与人们移动方向成直角的位置上，因此，观看者必须首先转身面向艺术品。因为端墙并非观展的终结点和目的地，而且当一面长墙变成了展示墙，与之相对的一面长墙就变成了后墙，所以每个房间都有自己的惯性，减缓了线性的进程。

小房间的景象

房间3的后向视图

回望视图

在第一个房间内，艺术家早期的浅浮雕作品相对而放；在第二个房间内，8座浮雕一个接着一个成排放置；在第三个房间内，4座庄严的半身雕塑与浮雕交替摆放。这些雕塑的摆放位置改变了距离，吸引参观者近距离欣赏每个小房间里的3座浮雕。这些小房间亲切感十足，不仅是由于它们的大小和人们可以近距离感受艺术品的缘故，还因为泛黄的柔和光线使这些空间与洒满白色光线的主要房间区别开来。在拉孔琼塔博物馆内，空间的线性进程不是对艺术家作品创作阶段的明确表达，而是将它们巧妙地交织在一起。

## 恰到好处

乍一看，人们会感觉走进了一座陵墓。空间没有横轴，一连串的浮雕，特别是4个小房间入口的景象使人联想到古埃及的神殿和皇家陵墓。然而，天花板的求实风格和失重感觉却与这种印象相矛盾。我们没有看到戏剧性的“埃及”聚光灯，而是看到了瑞士工业风格的条形窗；我们没有看到石头屋顶，而是看到了复合板。这种不同风格的并置表明，设计的意图是力求恰到好处，而不是让参观者产生敬畏之感。该建筑的体量不是太大，也不算太小：展品和参观者只是得到了他们自己需要的适宜空间，以及适当的组合。尽管建筑极为简约朴素，但是空间并不寒酸，细微的差异驱散了任何可能的单调之感。变化的是尺寸，以及照明和展品的悬挂方式。保持不变的是材料和细节。

数字3是动态数列的明显选择，因为除了传统的、平衡的A-B-A组合外，用两个截然相反的极端和一个中介变量来改变位置或建立发展路线也是可行的。它可以在这3个位置上制造一个高潮，并在它们之间的作用中找到平衡。它可以是A-A-B、A-B-B、A-B-C或A1-A2-A3级数，或者将不同的级数组合起来，从而获得不同的参数（长度：A-B-B；高度：B-A-C；宽度：A-A-A；亮度：B-A-C；展品的悬挂方式：A+A-A-A+B；材料：A-A-A；等等）。我们可以用安德烈亚·帕拉第奥、约翰·海杜克（John Hejduk）和彼得·艾森曼研究九宫格的方式对3个房间序列的设计可能性进行系统的研究。

为了使小房间成为释放在3个主要房间累积的张力的手段，它们也必须形成一个系列：单个房间一方面太小，另一方面太重要，因为它要么被视为事后产生的想法，要么被视为未遂的高潮点。而两个房间可形成一对，也就是自成一组；如果是3个房间一组，就是对主要房间序列的重复。因此，唯一恰到好处的解决办法是打造4个连续的房间。

参观拉孔琼塔博物馆的人都不关门。潺潺的溪水声，来自道路和火车的噪声，都有助于强化永恒的印象。在走出博物馆的路上，明暗交替的墙壁不再刺激人们的移动——入口空间的横壁与中间房间的横壁接连出现，无法在门口的框架中产生基本的门廓效果。相反，我们被来自远处的绿色蔓藤植物所吸引，并对生活在一个重视创造这种组合的时代感到满足。

**英国沃尔萨尔市新艺术画廊**

卡鲁索 · 圣约翰事务所（Caruso St John），1995—2000

# 矛盾—支配—互补—共存

“宏大而优雅，有趣且克制”恰当地描述了这个伸展的立方体建筑，新艺术画廊（New Art Gallery in Walsall）犹如一座坚实的堡垒，屹立在英国中部地区沃尔萨尔这个工业小镇上。如此小的占地面积，除了楼层的堆叠，它还有什么独特之处？而它又是如何说服人们前来徒步攀登的呢？

入口大厅

## 矛 盾

入口大厅的宽度和高度、楼梯的尺寸、略带红色的道格拉斯冷杉木镶板的暖意，都让游客感到惊喜。虽然镶板是最明显的边界元素，但是它并没有主导大厅的氛围，只是平衡了黑色抹灰地面、有棱纹的混凝土天花板和半混凝土半白色石膏板墙体带来的清凉感。[140]巨大的楼梯看上去很像一种形式自主的元素，但是它既不通往相应的入口，也没有通向建筑的（不存在的）深处，而是通向一部狭窄的楼梯，后者向上消失在建筑昏暗壁凹的天花板后方。这两种姿态——夸张的欢迎和神秘的诱惑——显而易见，是因为这里与大多数传统的庞大结构布局不同，即人们不是从正面走进房间和楼梯的，而是斜向进入。从参观者的视角来看，这也展现了入口大厅对比鲜明——但从参观者视角来看又多少有些矛盾的特质：表面的冷暖对比、照明的明暗对比，以及空间的宽窄对比。这些矛盾方面的斜向分层意味着它们并非作为独立的场景被感知，而是作为连续统一体的一部分。后续场景将如何回应这样一个生动的开场呢？它们相互矛盾的方面又将如何表现呢？

轴测图

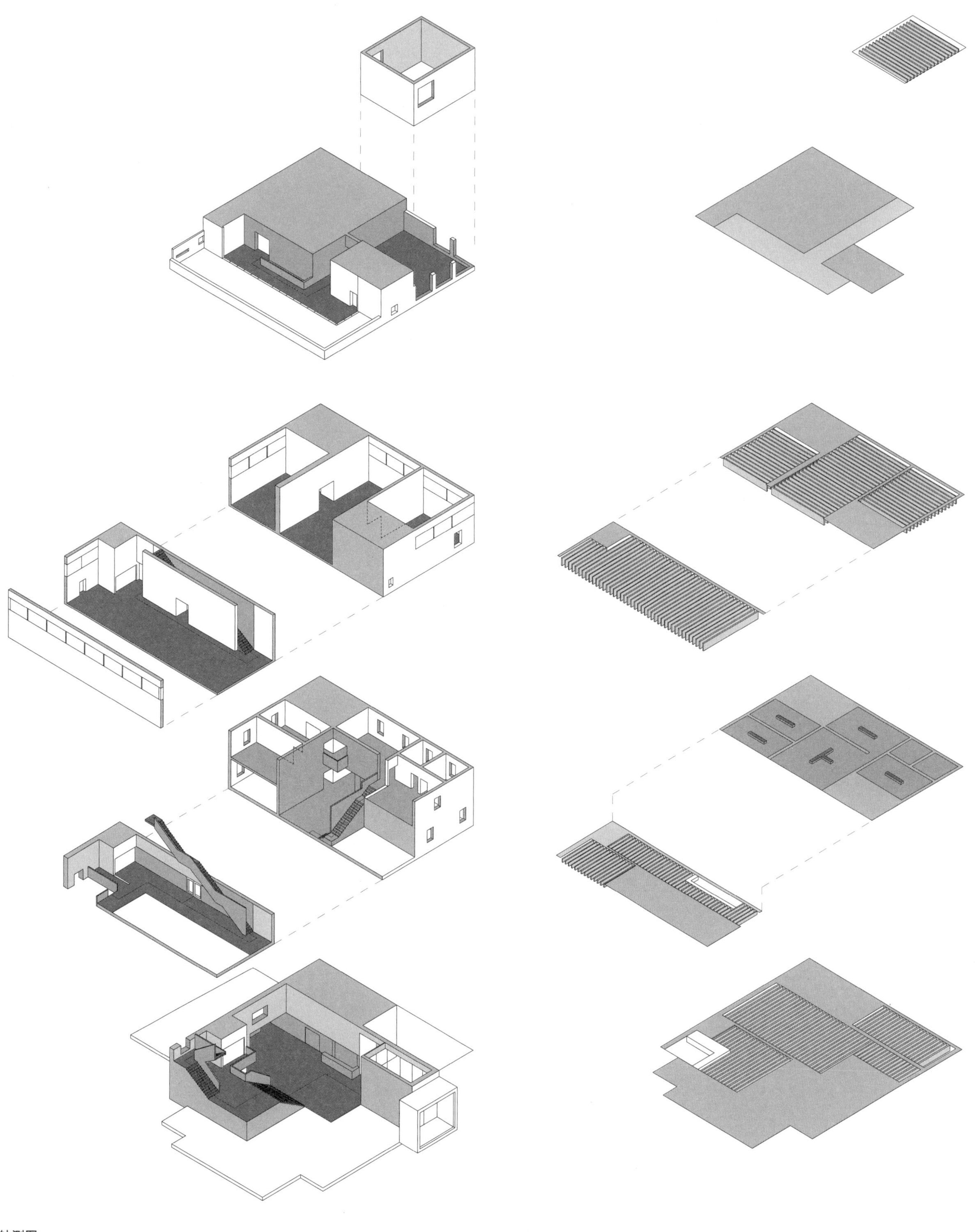

轴测图

## 支配

接下来的场景也是以惊喜拉开帷幕的：爬上平缓的楼梯，人们并没有踏进广阔的展览空间，而是进入了一条清静的走廊。长墙上的一对门窗太过低调，以至于很多参观者都会直接忽略临时展览空间，然后来到博物馆内最不寻常的空间之一：一个设有旋转门的两层楼高的无门槛空间，与其他11个相邻的住宅级别的“房间”一同存放着富有个人特色的私人艺术藏品，因而，这个空间拥有了大型住宅的特征。大厅及“房间”的地面、墙壁、天花板、楼梯和阳台大量采用了道格拉斯冷杉木。大约一半的墙面都是白色的，这不仅是为了给艺术品提供一个中性的背景，或是为了通过打断与门楣齐高的墙板来营造一种私密的氛围，更是为了避免这个“博物馆内的博物馆”与展馆的其余部分隔绝（如果完全使用道格拉斯冷杉木作为内衬的话就会造成这样的后果）。而现在，在这个摆满藏品的会客厅中，确实看不到任何混凝土或是砂浆材料。

在这里，对角线也被用来建立各个元素之间的关联，特别是大厅的楼梯和阳台。精准切割的开口吸引人们去探索“墙壁后面的房间”。同样，楼梯也位于一面不透明的幕墙后面，人们可以在楼梯缓步平台短暂停留，回望大厅。

与展馆建筑本身及设有楼梯的入口大厅的体量一样，这个住宅大厅（domestic hall）的造型是一个略微拉伸的垂直立方体。材料的暖意、大厅潜在的路斯空间体量设计（Loosian Raumplan）风格、住宅窗户形式的窗户或油画、天花板与墙壁表面之间的材料变化及密集摆放的展品，都成为这一“室内音乐”片段的关键特征。事实上，这些特点被发挥到了如此极致的程度，以至于参观者渴望休息一下，寻求某种形式的补偿或宽慰，以避免对细节的关注变成自恋，或是住宅特征变得过于俏皮。

尽管如此，建筑师们仍然进一步提高了体验的强度：离开收藏空间后，参观者只是暂时回到了清静的走廊，然后转身登上近6米高的楼梯，楼梯的侧墙也完全使用了木质墙板。与藏品房间的温暖、舒适相比，楼梯的气氛昏暗、压抑。在这种几乎有些强制性的体验之后，下个场景中道格拉斯冷杉木这一主角的退出就变成了唯一真正的补偿。

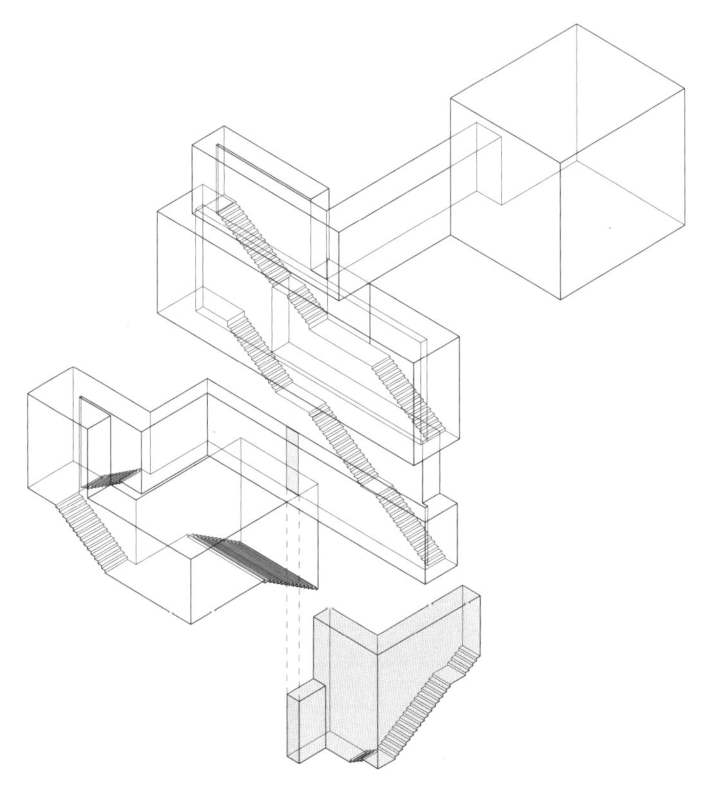

楼梯系统

## 互补

三段式阶梯将我们引入一个洒满光线的空间：缎光玻璃天窗环绕整个空间，漫射光线均匀地洒满近6米高的展览空间。墙壁被漆成亚光白色，地面浇筑了抛光砂浆，有棱纹的天花板是用灰色混凝土打造的：先前被取代的元素得到了重新利用，并没有给道格拉斯冷杉木让出任何空间。较低楼层交错的空间设计在这里被流动的空间取代，温暖的红金色被清冷的无色取代，材料的变化被连续的边界表面取代，独立的开窗被条形窗取代，而作为主角的立方体展览空间则被简单、狭长的展厅取代。

我们最终抵达了一个容纳艺术品的白色世界和多功能的阁楼间。几乎所有的当代艺术家都喜欢并需要这类空间。它们实用、开阔、美观，但人们会感觉这一定不是它们的全部：一个相互取代的故事，如果没有和解或夸张的结局，显然是不够体面的。

## 共存

登上另一道盒子般的楼梯，人们便来到了屋顶（这个空间同时使用了四种材料）。一条L形的走廊从屋顶露台经过，通向高处一个正方形平面布局的角落房间，房间的两面内墙被漆成白色，两面外墙则以道格拉斯冷杉木为饰面。五扇设有整体座椅的巨大窗户嵌入了两面外墙，坐在这里可以俯瞰丘陵小镇的美景。这两面L形墙体的顶部覆盖着由清水混凝土建造的出檐结构（hood）（四面墙壁+屋顶）。在经历了所有的惊喜、情绪的变化及开放式或引导式路径之后，这是人们第一次，也是唯一一次在这栋建筑中看到一个拥有静态特征的空间。虽然这两面墙壁延续了下方空间的竞争态势，但是出檐结构缓解了这种紧张的局面。这个塔楼空间是建筑的最高点和休息之所，也是所有活动最重要的支点和归宿。

临时展厅

爱泼斯坦藏品展厅内外

爱泼斯坦藏品展厅的“内厅”

塔楼房间

从一开始，建筑师就向参观者介绍了四位主角——四种主要材料，而参观者也很快便意识到它们在全新的组合中会再次出现。然而，它们的出现似乎并未遵循任何常见的构成或功能原则，例如，“材料X的核心，材料Y的表皮”或“将材料X用于流通空间，将材料Y用于展览空间”。相反，它们被用来展示空间的氛围，以及下一空间的序列。下一个空间的氛围始终是保密的，而它所承载的诸多惊喜表明，传统的、“逻辑上合乎常理的”构成原则并不存在。外壳被从结构体中解放出来。但是这并没有使惊喜变成昙花一现，将外壳从结构体中分离出来并不是随意的，因为所有参数都是谨慎使用的。最终，我们面临着对少量元素和图案进行分解和重组的游戏——我们可以称之为建造的韵律变化。然而，最大胆的是这些富有韵律变化的氛围，有时单个房间内相互矛盾的氛围形影相随，以至于人们可以谈论冲突、篡夺、补偿和解决——或者说是矛盾、支配、互补和共存。这种独特的情况在建筑中要比在戏剧、电影或音乐中更为罕见。

美国伊利诺伊州芝加哥市麦可考米克论坛学生活动中心

大都会建筑事务所，雷姆·库哈斯，1997—2003

# 世界剧场

伊利诺伊理工大学（IIT）的校园，由密斯·凡·德·罗于1938年起开始规划，是由黑色和黄色的盒子结构构成的平静、祥和的组合。这些建筑散布在绿色的草坪上，树木在它们表面投射出婆娑的树影。然而，这幅教学和研究的田园画卷并不能掩盖一个事实，即校园缺乏高效的交流性基础设施。2003年，库哈斯在公共大厅和美食广场旁边的高架地铁线路下方，为IIT增添了一栋功能齐全的建筑，弥补了这一缺失。这栋建筑的内部使人联想到文艺复兴或巴洛克风格的空间，为什么在这栋建筑内，持续不断的“越多越好”并不是“过剩”呢？

走廊

## 力场

专门打造的160米长的不锈钢管道，将高架地铁线围在其中，抑制了地铁通过时产生的噪声和振动[141]，看起来像是用力压在了麦可考米克论坛学生活动中心（Mccormick Tribune Campus Center）上，让建筑的屋顶看起来像被重物压弯。这种力量的戏剧性表现形式延续到了建筑内部。有时屋顶斜面深深地切入房间，几乎与地面相接，在地面上撕开了一个肉色的裂缝；有时石膏天花板被剥开，露出不锈钢管道的底部；有时甚至有花园像是从天花板“掉落”室内空间。地面似乎也在重压下屈服，出现了断裂，呈现阶梯状下沉的形态，形成了一条地下通道，起伏的高度甚至不超过一个OSB板（定向结构刨花板）讲台。由不同类型的立柱构成的三种正交柱网形成了冲突、对抗的阻力来源。三种柱网都有其特定的柱间距，十个结实的支架支撑着管道，混凝土包覆的立柱支撑着地铁线，雅致的工字截面立柱则从隔壁密斯设计的公共大厅延伸至此。距离这条“冲突的线”越远，空间姿态就越放松，在到达轻质墙体的时候，地面和天花板上的戏剧冲突元素几乎被完

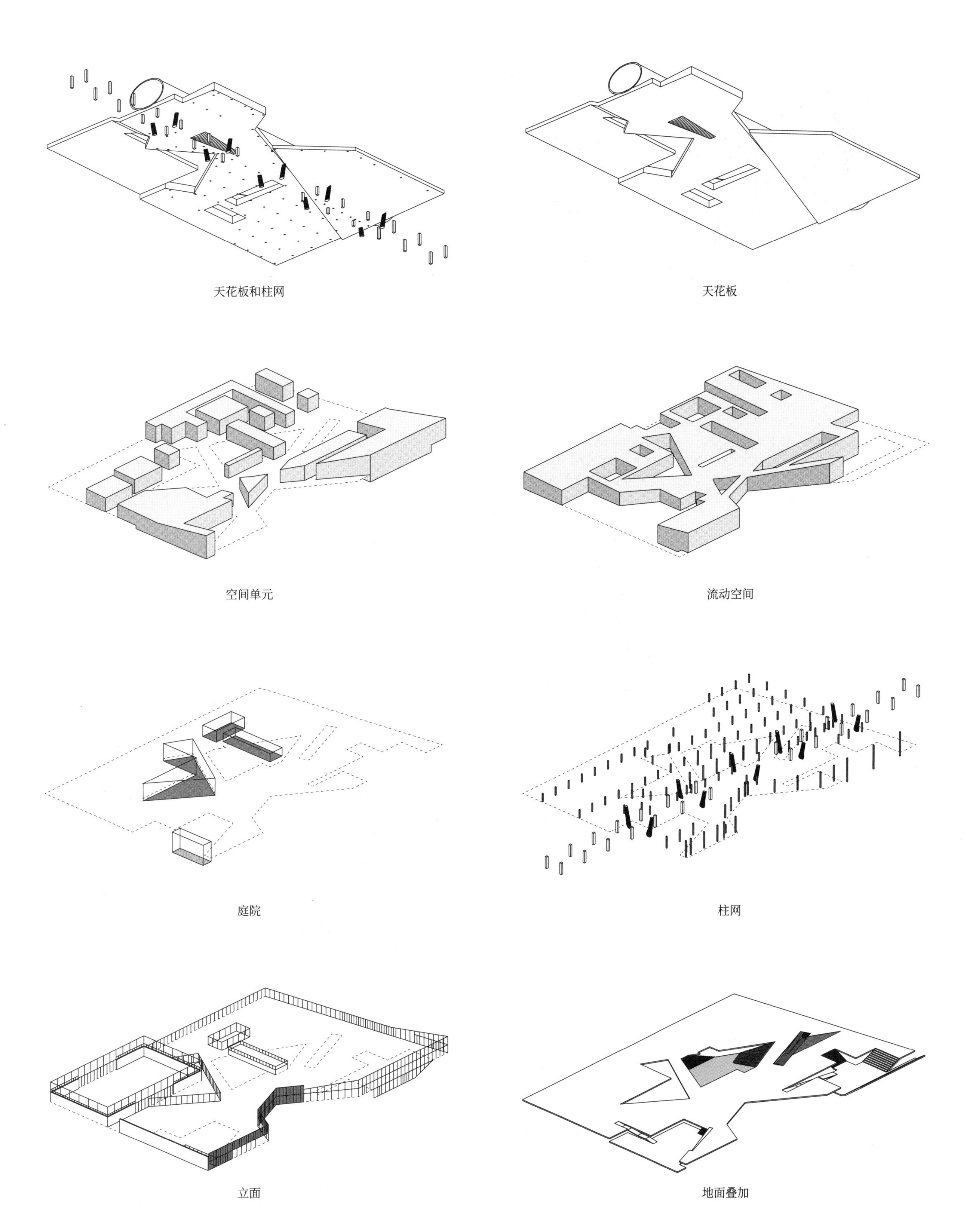


轴测图

西侧入口

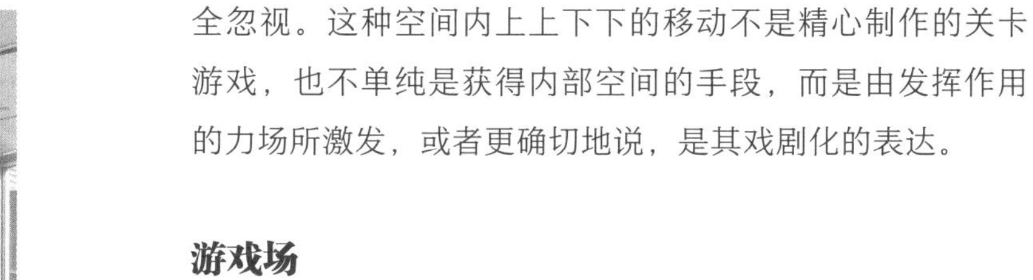

全忽视。这种空间内上上下下的移动不是精心制作的关卡游戏，也不单纯是获得内部空间的手段，而是由发挥作用的力场所激发，或者更确切地说，是其戏剧化的表达。

## 游戏场

空间不仅是力场，也是游戏场[142]：我们参与空间，并看着自己和其他人参与其中。这个特殊的场地有多个出入口，沿着先前的步行通道设置的内部流通道路纵横交错。虽然一系列戏剧构作序列沿着这些线路展开——由暗到亮，从低矮、紧凑到棱角分明，甚至尖锐，从沙发上的懒散到竖在座位上挺胸坐直，但我们不再进一步考虑这些，因为这里

西侧交叉区域

校友休息室

外面的景象

的关键不在于导演方面，而在于诸多选择同时发生。购物、网上冲浪、纳凉、用餐、影印、行政管理、小组讨论、会晤寒暄和乒乓球案等设施随处可见，其中部分经过筛选，部分未经筛选。出人意料的是，运用剪切和蒙太奇技术让不同的世界向彼此敞开的做法——尽管使用了循环和倒叙的方式——并不能引发通常情况下时间和空间的连续线性电影体验。相反，这里是真正的建筑体验：一种真实的，而不仅是视觉上同时发生的那种感受。它引发了人们的移动和活动、强烈的意识感受，甚至有些令人眼花缭乱。人们置身一个地方的时候，其思绪可能已经飞到别处，这就是持续刺激的效果。但是，决定“毒性”的是剂量而非毒药本身。体验的重叠在不瓦解氛围的情况下成功地融入其中。场景的强度和对比度，它们相随的即时性、出现的突然性，以及变化节奏都是小规模的，可以被人们快速理解，从而引发了主角和配角之间的快速转换。参观者能够感受到一种突如其来的自由——每个人都有很多的选择，但由于每个场景都是对内开放、对外封闭的，它们的强度就会因此受到控制。然而，如果基调不变的话，过多的体验会让人疲惫不堪。也正因如此，在商品交易会上，人们总是会遭遇更多全新的场景和氛围。

通往中庭的楼梯

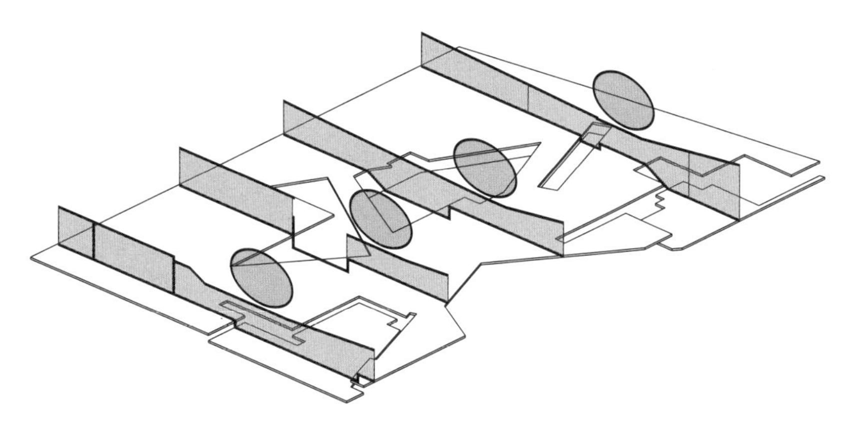

截面轴测图

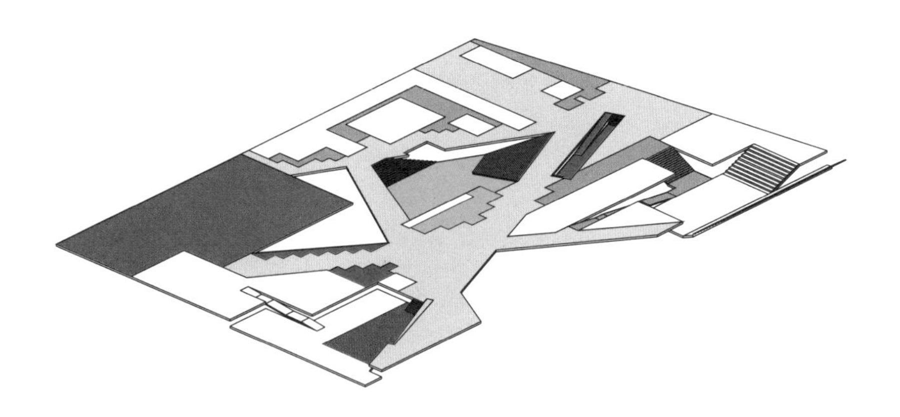

流动空间的地面图案

## 变调

半透明的橙色有机玻璃蜂窝板的使用是强度变化的一个例子。进入昏暗的银黑色调的西侧门厅，我们可以看到远端灿烂的光芒，仿佛好莱坞情景剧的尾声场景。当走近光芒时，人们可以透过橙色的蜂窝板和透明玻璃墙看到外面的校园，像一张经过滤镜处理的蜂窝屏照片。由于蜂窝的深度，在场景周围产生了浪漫的晕染效果。太阳落山时，阳光迎面而来，形成一个宛如固定在墙面深处的火圈，折射的光线产生了一种自然的欧普艺术效果，一种诱人的奇美景象。在一种具有讽刺意味的等级颠倒中，这种壮观的效果并未出现在重要的功能房间，而是在通往卫生间的走廊。宽敞卫生间内弥漫着的橙色灯光，渲染了带有柔和弧度的半透明蜂窝板墙面，赋予其门厅般的轻松气息。这种姿态模拟了“卫生间是我的堡垒”的实体，临时借用灿烂的光芒为最平淡无奇的功能增色，而蜂窝板上截去的圆形部分被重新用作小便池的过滤垫，最终形成了一种自嘲式的转折。

上面这种小型的“思维激发试验”只是蜂窝板三个物化形式中的第一个。其他形式还包括用来复印和包装的工作台（直截了当地展现了材料的刚度）以及校友休息室雅致的餐桌桌面。从远处看，桌面的光泽会让人误以为是抛光的卡拉拉大理石。用餐的客人一开始会从这种特别的游戏中获得愉悦，但很快，至少在用过卫生间后，就会意识到他们被骗了。进一步审视餐厅，就会发现更多这方面的证据。在这个充满刺激的密斯风格的场景（预期—分离—妄想—讽刺性转折—解嘲—自嘲—物化—拙劣的模仿）中，戏剧构作的类型（情景剧、喜剧、模仿）和参考对象（博物馆、贸易展台、家具车间和高级餐厅）不断变化，在不同的强度和色调之间切换。此外，这完全符合密斯式原则，毕竟是密斯在此宣称“材料的价值在于我们对它的使用”[143]。

会议室前面的吊灯

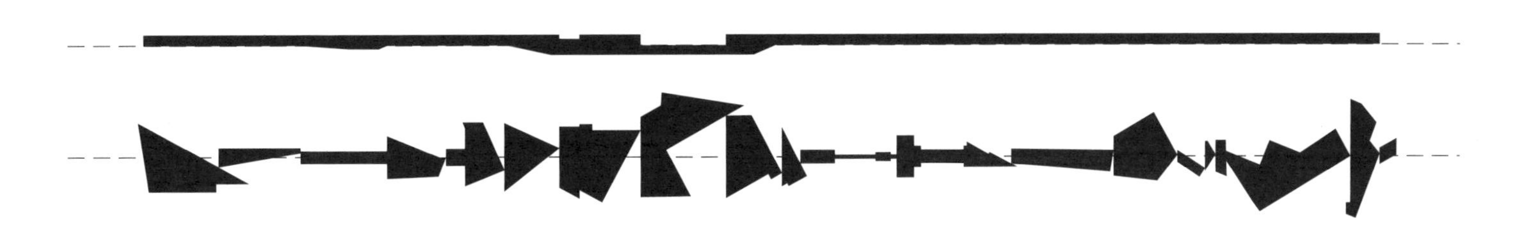

通道房间宽度和高度的网络图

## 混杂的氛围

在材料或色彩方面，基调的变化也相继发生，类似卫生间的橙色元素，我们发现已经被银色、黑色、绿色，或者铝材、石膏板、灯饰配件所取代。同时，我们也可以在单个房间的设计中看到这一点，如奢华、考究的校友休息室。地面下降三个台阶的高度，柔软、优雅的深色地毯具有降噪作用，还会让人联想到高雅的俱乐部，地毯上的原木图案就唤起了人们对燃着的壁炉毕剥作响的期望。事实上，木材余烬的香气萦绕着房间，不过是从放在碎石带上的烤面包架上散发出来的，真正的木坯在架子下方缓缓燃烧，并未产生任何明火。这种炉边氛围的替代产物可以理解成一场混合、驯化、电气化和仿真的胜利，或者是具有讽刺意味的塔蒂风格（Tati-esque）的电影场景。

然而，在房间的西北角似乎可以看到燃烧的火焰。在那里，在橙色墙板的映衬下，风中摇曳的树影仿佛变成了与房间等高的烈焰。这种电影式的场景是一种优雅、时髦的商业主义，被物化成抛光但有凹痕的不锈钢，以便在迷幻的扭曲中反映周围的环境。我们可以坐在略显单薄的胶合板钢管椅上，欣赏这场摇曳的火焰奇观。它们与玻璃墙、地毯、庭院和砾石一同唤醒了国际风格，但又加入了些许民居和企业总部的味道。在荣誉走廊的设计中，人们也可以发现一部分“贴心”的讽刺画面，在这条走廊的玻璃墙上，印有密斯——这位伊利诺伊理工大学先驱的像素化面孔。这一系列与房间等高的面孔一直延续到入口的双面板滑动门，这样一来，人们在离开或进入这个力场空间时，密斯那张暴躁的脸就会被扯成两半。

正当人们习惯了这种冷、暖、热之间的狡猾的相互作用时，天花板粗暴地闯入了建筑场地。未经处理的绿色石膏板给人些许原始、廉价、未经修饰的印象。这是在为某种备受鄙视却无处不在的建筑材料（通常在施工现场都会被

南北走向的通道

中庭

校友餐厅的庭院

尽快涂上油漆）正名吗？或是要向学生生活中自己动手的心态致以敬意（拒绝一切华而不实）？还是对密斯进一步的侧面讽刺？——毕竟，其整齐的接缝线带、连接处、螺丝头顶部的填充石膏条和节点坦诚地展现了其格栅结构。但这一点并没有得到明确说明，特别是因为当人们转头时，表面质地及其相关的参照和氛围都会不断变化。

哲学家、教育学者康拉德·保罗·李斯曼（Konrad Paul Liessmann）认为，这种混合的品质是当代敏感性的本质特征。[144]它在诸多方面都是这栋建筑的核心戏剧原则：它从不力求达到一个纯粹的境地，也从来没有给我们一种纯粹的感受。即使对一天结束时的悲伤感怀（无论我们是否主动），也受到飘荡的氛围的调节。当橙色褪去，空中花园被淹没在黑暗之中，中央场地的绿色铸塑树脂台阶和绿色的石膏天花板进一步展现了镜像墙壁和天花板原型，它们之间细长的密斯式立柱像夜晚乡间小路上的电话桅杆一样渐行渐远。

## 同类相食的一幕

在一些人看来，建筑壮观的布局及其作为力场的解释可能显得过于刻意，但是在这里，在这座校园里，建筑师面临的挑战是如何符合密斯的标准。直至20世纪60年代，SOM、迈龙·戈德史密斯（Myron Goldsmith）等事务所都通过回避这个问题并沿用密斯的原则，使其符合各自的施工标准和方案概念——就像密斯二十年前所做的那样，获得了很多可观的成果。但是今天，承认交流性基础设施的不足，以及经历了数次技术和社会范式的转变之后[145]，这条路道路已不再可行。用其他方式来追求同样的基调，只会证明“原作”不可替代的卓越性——这是一种多余的行为，并没有将原作情境化——而这才是早该进行的行为。

说到底，作为建筑戏剧构作基础的原则，“越多越好”的动机往往在于认识到了人们无法与优雅简约和安静卓越的美学展开竞争，但是人们必须融入其中：建筑必须“同类相食”[146]。这个建筑吸收了它所吞噬的同类的品质，而不会被它们支配。诸多密斯式的参考（饰面薄板、地毯、玻璃墙……）、引用（立柱）、变形（流动反应、格栅天花板）、考虑因素（材料价值）、模仿（庭院）和致敬（木箱）及密斯获得认可的方式，既不是对天才的让步，也不

学生庭院

校友餐厅

是诙谐的反驳，更不是建造的偏执。相反，“同类相食”这个行为本身是让“越多越好”合理化的原因，它是与其环境相对立的原则，并发挥其喜剧方面的表现优势。

黑格尔派哲学家卡尔·罗森克兰茨（Karl Rosenkranz）认为喜剧是美与丑的合成实例。尽管这个建筑作品更倾向于使用讽刺而非幽默来表达，罗森克兰茨在他1853年出版的著作[147]中的阐述仍然很有指导意义。他批判“（艺术家）所用表达方式的家庭生活化，抹去细节的消极的清洁习惯”[148]，呼吁将丑陋元素融入艺术作品中，以确保美不会与真理分离。换言之，艺术作品应该代表生活存在的复杂性，避免漫画式的夸张。因为丑作为对美的否定，只是次要的存在，其本身并不是目的所在，它需要通过喜剧的方式进行合成：“所有的喜剧在自身内部都可理解为一个与纯粹、简单的理想无关的时刻；但是这种否定在喜剧中被简化为一种表象，直至全无。积极的理想在喜剧中根深蒂固，因为其消极的一面自动就消失了。”[149] 从这个角度出发，迈克尔·豪斯凯勒（Michael Hauskeller）认为，所有为理想服务的艺术最终一定是喜剧。[150]在这里，在南芝加哥的高架地铁线路下方，库哈斯的这一艺术作品多少带有讽刺的意味，可以说，它为世界的美、丑和喜剧带来了一种与世界剧场形式相当的寓言式建筑格式塔理论。

从这个意义上说，这栋建筑在根本上与密斯的原则是相符的——“建筑艺术永远是对时代的一种空间理解”[151]。同时，它从根本上又与密斯的原则相矛盾：密斯与圣奥古斯丁的新柏拉图派普世主义相抗争[152]，而库哈斯则含蓄地期待像威廉·莎士比亚这样的人物，期待在他的戏剧中发生迅速而对比强烈的基调，期待他在独自面对世界舞台时，对瞬息万变的秩序产生迷恋。

**美国俄亥俄州立大学娱乐与体育运动中心**

安托内·普雷多克建筑事务所，1999—2007

# 电影空间

俄亥俄州立大学娱乐与体育运动中心（RPAC Recreation & Physical Activity Center）是一个建筑群，在地下相连的两条交叉通道和一架绯红色的天桥处，这些建筑两次被一分为二。体育馆所占据的直角扇形区域展现了其引人注目的空间戏剧性。

器械大厅和绯红色天桥

## 开 场

光线充足的入口大厅令人印象深刻：一楼设有自助餐厅、十字转门和休闲区，天花板下方是一座桥，上面总是被使用跑步机（看起来像凯旋门上的双轮战车）的人占据。高架桥的浪漫形象、跑步者的同步节奏和跑步机呼呼作响的声音充斥在空气中，使视觉和听觉达到同步与和谐。当访客刚刚跨入建筑之时，这一情境就激发了他们运动的兴致。抵达与置身于建筑的同时性，开场和第一个高潮的同时性，下方与上方情境的同时性，将入口大厅变成了门厅、大厅和舞台，访客也变成了观察者和演员。

## 平移镜头

沿着大厅的中段，第二个场景开始了，我们从这里往右下行进入一个与开场截然不同的空间。这里是一个峡谷般的凹陷区域——狭窄、昏暗且封闭——但空间氛围也因此得到了强化。同时，在这里能看到更多下方跑步的人，跑步机以更快的节奏呼呼作响。在通过狭窄的空间后，在凹陷区域的尽头右侧突然出现一处光线充足的大厅（摆放着杠铃和长凳，供学生进行肌肉锻炼），左侧是一个球类运动中心。

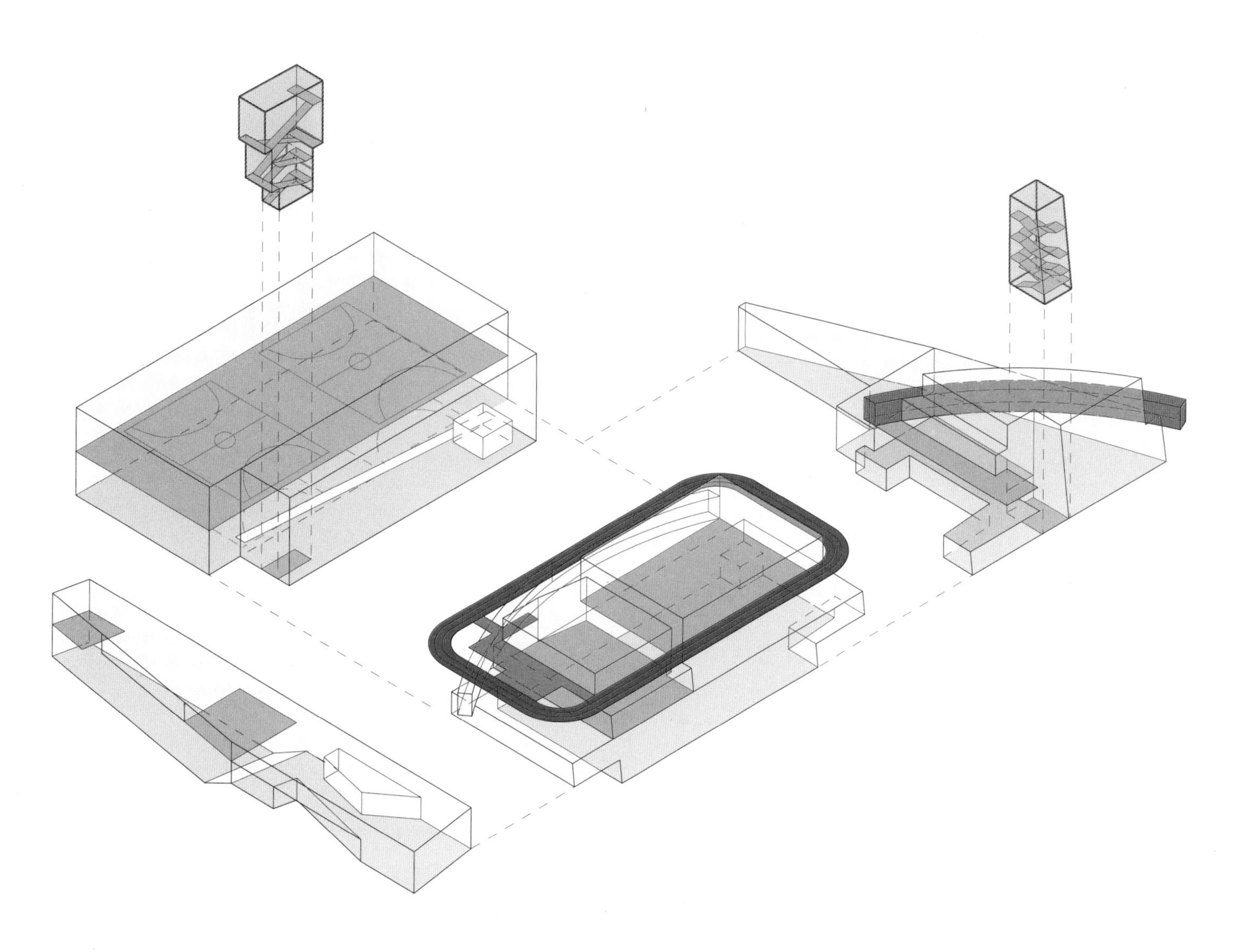

轴测图

器械大厅和绯红色天桥

有氧运动凹陷区域

两个运动中心和跑道

在第三个场景中，一路上获得的各种瞬间印象被引向一条贯穿房间的长弧：首先，是在健身器械上挥汗如雨的学生；其次，穿过拥有11万个座位的足球场，映入眼帘的是其浮华大门的玻璃前墙；最后，是上方的绯色天桥，它从大厅的走廊之间显露出来，并以柔和的弧线穿过玻璃墙，向教学楼方向延伸，一直穿透天花板的白色底面。天桥裸露的桁架结构与下方人们的肌肉活动遥相呼应。这个平移镜头是“纯粹的戏剧”。在三道像剧院的包厢一样从后墙上悬挑而出的健身器械走廊中，还可以体验到同样的场景，只是形式稍有变化。

## 推拉镜头

人们可以通过楼梯快速抵达楼上，也可以分为几个阶段，通过侧翼绕行。当抵达最后一个大厅走廊时，人们会看到一段跑道，它不仅经过大厅，还借助封闭的教室和球拍类运动场将建筑包围，一直延续到凹陷的峡谷区域，经过入口大厅，绕过跑步机桥，最后来到楼上楼下两个球类运动中心。在跑道上跑来跑去就像快速运动中的循环推拉镜头，人们能从高处看到中心所有关键的场景。通过方形的螺旋楼梯走下来，人们可以看到两个玻璃的球类运动中心是堆叠在一起的，有点像上方和下方舞台的拆分镜头，随着摄像机镜头的下移，慢慢地从视野中消失。

建筑的围墙将明与暗、高与低、开放和受限的空间结合在一起，成为室内体育活动的背景。它们彼此相邻，吸引人们走入其中。这些空间给运动者留下了深刻印象，它们仿佛是眼前不断推进的电影画面的一部分。这些空间不是电影布景，而是电影体验的一部分。平移镜头和推拉镜头、蒙太奇、倒叙和快动作序列始终贯穿于空间。将我们自己的眼睛想象为摄像机——其他人的眼睛也是如此，整个环境变成了拍摄空间。体育设施在本质上是一种自我和空间的电影体验，因为经过调整和协调的运动序列将表演的方面传递到日常生活中。娱乐与体育运动中心在金字塔式上升和下降的序列中，进一步显示了这个步骤，即场景—出乎意料的变化—加剧—全景高潮—回顾循环—前景展望。

**德国斯图加特市梅赛德斯-奔驰博物馆**

UNStudio建筑事务所，2001—2006

# 加速与重复

梅赛德斯-奔驰博物馆（Mercedes-Benz Museum）折叠、旋转形式的楼体使人联想到该公司标志性的银色车体。与其说这座建筑像是一支银色的利箭，不如说是一个充满动感的体量，暗示着动力十足的内部空间，而外墙上交替出现的不透明和透明带状构造则象征着一种交互式的空间形态。

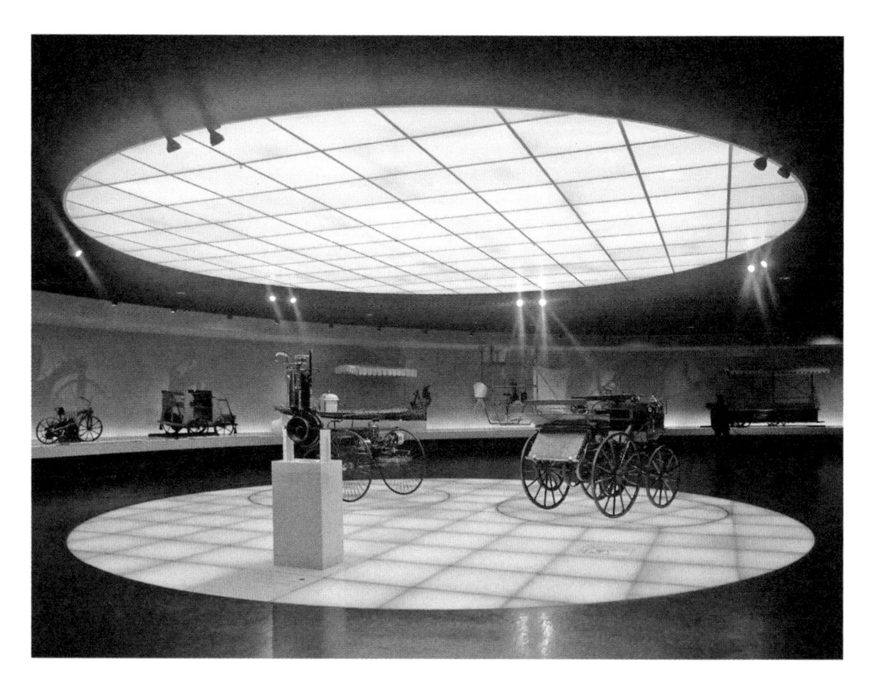

M1的景象

在进入博物馆后，人们会惊讶地看到由巨大的清水混凝土表面围合成的34米高的中庭空间，让人联想到罗马式教堂的过街空间，还会让人产生地下城堡的感觉。这主要是因为这座三叶草形建筑顶层的画廊上方覆盖着油布，限制了光影在其表面的潜在作用。只有一些画廊上方神秘的隆起结构才能捕捉到光线。从售票处到电梯入口的引导略显仓促，可见设计这样的中庭是为了吸引人们从电梯中更好地欣赏中庭的全貌，而不是在楼下仰望。电梯上行，伴随着对面墙壁上的电影投影，人们仿佛被带回神秘的1886年。在登上顶楼后，在三叶草形画廊里，人们会产生这样的印象：油布不但可以起到调节室内微气候的作用，还可以避免迷失方向。接下来迎接人们的是一件马的标本，标牌上面写着："我相信马。汽车不过是一种暂时的现象。"这句话来自德意志皇帝威廉二世——含有一种自鸣得意的讽刺意味。在最初的进场序列中，奔驰公司在企业展示方面保持了异乎寻常的克制，而到最后，这个序列也因为这句引用而完美地终结。然后，人们可以沿着螺旋形楼梯向下走去。建筑师梅尔茨（HG Merz）负责了画廊展品的大部分展示设计及施工。

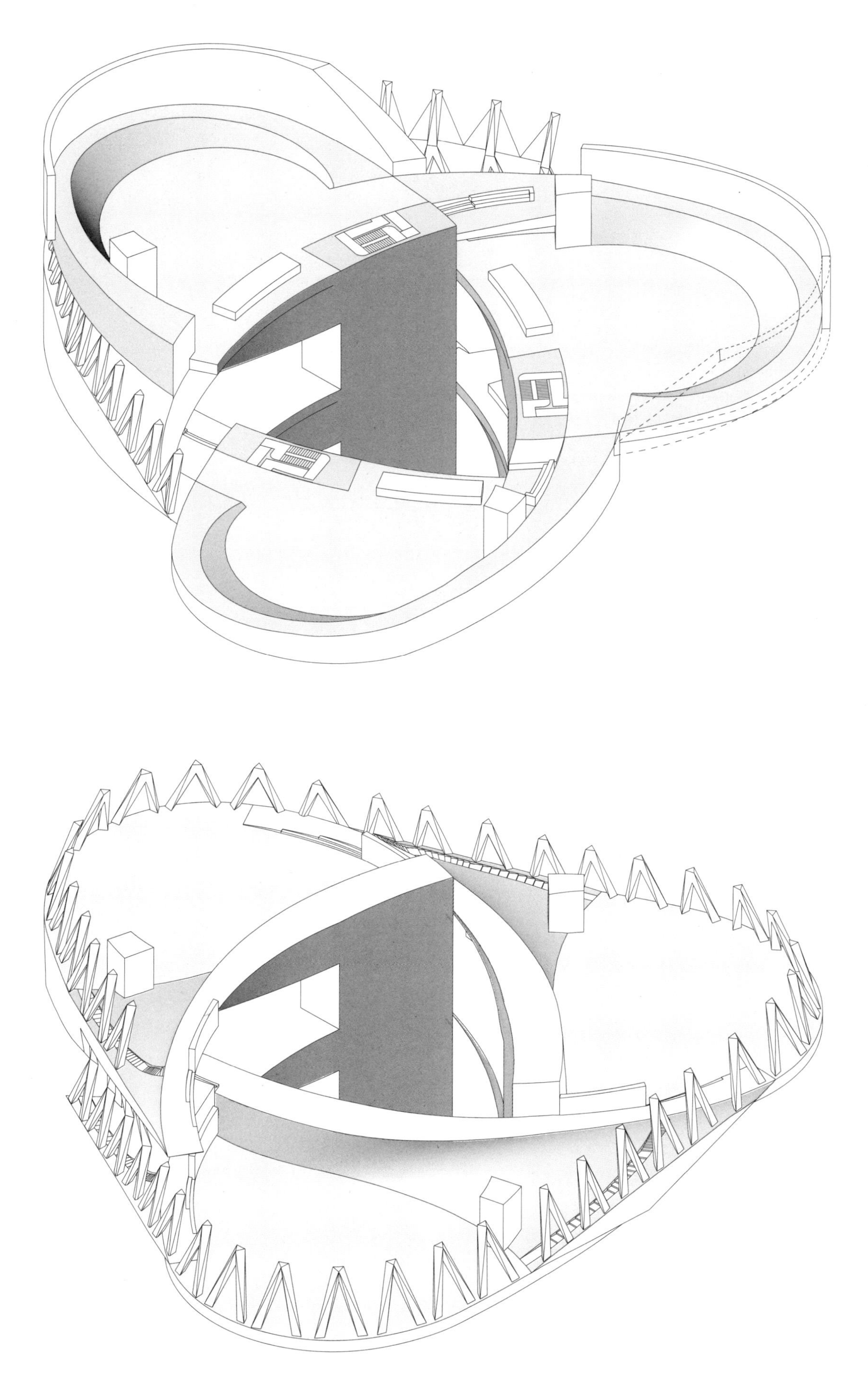

M区画廊和C区画廊的轴测图

从螺旋结构之间向对面看去的景象

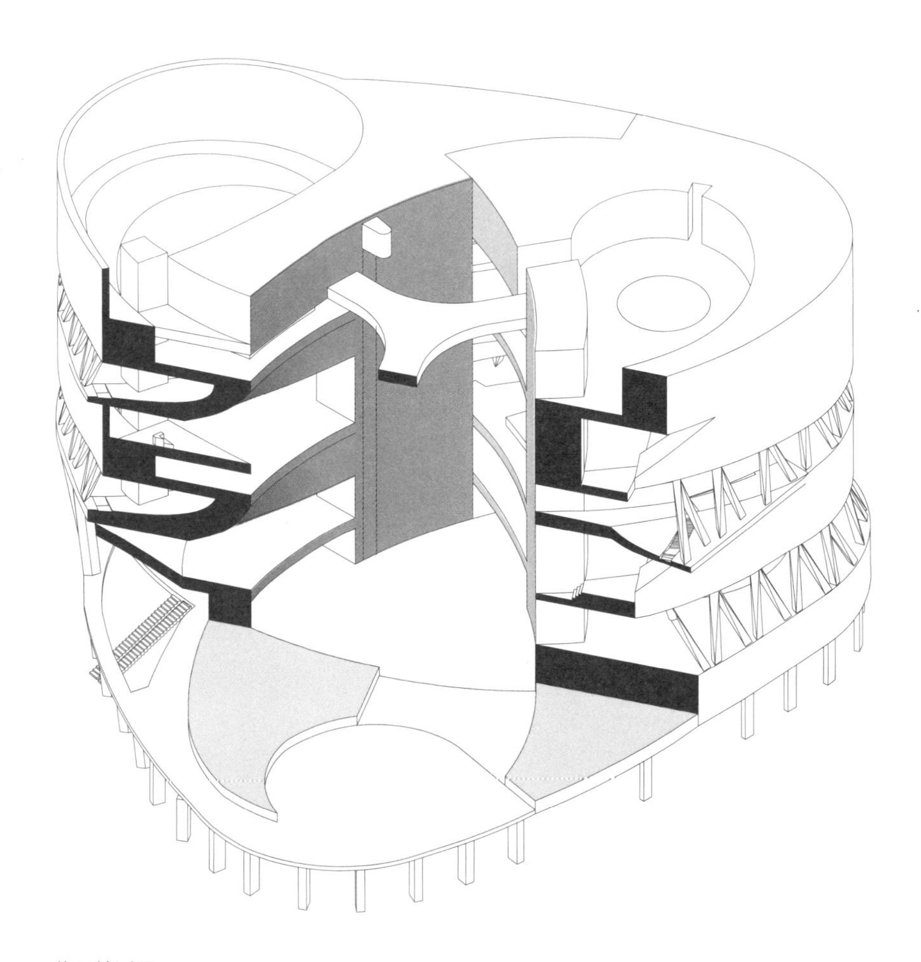
截面轴测图

通向C3的楼梯

## 双重的空间结构

博物馆的起始点是一个以深色木材和黄铜为内饰的雅致空间（M1），内设标志性的白色圆台，圆台在灯光下缓缓转动，上面摆放着一个单缸发动机和两辆最早获得专利的机动车。这是一个至圣之所。一条走廊从这个凹面空间突然转向，引导我们经过一系列按时间顺序排列的老式汽车，然后是一系列展示当代历史背景细节的背光面板。这种信息和赞颂的仪式反复出现了五次：背光面板之间的长坡道在所谓的“场景”中形成弧线，摆放在平台上的汽车成为社会运动和时代趋势的代表性符号。每辆汽车前都有一个白色的“工作台”，以简略的形式展示技术细节，人们从这里可以看到位于中庭空间远处的其他场景。深色的横纹木块地板充当了一个稳定的基础，墙上的屏幕呈现了各个时代的独特氛围，而黑色的天花板则隐没在背景之中。与传奇展室[M区，M表示单词myth（神话）中的M，以梅赛德斯的型号系列命名]相对应的是更为明亮的收藏室C（C区），这里拥有自然采光，并以主题形式（航海者、运送者、帮手、名人）在浅色铸塑树脂地面上展示展品。这些展厅对室内封闭，但面向室外的视野非常开阔，向游客提供了内卡河谷的景观——葡萄园、别墅群、运动场、汽车厂并排而立，高速公路在它们之间穿过。

在每个场景中，参观者都可以在M区和C区之间切换：那些认为场景让自己迷失了方向的人，只能怪自己偏离了所选的路线。坡道不仅提供了可以暂时休息的地方，还形成了壮丽的螺旋结构景观。这个巨大的螺旋结构将C区与中庭隔

螺旋结构

M6的景象

螺旋结构

M7的景象

开，让M区面向中庭，仿佛拉出了一张巨大的舞台幕布。该建筑具有人工照明（房间）和侧面照明（小陈列间）的双重性，遵循了传统博物馆的原则。双重的空间结构和清晰的展示形式为人们呈现了连贯、刺激的展览，人们可以多次参观博物馆，每次都带着不同的问题关注不同的展品。

然而，这个博物馆确实遇到了一个问题。这个问题给很多按时间顺序排列的展览概念带来了麻烦：随着人们走近现代展览，怀旧式工具就不太有效了，未知或被遗忘的知识带来的刺激效果也是如此。在M6展厅的展览“新的开始——零排放移动之路”，没有用另一种呈现形式替代对客体的盲目崇拜。[153]接下来，幻灭与无助是第四幕的共同主题，然后才开启了辉煌的结局。

## 尾声与重复

在最后一幕中，主角——M区和C区的螺旋结构应当同时出现。在这个关于赛车的传奇展厅的最后一个展室里，一辆辆银箭般的汽车在大型坡道上竞相进入螺旋结构，进行最后的游行。然而，展览概念中一些最鼓舞人心的元素在这里却被抛弃：长长的缓坡已不复存在，取而代之的是令人不适的台阶式隧道；没有自然采光或户外景观，只能看到石灰墙壁；同样，这里没有精美的标志性展品，只有拥堵的赛道。所有这些元素都挤在低矮的屋顶下。就空间特征而言，C区的特质已无处可寻——没有为上文的双重性提供机会融入结尾的逻辑论证。在将先前汽车历史谱系中的材料案例和参考资料精心组合之后，在这最后的重复中，剩下的只是一种对速度的疯狂迷恋，那些有趣的问题被丢在了一边。当然，速度、压缩、色彩和欢呼也是一种可行的戏剧性结论：在意大利歌剧中，在结尾乐章的尾声中，或是舞会的最后一支舞中，人们都能找到同样的主题。但是，在急于得出一个激动人心的结论的过程中，博物馆还是留下了它精湛的空间技巧和对其主题的自信、超然的考虑。

通往购物区的过渡通道——和最后一幕场景一样缺少自然采光——像一个杂乱无章的宝物箱，装载着各式各样的设备，并不断向前推进，不断深入。无论从这里前往空旷的中庭还是前往展厅空间，都没什么区别：两者都无法为最后这个狭窄、单调的焦点提供任何真正的安慰。令人满意的是，人们可以重返已经走过的道路，并通过C区的小型螺旋结构回到上方空间，再次欣赏戏剧精彩的第一幕。

**德国诺伊斯赫姆布洛依兰根基金会美术馆**

安藤忠雄（Tadao Ando），2001—2004

# 刺激与延迟的时刻

环境

兰根基金会美术馆（Langen Foundation Buildings）是分布在赫姆布洛依岛上的博物馆和工作室的一部分，之前这里曾是赫姆布洛依导弹基地。埃尔温·赫林奇（Erwin Heerich）、阿尔瓦罗·西扎（Álvaro Siza）、雷蒙德·阿伯拉罕（Raimund Abraham）等人在此设计的大部分建筑都是用当地的红砖进行外墙装饰的，并体现了欧几里得几何学各种可能的组合形式。美术馆的场地位于莱茵河下游左岸平坦的草地中央。人们沿着岛上的一条土路走来，不久就能看到前导弹基地的土墙及半圆形的独立混凝土墙，既看不到建筑，也看不到艺术品。当我们悄悄穿过混凝土墙的开口时，等待着我们的将是什么？

## 漫步长廊

起初，我们看到的只是一个大型水池，在它远端稍有偏移的位置是一栋长条玻璃建筑的末端。然而，前面的道路并不直接通向建筑，而是沿着水池的边缘延伸，然后在一堵横向的混凝土墙前转弯；转弯后，道路继续延伸，直至与玻璃建筑较长的一侧相遇。一个设置成锐角形式的入口极为与众不同。在这一点位上，如果以较小的角度向左转，然后沿着玻璃建筑继续延伸是最简单的路线。然而，这一选择被紧临道路并直接通向建筑的混凝土墙阻断了，我们感觉自己上了当，但也只能转向右后方，并因此回望了狭长水池的景象。

我们沿着通道方向穿过一个开放空间，然后一条夹在玻璃墙和混凝土墙之间的走廊将我们从建筑一端引导至另一端。这条走廊非常狭窄，游客只能一个接一个地从这里通过，而混凝土墙上也没有放置任何艺术作品。户外的新鲜空气可以从玻璃墙底部的开槽进入建筑内部，表明这里是内部和外部之间的缓冲空间。在玻璃外面的土墙上，茂盛的高草在风中摇曳，陪伴着人们通过走廊，仿佛冥想视频中的情景再现。

临近走廊的尽头，我们可以通过一个普通大小的开口抵达混凝土墙的另一侧，进入一个狭长的陈列室（8.4：1：1），它

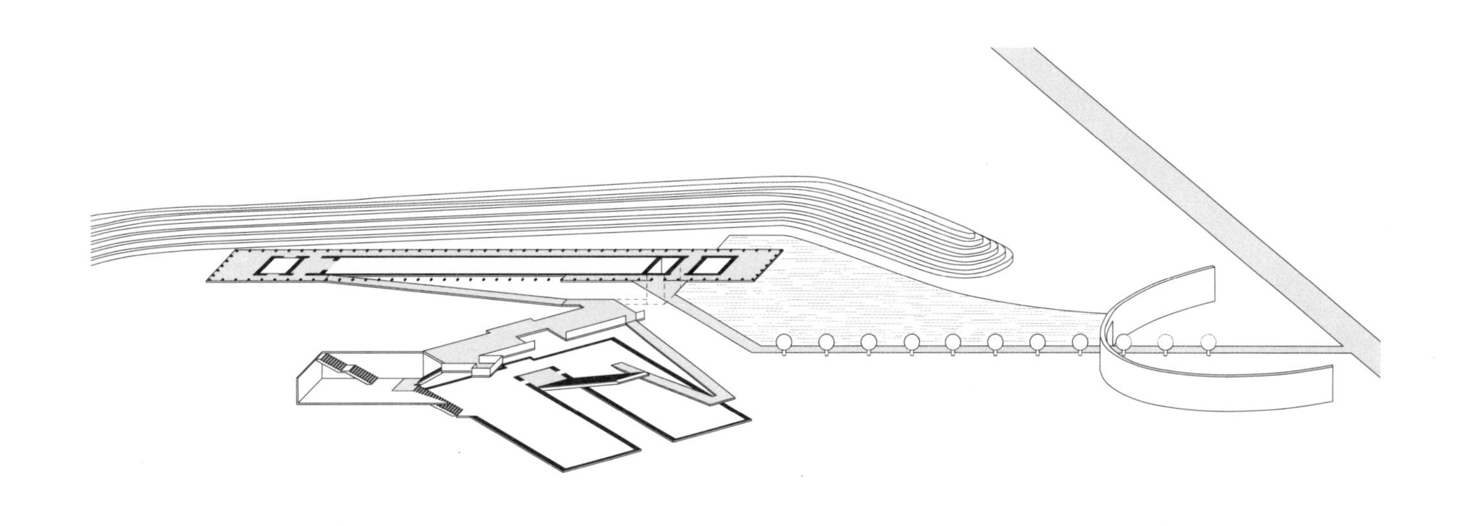

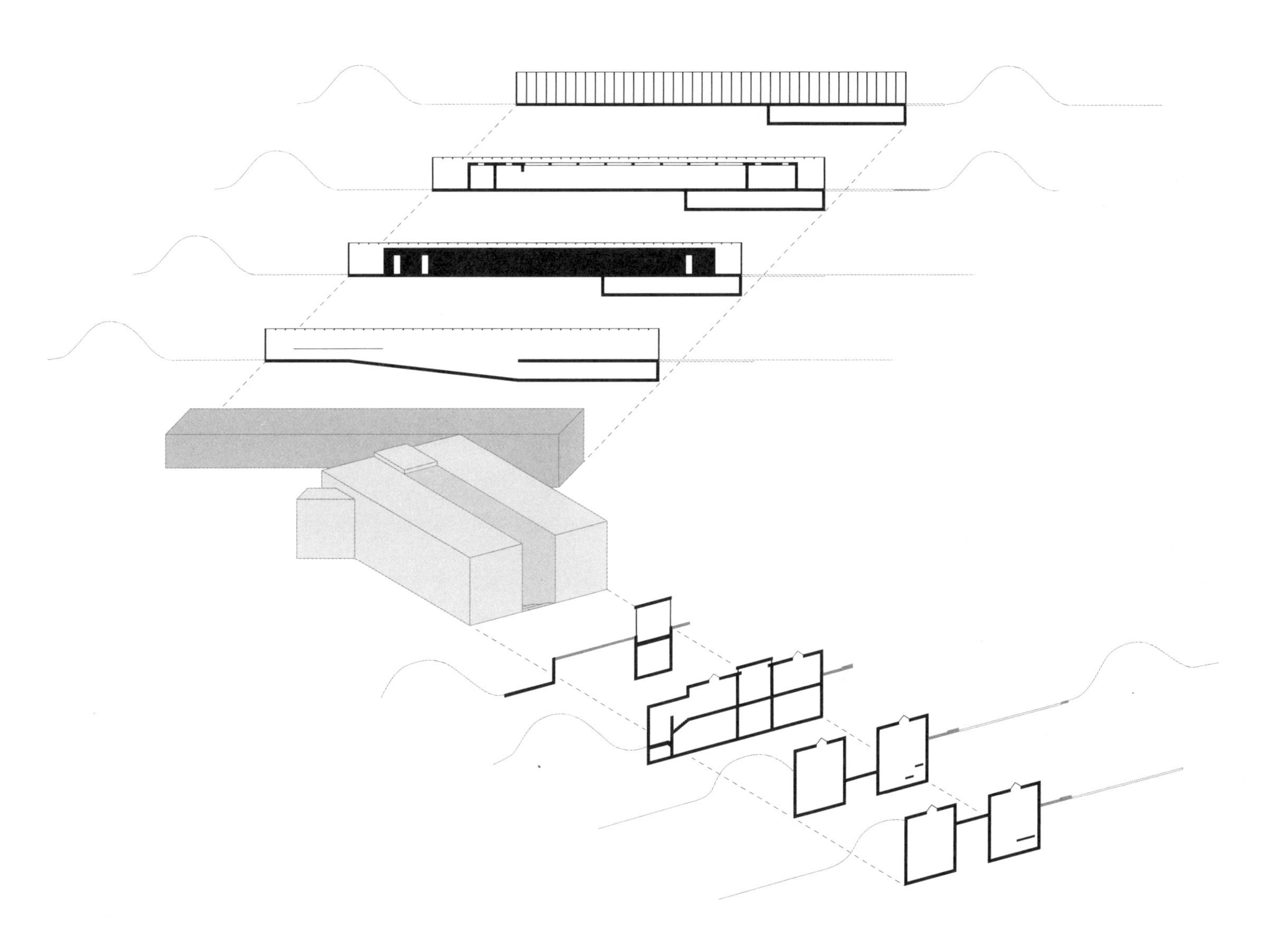

轴测图

向游客提供了沿墙的狭长视野。陈列室不透明的前墙是这座单一空间美术馆的尽头，这时候我们才意识到，由于建筑师的延迟策略和惊喜设置，我们完全误判了美术馆的规模，原来它是如此之小。至少，我们是被引导着才会这样认为的。美术馆的空间类型与大画廊博物馆（Grande Galerie，卢浮宫的侧翼）没有太大关系，而是类似有着双壁角柱的神殿内殿。但是，在“内殿”的尽头，墙壁上的狭窄缝隙表明，还有一个完整的世界在等待着我们：到目前为止，我们只看到了地面上的世界，但在这里，还有一条坡道通往地下的世界。墙上的缝隙将我们的目光引向两个轴线的交会点，由于之前混凝土墙的粗暴蔓延，致使这两个轴线的关联性到现在还没有显现出来。建筑师倾向于让我们专注于眼前的事物，并不透露他的总体规划，故意隐藏了发光的远景，使我们陷于不确定之中。

转折点

正因如此，这种空间发展忽略了柯布西耶式长廊建筑的一个主要特征：远景视角。这种视角被阻断了两次：一次是经过论证的，一次是偶然的。在这两种情况下，出口都被巧妙地隐藏起来。我们看到的只是我们所在的空间，而不是我们将要前往的空间。其意图似乎是我们不应该看到和渴望我们无法走过和触摸的东西。当然，不久之后，封闭的墙壁确实会激发人们对即将到来的空间的好奇心。为了防止这种情况失控，路线决定了我们探索这条漫步长廊的速度。在这条路上行进的过程中，人们会发现越来越多的极端情况。一开始，对立的元素被相互结合（沿着开放空间设置引导路径），接着，类似的元素被用来强化这个效果（狭窄空间内的引导路径），最后，是一个尽头封闭的引导空间——当人们抵达时，会发现这里显然只是一个尽头。

内殿摆放有维克托（Viktor）和玛丽·安兰根（Langen Collection）的佛像雕塑藏品

## 地下长廊

在此之前，建筑元素重现了两个界限：土墙的高度和场地的高度。在建筑内，场地连一个台阶都没有提高。现在，在“内殿”的另一侧，之前走廊的镜像结构——或者更确切地说，是另一侧的外围通道——下沉至地下。在这里，就像咒语被打破一样，情况发生了急剧的变化，一个拥有坡道、楼梯、桥梁、竖井和高大厅堂的复杂空间世界显现出来。地面仍然是一条起到约束作用的基准线，因为两个展览层的上层仅下沉至地下1.5米，这样一来，人们透过墙壁开口看到的土墙，就像悬浮在草坪上方。

门厅1，“理查德·迪肯（Richard Deacon）——在另一面”展览（2016—2017年）中由理查德·迪肯设计的艺术品

门厅2，“奥托·皮纳（Otto Piene）——光线与空气”展览（2014年）中由奥托·皮纳设计的艺术品

漫步长廊的原则丝毫没有被放弃：在坡道的尽头，临时空间遮住了前方的视野和通道。然而，按照以前的标准，接下来的情况似乎有些极端：两条长长的斜坡道以横向V形下降，向人们展现建筑侧面漫长的入口。它们深入地下，进入两个双层高展厅中的第一个。它们之间有一个所有空间中最奇怪的区域：一个通向草地的巨大户外楼梯，其上方被树篱遮挡。的确，游客在抵达这里后什么也看不见，只能看到混凝土长墙的正面，与玻璃建筑成一定的角度。人们并不知道，在混凝土墙的另一侧，既不是草地，也不是仓库，而是主要的展览建筑。

在第二个展厅的尽头，节奏发生了变化：一部“快”楼梯取代了“慢”坡道，转向上方的半地下楼层。这一类似桥梁的楼层将我们带回一连串的画廊和楼梯，并以“内殿”的垂直形式将人们带上楼梯。八段楼梯将我们带回入口，我们仿佛是从矿井里走出来的一样。

## 暗喻长廊

兰根基金会美术馆的空间序列充满了暗喻色彩。首先，是向勒·柯布西耶致敬，这固然是至关重要的。柯布西耶的长廊建筑总是面向光线，而这个长廊则颠覆了这一原则，它穿透地面，成为地下长廊。另外，地上建筑的附加结构和交错的地下长廊提醒我们，这片土地离大型煤矿区不远，将朴素表面之下的隧道迷宫隐藏起来。这座美术馆是对景观构造的建筑类比。

但是这栋建筑对历史进行了更加深入的挖掘。地下部分的建筑不仅玩起了捉迷藏的游戏，还对类型暗喻进行了调侃：水泥砌块和周围的玻璃陈列馆很像希腊神庙的内殿和环境；巨大的户外楼梯，包括延展的遮篷和中央立柱使人想起埃及王朝的皇家陵寝；而半圆形的入口墙体在另外两个更为显而易见的暗喻环境中，有点像圆形的古罗马废墟。美术馆位于诺伊斯城管辖范围内，该城始建于罗马时代。旋转的轴心和水池等元素使人联想到哈德良别墅，而类似的倾斜土墙和直立墙壁具有近乎原始的特征。这些联想在背景中形成共鸣，被其他更为显而易见的解读所覆盖：神庙也是陈列馆、展示馆、温室或营房；水面之下的展览区可能是一个组合工场，而它的混凝土墙嵌入土墙之内，使人联想到掩体……总之，抽象程度越高，可能的暗喻范围就越大。

入口一侧的景象

尽管这些联想可能无可辩驳，也确实令人兴奋，但是建筑师显然并不关心它作为历史狂想曲的角色，而是关心其此时此刻的表现——它如何与我们的感官对话：大型水池映射出白云的倒影，阵阵凉风吹皱了平静的水面；土墙上茂盛的高草在微风中摇曳；空旷的草地；沿途道路两边栽有树木和树篱；暖灰色的混凝土墙；模板锚孔的规则图案；玻璃罩面；铝制散热翅片。赫姆布洛依岛位于景色优美、色彩柔和的裂谷中，周围鲜花遍地，水道蜿蜒，而安藤忠雄显然接受了莱茵河下游广阔的风光。但美术馆的场地条件并不利于用艺术品对风景进行移植——不能像让·丁格利（Jean Tinguely）和尼基·德·圣·波尔（Niki de Saint Phalle）那样借助水池来映射活动。相反，参观通道上的部分场地被留给了艺术，而其他场地则留给风、气候和混凝土。该建筑毫不妥协地将二者分开，但又服务于二者。

## 刺激与延迟的时刻

刺激和延迟时刻、冲动与平和之间的相互作用决定了美术馆的空间体验。刺激时刻指的是当人们第一次看到未知空间的时刻：水池、走廊、“内殿”、草地、坡道、高大的展厅、楼梯、通风井……尽管出现了大量不同的情景，但是由于延迟时刻的作用，整体体验并没有令人感到杂乱和不安。如果我们沿着一条穿过空间的道路所看到的不及我们进入时看到的多，就会出现这种情况。通常情况下，我们会从一侧进入一个我们所知的场景，穿过这里，接受这里，并成为它的一部分。与外面莱茵河下游不变的风光一样，房间的边界表面、空间背景也没有变来变去。我们首先需要感受和体验进入时看到的房间，然后才能预见或看到下一个房间的情景。凭借着引导道路和有着狭窄出入口的简单、封闭的空间，美术馆实现了这一目标。大片的地面（水域—砂浆—草地）、墙壁和天花板（混凝土—玻璃—白色）构成的三合一形式有助于营造平静的氛围。在美术馆的所有主要房间内，这种材料和色彩的组合有助于阐明出檐结构（5 + 1）的原型特点——提供遮蔽。这种遮挡姿态以多种方式呈现：首先是弯曲墙面的防护屏沿着狭长的水池延伸，其次是防护性玻璃罩、走廊的壁凹，最后是上升的坡道。在兰根基金会美术馆，宽窄来回切换，建筑内部是逐步呈现的，而在埃尔温·赫里奇（Erwin Heerich）在赫姆布洛依岛设计的画廊，我们看到的是内外空间之间的无缝衔接，这两者是全然对立的。

这种连续场景的一个特点是，它们没有传统的转折点或高潮点。每个场景都是自成一体的，它们的顺序绝不是明确的和固定的。与此同时，它们不是孤立、相互竞争或相互中和的“剧集”，而是更大的进程的一部分，该进程从水池到出檐结构，再到草地。另一个特点是，出檐的内部结构包括地面和水下的部分；三个坡道和三部楼梯组成了对角线视野和线性视野，这些视野在三个可以欣赏到周围景象的转折点处被打破——玻璃建筑的两端和第二条走廊尽头的楼梯顶部。即使有些人在明显的尽头处发现了出乎意料的场景，或是发现了玻璃盒子的纯粹之美，比其他时刻更令人惊讶和激动，他们仍然会承认这里的戏剧性发展线与其说是线性的进程，不如说是波浪形的进程。在这种情况下，会出现道路的诸多循环、模糊的视图、显而易见的尽头、不断变化的轴线和奇怪的空白空间，这些似乎是确保个体场景保持相对自主性的一种方式，也是防止形成渐进轴线印象的一种方式。在这样一组空间内四处游荡，参观者会频频发现，自己不只是想知道接下来会看到什么，还会猜测接下来是否会有什么。

户外楼梯（一）

户外楼梯（二）

**法国勒阿弗尔市莱斯班德码头水上运动中心**

让·努维尔（Jean Nouvel），2004—2008

# 场地内的静态影像

作为之前城市码头的城市改造计划的一部分，莱斯班德码头水上运动中心（Les Bains Des Docks）的简洁设计避开了新柯布西耶主义的蒸汽船类比法，采用了一圈黑色的外立面，高度没有超过原来的仓库，看起来像是一个漂浮在水面上的黑色码头。即便是近距离观看，也难以辨别建筑采用的材料，这些材料看上去像塑料薄膜一样柔软、闪亮，但实际上这是一种金属色的混凝土面板，上面印有马赛克瓷砖的纹理。人们可以从外面通过嵌合表面上的矩形孔隙观察建筑内部，那里通过使用大型的白色组块实现了“减法塑形”。

水池区域（一）

## 浮 雕

明亮的入口大厅和更衣室弥漫着一种令人振奋和期待的氛围。瓷砖接合处的刻字是一种电脑字体与流线型现代主义风格的融合，十分讨人喜欢，它们取代了墙壁上的标识，指引人们通过引导性质的空间序列。一系列无方向性的水池在对角线视野中一览无余，为水上运动中心增添了无穷的魅力。清晰界定的表面和柔和变化的阴影形成了富有动感的复杂组合，实现了白色与水面之间的平衡。不出所料，空间是从一个巨大的虚空组块中抠出来的，所有的内部表面铰接在一起，构成了一系列白色的立方体。关于墙壁材料——无论是亚光的白色瓷砖还是亚光的白色石膏板——都是从实用角度进行选择，但从一定距离来看，两者便融为一体。地面上水平方向的立方体可以用作水池、长椅和平台，垂直方向的立方体可以作为体块、洞穴、壁龛和照明设备，天花板上的立方体则是吸音器、顶部采光来源以及人工照明设备的载体。设计大型水上运动中心建筑的任务提供了一个独一无二的机会，将所有六个边界表面调整到近乎相同的程度，形成了围合结构的原型，不仅运用了色彩、材料和比例的方式，还应用了雕塑的手法。

一方面，水上运动中心水池区域的景观由四个类似象限的部分组成，其中一个被一层楼高的体块占据，让整个造型

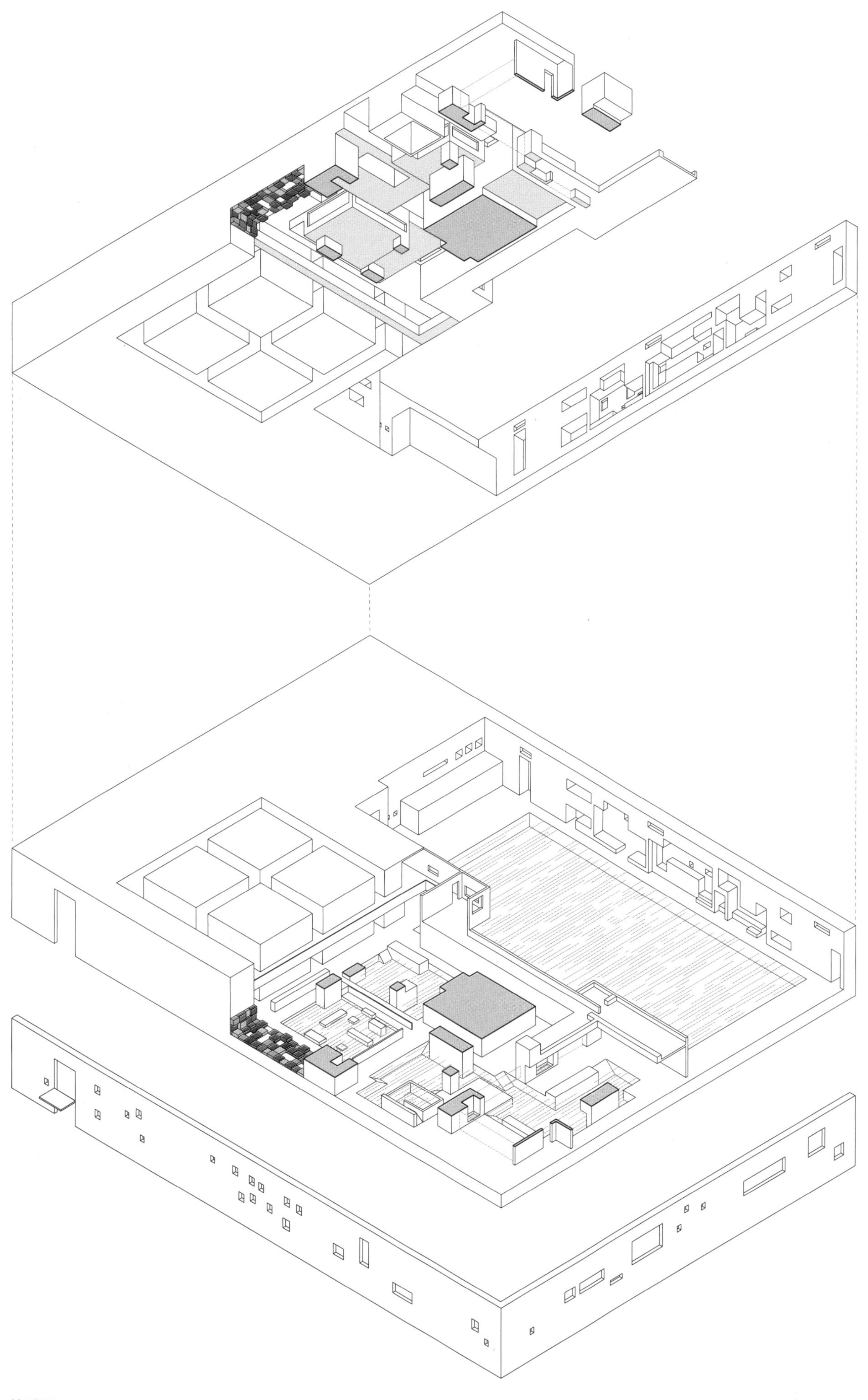

轴测图

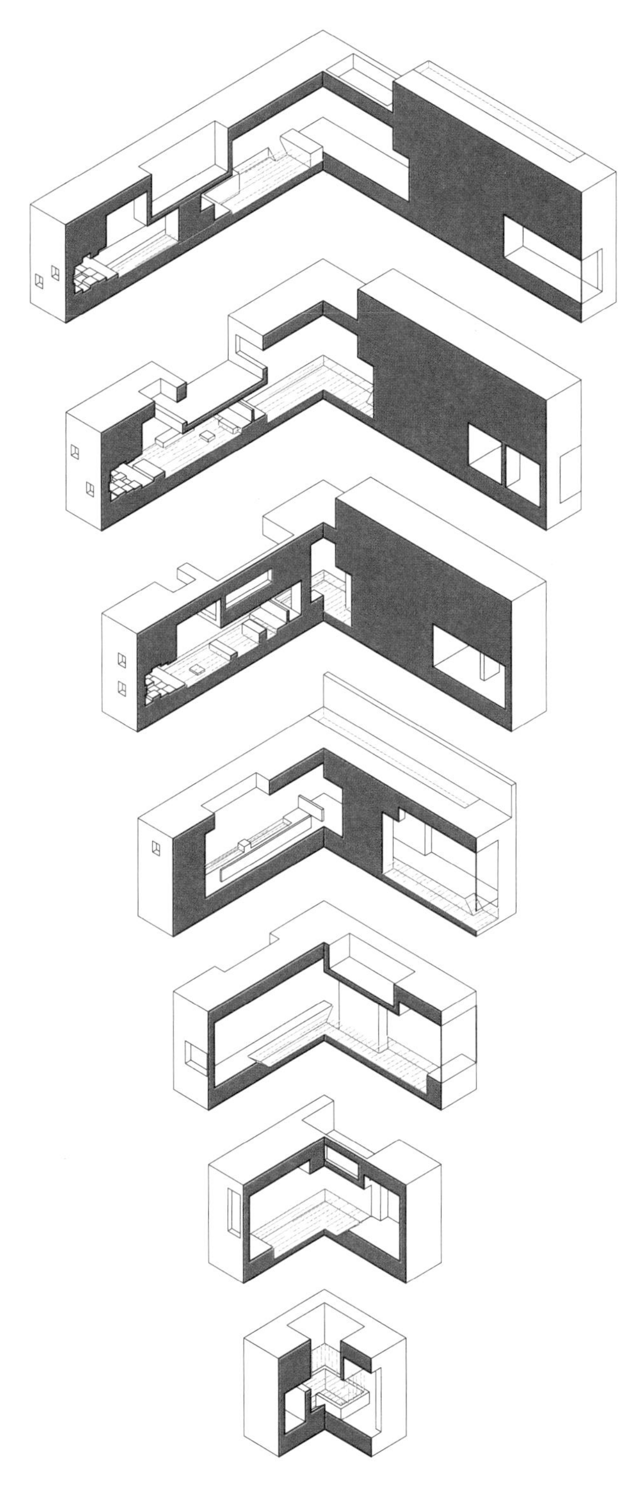

运动中心的轴测图

看起来是旋转的、不对称的。从入口处开始，景观呈对角线阶梯状向高处延伸，最终达到一个高出地面的涡流泳池。这个泳池同时被最大、最低的光喷泉所覆盖，形似一个讲台。在整个运动中心中最狭窄的区域，顶部降得非常低，以至于人们在通过拱形楼梯进入时必须穿过喷泉，并在视觉和听觉上与周围环境暂时隔绝开来。

另一方面，对应的天花板忽略了下方四个象限的划分，显示了比空间划分更为重要的空间连续性。除了提供照明外，天花板还具有声学功能，上面覆盖着穿孔吸音板；天花板越低，在降低声音方面就越有效，还可以刺激人们跳入泳池，而不是在各个泳池间徘徊。在不引起压迫感的前提下，天花板的高度和空间的比例实现了基本的建筑服务功能，引导人们采取适当的姿态。天花板的调整似乎非常合理，以至于人们毫不怀疑它有任何装饰动机，虽然它的装饰性已经超出了实用性。

## 氛围

水上运动中心内的噪声水平一直被控制在可容忍的范围内，这也是因为隐藏在最高组块内的管状坡道没有完全面向大厅开放，而是在一处壁龛内结束。虽然运动中心综合设施的娱乐要素有所减少，但它仍不失为一个合格的休闲场所。这里白色极简主义的纯洁清凉并不是其氛围的决定因素。色彩并没有被摒弃，只是被策略性地集中在某些部分：靠近儿童泳池的壁龛的五个封闭表面上砌着红色、黄色、橙色和绿色的方块。这些多彩的点位向整个大厅辐射，几乎随处可见，即便用眼角的余光也能看到，为大厅注入了一股温馨之感，而且既不会影响白色营造的宽敞、开阔的感受，也不会干扰天花板短暂的色调变化。在正午

水池区域（二）

水池区域（三）

的阳光下，天花板迎来了它们最重要的时刻：阳光的光线垂直射向深处的光喷泉，反射出柔和交融的天空和水面景象，并投射到天花板光滑的表面上。在这种光线下，闪闪发光的天花板似乎漂浮在水面上，将我们的注意力从墙壁上引走；事实上，与之前相比，室内的水池与户外泳池更好地融合成一个空间连续统一体。相比之下，到了晚上，综合设施的分区似乎更加清晰：水池表面占据了主导地位，以不同程度的色调被照亮。月色下，在被幽灵般的白色环形墙体——现在看起来很像古罗马卡拉卡拉浴场（Caracalla Baths）中已经破损的几何结构围墙——环绕的户外泳池内畅游，甚至可以把最坚定的泳道爱好者变成遗迹爱好者。然而，在白天，这里从来都不是一个冥想之地，而始终是令人兴奋的社交场所，即便是戏剧性的时刻，如酝酿中的大西洋风暴，或是水上团体操的节奏，也无法驱散这种氛围。

## 静态影像

运动中心中最宽敞的部分是户外泳池（环形原型），而室内的洞穴形水池则属于最密集的区域。入口区域和更衣室则具有较高的重复性。而娱乐水池区域（围合结构原型）则呈现出最平衡的状态。

无论人们在池边漫步还是在池中游泳，视线高度都会对他们的空间感知方式产生重大影响。对游泳者（包括儿童）来说，长凳和平台形成了直接的空间边界，建筑内部视野的特点取决于前景（长凳）和背景（天花板），而不是中间地带。这些空间似乎比人们停留在某处时看到的更加清晰，也更有内涵。但是，视野高度的变化对目光在房间内停留的时间间隔没有影响。由于一系列建筑元素并没有迅速发生变化，人们无须不断对情况进行重新评估。人们观望、戏水或是心不在焉地漫步，同时享受着流动的体验，并不时地仔细观察。尽管它是一个连续的浴场景观，但为什么人们会以这种摄影的方式（作为一系列的静态影像），而不是用电影的方式来体验这个空间呢?

是水池区域空间的浮雕特质造成的吗？人们可以在特定的位置更好地欣赏浮雕，但在空间内移动时则不行。当我们被浮雕包围时，情况也是如此。

是充斥着空间的正方形造成的吗？与有棱角的形状或圆形不同，正方形没有与之互补的形状，因此在透视中也没有被遮挡住的隐藏过渡空间。

是正方形缺乏方向性造成的吗？在一系列无方向性图形中（这里也包括矩形），相互关系和层次结构的变化不如方向性图形（特别是多边形或弧形）明显。

是单色的室内装饰造成的吗？建筑内部的白色从来都不是枯燥乏味的，而始终是巧妙渐变的，但在没有戏剧性强调的区域，时间和空间的变化在连续的基础上就不那么明显了。因此，通过每隔一段时间停止，并将瞬间的静态视图与记忆中已有的静态视图进行比较可以更好地记录变化。

泳道池

是粒度造成的吗？浮雕由相对较小、大小差不多的粒子组成。就像在印象派画作中，如果将点的密度调至同等水平就会减少带来惊喜的元素。

当我们在这个空间内四处走动时，层次变化和让人大开眼界的时刻似乎太过微妙了，以至于我们的目光无法一直专注于此。我们在潜意识里感到这个房间在低对比度的和谐中，以一种轻松的方式逐渐显现出来。我们可以不时地记录变化，如高架水池的斜向视角，下方水池的交互视角或半圆形屋顶的正面视角，以及户外泳池围墙的远距离视角。整个中心是一大片精心协调的道路和景色，永远不会给人们带来过度刺激，也不会令人们失望。这栋建筑是一个城堡般的封闭场地，拥有四个密度不同但形状、结构相似的空间。无处不在的“四”本身就已经是稳定与平衡的标志。

**美国佛罗里达州迈阿密市林肯大道1111号停车场**

赫尔佐格和德梅隆事务所（Herzog & de Meuron），2005—2010

# 节奏与周期

1959年，迈阿密市南部装饰艺术区的林肯大道及多家单层和双层精品店被改造成了步行街。如今，这条由建筑师莫里斯·拉皮德斯（Morris Lapidus）设计的有着奶油色表面的步行街被作为历史遗迹进行保护。在步行街的尽头，一个38米高的多层停车场拔地而起，被夹在地面商店和4座精致的屋顶住宅之间。

一层

在20世纪70年代，多层停车场大多有着低矮到令人不适的天花板、粗糙的细节、破旧的大堂和枯燥乏味的照明，是很多城市中最“反乌托邦”的场所之一。然而，2000年以来，它们经历了一次复兴，成了有着精致、时尚的外衣的框架构造。由于没有对保温和特定开口的需求，它们成为新材料和新样式的试验场。林肯大道1111号停车场（Car Park on 1111 Lincoln Road）也没有这两种需求。它以不加掩饰的自豪感展示了其混凝土结构，设计者甚至根本没有试图进行任何遮挡。停车场对汽车的展示程度也远不如它开放的侧面和一些广为流传的宣传照所暗示的那样，它与芝加哥贝特朗·戈德伯格（Bertrand Goldberg）设计的马里纳城（Marina City）截然不同，汽车并没有显而易见地停在边缘，而是退到内部较深的地方，人们无法从道路上看到车辆。那么，这栋建筑想要展示什么呢？

首先，停车场并没有被伪装成一栋封闭的建筑。它只是一个架子，一系列搁板，一个临时的中间空间。风、雨和噪声可以在各楼层之间不受阻碍地通过。海湾、城市和大海的视野也不会受到阻碍，停车的过程也变成了令人振奋的开场。

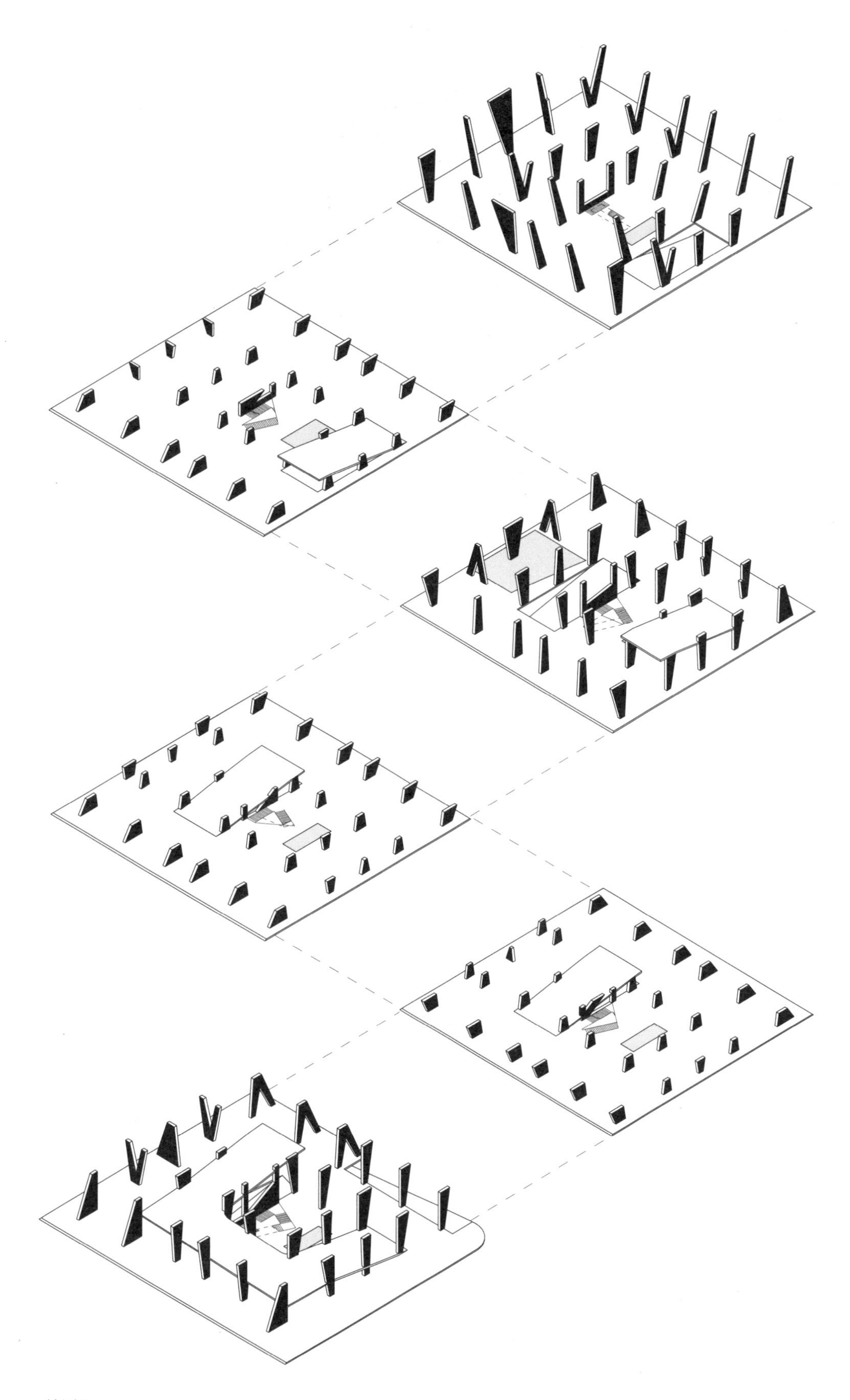

轴测图

楼梯

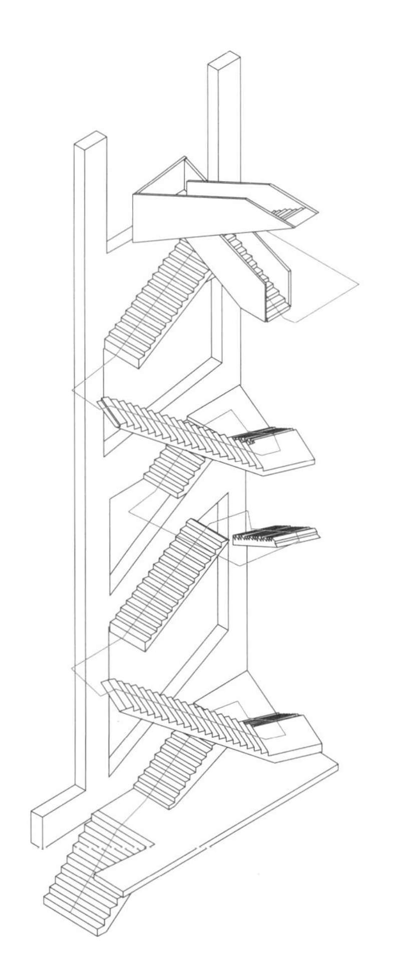

楼梯台阶轴测图

## 节 奏

然而，这栋建筑并不保守，它很好地利用了周围的迷人景色。地面、柱子和天花板从未形成一个封闭的方框，将外面的景色框起来。相反，在这里，地面始终是舞台，天花板始终是盖子，而城市和天空始终是背景，衬托着支撑结构千变万化的布局（可以说是一场柱子的芭蕾）。如果有理由在西方建筑古典五柱式中再增加一种柱式，将变化与重复一同囊括，那么这栋建筑就是最好的例子。因为没有更好的词语，我们暂且称其为“迈阿密柱式”（Miamitic Order）：迈阿密市林肯大道1111号停车场的柱子拥有矩形的横截面，从而为空间指明了方向。柱子的狭窄一侧纤细如线，较宽的一侧则是矩形、扇形或梯形，这样一来，它们可以在顶部或底部延伸为真正的墙板。其中，最大的柱子被切割成V形或A形的支架，从而避免形成对抗的局面。只有倾斜的柱子是个例外，但它们均是以5 × 6点位的节奏放置的。节奏不是柱子之间空间变化的产物，而是通过姿态的分组实现的：一排立柱中通常只有两个或三个是相同

二层坡道

的，最多五个柱子中有三个或六个柱子中有四个是相同的。这一做法避免了静态的规律性或支配性，也意味着空间时而是纵向的，时而是交叉的，时而是圆形的，时而又是直角的。这种“鼓乐独奏”的精湛技艺既不是随意的，也不是自发的，而是对情境的反应，即对环境、需求、氛围和韵律的反应。这些节奏展开的层次——楼层，我们可以称之为“长度”（metric），其灵感来源于电影导演谢尔盖·艾森斯坦对这一词语的使用。[154]在这个项目里，共有六个长度。

## 长度

停车场楼层的高度有两种尺度，一种是“超大型”XL（最低6.6米，最高接近10米，我们称之为A），一种是“超小型”XS（约2.4米，我们称之为B），没有其他介于两种尺度之间的类型。A—B—B—A—B—A的顺序不止一次地使我们感到好奇：有着高大车库的一层空间令人惊讶，反过来二层空间则显得非常紧凑。由于三层空间也比较低矮，

边缘

人们会认为其他楼层也会遵循同样的模式，就像豪华宫殿主厅的地面一样。而接下来是XL—XS—XL模式，因而再一次令人感到惊奇。建筑的三个XS楼层有些类似：相对昏暗、冷清，并以车顶和天花板之间的空间为主要特征。它们犹如幕间的插曲，使三幕主要场景在各自不同的个性中熠熠生辉。

## 姿 态

作为第一幕主要场景的一层空间必须解决一些相互冲突的需求：进出坡道必须分开，坡道必须从外部的位置向内移位，线性的人行楼梯变成了不规则的旋梯，围栏必须融入其中，周围的建筑遮挡了视线。对于这些姿态，立柱以突然的方向变化和倾斜角度做出回应，肯定并强化了这种情境。相比之下，四层空间的中间场景在两个方向上提供了一览无余的视野，柱子的角度和变化更加平衡，而V形柱子不再需要支撑上方的负荷。在第六层空间，“最高的”第三幕场景更加开放，这主要归因于明亮的光线，以及没有遮挡视线的上行坡道。另外，由于支撑上方宽阔、悬垂平面的柱子明显向外倾斜，并且细如旗杆，因而显得更加充满活力。

同时，每一幕场景都对比鲜明，令人感到愉悦：第一幕场景用的是粉红色的围栏，第二幕场景用的是雅致的装以玻璃幕墙的精品店，第三幕场景用的是通往阁楼的木质楼梯——每个场景都像往停车场架子上摆放物品一样进行布置。到了晚上，这三幕主要场景展现出更大的相似之处，

A三层

三层

三段幕间插曲也是如此，因为每层都有向上照射的灯，它们被固定在相同高度的柱子上。由此产生的长度不同的光锥将高层完全照亮，而底层只是被光点局部照亮。层叠的混凝土旋梯将较暗和较亮的楼层连接起来，旋梯与电梯竖井和薄板及坡道形成鲜明的对比，同时以旋转结构强化了立柱之芭蕾。

## 从示意图到戏剧

1111——这个名字及地址——是这个项目的结构组成和建筑词汇的象征：柱子、平板、楼梯和建造元素没有共同构成一个更大的整体单元；这些部分加起来并不等于它们的总和。它们相互对应，但它们从不显露辅助用途，从不转换它们的角色，也从不融合在一起。楼梯段的转弯处扩张到几乎离奇的厚度，因此完全不需要辅助支撑；柱子加宽后成为平板，以此避免对横梁、交叉梁或“八”字支撑结构的需求；坡道只是板状的斜面；构件的突出部分彼此之间或与结构的其他三个构成元素没有任何关联。这种干净利落的语法艺术是自我指涉的。[155]但是，它也让我们感受到节奏、长度和姿态会给空间体验带来多大程度的影响。而且，它是一种允许风、声音、雨水和光线通过的装置，我们爬得越高，就越能感受到由环境界定的空间在不断扩展。这是一个不需要围墙也不会成为住宅的建筑，其执着于自我参照的形式、古老的节奏和对自然循环模式的淡定冷漠，只有在如此的清晰度和强度下，才有可能相互强化，建造节奏和自然循环相互补充。在司机选择停车位的短暂时间内，停车场有意或无意地将此传达给司机，将简单的示意图转化为扣人心弦的戏剧艺术。

**法国卢浮宫朗斯分馆**

SANAA建筑事务所，2005—2012

# 转折点与认知时刻

卢浮宫朗斯分馆（Louvre-Lens）位于法国弗兰芒煤矿区一个废弃的货物配送站场地上。进入的道路沿着被拆除的铁道线路展开，先前遭到破坏的堆积结构被改造成小型路堤。博物馆呈现出物流中心般的外观，犹如一座座优雅相连的机库，所有煤烟的痕迹均被清除。

屋檐线的高度约为6.5米，根据地形进行调整，地形在整个建筑周长大约1000米的范围内不断变化。1.55米的大型模块立面格栅也是如此。6个大厅中有两个装以玻璃幕墙，其余的大厅则覆以阳极氧化铝板。这些立面将平坦的地貌和巍峨绝顶的云峰映射成柔和的银色图像，仿佛格哈德·里希特的风景画，或者托马斯·拉夫（Thomas Ruff）的摄影作品。人们只有靠近后才会发现，它的墙壁是略微弯曲的。

入口大厅

## 图像和声音的分离：入口大厅

入口大厅可以提供各种服务功能，但其本身并不是一个纯粹的服务空间：它切断了视觉、听觉和触觉之间熟悉的关联，从而强化了人们的感受力。与房间等高的玻璃幕墙使户外成为空间的一部分，但是我们无法感受到气流，也闻不到丁香花的香味，听不到公交车的声音。与很多现代主义建筑一样，户外区域仅仅是以无声电影的形式存在的。与户外区域不同的是，自动提款机的声音，博物馆向导的话语，视频的音调——我们面前的一切，都没有影响我们：6个几乎与房间等高的细圆柱形玻璃屏幕阻隔了这些活动的声音。人们可以观察这些圆柱，看着反射作用于它们的弧形表面，视线通过屏幕（细长的茎状立柱）之间的通道被引向外面的世界。落地式幕墙，以及阻碍了天花板、幕墙、景观和地面视觉连续性的内部玻璃圆柱模糊了室内外空间的界限。

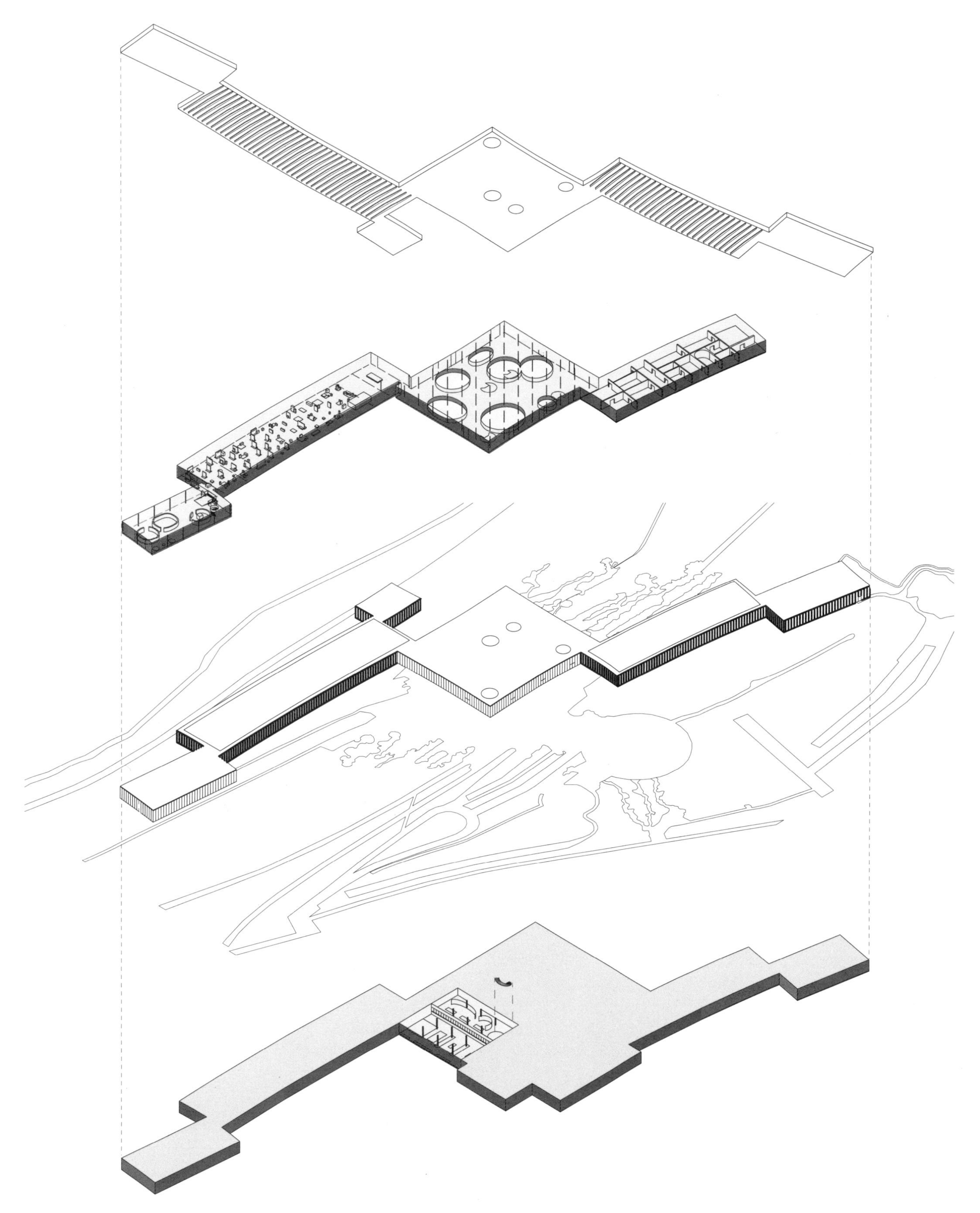

轴测图

从电影的角度来说，声音和图像的分离，使我们在一个人头攒动却异常安静的“思想传播中心”周围停留并徘徊。它吸引我们用心观察，但同时又令我们不禁思考，怎样呈现艺术作品才不会辜负这片聚集了众多艺术界人士的美观、无声的风景？当然，它绝不仅是一个“白色的盒子”，因为沉闷的白色墙壁上洒满了中性的自然光和人造光。

## 转折点与认知：车库门

从灯火通明的玻璃大厅一角，我们透过一扇常用于车库的大门望到冰冷的半昏暗房间，模糊处理的地面及隐藏的侧面墙壁和天花板（可以提供视角）使我们无法预知房间的深度。这种单一的、描绘清晰的景象直接表明，建筑内部也排列着相同的阳极铝板墙，墙壁外表面捕捉到了弗兰芒地区风光的模糊艺术形象。在透过门口可以看到的墙壁上，我们只能看到反射光，因为大厅这一部分的整个宽度都是空着的，成为入口大厅活动和远处展厅活动之间的过渡空间。这里的地面略低于入口大厅的地面——在经过车库门之前，我们经由半圆形层面下行，这里的坡度几乎无法察觉，但也略高于展览空间的地面，这样一来，我们可以在一定的高度上一览空间全貌。从这里，我们可以看到，闪闪发光的外墙内部表面未受到影响：外墙旁边没有隔墙，墙内没有螺丝，外墙前没有任何展品。因此，内部表面参与了整个场景，整个场景也在内部表面中有所反映：闪烁、镜面反射和模糊。

入口大厅

车库门

外墙铝板在建筑内部反复出现，这清楚地表明，它们不是其他壁层的内衬，而是一堵完整的墙壁——暗示其结构与之前出现的玻璃墙一样，都是采用了单一薄质材料的墙壁。墙壁在材料中捕捉周围环境的能力不仅是为了打造特殊效果，还是一种建造策略，使我们能够以新的眼光看待博物馆的内容和用途。亚里士多德在《诗学》第11章中将这一“认知时刻”（希腊语中意为“发现”）描述为“从无知到了解的转变”时刻，“当与突转完全一致时”最佳。[156]同时，入口大厅和大画廊之间原本相对不引人注意的开口也会影响突转和发现。它可以被视为突转，一个转折点，因为它在这里发生了总体的逆转：在清晰的焦点上反射周围环境的透明玻璃被模糊的、半反射的金属材料取代；近乎正方形的入口大厅后面是一个拉长的大厅；再后面是神圣的空间；侧面照明的入口空间后面是顶部照明的大厅；经过日光照明的空间之后，人们进入了稍显低矮的半昏暗空间；银白色的入口后面是银灰色的大厅。这种突如其来的惊讶是视野受限的产物，重要的是，通过博物馆两个体量相接触的表面上的这个简单的开口结构，人们可以感受到博物馆的整体构成概念。

地面的两处微妙变化创造了一个过渡区域。由此产生的停顿也被巧妙地用来再次吸引参观者的目光。它不仅改变了人们的视角，还改变了人们观察的方式。入口大厅的全景视角之后是车库门的框景视角，接着是下方整个展览区的视角、上方屋顶的视角，然后人们的目光回到展品岛台，最后停在展品上。

通过内向视角、概览视角和向上视角，移动和感知速度的变化最终使焦点停留在展品上。

亚里士多德认为，戏剧的合适长度不能由外部的非艺术因素决定，只能通过适当的突转准备来确定。[157]合适的时间和间隔是入口大厅，合适的位置是车库门，这些很容易确定下来。但是，突转之所以让人印象深刻，是因为早先从户外到入口大厅的入口处并没有被视为从户外到室内的适当过渡。如果这个过渡较为明显，同大画廊与车库门的过渡相差无几，那么我们在车库门感受到的过渡就会相对乏味了。

## 展览和余像：大画廊

天花板是我们从大厅尽头处理想的、略微抬高的中央视角中看到的场景的一部分。它采用了一系列鳍状薄散热片，其银灰色表面微微呈现出屋顶结构的阴影线。这个表面也有一种令人陶醉的美感，值得以大幅的图像单独展示。内

铝板

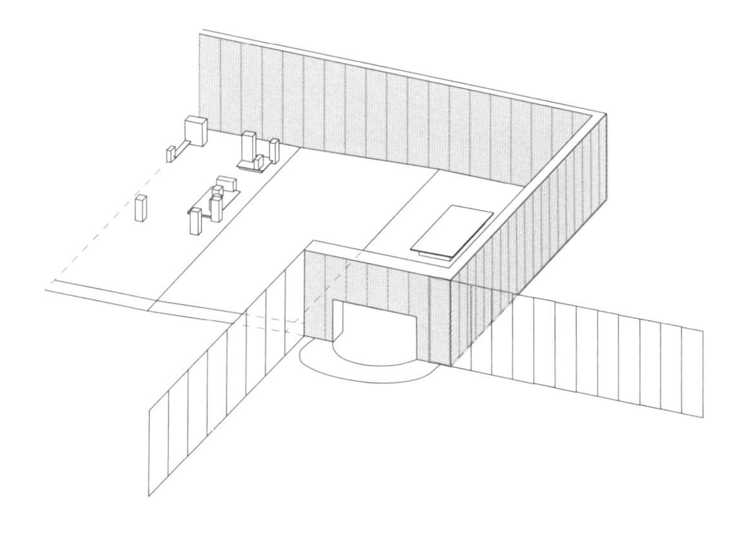

车库门

部所有不同的表面处理，浅灰色的砂浆，上蜡后的亮光，都形成了统一的基调。

由于表面闪闪发光，灯光迷离，大厅具有水下世界的品质，每个展品都像是一个小暗礁。它们起初低矮、分散，相距较远，到后面逐渐变得密集。设计师避免使用大型隔板或L形墙体来展示序列或对应关系，而是将图像从稳定的墙体中分离，让其孤立地呈现出来，这个技巧被应用到了极致。或许这并不是巧合，朗斯分馆的藏品中最引人注目的两幅油画都是双重肖像画（double portraits），其主题是转瞬即逝，几乎是羞涩的感触：拉斐尔（Raffael）与朱里诺·罗马诺（Giulio Romano）合作的《自画像》（*Self-portrait*，1520年）和伦勃朗（Rembrandt）的《圣马太与天使》（*Saint Matthew and the Angel*，1661年）。这两幅画以圣坛装饰品特有的形式展示，没有任何的支撑定位，看上去非常脆弱，因为它们在博物馆中没有属于“自己的”角落。实现这样简洁的围护结构似乎要付出很高的代价，或者说是对文化遗产的反占有性展示迈出了重要一步。为何会如此呢?

周围墙壁反射的展品图像并不是复制品，人们也不太愿意称之为镜像，因为这些图像非常模糊。它们具有早期照片的瞬时性特点，给人一种光的印象。它们是再现，是纯光的“余象”，展品再次以非物质化的形式出现，强调了它的无形性和距离感。余像为展品营造了一种可触及的，但不太显眼的光晕（aura），瓦尔特·本雅明（Walter Benjamin）将其描述成“一种距离的独特现象，不管这距离是多么近”[158]——在今天这个集中展现的时代，我们再也找不到这种光晕了。这种展现方式不是对所有权的颂扬，而是对疏离的默认。它使我们意识到，这个物品对我们来说在很大程度上是陌生的，正因为如此，它与旅游业和博物馆业试图吸引游客的近距离观察和获得启示的承诺是背道而驰的。

### 净化：玻璃展厅

展品的密度在接近尾声时有所增加，并与文化史的进程相对应。很明显，在这条漫长的历史隧道里，除了上方投射下来的自然光线，这里与外界隔绝，我们无法转身重返入口大厅的活动。相反，净化是必需的。在隧道的尽头，我们从细长的坡道再次来到地面，然后从另一个车库门进入

大画廊

展品和余像

明亮的玻璃展厅——我们的眼睛已经不记得先前展厅内有多么昏暗了。这种感觉很像是看过了历史和手工制品之后的释放与热身的时刻。在地面上，我们可以看到两个形如巨大的煤渣锥状物，上面长满了杂草，看上去很像胡夫金字塔和哈夫拉金字塔的大型复制品。

在入口大厅内，人们的视线总是会被外面的世界吸引，而在展厅内，人们的视线会被边界和后面的图像吸引。在这一序列的尽头，转折点是一个玻璃空间，在这个空间内，艺术品和景观渐渐淡出，连续的视野变成了全方位的视野。至少这就是它本来的面目，房间内的陈列柜并不是主要焦点，因而有必要沿着周边走动，体验全方位的视野。

沿着大画廊的一侧长壁，设有一条自由通道，表明这里有一条回到入口大厅的快速通道。临时展厅在综合设施的另一端呈现斜向投射的镜像。因此，移动图形的整体形态呈“8”字环形，入口大厅设置在交叉点上。这条不断循环的“8”字形通道就是上文提到的墙壁的弯曲不易察觉的原因。它表明，这栋建筑对移动的力量做出了响应，很像薄膜鼓胀的样子。

## 互补性

在材料的选择、空间的形式中，以及车库门和展品的展示中，互补性无所不在，这是对早已不存在的货物配送站进行的隐喻。大画廊也可以被称作大库房。博物馆还挑选了塑造这一景观的主题——地表的挖掘。在入口大厅的中心附近，旋梯向下通往中间层，人们透过这里的房间、与地面齐平的窗户带，可以看到两层修复车间的地下世界。然而，下降至这一深度只是一次短暂的游览。（相比之下，安藤忠雄的兰根基金会美术馆项目则以此为项目的主题，详见168页。）

卢浮宫朗斯分馆给参观者留下印象最深刻的是大画廊内墙上展品的忧伤余影。它们是一个全面的变形和金属化方案的组成部分。在展馆内部，玻璃覆盖和金属覆盖的两个空间世界是互补的，展品及其余像也是互补的。由于余像是由建筑创造的，并内嵌于其中，甚至可以说，展品和建筑也是互补的。它们互相依赖，融为一体。建筑、室内建筑、展览布景和展品之间的界限进行了彻底的重新排序。这两个空间世界及展品与建筑的双重互补性在关键的时刻显露出来，也就是通往大画廊的通道，既是转折点又是情节的突变时刻。

**英国苏格兰格拉斯哥艺术学院里德大楼**

斯蒂文 · 霍尔（Steven Holl），2009—2014

## 创意氛围与通感手法

城堡般优美的格拉斯哥艺术学院（Glasgow School of Art）（1896—1909年）是由查尔斯 · 雷尼 · 麦金托什（Charles Rennie Mackintosh）设计的，在它对面的山顶上有一栋闪闪发光的建筑——里德大楼（Reid Building）。这栋建筑似乎与其他几栋建筑一样，存在于“自己的时代”。它颠覆了麦金托什“细骨架，厚立面”的建筑理念，在粉刷成白色的混凝土骨架结构上，覆盖着闪闪发光的浅蓝绿色玻璃立面。[159]

峡谷中庭

### 四种交流形式

利用移动空间而不是建筑的高潮点创造交流机会是科研与教育建筑的特点。狭窄而凹陷的中庭——或者更确切地说，是里德大楼的走廊堆叠形成的类似峡谷的单一空间，在多个层面上为用户提供了交流的机会。第一，使用者之间在此产生了电影式的视觉联系。这里没有沉闷的“长镜头”，相反，峡谷中庭建立了长距离的视觉联系，因为走廊和楼梯会引导使用者沿着路径进出边界表面的裂隙，在各种遮罩结构和体块之间穿行，同时向建筑内其他使用者提供近距离视角。第二，建筑元素之间也借助超乎寻常的品质和主题的重复进行交流：采光井、楼梯的阶梯形底面、亚光的蓝绿色玻璃栏杆、白色的墙壁和横梁、多边形扭曲和光线的调节，都应当被视为彼此的发展变体。第三，峡谷中庭与相邻工作室之间的关系也是交流性的：中庭精雕细琢的形式感在高大、宽敞的工作室内变成了一种正交的秩序感，但这种秩序感又被倾斜的条形高窗打破。

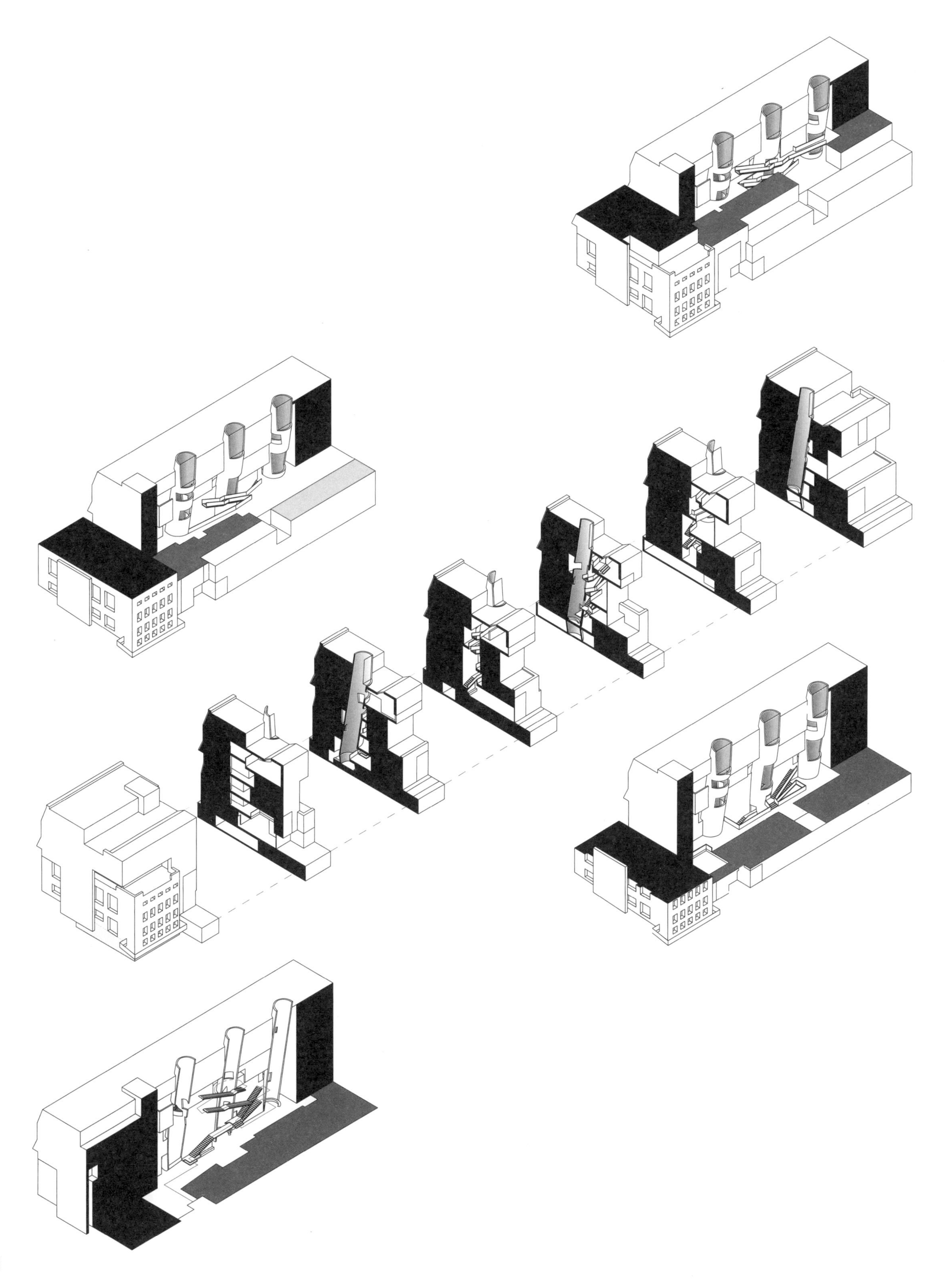

轴测图

虽然峡谷中庭的规划看上去有些过于刻意，但与略带随意气质的工作室相比，它其实是一个很好的对应空间。工作室内由活动者创造的想象空间在峡谷中庭的通道、窄巷和转弯处成形。它的场景和形式变成了一种模仿，呼应、刺激、奚落或歌颂那些诞生于这个空间的新兴艺术作品：这是第四种交流形式。

## 路径、空间、光线

建筑的流通系统在设计上有很多巧妙的细节。人们在刚进入这个复杂环境时会产生一些印象，进而做出一些推测。与这些推测相比，流通系统的总体布局要合理得多。在第一段楼梯之后，缓步平台像穿过城堡塔楼的吊桥一样突然插入，然后继续向上延伸，直至峡谷中庭的远端。缓步平台直接通往两层楼高的餐厅，餐厅角落的玻璃墙和露台提供了城市景观视野。与这种广阔性相对应的是一座极其狭窄的桥，桥面与肋状支撑结构中的一个采光井轻轻相触，与之一起旋转90°，这样一来，楼梯就可以与前两段台阶朝向同一方向。接下来的两段连续楼梯指向相反的方向。这样一来，峡谷中庭的最高点就在人们进入时经过的第一段楼梯上方的狭窄的开槽处，最紧凑的区域是开放式餐厅旁边转弯处的远端。再往上几层，峡谷中庭的流通系统开始影响并融入无门的工作室，模糊了两者的边界，使它们成为一处集缓步平台、画廊和艺术创作于一身的景观。

起初，采光井看似不合常理：为什么将光线引入内部，然后又将其再次封闭起来？它们是否在某种程度上已经失去了作为四种交流方式的代表或引发人们兴趣的塔楼空间的作用，甚至比麦金托什的作品更具中世纪特色？不过，它们确实在调节光线强度上行之有效。峡谷中庭无须从上方引入光线照明，因为它已经从入口区域获得了从侧面射进

自助餐厅

采光井（一）

采光井（二）

来的光线，也从餐厅获得了充足的光线，且偶尔也会从工作室得到光线补充。采光井的外表面为从侧面射进来的光线提供了柔和的表面，而过于明亮的内部则使通过它的人暂时沐浴在光明之中。

## 声 音

在这个峡谷中庭内，很少有“交结”或“交织在一起”的结构，也没有纺织的、用金银丝制作的或有弹性的构造。相反，一切都是均衡的，彼此相依，或是被巨大的力量结合在一起。这个空间拥有丰富的建筑操作，尤其是成型和定位操作：收窄、引导、驱动、拆分、冲压、开槽、挖槽、挖空、移位、加宽、拉伸和占用。当将引发这些操作的主体和遮罩生硬地拼接在一起时，在混凝土溶胀和偏移的平面中，几乎能够听到施工行为的声音：混凝土搅拌机的轰鸣声和混凝土浆的晃动声、空心钻的碎石声、圆锯高频的尖鸣声、材料被切割的碎裂声……在这个空间内，施工现场的交响乐似乎还在微弱地回荡。然而，在现今无处不在的光滑表面上，这些声音已被消弭：抛光的大理石委婉地拒绝展现其纹路发光所需的力量，填充材料则无耻地淹没了石膏板缝线割裂的轻微声响。地毯刀柔和的划痕声实际上是切割石膏板脆性较弱部位时产生的声音。而后，再涂上一层乳剂涂层，使其表面变得平整、光滑，以达到美观和装饰的目的。

清新的白色削减了这曲粗犷的交响乐的强度，但事实是，施工带来的“记忆中的声音”只是在峡谷中庭内回响的三种声音中的一种，是视觉和触觉给这种声音带来了生机。第二种声音来自人群：接待区和入口处的询问声、问候声和电话声，走廊处的讨论声，餐厅内的席间交谈声，从平台传来的电话声，工作室的低语声汇集到这个空间内。第三种声音是从工作室传出的加工制作声音，是小规模地复制了施工场地的声音。

这栋学校建筑令人耳目一新，它激发了我们的嗅觉和味觉，让我们活跃起来。更形象地说，就像那些丰富的结构形式不止一次地轻戳我们的肋骨，引起我们的注意。它通过吸引我们所有的感官来激发创造力。这座艺术学院建筑的诸多声音为众多的人提供了所急需却极少拥有的东西：创意氛围。

**瑞士苏黎世威亚地区幼儿园**

L3P 建筑事务所，2012—2014

# 圆舞

莱茵河上游的威亚地区（位于瑞士苏黎世）有大量的农舍和谷仓景观，这些农舍和谷仓一直延伸至村庄的中心，在抢夺空间的同时，仍然保持着彼此分离的状态。它们之中有一家幼儿园，“顽皮”地把通常分离的结构缝合在一起：幼儿园毛茸茸的外立面材料像织物一样松软，像运输包装纸的内衬一样柔滑，其超现实主义外观就像是卡西米尔·马列维奇（Kazimir Malevich）的建筑（Architecton）与梅雷·奥本海姆（Meret Oppenheim）的皮草餐具相互融合，犹如覆以人造草皮的立体地毯。

小组活动房间（主房间之一）

## “空间体量”与“空间环形”

因为威亚地区幼儿园（Children's Nursery in Weiach）采取单班形式，因此设计师构建了一个类似别墅的内部组织。从前厅处，人们经由一个大型的会客厅进入一种路斯风格的房间——玩偶房，从那里经由一座小桥进入阁楼房间，那里可以供孩子们做手工和画画之用。最后可以经由一部单段楼梯返回起点，这部楼梯将各个房间衔接起来，接成环形。环形的各个部分拥有对比鲜明的色彩、比例和向外的视野：关联色——深紫色、粉色和海蓝色——将衣帽间、玩偶房和小桥等较小的延伸空间连接起来，主房间和工作室使用了绿色和黄色，且都安装了巨大的全景窗，而前厅和玩偶房只安装了遮阳板一样的水平窄窗。它们分别朝向四个方向。

如果不考虑各个房间的高低差异，这些空间的戏剧构作就显得很平淡。与阿道夫·路斯的空间体量设计一样，这些独立的楼层赋予每个房间各自独特的氛围，同时创造了从一个空间穿过另一个空间时的丰富多样、引人注目的景象。从更衣室低矮、昏暗的天花板下方走过，人们首先会看到会客厅的绿色地面，登上台阶可以看到玩偶房的粉色墙壁，然后就会通过窗子将户外的一系列美景尽收眼底。同样，从会客室后墙的窗户望出去可以同时看到多个房间表面的室内和室外颜色，这给人一种全景式的视觉体验。或者，从工作室落地窗俯瞰客厅，再向外眺望草坪，这种垂直视角的变化也为空间增添了戏剧性。除了房间高度的变化和窗户的精心定位，视野的多样性还受房间侧面进出口和相应的横向轴线位置的影响。

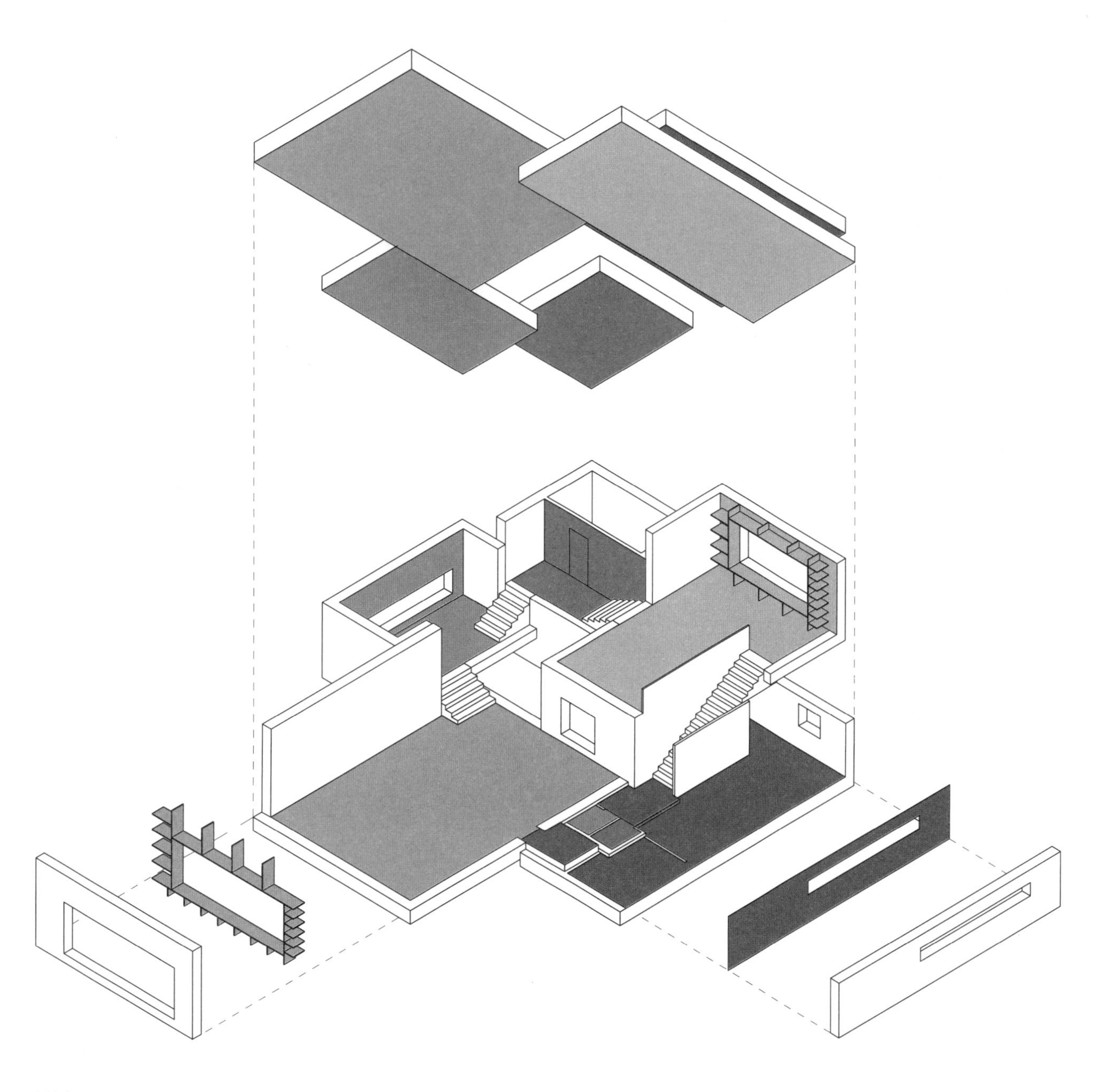

轴测图

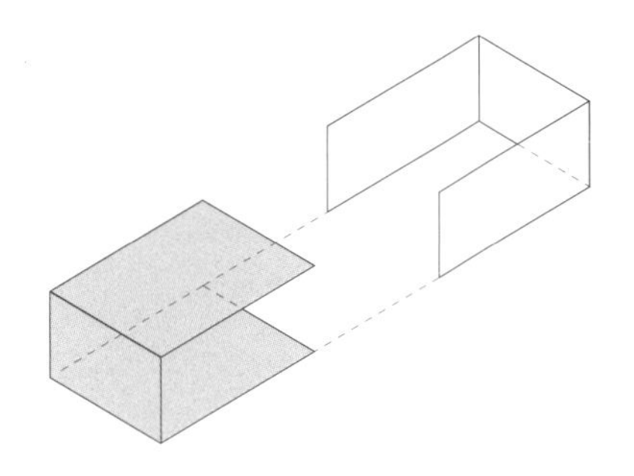

扣环和分隔结构

## 扣环和分隔结构

在如此之小的空间内，如果不是对边界表面进行了自信的处理，这种丰富的对比范围和“美好场景”可能会显得有些混乱。五个主房间都是扣环和分隔结构原型的组合：每个房间的地面、玻璃墙和天花板形成一个彩色的扣环，赋予表面存在感的同时，还可作为房间内所有彩色物品的均衡的背景。后墙和侧壁是互补的分隔结构，但是被漆成白色，其扩张效果平衡了分隔结构的围合感。会客厅的后墙上有很多孔眼结构，并用白色突出了远离的框架效果，使后面的层层色彩退至远处。

建筑师为带窗户的墙壁涂上了颜色，不带窗户的墙壁则没有，这一操作具有双重效果：色彩不会给人留下盛气凌人的印象，只是起到衬托窗户的作用，它不会向房间内反射太多的色彩，因为光线是从后面照射的。只有在海蓝色小桥的设计中情况是相反的，这样一来，即使是在阴天，房间也会泛起蓝色——在进入手工室之前突出小桥的临界功能，并在手工室内营造一种专注的工作氛围。

## 恒定与变化

这座藏宝箱般的小桥的连贯性是四个变量（颜色、尺寸、地面高度和窗口形式）和三个常量（彩色的扣环与白色的分隔结构、侧面入口和靠近中央的窗口位置）之间相互作用的结果。这种相互作用的体系和感染力通过房间之间的恒定位置和空旷的中央空间周围的景色变化而愈加明显。由于其中两个房间被抬离地面，这里变成了另一个场所，即户外环形通道上的一个停留点。

这是为建造一组儿童房屋而进行的设计，通过将传统托儿所的单人房打造成一个个可区分的“空间圆舞曲”，发挥了特别的效果，创造了稳定的、自成一体的氛围和游戏环境，同时也易于各个空间之间进行协作。虽然老师们无法看到幼儿园的每一个角落，但是他们多多少少可以听到房间内的声音，看到其中的情况。用园长的话说，没有受到持续监管的孩子会更加独立，监管人员也更加轻松。

也许，这栋建筑之所以可以如此令人信服地利用循环型戏剧构作的潜力，支持同样的对比情境，从而实现变化与恒定的平衡，抛弃了开始、高潮和结束的原则，是因为幼儿园的逻辑本身并就不倾向于这一原则。

玩偶房

小组活动房间（主房间之二）

手工室、小桥和小组活动房间

中庭

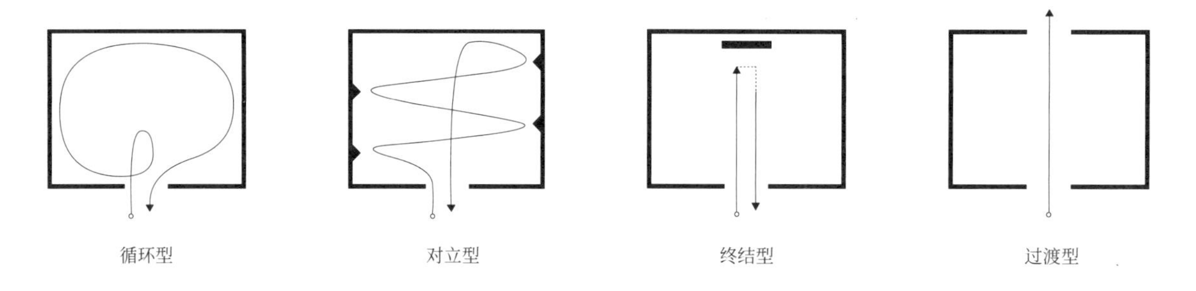


**四种戏剧类型**

## 空间戏剧类型

建筑类型不仅是从施工方法、使用材料、建筑用途、流通或通道的形式，或楼层的形状及数量中衍生出来的，也与我们体验建筑空间的方式有关。这种体验一方面是由空间的氛围和我们当时的精神状态得来的，另一方面是由我们在使用建筑时的个人意图及建筑是否满足了这一意图决定的。虽然个人意图与预期目的并不会决定建筑独特的戏剧构作，但是它们确实暗示了相应的典型戏剧类型。例如，在参观博物馆时，我们并没有一个固定的预期，如能否体验到高潮点、开放式结局，或者不断变化的氛围，但是我们确实会期望路径和空间具有一定的节奏性和一致性。没有节奏性和一致性，我们就失去了四下观看并继续前进的动力。

细想一下前面案例研究中展示的公共建筑，我们可以确定四种主要的空间戏剧类型。

### 循环型

在这种类型中，连续空间的回路决定了体验。博物馆、浴场、温泉建筑和公园通常就是这种类型。它们的戏剧构作叙述经常使用转折点、分布点、三合一序列、延迟时刻，但也不都是如此。不管怎样，延迟时刻都不应该为向前移动的刺激形成过强的对抗，以确保人们继续向前通过空间。

### 对立型

在这种类型中，在两个或多个对比空间或活动群组之间的来回走动决定了空间体验。人们前往的目的地，如教室或阅读场所，通常是停留的场所，而不是戏剧的高潮。高潮部分更有可能处于移动的空间内，如大厅或楼梯，它们绝不只是“作秀”，而是为交流提供服务。它是停留场所的一种必要的对应形式，只在各个部分的平衡与相互作用中寻找自己的意义。对立是图书馆、学校、幼儿园、会议厅和科研建筑的典型类型模式。

### 终结型

在这种类型中，一系列的空间趋向一个目的地。例如，更衣室只为体育馆提供服务。终结型空间往往是只有一个房间的建筑。虽然门口或进入空间也发挥了重要的作用，如剧院的门厅，它为礼堂提供服务，也面向礼堂。终结型是音乐厅、剧院、议会大厦、体育馆和多层停车场的典型类型模式。

### 过渡型

我们经常穿过这种类型的建筑。在大多数情况下，人们没有理由再回到起点。有些建筑仅供人们匆匆通过，有些建筑则是位于两个或两个以上吸引元素之间的临时场所，其他则仅供人们悠闲散步。这也在大门和入口建筑、交通建筑、购物中心、商场及很多的多功能文化中心有所体现，尽管形式各不相同。

每种戏剧类型都有一个或多个特定的基本移动节奏。等待是所有类型中最常见的，另外还有循环型中的漫步、对立型中的来回走动、终结型中的趋向移动及过渡型中的匆匆通过或悠闲散步。我们随后将在“开场”（参数9）、“路径”（参数10）、“结束”（参数11）、“戏剧性发展线”（参数14）和“移动”（参数19）几个小节中进一步研究这些方面的内容。

但是，类型与戏剧的个体表现并不相同，与戏剧概念也不一样。在实际建筑中，类型仅作为一种边界框架或趋势，而不是一种决定因素。它可以被遵守、被强化，也可以被否定。在某些情况下，最初的戏剧类型可能被改造得面目全非，而在其他情况下，两种类型的融合可能是建筑的重点，以此展现其预期用途的全新的、意想不到且富有成效的方面。

在当代空间的戏剧构作中，循环型始终是概念的一部分，因为在一个需要安全保证和出入控制、节约人员成本并确保商业功能的年代（如博物馆的商店不是靠近入口大厅，而是设在入口大厅），入口通常也是出口。其实，直到20世纪80年代，这种情况还不太普遍：对各种城市情境做出不同反应的独立入口、隐蔽的侧门、隐蔽的出口或临时的入口经常出现在大型建筑中。在那个时候，很多建筑已经陈旧不堪，而且在数年间经历了频繁的改造和扩建。然而，循环型的空间设计绝不会给空间戏剧构作带来危害：对立和循环原则的相互作用为瓦尔斯镇温泉浴场、埃克塞特学院图书馆、耶鲁大学艺术与建筑系馆和格拉斯哥艺术学院里德大楼注入了活力。而在柏林爱乐音乐厅内，循环的有趣重复为按计划终结的必然性增色不少。在俄亥俄州立大学娱乐与体育运动中心内，无论使用者走了多少条弯道，循环路径始终在那里。威亚地区幼儿园完全属于循环类型，打破了公认的类型传统。相比之下，阿布泰贝格博物馆和芝加哥市麦可考米克论坛学生活动中心避免了所有形式的单路径循环，而是吸引它们的使用者漫游和探索。它们的众多可选路径及很多出入口利用了开放场地的潜力。在这片场地内，位置和体验是可以互换的。

第四部分

# 空间戏剧的设计

PART 4

沃尔特·冯·施托尔青：我如何按照规则开始呢？
汉斯·萨克斯：自己设定规则，然后按照规则进行。[160]

——理查德·瓦格纳，《纽伦堡的名歌手》
（*Die Meistersinger von Nürnberg*，三幕歌剧）

# 概述

在第三部分的案例研究中，我们对所选建筑的戏剧构作进行了分析，将其视为“需要通过戏剧结构和不同主角来争夺游客注意力”的“高度复杂的多媒介组合”（参见第60页）。在这一过程中，我们确定了一系列戏剧构作的选项，将在本章中进行详细的测试和比较，并根据决定性参数进行判断。我们对每个案例“氛围整体”的关注，在建筑的戏剧构作方面没有中立或普遍有效的方法。与所有的美学规则一样，空间戏剧构作的原则并非无可辩驳。然而，它们也不是可以任意互换的：每一个建筑作品都由其自身的内在连贯性决定，其戏剧构作是不可或缺的一部分。

在案例研究中，戏剧构作选择的参数是客观识别与主观体验方面的混合产物，它们与时间和空间的要素相互交织，同时又与我们对其的物理感知相互作用。我们确定了如下20个特别有用的参数，并根据空间、时间和物理感知的类别对它们进行整理，这样一来，我们便可以从更为“客观的”参数（如原型）走向更为“主观的”参数（如空间所建议的移动速度或它们引导我们前去体验的强度）。

# 空间

**参数1：原型**

边界表面的组合构成了我们称为原型的结构。在本书第一部分中，我们以威尼斯的3个互助会建筑为例，了解了它们对房间的特征和方位是何等重要，例如，遮挡、引导、发散和围合，并对各种不同可能性的表面组合进行了系统分解，展现了24种不同的图形。按照活跃表面的数量进行排列，它们将以菱形布局呈现出来（参见第205页）。我们在各种案例研究中对原型的顺序及由此产生的戏剧构作叙述加以思考，可以确定5种不同的戏剧构作类型。

**单人剧**

这种类型的戏剧使用单一的原型：莱斯班德码头水上运动中心是围合结构，拉孔琼塔博物馆是盆地结构，卢浮宫朗斯分馆是环形结构，威亚地区幼儿园是扣环和分隔结构，林肯大道是1111镜像、费尔贝林广场地铁站亭是镜像墙壁，俄亥俄州立大学娱乐与体育运动中心是单一主导表面的布置。然而，无论空间群集是静态还是动态的，单一原型的重复都为单人剧提供了简单、有形的基本节奏。

**互补剧**

在这种类型的戏剧中，在建筑的关键转折点会有一个互补结构紧随原型结构。例如，柏林爱乐音乐厅从出檐结构切换到盆地结构，或者在SR建筑从盆地结构切换到出檐结构。原型之间

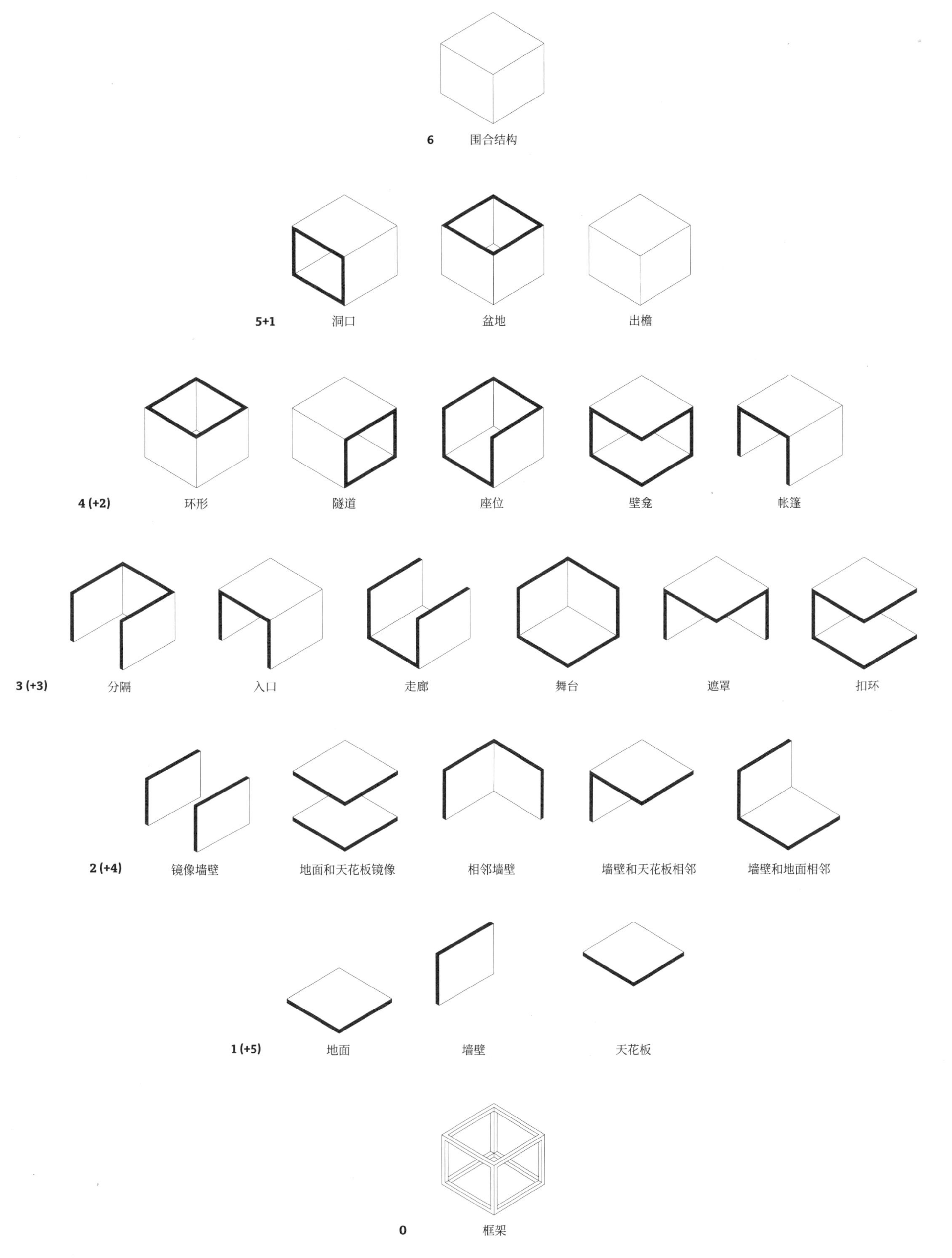
6
围合结构
5+1
洞口
盆地
出檐
4 (+2)
环形
隧道
座位
壁龛
帐篷
3 (+3)
分隔
入口
走廊
舞台
遮罩
扣环
2 (+4)
镜像墙壁
地面和天花板镜像
相邻墙壁
墙壁和天花板相邻
墙壁和地面相邻
1 (+5)
地面
墙壁
天花板
0
框架

空间形态的原型

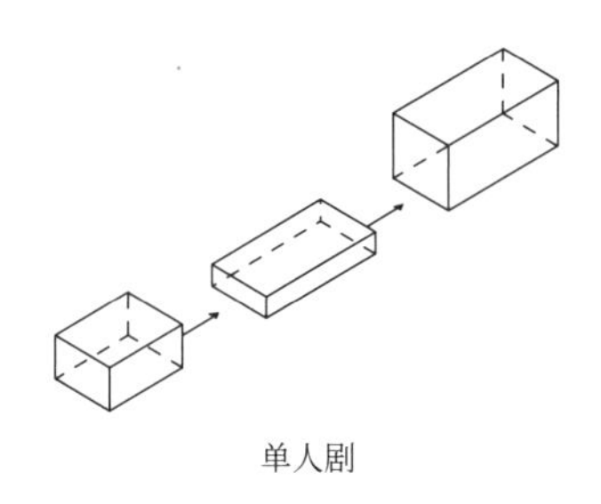

单人剧

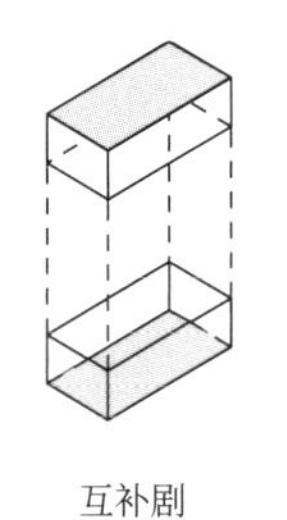

互补剧

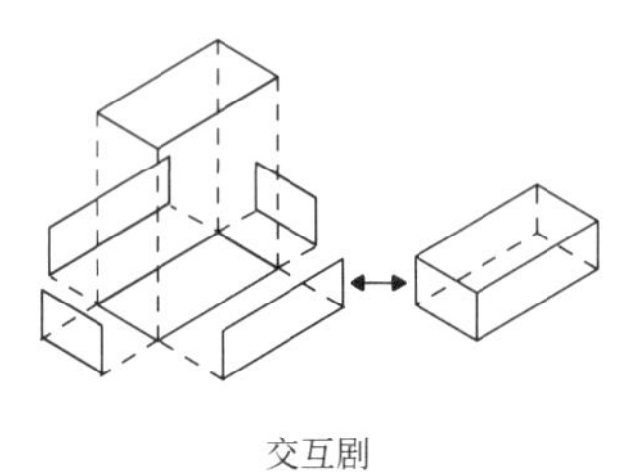

交互剧

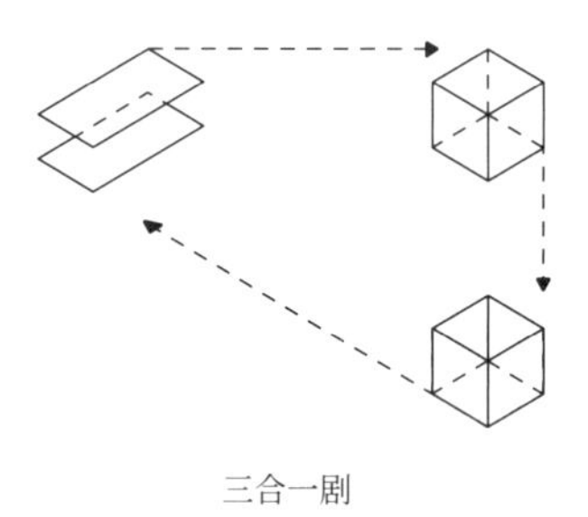

三合一剧

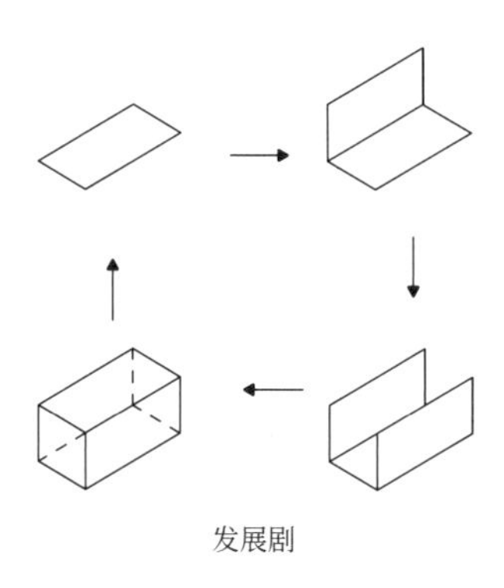

发展剧

**从原型中获得的构造戏剧**

的这种互补关系有助于赋予这些充满情绪化的空间戏剧构作一种封闭和完整的感觉。在德国柏林新国家美术馆中，互补剧通过切换单一主导表面来实现。

<u>交互剧</u>

在耶鲁大学艺术与建筑系馆，单一主导表面（工作室）与围合结构（楼梯）交替出现，而在斯图加特的梅赛德斯-奔驰博物馆内，地面和天花板镜像（M区画廊）与洞口结构（C区画廊）交替出现。在这两个案例中，第三个重要的空间形象提供了一个平衡的对应结构：前者的对应结构是报告厅的镜像墙壁，后者的对应结构是中庭的环装原型。

<u>三合一剧</u>

在阿布泰贝格博物馆，三个主要区域通过出檐结构原型（在组块内）划定范围：地面和天花板镜像（在各个楼层上）及环形原型（在立方体内）。因此，主要的开放原型与主要的闭合原型交替出现。相比之下，在埃克塞特学院图书馆，三个原型在开放的一侧彼此相邻，这样一来，视线可以顺畅地穿越其间：从书架的镜像墙壁向外移到一侧的中庭框架和另一侧环形结构的单一主导表面。不同原型的组合恰好在它们匹配的开放一侧，似乎是路易斯·康创造连续空间的特定手法。

<u>发展剧</u>

在这种类型的戏剧中，比较开放的组合变得封闭起来。在沃尔萨尔市新艺术画廊，入口大厅的单一主导表面构成了爱泼斯坦展厅的围合结构，而临时涨停的不规则环形结构与塔楼房间的出檐结构也融二为一。在兰根基金会建筑中，单一主导表面和L形截面一同构成了帐篷结构。在芝加哥麦可考米克论坛学生活动中心，地面与天花板镜像原型处于单一主导表面充满活力的中心位置，以最小的姿态赋予中心球场恢宏大气的效果。

由这些原型组合构成的戏剧构作序列为主要的戏剧性发展线提供了稳定的基础，也可能为其带来变化，或与之并行。虽然它们可能不会总像梅赛德斯-奔驰博物馆或威亚地区幼儿园的那样明显，或像柏林新国家美术馆的一样实用，但它们在支持而非抵消主要的戏剧性发展线方面始终发挥着重要作用。

## 参数2：结构

如何依次安排房间和空间，使它们相互交织或过渡，这样又会产生什么戏剧性影响呢？

<u>相对成行排列</u>

最简单的房间结构是相对成行排列，空间序列沿着一条线穿过。在这种线性空间进程中，每个连续空间均以开口结构为宣示，但是开口结构不会给空间氛围带来太大影响。开口与墙壁的比例相对较小，因此，墙壁仍然是主导表面。焦尔尼科镇拉孔琼塔博物馆就是这种结构的出色案例。

<u>视觉连续统一体</u>

通过将第四面墙壁面向相邻房间打开，一系列空间之间的视觉连续性（视觉连续统一体）得以实现：开口结构与剩余墙面的比例更大，因此开口结构占主导地位。空间相连，但没有在根本上交错分布，它们的侧面展现了相邻空间的图像。因此，每个空间都会影响另一个空间的氛围。两者的衔接处以框架为标记，如传统剧院的舞台或SGE圣坛区周围的框架。如果视角非常独特的话，甚至相对较小的开口结构也可以表现视觉连续统一体，如SGE上层礼堂与祈祷室之间的关系。视觉上连续排列的空间之间的对比越鲜明，越能吸引人们的注意力，从而促使其向前移动，或是从安全的距离进行观察。

与相对成行排列（其体验是连续的）形成对比的是，视觉连续统一体引入了同时性。正如安珂·纳约凯特（Anke Naujokat）[161]所描述的，现代人对同时性的痴迷至少可以通过四种不同的方式表现在建筑中："时间的同时性"[162]，通过内部和外部的视觉重叠获得的"空间的同时性"，通过不同功能的重叠获得"功能的同时性"，通过意义的拼贴获得"语义的同时性"。这四种不同的方式可以互融，如麦可考米克论坛学生活动中心的案例研究所示。

## 流动空间

"流动空间"一词经常被用来表示内部和外部之间的无缝过渡，如莱斯班德码头水上运动中心案例所示。但是在一个空间的六个边界表面中，当一个表面面向另一个表面无障碍敞开时，内部空间同样也是相通的，从而让人们有机会在它们之间自由地观察和移动。流动的空间是一种复杂且迷人的现象：这里是指流动的空间还是空间的流动？我们关心的是三个实体，还是一个有着三个区域的实体，或是两个有着进一步重叠部分的区域呢？或者由"影响因素"组成的空间（如由L形墙壁创造），并向逐渐相互转化的"过渡空间"转变吗？答案不仅取决于空间衔接、照明条件或表面配置的细微差别，还取决于观察者的位置和视线方向。当我们四处走动时，我们的感悟和体会不断发生变化。对罗杰·斯克鲁登（Roger Scruton）[163]来说，这种瞬间印象与接下来的修正之间的变化，正如我们的眼睛所看到的空间序列一样，是我们如

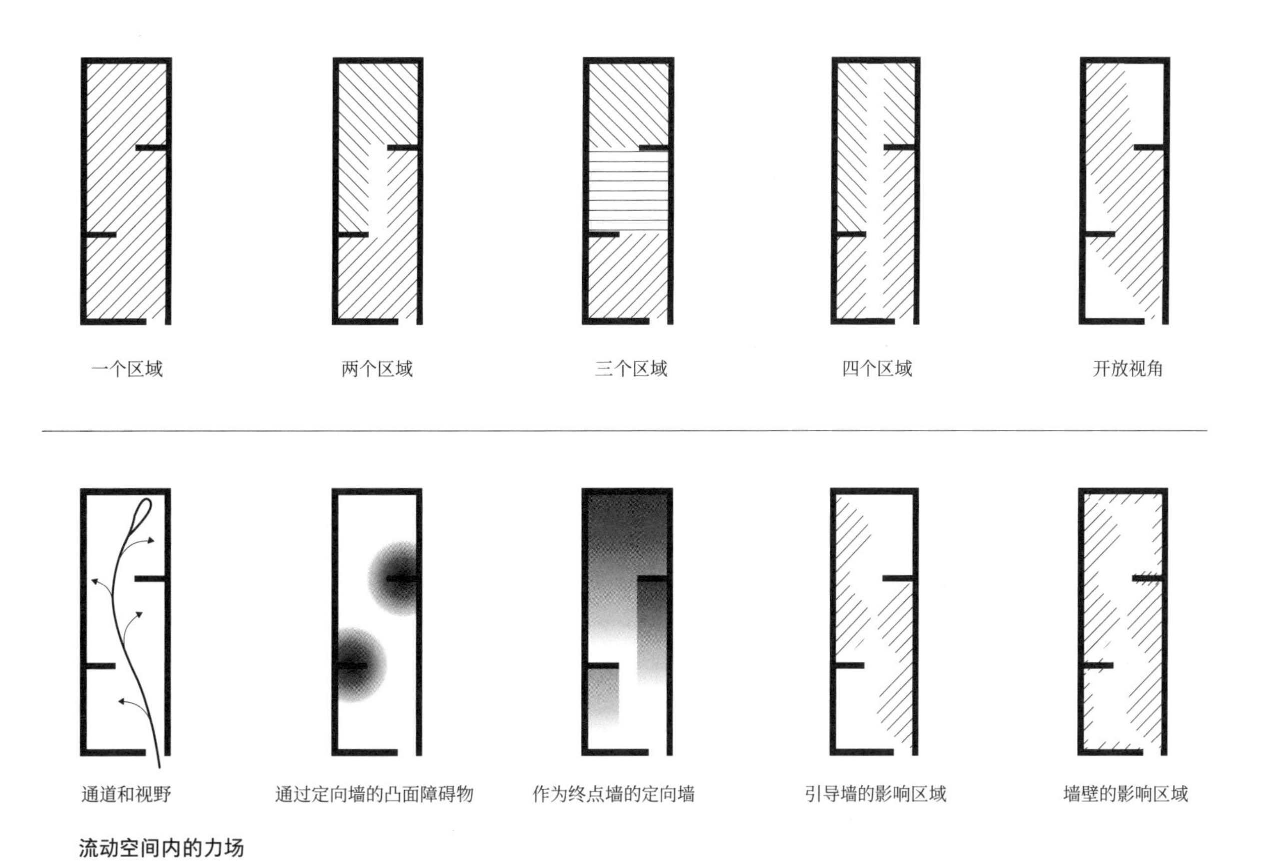


流动空间内的力场

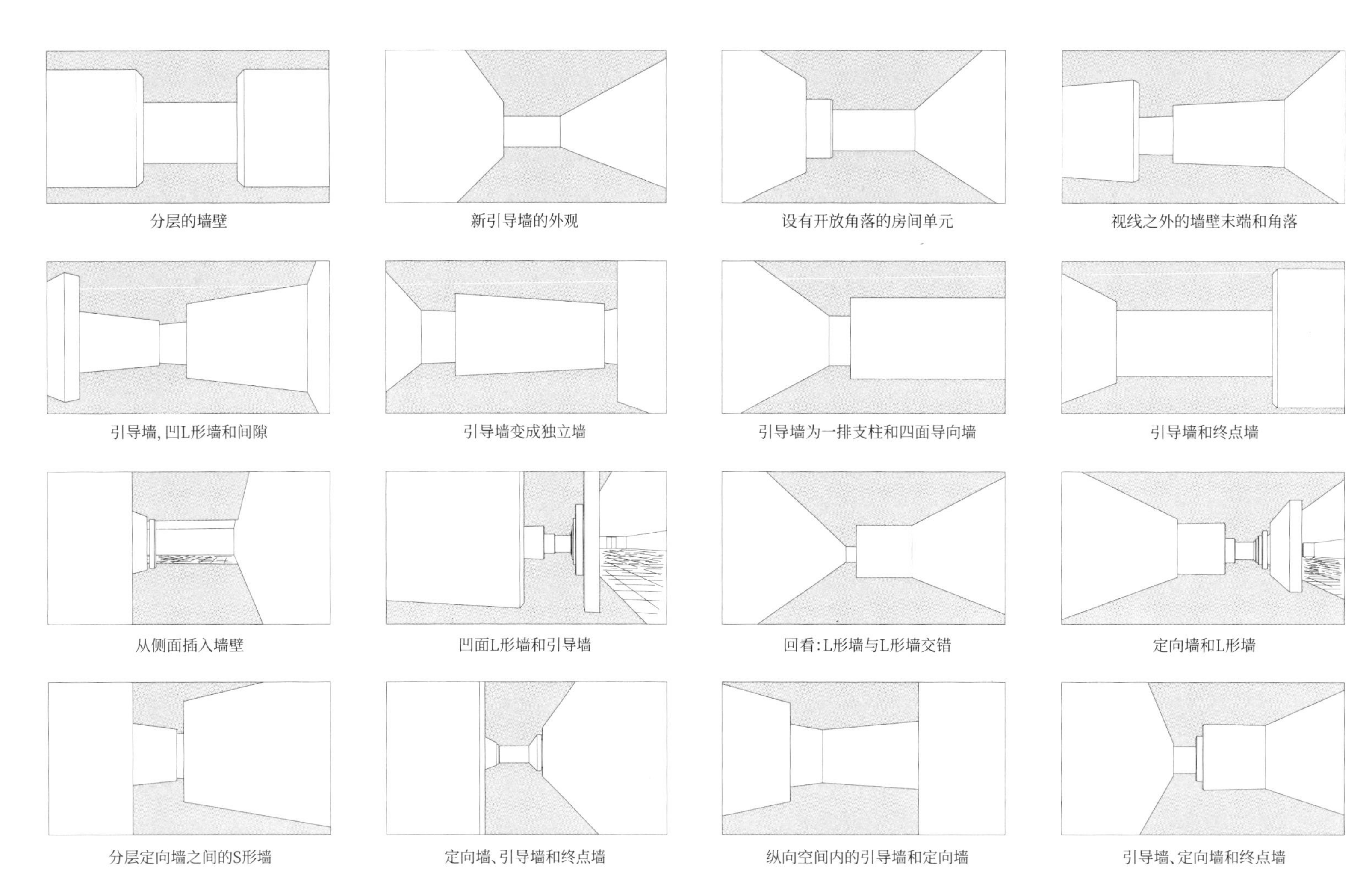


**流动空间的密斯式变体**

何感知建筑的一个重要方面，因此也是建筑的一个重要特征。流动空间不受明确的边界、围墙和门口的限制，将我们作为使用者编织进空间连续统一体内。这个连续统一体在很大程度上是模糊的，与其说是创造了一种令人不安的体验，不如说是沉思的体验。就像理查德·瓦格纳的无终旋律（努力追求节奏似乎只是为了逃避节奏），连续不断的延迟时刻延长了时间的体验，并为戏剧性发展线增添了新的内容。流动空间的戏剧性情境十分多样，我们将以密斯的柏林新国家美术馆为例进行进一步研究。在空间内随意设置几面墙壁并不能构成流动空间。它需要借助封闭和开放的双重性来制造必要的空间张力。在密斯的流动空间中，墙壁被恰到好处地覆盖，人们无法将整个画面尽收眼底，于是产生了没有穷尽的印象。这些空间场景发生在地面与天花板的平面之间，借鉴了弗兰克·劳埃德·赖特和特奥·凡·杜斯伯格打破盒子的理念，以及从巴洛克风格的树篱花园和迷宫中获得的概念。它们共享三个重要的结构：延伸至视野范围之外的空间的凹面L形墙壁、提供两条可选通道的凸面墙壁，以及两面墙壁之间的空隙（可以提供平行墙壁景象并隐藏侧墙，使人无法明确其宽度和深度）。这样的开口结构通常被认为是两段独立墙壁之间的空隙，而不是一段墙壁的中断。用这些方法压缩或延伸墙壁可以赋予整体空间以节奏感。

流动空间不再具有前壁、侧壁和后壁的静态结构。墙壁根据人们视角的变化扮演着不同的角色。同一面墙壁可以在不同的时间用作引导墙——我们沿着墙壁走行，指向墙——改变我们的移动方向，终点墙——挡在我们面前，或后墙。因此，流动也意味着墙体的功能在不断变化。当我们移动时，空间时而打开，时而关闭，墙壁则呈现阻隔、前突、后缩、邻接或自由竖立的不同状态。在流动空间内，我们通常会看到镜像墙壁或相邻墙壁的原型，但很少会遇到分隔结构的原型，也看不到环形结构的原型。错列的斜墙以平静但不规则的节奏交替呈现，并避免狭窄的通道。

在柏林新国家美术馆，一条从地下穿过的小路阐述了流动空间的多样情境。

**体量连续统一体**

在体量的连续统一体内，内部封闭表面被去除，外部封闭表面被移走。与流动空间的多功能特性不同的是，单从形式上看，体量连续统一体是矛盾的：我们关注的是单一的分区空间，还是三个相互关联空间的组合呢？耶鲁大学艺术与建筑系馆的疏散楼梯体现了模棱两可的吸引力："藏品室"只是楼梯缓步平台的延伸结构，还是楼梯伸出形成的展柜，吸引甚至恳求人们继续前行呢？温室、平台、凸窗和凉廊有时是体量连续，有时是视觉连续。根据阿道夫·路斯的空间体量设计理念，尽管楼层错开，房间高度各异，但仍是一种视觉连续统一体的变体，而非体量连续统一体的变体，因为每个单元空间都是完整且自成一体的，仅与相邻的空间相接。在少数情况下，两个这样的空间之间的台阶最多可以说是矛盾的，因为它们不是任何单一空间的一部分，而是占用了两个空间之间的重叠区域。体量连续统一体的潜力在柏林爱乐音乐厅的案例中得以体现。

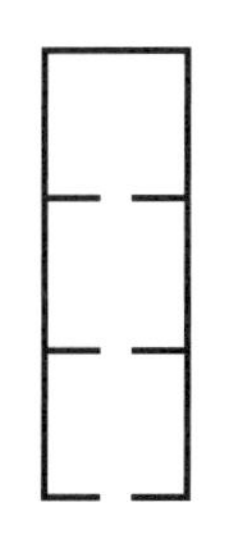

相对成行排列

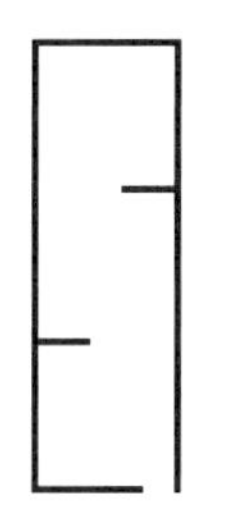

视觉连续统一体

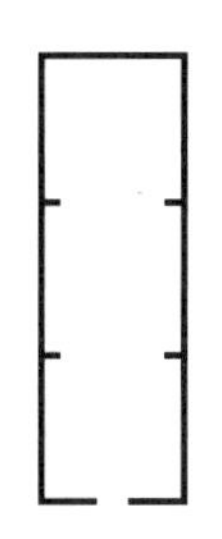

流动空间

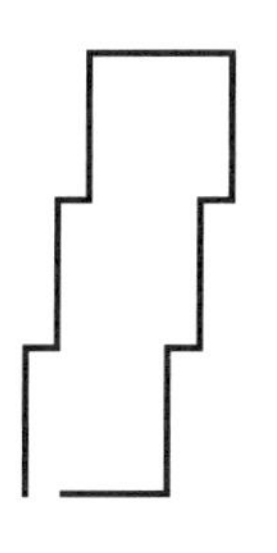

体量连续统一体

**四个房间结构**

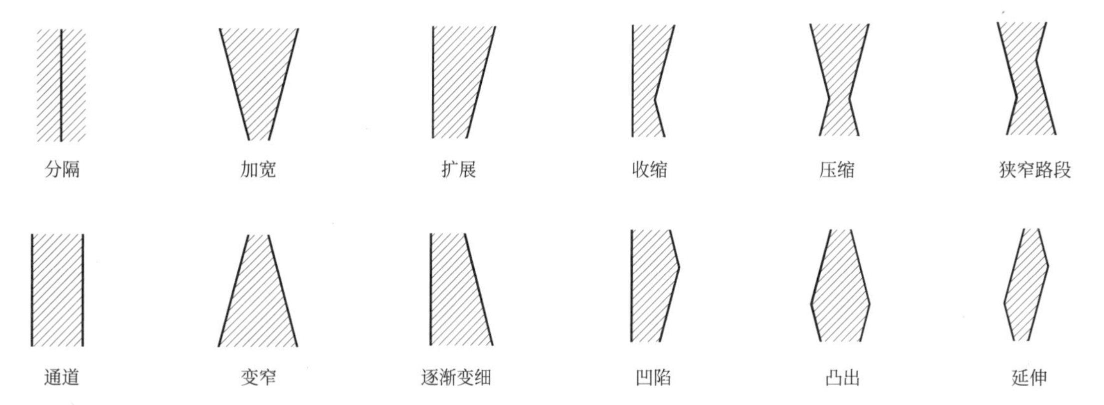


**通道形状**

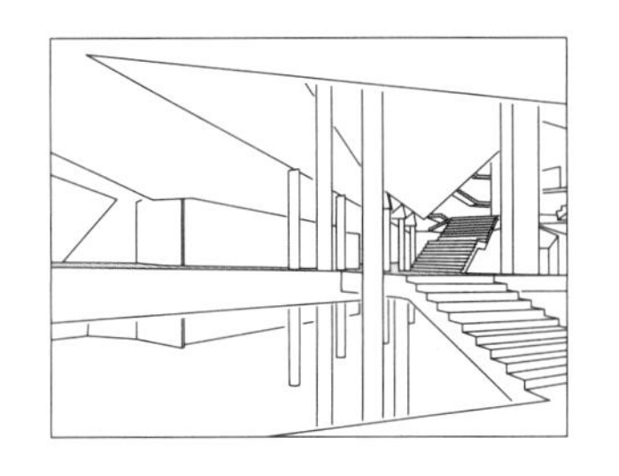
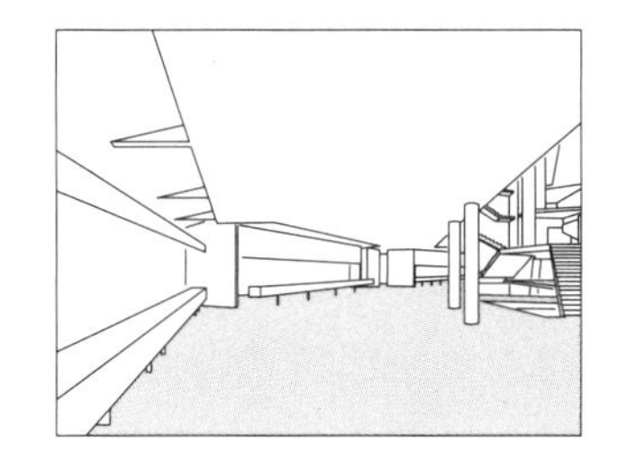
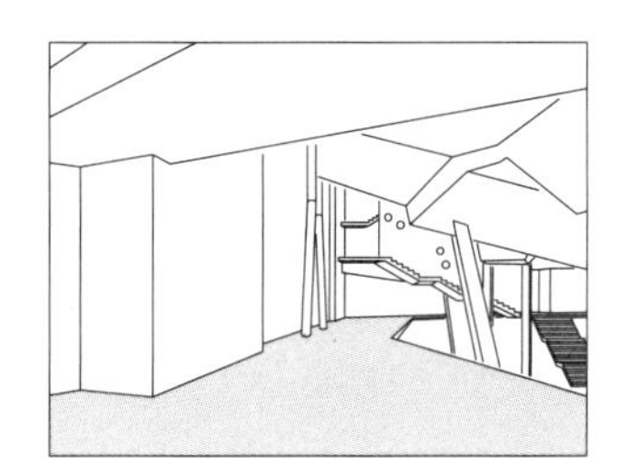
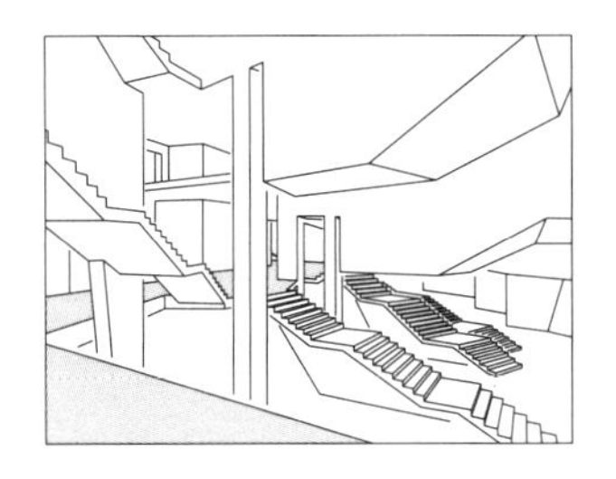
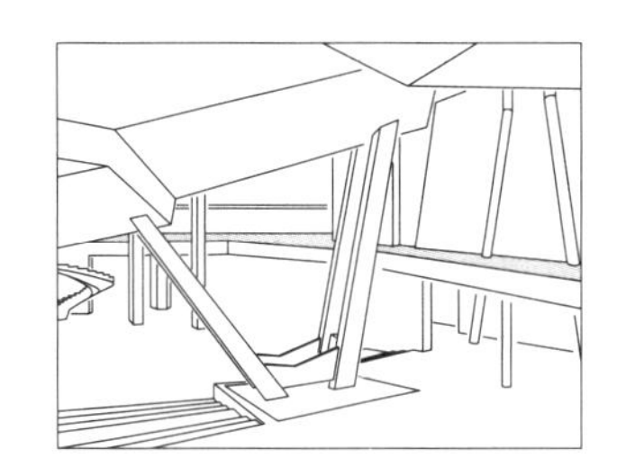
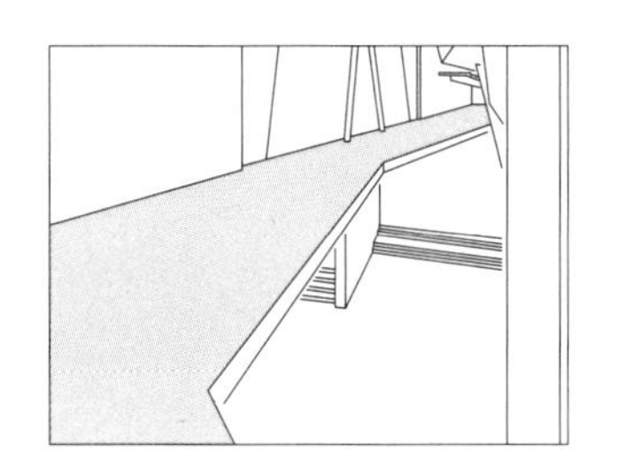
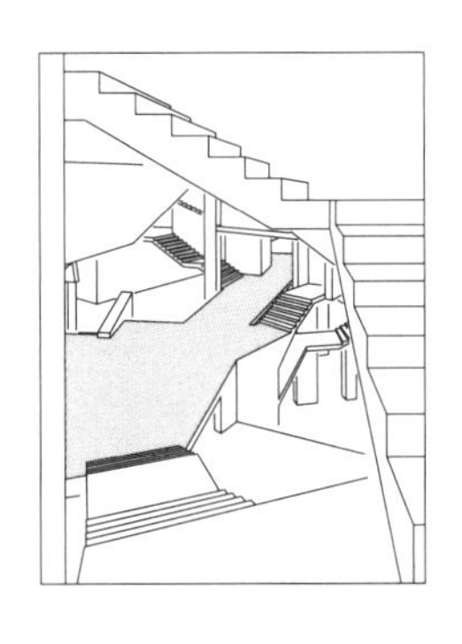
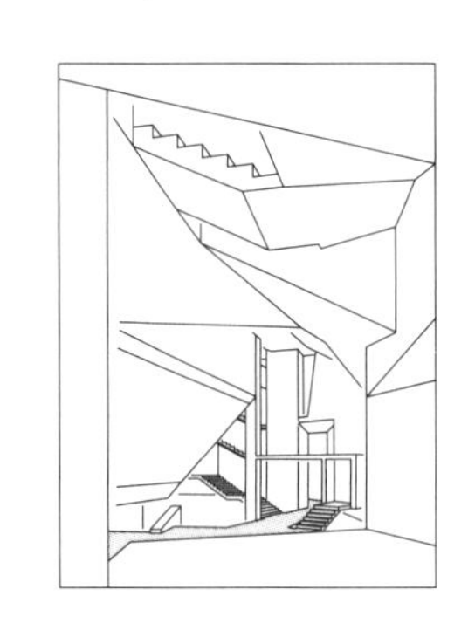

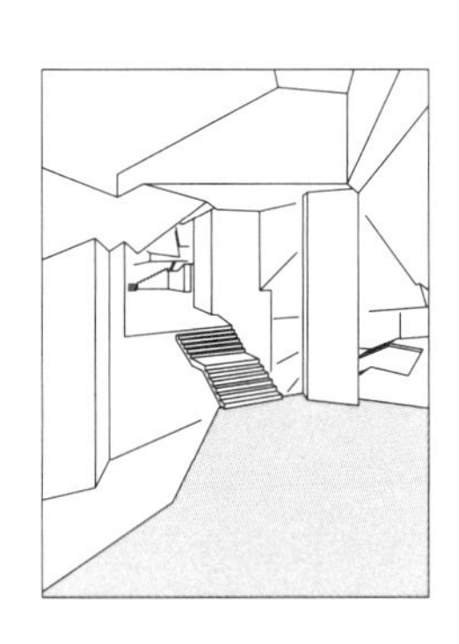

沿着大画廊加宽、变窄、压缩及柏林爱乐音乐厅大厅内的一个“楼梯洞口结构”（7～9，反向视图10）

对于体量连续统一体的设计，夏隆借助了三种维度的错列、倾斜布局。与密斯的流动空间设计方法不同，在夏隆的设计中，墙壁不再发挥主导作用：独立的终点墙和定向墙阻隔了空间纵向的体量感，而引导墙则以走廊或护栏的形式出现在空间边缘。在这种情况下，它们掩藏了外墙，并形成了额外的空间层。空间层有韵律的交错折叠，使边界变得不那么明显了。由转向、分岔、扩展和收缩的通道及空间组成的移动空间才是主导者。在夏隆的流动空间设计方法中，始终表达的是空间在构建结果中的执行过程：分隔结构延展或收进，开放式扩张结构始终处在扩展或收缩的过程中，以及通道横穿，等等。各种因素可能会立刻聚集在一起，形成一种形态或构建一种情境，然后随着人们不断深入的进程建立新的联合体。尽管密斯式空间创建了不同的情境，但仍然非常抽象。而夏隆式空间不仅展现出不同的情境，还引发了大量的具体隐喻：走廊变成了小巷，门厅变成了广场，等等。但是夏隆做了进一步的尝试，通过使空间相互交错，超越纯粹的体量连续统一体。这是夏隆对以特定中心区域为中心的空间进行压缩的主要手段。

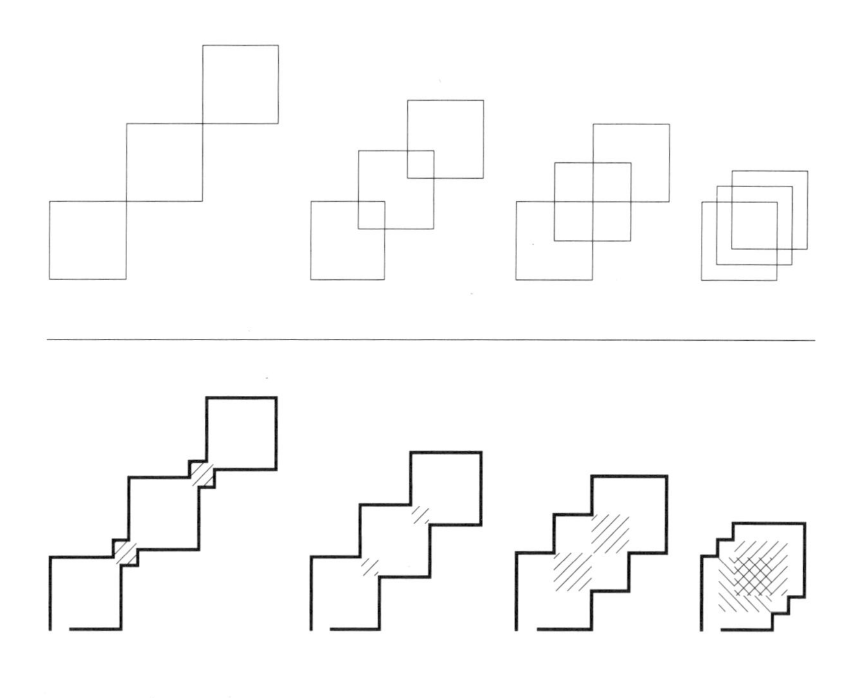

空间的逐步交错

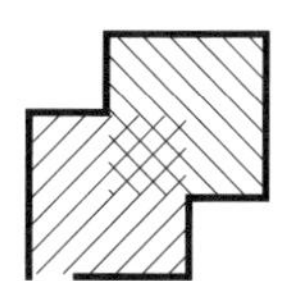

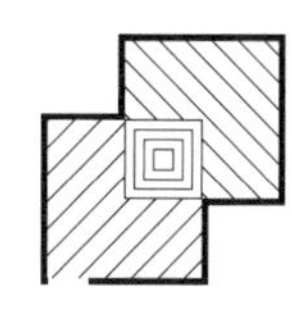

重叠区域的演绎方式

交错空间

空间的交错不仅形成了自身存在的区域，同时还共享着一个区域。空间可以在连接元素的帮助下交错分布或是相互转换。两种情况兼具的例子很多，如阿布泰贝格博物馆。

由空间交错创建的公共区域可以用不同的方式进行阐述：

· 分级，其中一个空间的品质决定了公共空间的特征，使其有效地向另一个空间延伸；
· 组合，其中两个空间的特色交织在一起；
· 合成，其中两个房间的特色融合成一种新的特征；
· 对比，赋予交错区域一种不同于其他两个空间的特色。

如果两个重叠区域相互衔接，它们会对中心区域进行划分。如果交错区域也相互交错，那么形成的区域属于多个空间。这种“二级交错”标志着一个全新的中心。如果这个全新的中心被框定下来，它就会在周围环境中显得格外突出。

在这里，我们不再关注空间序列，而是关注对抗：主体和空间的对抗。

## 参数3：主体—空间关系

主体—空间的对抗为隐藏和展现的游戏带来了全新的特质，因为空间不再只是隐藏在元素的背后，也可能隐藏在元素的内部。

空间内的主体

与巴洛克式的城堡住宅相似，位于中央的实体，很少出现在空间内部。SOM事务所的沃尔特·纳什（Walter Netsch）用其所谓的“场论”（field theory）设计的伊利诺伊大学芝加哥分校（Campus Buildings for the University of Illinois at Chicago）的单元机构建筑是一个罕见的例子。实心的凸形核心——即使从后方进入，也会与迫使人们绕行的中心轴相接。这种布局阻碍了方向和定位。比较简单的做法是，将其设计成玻璃陈列室、中庭或内院等让人们看到后不得不绕行的主体（如麦可考米克论坛学生活动中心和威亚地区幼儿园中所示）。

空间周围的主体

设置在空间外围的凸面体伸入空间（如SdC的陈列室和沃尔萨尔市新艺术画廊所示），改变了空间的形状。我们可以沿着它们行走但不能完全绕行，因此，我们无法从侧面确定其尺寸。由于它们经常被视为干扰或不稳定的因素，我们要么试着将其从我们对空间有机体的心理意象中抹去，要么试着理解它们。有时，我们只是单纯地享受它们和它们所带来的偏差效果。奥尔本·詹森和索斯滕·伯克勒（Thorsten Bürkli）对威尼斯圣玛格丽特广场的描述，展现了周围的华丽宽拱如何逐步展现广场景色，并在相反的方向上引导人们走出广场，进入另一个同样无法预见的空间。[164]

中间空间

如果在空间边界或空间内部放置几个实心且无法进入的物体，它们之间就会产生一系列空间。这种中间空间的潜力在一个航海建筑中展

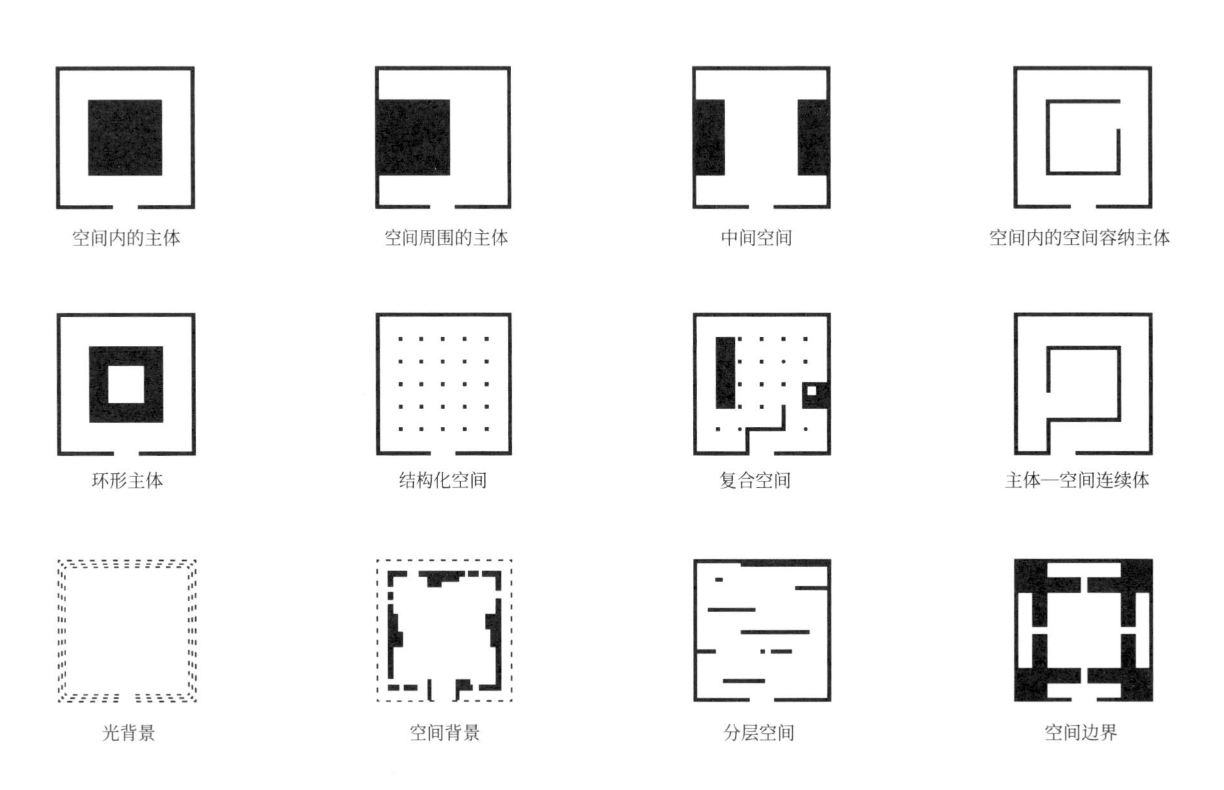


主体—空间关系

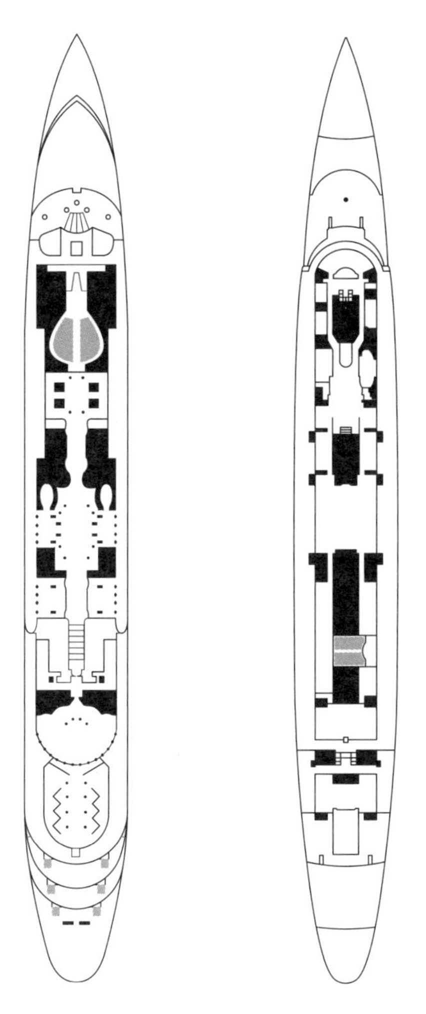

“诺曼底号”和皇家邮轮“玛丽王后号”的散步甲板；剧院以灰色进行标记

现得淋漓尽致：在跨大西洋邮轮“诺曼底号”（SS Normandie，1935年）上，3个涡轮轴的不同位置使人们能够在散步甲板上享受近200米长的完整的轴线序列。然而，在与之体量差不多的皇家邮轮“玛丽王后号”（RMS Queen Mary，1936年）上，人们只能绕着未分隔的通风扣，选择一条或多或少“风景如画”的路线。室外空间或室内外之间的过渡空间也是中间空间，如街道和广场，尽管它们的围合结构并不完整，但仍是更广阔的实体和虚空配置的一部分。同样，空间的6个表面中的4个表面很好地界定了瓦尔斯镇温泉浴场横跨户外泳池的空间，因此空间也成了建筑体量的一部分。

### 空间内的空间容纳主体

我们在柏林爱乐音乐厅和兰根基金会美术馆内可以找到在大型空间中设置可进入的封闭空间的例子。除了在这种空间周围走动之外，我们还可以走进空间内部。它们有着巨大的戏剧性潜能，一开始非常神秘，然后逐渐揭示自己的秘密，如同经过完美包装的礼物。

### 环形主体

如果主体的边界表面仅与它们自身有联系，即与超出自身的外部或内部的空间没有联系，那么它们之间就会产生一个环形主体。埃克塞特学院图书馆的书架就是这种情况，其内侧是分别连接着混凝土罩面（面向中央大厅）的平面。在梅赛德斯-奔驰博物馆内，我们也可以看到类似的情况，环形在混凝土墙壁和混凝土体量之间不断转换，而耶鲁大学艺术与建筑系馆的主体以角落里的四根柱子为标记。

### 结构化空间

即便体量非常小，如柱子，也是实实在在的主体，它们影响着一个空间的结构。在组合中，它们可以均匀地打开空间或赋予空间节奏。大跨度大厅内的希腊式圆柱和巨大的混凝土立柱是显而易见的例子，但是它们相对温和的对应结构也可以在构建空间戏剧性方面发挥巨大的甚至是主导作用，如柏林新国家美术馆中的白色方柱、林肯大道1111号停车场的底层架空柱、麦可考米克论坛学生活动中心的三方立柱及卢浮宫朗斯分馆纤细的支杆。

### 分层空间

如果这些小型主体不是柱子，而是以平行墙面交错布局的形式出现，它们之间的空间会变成一系列的分层。与流动空间不同的是，在分层空间——实质上是一种相对于成行排列的压缩和创意变体，引导墙（其透视收缩强调深度）被省略掉或是隐藏起来。这种布局有利于正面视角，因为它们展现了这种布局完整的、应有的效果，人们在各层之间的移动仅仅是幕间休息。分层空间借用了对称和非对称空间的一些元素——对称是指正面视角的冲击力，非对称则是指元素的潜在活力。罗伯特·斯卢茨基（Robert Slutzky）和科林·罗[165]使用“现象透明性”一词[从1927年开始将其应用在勒·柯布西耶设计的斯坦因别墅（Villa Stein）上]来描述分层空间的特点，特别是人们对它的感知潜力。首先，这个术语只是简单地指出，“透明”是不透明的产物，这一点看似矛盾：部分平行层面重叠，让观察者在想象中推测并构建整体形式。其次，现象透明意味着元素可以同时属于不同的序列体系，我们的感知在这些相互排斥的解读方式之间波动。再次，由于被遮挡的引导墙和其他照明以及表面效果，人们很难确定墙面的位置。最后，无法评估中间空间的实际深度。分层空间的戏剧线不是通过展现深度，而是通过模糊深度来展开的。它是通过压缩、靠近，并赋予整个视图以不透明或最多是半透明，但并非真正透明的元素来实现的。本着同样的精神，空间体量没有物理意义上的交织，而是对在物理上保持独立的墙面进行想象上的渗透。

在我们的案例研究中，没有“纯粹的”分层空间和现象透明性的代表，但是有几个案例在关键情境中充分利用了层次化的效果。例如，卢浮宫朗斯分馆独立平台的平行布局；威亚地区幼儿园多重分隔结构和扣环原型墙壁的景象；林肯大道1111号停车场柱子的平行排列；瓦尔斯镇温泉浴场和莱斯班德码头水上运动中心平行体量的重叠。从某些角度来看，还包括格拉斯哥艺术学院里德大楼的平面或多孔、背光式罩面的层次，以及柏林爱乐音乐厅的门厅。

在不失可读性的情况下，分层空间可以在多大程度上在三条轴线上进行——这些轴线是否相互抵消，或是无法再实际地描述为现象透明性，还有待进一步澄清。[166]

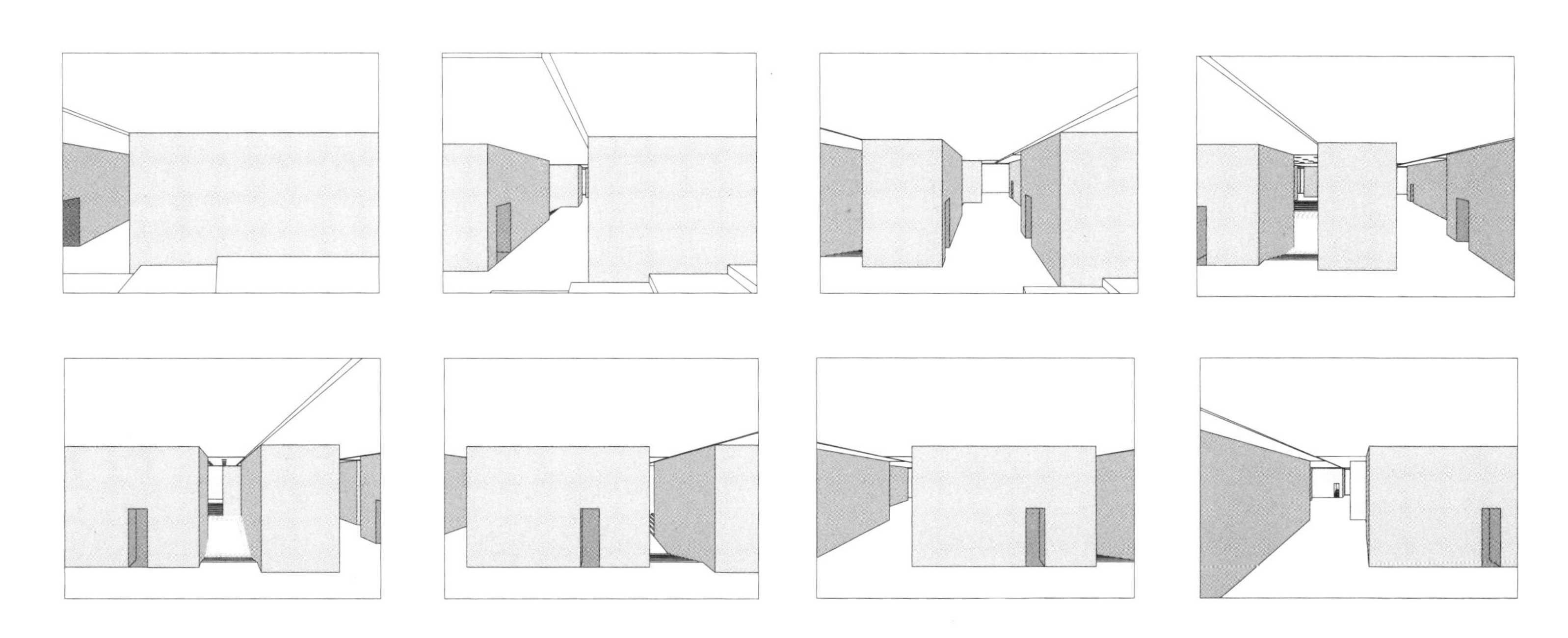

**情节串联图板：从走廊望向瓦尔斯镇温泉浴场沐浴区的景象**

兰斯大教堂的西墙

空间—围合边界

在主体—空间的关系中，我们没有考虑围合边界的性质，在示意图中也只是将其描绘成封闭的环形。但是墙壁本身的衔接也很重要，尤其是在分层空间内，上文描述的关系在空间围合墙壁上也发挥着作用，只是尺度较小。墙壁上的开口不仅连接着空间，还在其深度范围内将空间围合起来。它们可能会像莱斯班德码头水上运动中心一样张扬地宣告这一功能，会像瓦尔斯镇温泉浴场一样做神秘暗示，或是会像费尔贝林广场地铁站亭剥离、卷绕的表面一样舞动着。在两个空间之间衔接处的墙壁上穿孔，会带来多个表面，从而传达一些关于墙壁性质的信息。卡斯滕·舒伯特（Karsten Schubert）在《主体·空间·表面》（*Körper Raum Oberfläche*）[167] 中，以墙壁为例对衔接边界表面的可能方式进行了研究，同时明确了至少16种方式，如包覆、浅浮雕、双重表皮和融合等。然而，在这一点上，我们更感兴趣的是戏剧构作的潜力，而不是墙壁开口的衔接。我们将在第259页关于戏剧性情境的论述中再谈这方面的内容。[168]

空间背景

如果空间内部既不以透明的玻璃板为边界，也不以不透明的墙壁为边界，而是被连续的、可能是半透明的空间层所包围，那么我们就可以说这是一个半透明的墙壁、空间背景或光背景[汉斯·詹特森（Hans Jantzen）在其对哥特式建筑的开创性研究中提出了这一术语]。[169] 在这里，不透明体量后面的背景是光，甚至可以是一个被照亮的物体，而不透明体量的物理材料在这样的背景下变成了扁平化的轮廓。一个尤为引人注意的例子是兰斯大教堂（Reims Cathedral）的西墙，两个圆花窗和一个拱廊区展现了其多彩的光线背景，还暗示了石制窗饰之外的互联性。人们对这种光线背景的痴迷一直持续至今："在近年来开发的立面类型中，这种现象是通过多层的具有不同透光性和结构特征的薄膜实现的。"[170] 这种光线背景有一些非传统的例子，如麦可考米克论坛学生活动中心的橙色透明玻璃和塑料墙壁，还有卢浮宫朗斯分馆墙壁模糊反射产生的独特的空间消散效果。

在空间序列（详见参数13）中，上文描述的诸多情境经常接连发生，甚至同时发生。空间内部或周围的几个主体可以创建一个复杂的环境网络，这个网络由不同的情况、周围空间和中间空间组成。这些物体之间的相互遮挡和揭示关系，营造出了空间的层次感和深度感（如费尔贝林广场地铁站亭、麦可考米克论坛学生活动中心、卢浮宫朗斯分馆、柏林新国家美术馆和莱斯班德码头水上运动中心）。瓦尔斯镇温泉浴场结合使用了六种主体—空间关系，以此创造了一个流动的空间，在这个空间内，扩张与集中、线性与循环、概观与谜团从人们进入的第一刻起就保持着谨慎的平衡，如走廊处的"推拉镜头"所示。由于多数神秘的不透明主体本身也是可进入的空间，来回走动的人们可以选择进入很多洞穴般的小空间或返回浴场大厅。

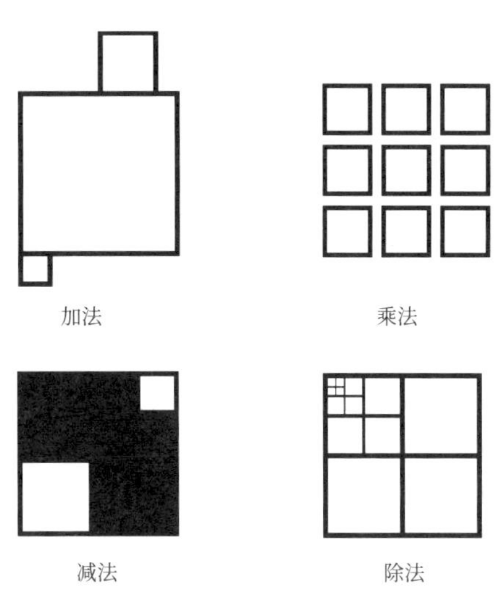

主体—空间算术关系

## 参数4：算术关系

主体与空间之间始终存在一种算术关系。无论它们做加法或是做乘法，还是因较大的单元被分隔而做除法，或是某一部分做减法，都会给空间结构的戏剧构作带来深远的影响。整个建筑运动甚至某些时代都会偏爱四种基本算术运算中的一种或两种，有时也会全力排斥其他运算。[171]

### 加 法

加法是各不相同或大小不一的单元的连续、堆叠或交错布局，这些单元不会相互渗透或重叠。总体的各部分用空隙点缀布置，背对背或角对角。加法结构有时会受到批评，人们认为它不过是各部分的总和，因为独立的主体保持原状，是取代而非融入周围空间中。但实际上，加法不只是无定形的集合体。威亚地区幼儿园的预制木材立方体形成了一个闭合的环形结构；卢浮宫朗斯分馆的盒子形成了一个令人信服的序列；而拉孔琼塔博物馆的矩形空间形成了一个具有表现力的组合。在这三个案例中，建筑体量的加法都参考了与之相适应的内部空间的加法运算。

加法结构可能具有松散、含蓄的特点，因为它们没有被强有力地交叠在一起。空间加法序列的巨大潜力在威尼斯的三个互助会建筑中均有体现。

### 乘 法

乘法是相同或相似单元的复制。纯粹的乘法结构可以不断地扩展，没有转折点，没有层次，没有对比，也没有方向，它是后戏剧化的。它驳斥了传统的闭合需求，与很多经过多年演变而来的加法结构不同的是，它没有展现出特殊的、新颖的品质。因此，人们往往会对乘法建筑有着强烈的反感，这也就不足为奇了，如坎迪利斯 · 约西奇 · 伍兹（Candilis Josic Woods）设计的柏林自由大学校园建筑（Campus Buildings for the Free University in Berlin）或沃尔特 · 纳什设计的伊利诺伊大学芝加哥分校建筑。然而，乘法是迄今为止的现代建筑中最常见的基本运算：无论太阳能电池板农场、温室、帐篷城、办公楼层还是连排房屋，乘法都经常遭人唾弃，但仍被广泛使用。在某些情况下，如在教堂大厅或多柱式清真寺内，乘法可以创造出近乎神秘的内部体验。

有着两个或两个以上模块的乘法运算不仅可以增加外观的魅力，同时也解决了前面提及的一些问题。通过对模块进行额外的偏移和缩放，可以获得具有高度表现力且变化生动的序列。这一点在耶鲁大学艺术与建筑系馆高大的升序立柱及它们之间的桥梁结构中有所体现。

### 减 法

减法是凹陷、挖空。主体和空间相互渗透。周围空间、中间空间和内部空间时常会形成一个戏剧构作的连续统一体。周围空间侵入或吞噬掉了一大块实在的主体，这样一来，人们就会将被吞噬的部分看作主体的中间空间。在瓦尔斯镇温泉浴场、莱斯班德码头水上运动中心、麦可考米克论坛学生活动中心、格拉斯哥艺术学院里德大楼、梅赛德斯-奔驰博物馆和费尔贝林广场地铁站亭案例中，这些空间都是从一个组块中切割出来的。即便是当由此产生的减法序列发生转向或穿行、向上伸展、螺旋式展开，甚至被绷紧的薄膜包裹或露出石膏板的接

由阿道夫 · 路斯设计的缪勒住宅的客厅（1930）

缝，它们也呈现出一种坚固的感觉。这种坚固性是凹陷力量的产物，也见证了凹陷力量的存在。因此，这种形式的平静状态往往是短暂的，也可以被看作这些强大力量的定格。这样的结构往往有着恢宏的气势。

在周围空间被插入的主体取代的情况下，与做加法不同的是，在做减法时，被砍掉的部分是主体。此外，在做加法时，单元始终是总和的一部分，而在做减法时，单元却是整体。减法也有其局限性，我们不可能无限地对一个体块进行切割，否则这个体块就会完全消失。

除 法

除法是一个单元的拆分。拆分行为可以像日常住宅一样采取戏剧性拆分、令人惋惜的损形、和谐划分、复杂分割或功能分离等形式。这一原则甚至在阿道夫 · 路斯的空间体量设计中也表现得尤为明显："在后来的别墅中，'空间体量'可以被视为根据中产阶级生活方式进行多种功能划分的空间。"[172] 尽管有这些划分，立方体作为一个整体在路斯的建筑中仍然清晰可见、完整无缺。这同样适用于沃尔萨尔市新艺术画廊的立方体体量。

除法策略的一个完全不同的动机和效果是分裂为与自己相似的形式，这在哥特式建筑和数字建筑中备受青睐。无论远近，人眼都能识别出相似的形状、构架和图像，这有助于实现连贯性，甚至可以吸引人驻足观看。

在做乘法时，出发点是单一模块，然后复制模块，而做除法是从整体开始的，然后对整体进行细分。从理论上讲，乘法建筑可以无限地延伸，而且往往需要其他运算来牵制并赋予它们构架。除法和减法一样，无法无限地继续下去，因为在某一时刻，它会达到感知的极限。同时，它的内在逻辑性也会不断地减弱。一枚胸针和一座大教堂只是（近乎无限）自相似性规模变量下的两个客观存在的端点。

组合运算

做加法和做减法寻求的是闭合，能以自身应对所有的紧张关系。做乘法和做除法寻求的是无限效果，但只能结合加法和减法来应对所有的紧张关系。然而，这种结合却能产生截然不同的效果。

在柏林新国家美术馆中，加法和减法这两种可能导致闭合的算术运算接连出现，这一点儿都不奇怪。在其所处环境中，大厅气势宏大的布局做的是加法，楼上空间和楼下空间之间做的也是加法。底层的凹陷做的是减法。在底座的内部（与有围墙的花园内不同），减法的力量几乎无法察觉，因为它作为一个静谧的、细分的"流动空间"被白色的内部设计完全否定了。在兰根基金会美术馆中，加法和减法有着完全相反的效果：在地面上，人们体验到一种诗情画意的空间加法组合；而坡道则逐渐深入地下，直至开放式楼梯近乎浮夸地将"处于地面"的感觉呈现在我们面前。

减法和除法的组合同样可以编排出完全不同的戏剧。埃克塞特学院图书馆的大厅与很多前厅一样，是意义深远的减法运算产物，从通高的混凝土框架到个性化橱柜门的框架和填充，所有元素的精细划分使中庭的姿态看起来不会过于自我。相反，中庭意义深远的减法运算阻止了各个元素的不断细分。这两种运算之间的关系在柏林爱乐音乐厅的门厅中显得更为生动。从楼梯和走廊开始的除法运算遭遇、介入并伸入礼堂底面形成的减法洞穴结构。由此产生了不同特色的区域，并可实现无缝地相互转化，各个区域的特点取决于哪个原则占主导地位。

在阿布泰贝格博物馆案例中，减法和乘法彼此互不干扰，前者挖空了山坡和楼梯组块，后者则让相同的立方体图案以三叶草的形式不断扩散。在林肯大道1111号停车场案例中，这些关系不仅是独立的，而且是有层次的：柱子对空间的垂直划分是通过楼板对空间进行水平分割的二次运算：这些运算操作并不重叠。

## 参数5：比例

自维特鲁威以来，比例一直在建筑中发挥着核心的作用。在打造空间戏剧构作时要考虑表面或房间比例的和谐布局，还应考虑人们穿越空间时在比例大小的重复和变化方面的体验。与其说是客观比例或绝对大小决定了一个空间的宽窄，倒不如说是相对大小及其与周围空间的关系决定了一个空间的宽窄：比例是关于$x$、$y$和$z$三个方向轴扩展的变化，由短及长，由窄及宽，由低及高，反之亦然。此外，在人眼看来，垂直的长度在高度上减少的程度比它们在深度上减少的程度要小。因此，即便是稍微扁平的矩形空间，如果没有被横向拉长的话，也会显得很平衡。如梅赛德斯-奔驰博物馆内的中庭，尽管其高度只比宽度大三分之一，但也显得非常高。变化的位置和类型决定了一个空间的整体特征。

在前面的案例研究中，我们可以确定一些特有的方式，运用这些方式，比例的变化会影响空间的戏剧构作。

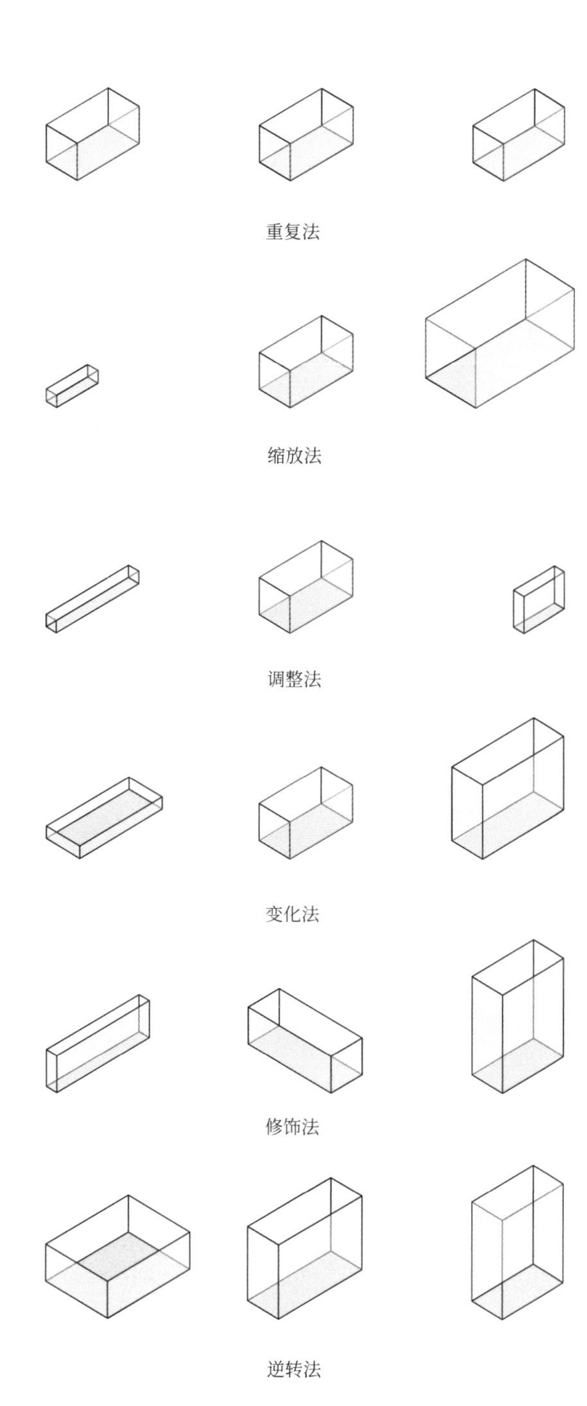


**比例变化**

重复法：有着相同方向的相同大小的重复房间
缩放法：相同方向和比例上的大小变化
调整法：相同方向上的比例变化
变化法：一个比例大小保持不变，两个比例大小发生变化
修饰法：比例和方向的变化
逆转法：恒定比例上的方向变化

### 重复法

当连续空间的绝对大小完全相同或大致相同时，适合使用重复法，使空间与绝对大小成比例。梅赛德斯-奔驰博物馆的画廊采用了重复法（M区画廊比例为4.6∶4.8∶1，C区画廊比例6.1∶6.5∶1），还有埃克塞特学院图书馆的外环阅读间（1∶1∶1.6）和可以俯瞰中庭的内环走廊里的讲台书架（2.9∶1∶1.85）。由于它们之间的相容性，这种重复会唤起沉思的氛围，不过，在上述两个例子中，重复的节奏是通过另一个在长高比例上与其对比鲜明的空间来平衡的，也就是它们的中庭——梅赛德斯-奔驰博物馆中庭比例为1∶1∶1.3，埃克塞特学院图书馆中庭比例为1∶1∶1.6，都是高度大于长度。

### 缩放法

当连续空间的大小发生变化，但它们的比例没有变化或者只是有轻微变化时，我们会用到缩放法。在这种情况下，空间之间的内聚力很大，最大限度地强调了最大的房间。通过稍微增加最大空间的比例，使其高度更加突出，这种效果还可以得到进一步强化，从而呈现出一种垂直特征。在柏林新国家美术馆中，正方形的比例缩放极其明显，这样便突出了采用黄金分割（1.618：1）的玻璃窗格。这些竖直的窗格从地面延伸至天花板，具有更高的感知高度。与大型的上层大厅（6：6：1）相比，较低层的小型四柱大厅看上去虽然有些低矮，但实际上它的比例是5：5：1，宽高比要大于上层大厅。画廊部分的比例在12：1.7：1和12：1.75：1之间变化，然后以18：4：1的比例在花园中结束。

## 调整法

当空间在不改变方向的情况下明显拉长或缩短时，我们会用到调整法。这一方法决定了威亚地区幼儿园的空间体验（比例从玩偶房的2.1：1：1，到小组活动房的2.8：2：1和衣柜间的3.5：1.4：1，再到小桥的4.4：1：1.5）。在兰根基金会美术馆中，房间的比例变化明显（外围比例为36：1：2.7；内殿比例为8.4：1：1；玻璃展厅整体比例为11.4：1.7：1；展厅比例为4：1.2：1；户外楼梯比例为6.4：2.5：1；横梁比例为6.2：2.5：1），但是它们都是纵向拉长的。其中展厅也是如此，但是显得更加宽广，因为它的长宽比要比别的空间更小。莱斯班德码头水上运动中心设想了正方形或立方体的变体。虽然组块发生了改变，但仍可提供参考。[173]在费尔贝林广场地铁站亭中也使用了调整法，对空间多边形进行了加宽或变窄。在上述所有案例中，有趣的轻微调整确保了连续空间相互关联，不会出现突然的变化。

## 变化法

当其中一个维度大小保持不变，其他维度大小发生明显变化时，我们会用到变化法。单一恒定的维度大小充当标准和绝对限制，赋予空间一定的严谨性、松紧度和规律性。在拉孔琼塔博物馆中，三个房间严格、固定的宽度产生了“中高—低—高”和“短—长—长”的连续变化。在瓦尔斯镇温泉浴场中，统一的天花板层强调了紧密与封闭、开放与流动之间变化。固定的天花板高度同样可以用来促进地面的变化：在卢浮宫朗斯分馆中，这种变化是微妙的；在兰根基金会美术馆中，这种变化——一个地下6米多深的空间体量——尤其明显；而在麦可考米克论坛学生活动中心，地面造型活跃，并与空间压缩的节奏相结合。

## 修饰法

当空间比例的变化同样改变了它们的方向时，我们会用到修饰法。在麦可考米克论坛学生活动中心案例中，我们发现了纵向和横向空间及那些没有特定方向的空间。在阿布泰贝格博物馆的三叶草形排列的长方体系列中，高度逐层增加，比例从低（3：3：1）到平衡（2.3：2.3：1）再到高（1.5：1.5：1），引导我们从矮而宽的长方体经由平衡的立方体到高大、向上推进的长方体。在柏林爱乐音乐厅的门厅内，高大、水平的区域相互转化，而俄亥俄州立大学娱乐与体育运动中心则拥有面向所有三个方向的空间——球类运动中心（7.5：3.4：1）、天桥（3.4：3.4：1）、走廊（2：9：1）、跑道（21.3：1：1.3）和凹陷的峡谷区域（5：1：1.5）。

房间比例的强烈的变化对比出现在阿布泰贝格博物馆的洞穴结构（1：0.5：1）、桶形拱顶玻璃大厅（4：1：2）和平台（33：7.5：1）中；林肯大道1111号停车场的各楼层之间（从16.3：15.4：1到4.4：4.1：1）以及埃克塞特学院图书馆、梅赛德斯-奔驰博物馆和格拉斯哥艺术学院里德大楼的前厅及与它们相邻的空间之间。在沃尔萨尔市新艺术画廊中，通道的节奏是由三个立方体大厅创造出来的——入口大厅几乎被划分成两个立方体（2.5：1.4：1）；爱泼斯坦藏品展厅的“内厅”（domestic hall）（1.05：1.1：1）和塔楼空间（1.2：1：1），而

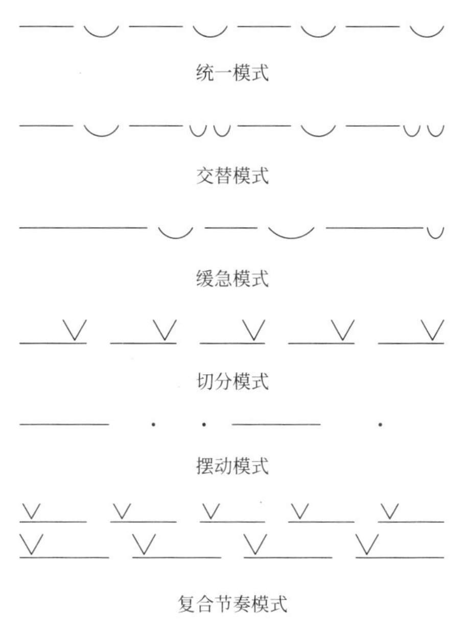

节奏

临时展厅的流动空间与楼梯形成对比。耶鲁大学艺术与建筑系馆的比例有一种非常戏剧性的变化：虽然工作室和楼梯包含平坦和高起的区域，但是工作室始终是开放的、宽敞的，而楼梯一直是狭窄的、受限的。

逆转法

当方向发生变化时，空间就会发生逆转，但同时空间的比例（或许也是空间的大小）保持不变。例如，当空间发生翻转或者像杆子一样被抬起来时。在我们之前研究过的案例中并没有具体的此类案例，只有兰根基金会美术馆的楼梯间（1.8：1：3.6）像是发生了逆转。虽然历史上有很多建筑体量发生逆转的案例，但是空间逆转的案例却少得多，因为垂直的房间方向与我们正常的视野相矛盾，很快就会给我们带来一种被束缚的感觉。这类空间的例子包括1988年由布鲁斯·瑙曼设计的新墨西哥州阿尔伯克基环球中心（Center of the Universe, Albuquerque），由彼得·艾森曼（Peter Eisenman）设计的X住宅（House X）和XIa住宅（House XIa）以及坎纳瑞吉奥酒店改造项目（Canareggio Project）。

## 参数6：节奏

推动力只有通过重复才会变成强劲的音乐节拍，也就是节奏。节奏体现在建筑的所有参数之中。这一点在柏林新国家美术馆中尤为明显（参见第116页的表格），表格中的21个参数和建筑的4个“主角”中有9种以上不同的增强模式（人们可能会说，ABCD序列与ABAB模式是不同的，并不能算作一种节奏，因为它没有表现出重复性。然而，当人们多次通过建筑时，在人们走行的循环路线上，仍然可以在建筑内有节奏地感受到这种增强模式——在相反方向上则至少有两次）。我们在案例研究中发现的节奏遵循如下基本模式。

统一模式

最简单的节奏是重复一个基本的节拍，没有任何进一步的增强。在埃克塞特学院图书馆的书架和外立面上的仿砖夹结构（8×A），以及阿布泰贝格博物馆三叶草形排列的立方体（5×A）中我们可以看到这一点。虽然林肯大道1111号停车场的柱子和格拉斯哥艺术学院里德大楼的三个采光井的形式不尽相同，但是它们也创造了一种有规律的基本节奏。

### 交替模式

梅赛德斯-奔驰博物馆的双螺旋结构是展示律动节奏的有序能力的典型例子。参观者可在M区画廊和C区画廊之间随意出入，从而在结构的重复规律模式和个人体验之间建立一种刺激的紧张关系。因为画廊空间是由完全不同的空间框定的，由此产生了ABCCCCC（DDDD）EFA的增强模式。

### 缓急模式

如果不是通过节奏，而是步伐的变化——瞬间加快或放慢（接近人们说话的动态节奏），以此为人们创造片刻停顿，从而强调结构的灵活性，或者只是为了缓和重复元素的严肃性，人们会想到雨果·里曼（Hugo Riemann）所说的缓急增强（agogic accentuation）。[174]严格地说，缓急模式是一种时间上的而不是节奏上的改变，然而，尽管缓急转变不一定会影响我们体验空间的速度，但是它们确实会给我们留下这里所描述的瞬时印象。这一点可以从卢浮宫朗斯分馆入口和展厅处岛台的“松散”布局中看到。在这两个大厅内，缓急增强影响了内部空间的能量，但外观并未受到影响。缓急增强也贯穿了柏林爱乐音乐厅的所有结构设计：人们只需要想想那一排排似乎跃起的柱子、偏移的楼梯，或礼堂的阶梯座位，它们以相似的尺寸，在有节奏的梯形和五边形布局中，挤压并拉动内部空间。

### 切分模式

如果展开的规则模式受到了节拍韵律中非强音的干扰，我们会想到切分模式。例如，在威亚地区幼儿园房间的BABBA节奏中，A是大房间，B是小房间；在林肯大道1111号停车场的ABBABA节奏中，A是高举架楼层，B是低举架楼层。大与小之间的转换出乎人们的意料，脱离了预期的模式。麦可考米克论坛学生活动中心的交叉道路同样形成了一种不规则的模式，但这并不是切分模式，因为缺乏切分节奏所依赖的基本节奏。在这种情况下，人们会想到节拍更为随意的自由节奏。

### 摆动模式

建筑内的节奏可以改变，打节拍的乐器也可以改变。例如，在柏林新国家美术馆的较低层，那里的墙壁布置网格与立柱的布置网格虽然一样[与巴塞罗那世博会德国馆（German Pavilion of Barcelona World Expo）形成对比]，但立柱网格的延伸和排列模式的辨识度不高，只形成了短小的节奏插曲：短柱列、方形柱阵，甚至单一的铰接点。其余的立柱被埋在墙内，仿佛考古遗址内的情境。因此，墙壁和立柱各自的节奏来回交替，形成摆动。墙壁和立柱共用同样的基础节拍（1.2米的网格），但是将节拍调整成自己的节奏：立柱形成了7.2米的固定间隔，而墙壁则呈现出不规则的长度和间隔。

### 复合节奏模式

如果有着不同韵律、频率或节拍的节奏叠加在一起，使它们各自的重音以不同的组合形式融合在一起，我们称之为复合节奏模式。麦可考米克论坛学生活动中心的三个立柱体系创造了这种结构，尽管处在建筑内通道和空间的双重性之中，它们却强调并标记区域，而不是划定独立的空间。不同的立柱衔接方式使这种叠加效果变得清晰起来，并创造了丰富多样的对话和会谈式情境。同时，尽管立柱叠加在一起，但是它们提供了一种基本的节奏，时而微妙，时而明显，而墙壁、地面和天花板的表面则奠定了基调。

## 参数7：呼应

如果建筑作品确实非常复杂，就像我们在第60页提出的，是“需要通过对戏剧构作和不同主角来争夺游客注意力”的高度复杂的多媒介组合，那么很明显，各部分之间的呼应提供了一种非常具体的、吸引人的方式，我们利用这种方式在建筑内建立艺术的统一性，尤其是运用呼应模式将被时间和空间分开的各部分联系起来。不同元素的共同属性可能非常醒目，形成了一种显而易见的统一呼应，或者这些属性可能有些微妙，呼应仅在人们回顾的时候才会显现出来。后者可以作为一种非常有效的戏剧策略，通过完成一个先前模糊的拼图，营造一种统一感。

纵观我们的案例研究，可以用两种不同的方式对呼应进行思考。首先，是呼应的类型。

### 置换呼应

如果说不同类型的元素（如墙壁和垫子）有共同之处或品质，可以称之为置换呼应。元素越是不同，呼应的效果越显著。其魅力在于一切都相关的印象，宏伟与琐碎相关，大与小相关，永久与暂时相关，空心与实心相关。当然，这种“奇妙的关联”[175]可能堕落成风格上的矫饰主义，它们的无所不在会令人窒息，因而需要一丝讽刺的意味。置换呼应在不连贯的建筑中非常典型，阿布泰贝格博物馆就是一个鲜明的例子，在那里，圆圈主题以不同的形式反复出现，同时让人感到建筑犹如一曲精心创作的交响乐。

### 对比呼应

如果同一类型的两个元素具有一定的对比度（例如，一个是用玻璃筑起的墙壁，另一个是用石膏板筑起的墙壁），而且还有着明显不同的特征，可称之为对比呼应。呼应比对比更重要，或者至少可以确保对比元素之间存在一定的明显联系。卢浮宫朗斯分馆就是一个例子：入口大厅透明的椭圆形空间和展厅展墙的不透明部分都具有同样的在空间内浮动的特征。这种艺术策略不仅与这两个元素有关，还与作为一个整体的两个空间有关，并同时赋予内部一种统一感，这种感觉是比例和网格所带来的。

### 重复呼应

如果使用相似的方式将具有相似特征的相似建筑元素联系起来，那么可称之为重复呼应。有时这种呼应难以察觉，因为我们认为它们是理所当然的。重复呼应通常也是有节奏的呼应，例如，柏林新国家美术馆1.2米的网格系统，林肯大道1111号停车场的柱网，瓦尔斯镇温泉浴场主体——空间的交替，以及拉孔琼塔博物馆的三个连续的等宽房间。

建筑中存在大量的呼应。所有的有机体中都存在重复呼应，对比呼应也几乎一直存在，即便不大显眼。置换呼应，如莱斯班德码头水上运动中心（立方体、水池、照明体、长凳、围墙等主题）展现了将呼应加入设计的极其高雅的艺术手段。置换呼应常见于采用综合方法的艺术作品，如巴洛克艺术、新艺术或装饰艺术作品，以及诸如卡尔·弗里德里希·申克尔（Karl Friedrich Schinkel）、卡洛·斯卡帕（Carlo Scarpa）或彼得·艾森曼这样非凡的建筑师的作品。

其次，除了呼应的类型，我们还可以通过呼应的主题来考虑建筑的呼应潜力。

呼应的主题可以来自我们前面探讨过的任意一个参数：它可以是形式上的（阿布泰贝格博物馆的圆圈或莱斯班德码头水上运动中心的立方体）、组合式的（卢浮宫朗斯分馆的岛台）或节奏上的。此外，呼应也可以是场景上的（梅赛德斯-奔驰博物馆，俄亥俄州立大学娱乐与体育运动中心）、姿态上的（费尔贝林广场地铁站亭向内及向外的改变或格拉斯哥艺术学院里德大楼的倾斜、缩进或裂口形式）、内在的（通过作为整个“广场”门厅屋顶出现的观众席地面，柏林爱乐音乐厅的门厅和观众席形成

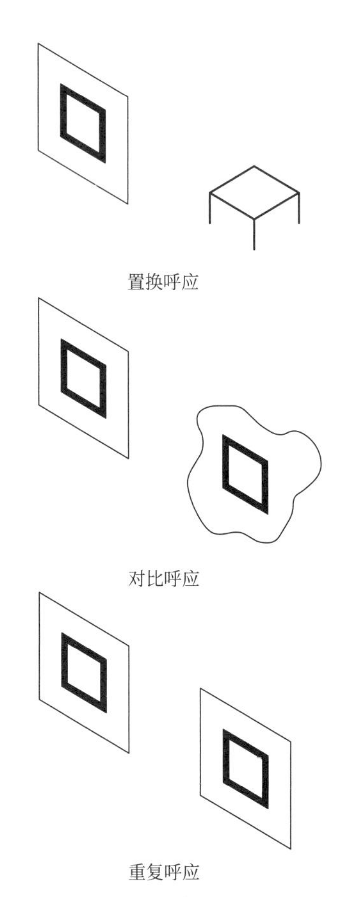


呼应的类型

呼应）、表面—结构上的（耶鲁大学艺术与建筑系馆和沃尔萨尔市新艺术画廊）、方向上的（麦可考米克论坛学生活动中心内部的横向延伸或兰根基金会美术馆的纵向房间）或结构上的。结构上的一个例子是埃克塞特学院图书馆的接合主题，超越了建筑在材料和主要几何结构上的差异：从建筑拐角的开口接缝，到仿砖夹结构的灰浆接缝和混凝土内部沉降接缝的灵活接合，再到桌子和橱柜框架及填充物的接合，接合主题是所有这些元素共有的，实现了各元素之间的统一。

节奏是建筑中最基本的，也是最容易获得的呼应方式。反过来说，这意味着节奏越不明显（因为节奏经常变化或是不易辨识），越会出现更多的置换呼应或其他基于主题的呼应。在阿布泰贝格博物馆案例中，三个区域的节奏差异非常大，以至于色彩和表面呼应（白色和大理石）不足以营造一种统一感，只剩下形式上的呼应关系作为统一的手段。

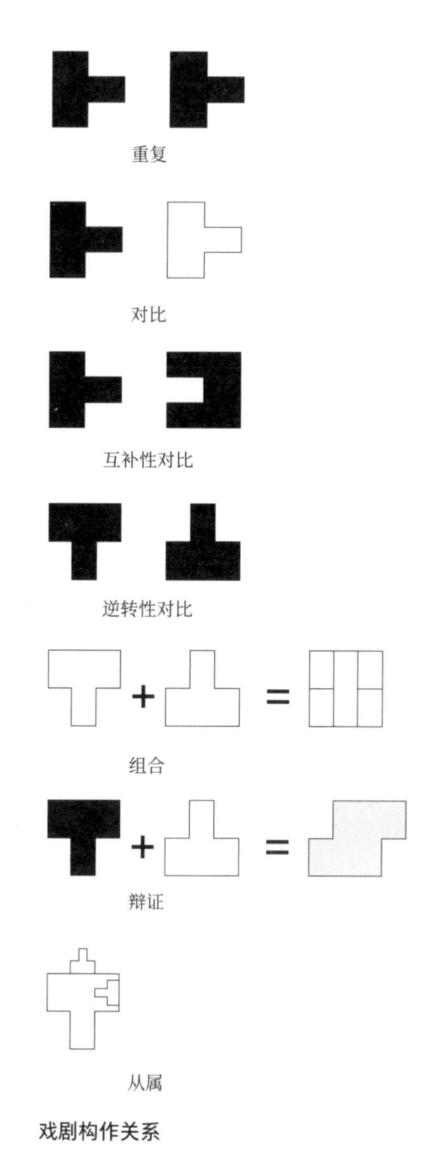

戏剧构作关系

## 参数8：戏剧构作关系

给参观者带来最直接影响的关系是那些在性质上更为戏剧性的关系：重复、对比、互补性对比、逆转性对比、组合、辩证和从属。虽然这些关系可以通过不同的方式结合起来，但是其主要关系通常确定了建筑作品的特征。

### 重复

虽然看似连续的重复创造了一种隧道效应，但是在平面中扩展的网格可能会削弱边界的存在感，有时甚至会消除边界。这种网格可以是高耸的、荒凉的、使人迷失方向的，甚至是令人痴迷的，这一点可以在各种各样的教堂大厅和多柱式清真寺中看到。然而，轻微的重复有助于营造统一感并使建筑作品“变得完美”，如拉孔琼塔博物馆三个重复的相似房间，或威亚地区幼儿园的五个房间。重复，创造了一种简单的基础节奏，一种让戏剧性发展线可以发挥作用的节拍。

### 对比

对比是无处不在的。没有对比，我们的感官和智力就无法辨别。但如果对比达到最大限度，即所有参数同时向它们相反的状态转变，就会产生断裂，过多连续的断裂会摧毁一切，尤其是企图营造紧张氛围的时候。不过，我们的感官和智力也可以适应一定强度的对比，甚至能够应对一定程度的极端情况。主题和关系从“视觉噪声”中显露出来，并允许我们一步一步走进。这种“视觉噪声”初看之下几乎让人无法忍受，与威尼斯的互助会建筑中的体验形成对比，远远超出了我们在现代室内空间所见到的或期待的。在所有的研究案例中，只有麦可考米克论坛学生活动中心呈现出类似的对比，但是在这一案例中，对比具有一定的净化效果，因为它在转瞬间展现出强烈的讽刺色彩。即便是在阿布泰贝格博物馆中，也只是偶尔使用强烈的对比。只有在谨慎地和有目的地使用对比时，对比才会强化紧张的氛围，这与参数的使用数量和使用频率有关。在今天，合理地使用对比似乎是一种更高超的智慧。即便是倾向于强烈对比的二元结构往往也不会充分利用对比的效果，至少会带有一种典型的特点。[176] 在梅赛德斯-奔驰博物馆中，形成对比的M区画廊和C区画廊保持着相近的半径；在柏林爱乐音乐厅中，保留了白色和多边形的形式；在卢浮宫朗斯分馆中，保留了墙壁的反光特性。然而，光线的氛围确实发生了变化，事实上，在卢浮宫朗斯分馆中，随着光照条件的变化，对比看起来更加不加修饰。这些对比无论是在卢浮宫朗斯分馆和梅赛德斯-奔驰博物馆一样强烈，还是在拉孔琼塔博物馆一样微妙，如果没有相应的灯光氛围的变化，就会显得毫无生气。

对比可以是强烈或柔和的，相对或绝对的，因为它们可以采用相似或不同的手法，可以在刺激和抑制性部分的结合或对抗中产生。对比可以营造和强化、缓和或消除紧张氛围。

使用两种特别的对比可以获得虽小但更引人注目的可能性：互补和逆转。

## 互补性对比

当两个或两个以上的对立部分共同构成一个整体时，我们称之为互补性对比。是什么构成了“整体”，互补方面又是什么，取决于所应用的理论模型或者艺术品及建筑的创作理念。例如，在埃克塞特学院图书馆中，我们看到集动态、视觉和触觉于一体的空间构成了整体；在柏林爱乐音乐厅中，活动空间和移动空间的双重性构成了整体；在柏林新国家美术馆中，从地面到天花板、墙壁再到周围墙壁的主要表面序列构成了整体。在这些案例中，互补元素都具有稳定的效果。它们有助于使各个空间群组的特性变得更加清晰，同时缓和或消除它们之间的紧张关系。互补性对比并不是在展现一种辩证的设计方法，因为它们仅有两个组成部分，但是它们可以被辩证地感知：起初，其中一个组成部分在不以另一个组成部分为背景的情况下独自发挥作用，然后第二个组成部分通过特性建立一种紧张关系，当第二个组成部分被视为互补结构时，这种紧张关系就会得到解决。这一过程在SR的两个礼堂之间的诸多互补性对比中得以展现。我们可以对两个相似的互补结构（如带有突出结构的房间与带有凹陷结构的房间互补）和两个不同的互补结构（如瓦尔斯镇温泉浴场或格拉斯哥艺术学院里德大楼中的主体与空间）进行区分。主体与空间之间的对比是互补性对比的最基本形式，因为一切不是主体就是空间。[177]

## 逆转性对比

逆转是指方向上的改变或意义上的逆转。在兰根基金会美术馆中，从长廊建筑到地下长廊的方向逆转构建了一种传统空间的全新多元化场景。在格拉斯哥艺术学院里德大楼中，设计师通过逆转性对比将新建筑与周边的知名建筑准确地联系起来，而不是仿效这些知名建筑：史蒂文·霍尔采纳了麦金托什“细骨架、厚立面”的原则，并将其转化成“薄立面、粗骨架”。[178]逆转性对比可以用来对抗惯例、传统类型，甚至被一致认可为何为“自然”的概念。彼得·艾森曼的作品住宅6号（House VI）中出现了大量的逆转性对比（内部—外部、顶部—底部、固定—悬浮、楼梯—非楼梯，等等），堪称西方建筑史上最精巧、最密集的逆转性对比网络。

上文提到的主体—空间逆转性对比不一定具有互补性，但一定具有逆转性。纽约世贸中心遗址

（Ground Zero）的深坑不是对塔楼进行的补充，而是对不复存在的原有建筑进行逆转。同样，在雷切尔·怀特里德（Rachel Whiteread）1993年设计的一栋位于伦敦的住宅内部，浇筑混凝土也不是对建筑进行的必要补充，而是一种逆转，或者说是对多方面的反向思考。在这两个案例中，谈及互补是有些讽刺意味的，但是互补和逆转并不总是可以明确区分的。例如，在奥斯卡·尼迈耶（Oscar Niemeyer）的巴西利亚议会大厦（Parliament Buildings in Brasilia）项目中，人们也没搞清楚它的穹顶和碗状结构是互为逆转结构，还是一个虚构球面的互补结构。

## 组 合

对比、互补和逆转是通过两个对立方面或元素的相互作用来操作的。组合增加了第三个步骤，在这个步骤中，两个或两个以上的对立方面交织在一起，组成第三个新的实体。在组合中，对立方面的特性仍然是可辨识的，虽然这些组合步骤不一定需要依次实现或呈现，但是在人们想到组合时，一定会在脑海中重建组合步骤。主题的组合是SGE的特色所在，赋予该互助会以明显的多样性。在麦可考米克论坛学生活动中心和阿布泰贝格博物馆中组合也发挥了巨大的作用——组合本身变成了主题。

组合通常是高潮点。因为它们并不会否定对立方面的特性，而且可以保持紧张关系，所以经常能够让参与者在体验之后仍然保持紧张感。

## 辩 证

辩证方法是一种三步式操作，通过合成来解决命题和反命题身份对立的问题。这一点可以在沃尔萨尔市新艺术画廊的塔楼房间中看到，梅赛德斯-奔驰博物馆夸张的弧形边坡也在一定程度上体现了这一点。SdC则是这种三步式辩证方法的反向操作：最初被强制合成的建筑和意象逐渐被理顺，直至两种特性在一种和谐且相互依存的对立形式下作为发光的墙壁和被照亮的墙壁相对而立。当独立元素无法互补，也因此无法靠自身形成一个全新的整体时，辩证方法可以为整体的形成提供一种应对紧张关系的策略。

## 从 属

在每一个建筑作品中，都存在次要的从属空间：前厅、等候室、辅助空间、走廊、门廊、前厅和临界空间——人们通常会从这些空间匆匆走过，而不是自主搜寻这些空间。但是，这些“二级空间”以不同的形式，通过至少四种方式为主要空间提供支持：

· **中断**：它们作为过渡性休息区，使主要空间大放异彩，如SR中较低的楼梯段，或柏林爱乐音乐厅的公共卫生间，但它们没有自己明确的特点。
· **减少**：它们以自身的低调和质朴展开了主要叙述，如莱斯班德码头水上运动中心的更衣室，或威亚地区幼儿园和柏林新国家美术馆的卫生设施。
· **增加**：它们通过自身的设计为叙述的主题增添了多样性，如瓦尔斯镇温泉浴场的洞穴结构、梅赛德斯-奔驰博物馆的电梯厢，以及卢浮宫朗斯分馆的玻璃圆筒结构。有时，它们也会进行一下“自嘲”，如麦可考米克论坛学生活动中心和阿布泰贝格博物馆的卫生间，或耶鲁大学艺术与建筑系馆的安全楼梯。
· **对比**：它们建立起属于自己的独立的二级叙述，如林肯大道1111号停车场的失物招领处。

因此，“二级空间”可以成为建筑内光彩夺目的区域，可以是提升趣味性的插入结构，也可以优雅地隐藏在结构的厚壁内。在这方面，它们经常发挥着无形的辅助作用，在确保“一级空间”不会受到辅助需求影响的基础上，强化“一级空间”的连贯性。[179]

# 时间

## 参数9：开场

### 吸引的需求

勒阿弗尔市的圣约瑟夫教堂（1957年）由奥古斯特·佩雷（August Perret）设计，一扇木门将教堂中昏暗、神圣的内殿与人行道分隔开来，形成两个紧挨着的世界，仿佛一幅超现实主义拼贴画中的场景。然而，从传统上来说，介于内外环境之间的前厅或门厅通常是一个昏暗、低矮的小型空间，使主要房间前面的门厅更令人印象深刻。相比之下，在今天的诸多公共建筑内，人们行走时会遇到安全摄像头、感应滑门和玻璃大厅，甚至勒·柯布西耶经常使用的手法——在薄玻璃墙上安装不透明的门，也无法成为吸引力与可控性兼备的现代建筑入口的解决方案。今天的入口力求完全透明，却从未实现：透过玻璃窗格的视野和参观者身后场景的反射意味着“邀请”与“拒绝”这两种由来已久的模糊关系依然存在——尽管是以一种微妙的、反射的形式。

### 开场姿态

设置场景、激发好奇心并唤起信任，这些都是在设计初期完成的。即便空间戏剧构作的出发点不是入口，而是让建筑在周围的都市环境中脱颖而出[180]，但还是有三种基本的开场类型：直接开场、依次开场和延迟开场。我们将在下面的回顾中确定第三部分研究案例类型的归属。直接开场是类似雷鸣般的掌声或开场哨声这样的形式，依次开场从介绍开始，延迟开场则以引子、前奏、预演或序幕开始。这三种开场方式并不具体针对特定的建筑类型，而是针对个别的项目，关于这一点我们可以用贝多芬九首交响曲的开场部分来说明：《第三交响曲》《第五交响曲》《第八交响曲》采用的是直接开场；《第一交响曲》《第二交响曲》《第四交响曲》《第七交响曲》采用的是神秘的延迟开场；关于《第六交响曲》，我们几乎无法确定迅速消失的开场是否为主旋律的一部分；而到了《第九交响曲》，我们也无法确定闪动的片段是否会发展成为主旋律——情况就是如此，因此《第六交响曲》和《第九交响曲》采用的是依次开场。

### 直接开场

从我们进入的那一刻起，直接开场就将关键的主题呈现在我们面前，如拉孔琼塔博物馆、威亚地区幼儿园、沃尔萨尔市新艺术画廊、林肯大道1111号停车场、麦可考米克论坛学生活动中心、格拉斯哥艺术学院里德大楼、阿布泰贝格博物馆及俄亥俄州立大学娱乐与体育运动中心中所示。莱斯班德码头水上运动中心和柏林爱乐音乐厅，也通过精心布置的全景视图向我们快速展现了主要空间，延续了入口处引入的主题。这种开场方式强调了空间如何延续，而不是即将出现“什么”。

### 依次开场

依次开场只对主题进行不完整的介绍，揭开即将出现“什么”，因为我们并不知道这个片段是会发展成主题，还是只作为序幕出现。在埃克塞特学院图书馆、卢浮宫朗斯分馆和耶鲁大学艺术与建筑系馆，以及柏林新国家美术馆案

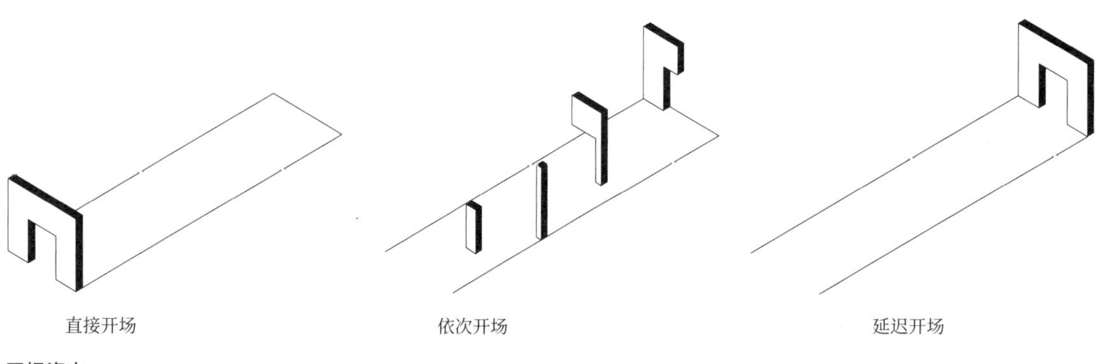


开场姿态

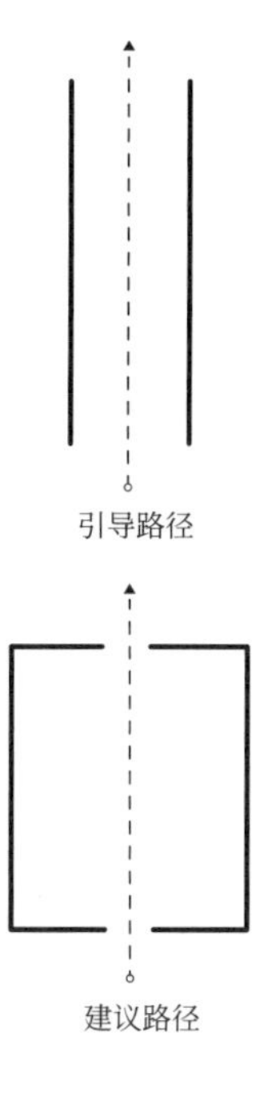


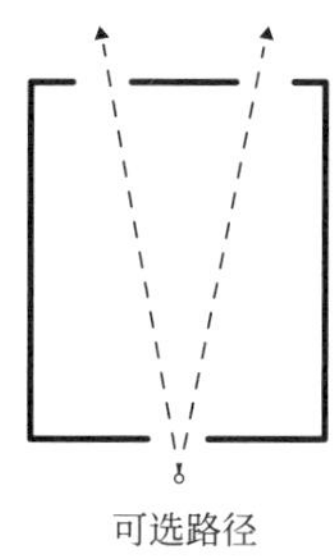


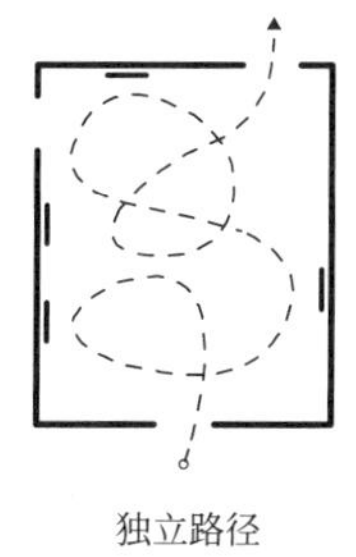


**路径类型**

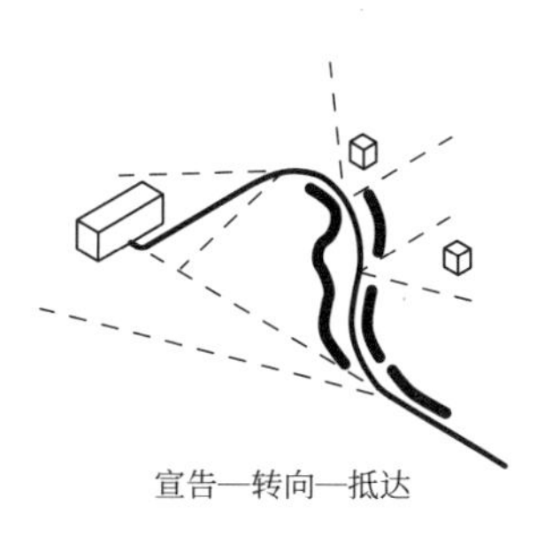


**三合一的开场顺序**

例中，只有回过头来才会发现，这些开场其实是主题的一部分。

### 延迟开场

如果那些一开始就把我们送到错误方向上的开场是自成一体的，或者在回头看的时候发现它与其他部分形成了鲜明对比，又或者如瓦尔斯镇温泉浴场那样，开场只是外部世界和内部世界之间的纽带，那么可以说这就是一个延迟开场。它们通过不透露任何信息的方式强化了紧张氛围。即便是当它们反复出现在建筑中时，如梅赛德斯-奔驰博物馆的中庭和电梯，它们仍然形成了对比。

### 三合一的开场序列

在很多英国的园林，我们从一开始看到的目的地，如宅邸，都是经过部分遮挡的，因此，人们必须绕过障碍才能抵达目的地。方向上的改变使我们有机会看到全新的场景，这些吸引人的场景转移了我们对原来目的地的注意力，直到我们突然发现自己就站在它面前，距离意外地近，还能从另一个角度欣赏它。我们会因为自己如此轻易地就被“牵着走”而感到惊讶。在室内，虽然我们无法像在城市或乡村环境中广泛运用“宣告”“转向”“抵达”这种三合一的序列，但是这种序列还是有其用武之地的。在俄亥俄州立大学娱乐与体育运动中心和莱斯班德码头水上运动中心案例中，我们在踏入房间的那一刻便看到了一些只能在多次转向后才能看到的场景。在梅赛德斯-奔驰博物馆中，传奇展厅的第一个场景挡住了巨大的中庭，接下来的场景面向巨大的中庭敞开。在瓦尔斯镇温泉浴场、卢浮宫朗斯分馆和埃克塞特学院图书馆中，游客必须首先穿过隧道和对比鲜明的玻璃大厅，或是走进建筑的深处，然后才会意识到外墙的内部与内墙的外部是相似的。

三合一的开场序列是一种非常有效的戏剧构作手法，因为它们在空间上或时间上构成了独立的点，有助于将我们的时间体验和空间的心理构建联系起来，可以用在上述三种开场类型中。

## 参数10：路径

### 路径类型

路径不仅是一条路线。路线仅仅表明了两点之间的可测量距离，而路径实际上是可供行走和体验的，因此也是通过我们的移动显现出来的。利用伊丽莎白·布卢姆[181]关于“引导路径”和“分散路径”（可供我们漫步和游走）之间的有效差异的观点，我们可以确定四种不同的路径。

**引导路径**是划定界线的、线性的，不让我们偏离道路，而且只提供几处可以停留的场所，如桥梁、楼梯、过道等。

**建议路径**没有明确划定界线，却有着强烈的建议性，如通过出入口的定位来实现。

**可选路径**产生于两个同样有吸引力的目的地的定位。

**独立路径**产生于空间存在几个有吸引力的目的地时，如画作或风景吸引我们在空间内漫步、徘徊、折返，等等。在这样的空间（通常被认为是要去的地方）里，路径同时出现，逐渐消失，然后重新形成，让我们能够继续探索。

如先前所述，兰根基金会美术馆的流通系统以引导路径为主，柏林爱乐音乐厅的流通系统以可选路径为主，阿布泰贝格博物馆和麦可考米克论坛学生活动中心则以独立路径为主。这些路径类型是由有限的几个基本移动图形构成的。

### 移动图形

最简单的移动图形是线条。当一条通道分成两条同样重要的通道时，我们称这种情况为分叉；当分成一条主道和一条侧道时，我们称其为分支。如果存在多条路径，它们要么平行运行，要么交错运行。

如果将路径视为平面上的线，那么所有的情况都可以简化为上述四种路径形成的移动图形之

吉萨河谷神庙（公元前25世纪）
平面图

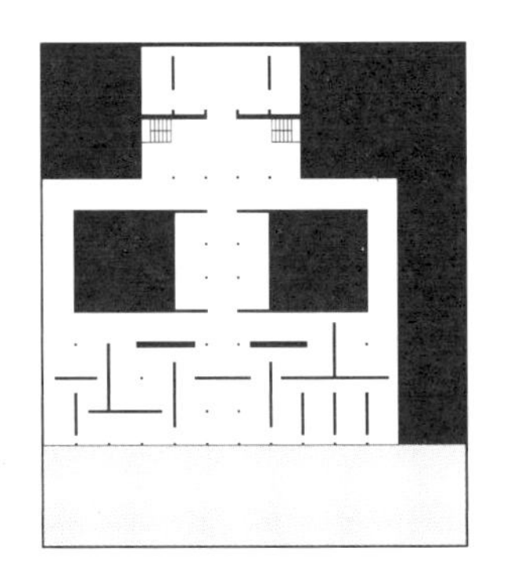

柏林新国家美术馆（1968年）
平面图

**相连分叉路径的两种变体**
**（二级移动图形）**

一，这也是为什么我们称之为一级图形。

使用这些图形的线性序列可以创造出不同的戏剧构作叙述。

分岔给路径带来的一系列分割与连接，将“看与被看”的主题发展成循环出现的“不再被看”。这种图形是编排设计的基本元素，不论建筑类型如何，我们几乎都可以在其平面图中找到这些图形，如公元前25世纪的吉萨河谷神庙（Valley Temple of Giza）或威尼斯互助会建筑的双段楼梯。在一些平行的垂直楼梯（埃克塞特学院图书馆和耶鲁大学艺术与建筑系馆）、多余的循环路径（柏林爱乐音乐厅和阿布泰贝格博物馆）、对称的空间结构（柏林新国家美术馆）和流动空间（瓦尔斯镇温泉浴场和卢浮宫朗斯分馆）中也出现了这种图形。

成串的交叉构成了一个路径网络，需要使用者不断做出决定。它们最适用于过渡类型的戏剧构作（费尔贝林广场地铁站亭），也造就了二元空间结构（梅赛德斯-奔驰博物馆）。

由一系列分支形成的梳状结构路径，常见于住宅建筑和行政建筑，或与大型宗教建筑相邻的小教堂。拉孔琼塔博物馆的内庭、埃克塞特学院图书馆的小阅读室、阿布泰贝格博物馆的洞穴结构，以及瓦尔斯镇温泉浴场的空心砌块都是分支路径的例子。这种目的地空间是一种冒险的戏剧构作策略，因为通过标示出转折点，增加了人们的期待。在理想情况下，它们既能强化紧张氛围，又能带来轻松之感。

当根据交通方式分隔进出通道时，通常会产生一系列的平行路径。例如，在林肯大道1111号停车场案例中，步行楼梯与汽车坡道是分开的，而不是交叉的。（可以满足不同使用者对空间的独立路径要求——一条访客通道，一条员工通道——这是一种路径可能不会交叉的特别情况，在此不予进一步考虑，因为我们关心的是可进入的公共空间。）

在它们的纯粹形式中，这些一级移动图形和二级移动图形都是死胡同。打开它们的方式是在整片区域内复制图形，以此生成基础模式、网格和网络，它们的交叉点可以连通，因而形成了各种各样的可选路径。我们称这些图形为三级移动图形。此外，多萝西娅（Dorothea）和格奥尔格·弗兰克（Georg Franck）[182]已经证明了我们行走于世界的方式（从步行到飞行）可以描述为具有不同渗透性的跨尺度自相似路径——我们称之为四级移动图形。当然，公共室内空间也是这种分岔形网络的一部分，不过，如第204页参数1中提到的，它们通过循环路径解决了自己形成的死胡同问题，即使这是由于将出入口合二为一的需要造成的。

如果我们将一级移动图形的开放端或起始点连接起来，线条就变成了环形，分岔变成了带有可选路径的封闭环形，分支变成了带有建议主路径的封闭环形。例如，人们循着一条清晰的路线穿过建筑，然后经由一条辅助路径回到入口，就像在彼得·艾森曼的韦克斯纳视觉艺术中心（Wexner Center for the Visual Arts）遇到的情况一样。路径交叉互联，形成了一个“8”字环图形，平行线条变成了扣环，星形变成了轮子。由互联产生的移动图形，我们称之为五级移动图形。

最终，当人们走出平面进入体量空间时，便形成了六级移动图形。直线可以变成坡道或级联结构，环形可以变成螺旋形，交叉结构可以变成上方桥架，环形路线可以变成分层结构，轮子可以变成带有子午线的球体，扣环可以变成蛇形（与螺旋形不同，因为路径是左右交替蜿蜒向前的）。

所有路径系统都是由这六个级别的图形构成的。它们与建筑构图的戏剧构作特征具有相关性，这可以在两个案例中得到证明。[183]

**沃尔萨尔市新艺术画廊**：考虑到该建筑的体量形式，立体的循环路径并不是一种很好的选

移动图形

### 研究案例的空间和路径结构

每个字母都代表了一个可识别的空间或空间组合，正如序列空间的设计和规划中所定义的。如果建筑的引导空间没有其他用途，则不用字母做标记，而是在序列前面用逗号表示。“空间结构”代表了（多组）空间及“时间和路径结构”通常的体验顺序。字母旁边的括号指出，这只是从建筑中穿过的几条可能的可行路径。

| | 空间结构 | 时间和路径结构 |
|---|---|---|
| **费尔贝林广场地铁站亭** | A | A |
| A：通道 | | |
| **拉孔琼塔博物馆** | A-B | A-B-A |
| A：大厅 B：房间 | | |
| **林肯大道1111号停车场** | , A-B | A-B-B-A-B-A-B-A-B-B-A |
| A：高层 B：低层 | | |
| **柏林爱乐音乐厅** | A-B | A-B-A-B-A |
| A：门厅 B：礼堂 | | |
| **兰根基金会美术馆** | A-B-C | A-B-C-A |
| A：花园 B：玻璃建筑 C：下层走廊 | | |
| **埃克塞特学院图书馆** | , A-B-C | A-B-C-B-A |
| A：大厅 B：书架 C：小阅读室 | | |
| **格拉斯哥艺术学院里德大楼** | A-B-C | (A-B-A-B-A-B-(C)-A) |
| A：大厅 B：工作室 C：报告厅 | | |
| **莱斯班德码头水上运动中心** | , A-B-C | (A-B-C) |
| A：趣味浴场 B：户外泳池 C：药物浴场 | | |
| **柏林新国家美术馆** | A-B-C-D | A-B-C-D-C-B-A |
| A：平台 B：大厅 C：走廊 D：花园 | | |
| **沃尔萨尔市新艺术画廊** | A-B-C-D | A-B-A-C-A-D-(C)-A |
| A：楼梯 B：爱泼斯坦藏品展厅 C：白色立方体 D：塔楼房间 | | |
| **阿布泰贝格博物馆** | A-B-C-D | (A-B-C-D) |
| A：楼层 B：立方体 C：洞口结构 D：特殊时刻 | | |
| **耶鲁大学艺术与建筑系馆** | A-B-C-D-E | (A-B-A-C-A-D-A-E-A) |
| A：楼梯 B：展厅 C：图书馆 D：绘画室 E：报告厅 | | |
| **威亚地区幼儿园** | A-B-C-D-E | A-B-C-D-E-A |
| A：衣橱 B：小组活动房 C：游戏天地 D：小桥 E：工作室 | | |
| **卢浮宫朗斯分馆** | A-B-C-D-E | A-B-C-(B)-A-D-A-E-A |
| A：多功能大厅 B：走廊 C：玻璃长廊 D：特别展厅 E：低层 | | |
| **瓦尔斯镇温泉浴场** | , A-B-C-D-E | A-(B-C-D-E)-A |
| A：走廊 B：室内泳池 C：组块 D：户外泳池 E：蒸汽浴场 | | |
| **梅赛德斯-奔驰博物馆** | A-B-C-D-E | A-B-C-D-E |
| A：塔楼 B：临时展厅 C：特别展厅 D：跑车区 E：购物区 | | |
| **俄亥俄州立大学娱乐与体育运动中心** | A-B-C-D-E | A-B-C-D-E-B-A |
| A：一号大厅 B：凹陷区域 C：二号大厅 D：跑道 E：一号大厅走廊 | | |
| **麦可考米克论坛学生活动中心** | A-B-C-D-E-F-G-H | (…) |
| A：非正式工作区 B：餐饮区 C：购物区域 D：运动区 | | |

择。相反，独立的岔路在三个不同场景下从中央的双线路中分离出来。起初是一种不规则的宽窄螺旋形引导结构，然后从中分出一个L形分支，通往爱泼斯坦藏品展厅，最后到达其尽头的全景环形路线。整个中心结构并不是自上而下贯穿的，而是通过这些组合变得不那么显眼。这对体验每一个对比强烈的氛围来说至关重要，因为它们是流动的连续体，而非被分隔成不同楼层的片段。

**梅赛德斯-奔驰博物馆：**中央双螺旋结构的首尾两端——由网格路径和螺旋结构组合而成——受到两个线程分离与重新接合的限制。它们呈现出了截然不同的情境。在设有独立路径并略微倾斜的前厅，一条路径从中穿过，入口和电梯将这条路径引向桥面。在走廊的尽头，两个线程在最后的弯道处会合，然后在宽阔的三角形地块那里通向商店和食品销售区。

<u>路径宽度</u>

最后，我们将宽度视为通道的另一尺度，提出了三种选择：通道的宽度可以保持不变，可以在特定点临时加宽或进行限制，路径的其余部分也可以加宽和变窄（详见第209页通道形状）。在进入建筑或是变换楼层时，改变宽度的情况是最为常见的，但是如果改变发生在中途，如沃尔萨尔市新艺术画廊或SR所示，那么可能会出现氛围突变的情况。宽阔的楼梯可以充当舞台，而狭窄的台阶会激发人们内省。在沃尔萨尔市新艺术画廊，由宽到窄的变化模式为空间增添了内景效果，而在SR，由窄到宽的变化模式则带来了令人愉悦的效果。彼得·艾森曼在韦克斯纳视觉艺术中心的设计中，通过引入堪比塞缪尔·贝克特风格的建筑妙语，嘲讽人们对人体尺度、规范尺寸、死胡同、博物馆环形路线、窥视和深渊的固守：他将狭窄的通道引向狭窄的楼梯，以至于人们不得不弯着腰爬上楼梯，结果楼梯悬在半空中，游客只能在这里透过灰色的玻璃看到相邻剧院的灰色走廊。

## 参数11：结束

我们在此用理查德·瓦格纳的音乐剧来做比较。戏剧能够以想象中的得偿所愿[如《莱茵的黄金》（*Das Rheingold*）]或欢庆时刻（《纽伦堡的名歌手》）收尾，也能以渐渐消逝[《特里斯坦与伊索尔德》（*Tristan und Isolde*）]或是循环往复并以失败告终[《漂泊的荷兰人》（*Der fliegende Holländer*）]，或以无法逾越的障碍[《罗恩格林》（*Lohengrin*）]收尾，可以使时间凝固[《女武神》（*Die Walküre*）]，或是在毁灭[《众神的黄昏》（*Götterdämmerung*）]之后开启新的篇章，那么空间的戏剧会以何种方式结束呢？

<u>返回路径</u>

根据古斯塔夫·弗赖塔格的戏剧理论，传统的“封闭”戏剧将不可逆转地朝着结局发展，跌宕的情节应该尽快结束。[184]影院的无窗安全通道直接将观众送到街上，可快速疏散人员。然而，即便是前去参观某些临时展览的游客也能感受到，当出口与入口分开时，他们是被引导着走进和走出的。有着独立出入口的空间结构更像是通道、门户或片断场景。用与进入空间时同样的方式走出空间，会受到游客诟病，因为我们在两个方向上的体验是完全不同的：在回程中，我们以相反的顺序、全新的视角和全新的系统体验这些场景，墙壁也交换了各自的角色（后墙变成了前墙等），我们开始构建自己的体验。我们可以通过两种方式达成目标：返回路径或循环路径，换句话说，与再现或封闭循环有关。

<u>再现</u>

如果返回路径在形式上与人们来时的路径相同，这就是再现。拉孔琼塔博物馆以公式化的简洁性展现了返回路径如何为我们提供完全不同的体验：进入时，我们朝着前墙走去，返回时，我们朝着一个通往外部世界的狭窄开口走去。在有冥想氛围的环境中，如音乐厅、图书馆或艺术学院，应当给游客留出足够的时间思

再现

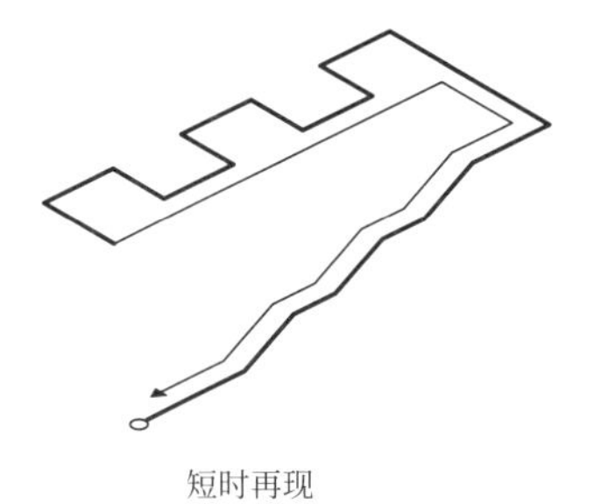

短时再现

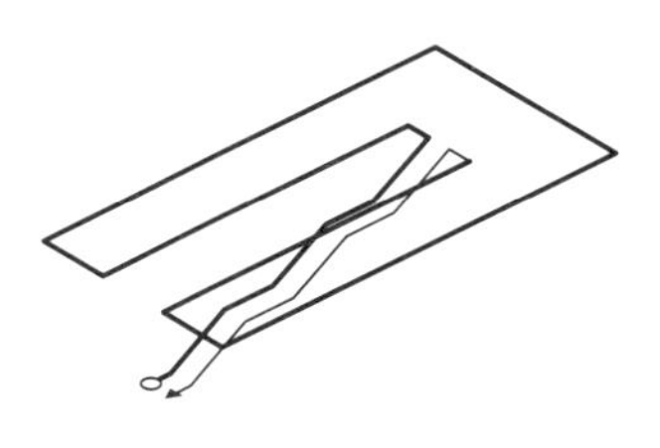

标示出的完整循环

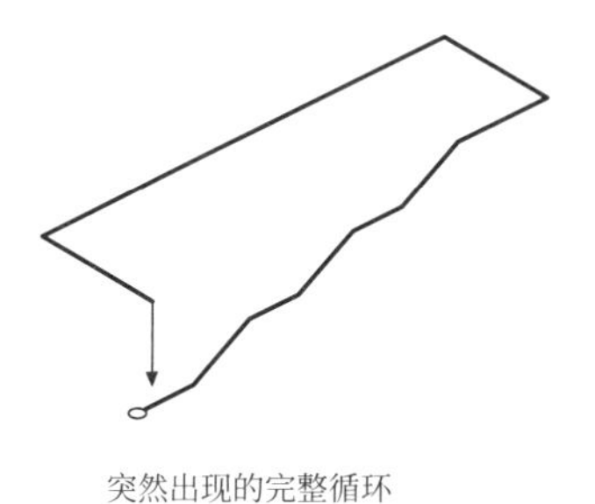

突然出现的完整循环

**返回路径**

考他们的体验，并重新回到日常生活中，因此没有理由变更或缩短返回路径。将短时再现应用到柏林爱乐音乐厅、埃克塞特学院图书馆和格拉斯哥艺术学院里德大楼案例中显然是不恰当的。

### 短时再现

短时再现是由人们在进来的路上选定的点构成的。这种方式是空间开阔的环形建筑类型的最爱，SGE建筑便采用了这种方式。除了拉孔琼塔博物馆这个特例，我们研究的博物馆案例中再未出现过完整的再现。在沃尔萨尔市新艺术画廊内，如果循环路径将我们带回爱泼斯坦藏品展厅，可能会给空间的私密性带来相当大的影响。在卢浮宫朗斯分馆的展厅内，短时再现（返回的直接路径与从展厅穿过的蜿蜒路径平行）是显而易见的最佳选择，因为与远处的美化视角相比，展品并没有因为近距离的欣赏而大放异彩。

### 标示出的完整循环

在轴对称建筑内，如柏林新国家美术馆，循环路线的闭合处早早就被明显地标示出来。在较低层，让中轴线从空间的流动中穿过，提供清晰的指示。这样一来，即便是第一次参观画廊，人们也能清楚地看到循环路线是在何时、何地以及如何交会的。标示出的完整循环是所有结局中最不起眼的。

### 突然出现的完整循环

多数游客不希望重复上坡和下坡，更愿意通过最短的路线回到起始点。这种情形有个著名的案例，就是勒·柯布西耶设计的萨伏伊别墅（Villa Savoye）（1931年）中的坡道和楼梯的“古怪组合”。如果捷径非常隐蔽且出现的时刻无法预料，人们会突然发现自己在空间绕了一圈。威亚地区幼儿园、兰根基金会美术馆和俄亥俄州立大学娱乐与体育运动中心就是这样的例子。

### 假的结尾

当人们发现道路仍在继续，远不是自己所认为的终点时，假的结尾或表面上的结尾会带来惊喜。这在兰根基金美术馆会中产生了戏剧性的效果。在卢浮宫朗斯分馆、沃尔萨尔市新艺术画廊、格拉斯哥艺术学院里德大楼、麦可考米克论坛学生活动中心、阿布泰贝格博物馆，特别是柏林爱乐音乐厅的门厅中，人们不断遇到障碍，于是更想知道路线如何继续并在何处继续。

### 回望

回望能让人心驰神往，可以唤起记忆并阐明关系。在沃尔萨尔市新艺术画廊内，人们可以在走出展厅时经过峡谷般的楼梯，并透过窗户最后扫视一下爱泼斯坦的藏品；从兰根基金会美术馆的走廊只能看到大厅的部分景象；从离开威亚地区幼儿园的楼梯上可以看到会客厅的侧景；从俄亥俄州立大学娱乐与体育运动中心的跑道上可以回望一下场内的设施；从瓦尔斯镇温泉浴场的走廊可以在一开始就看到浴场的全貌。在埃克塞特学院图书馆中，稍微夸张一点儿地说，光是大厅就让人流连忘返。而在阿布泰贝格博物馆中，在进入场地后不久就可以回望走过的区域，那里始终预示着结局的开启——但是结局的结束是什么样的呢?

### 结束场景

与剧院相比，建筑中的空间结构和时间结构是不同的。在空间结构方面，转折点是结局。转折点即空间结构中最远的点，我们会在这里停下来，转身往回走。一旦抵达转折点，我们会“看到一切”。在某种意义上，这是一个关键的场景，我们此时对整个空间结构有了一个“结论性的”认识。在这一点上，我们的关注点会从向前看变为回忆，并对我们所看到的一切进行排序，从累积转向组合。相反，就时间结构而言，体验结束的地方是入口——通常与出口相同。出口有时被设计成“结束场景”，但有时只能是适当的尾声。接下来，我们将以解决、告别、概括、加速、淡出、平衡和开放式结局，对典型结束场景的不同功能和不同特征进行阐述。

**解决**：在理性的“封闭式”悲剧中，“解决”将叙述的线索联系起来，以此结束剧情的发展。它相当于我们所说的“突然出现的完整循环”——虽然这些建筑与其说是在解决冲突，不如说是破坏了积累起来的情境。然而，SdC和沃尔萨尔市新艺术画廊，完成了真正的建筑解决：互助会建筑是通过空间划分完成解决的，而博物馆是通过组合完成解决的。

**告别**：后墙是布置告别、致敬活动的理想之地，因为它们不在人们进入时的视线范围内。这样的例子包括哥特式教堂的圆花窗或巴洛克式教堂形如管风琴的膨胀体量，以及在20世纪前半期火车站常见的标志性区域全景图。在“时间”与“地点”的对抗中，按照传统，这些全景图会设置在与前墙上的时钟和火车时刻表相对的后墙上。由马丁·博伊斯（Martin Boyce）为格拉斯哥艺术学院里德大楼设计的彩色玻璃板也是一个告别结构——并以此向一旁由麦金托什设计的建筑致敬。典型的后墙设计还包括高窗（沃尔萨尔市新艺术画廊中的爱泼斯坦藏品展厅）和走廊（瓦尔斯镇温泉浴场、兰根基金会美术馆和俄亥俄州立大学娱乐与体育运动中心剧场大厅）。如果需要避免后墙出现，一般会采用角落到角落之间的循环（如阿布泰贝格博物馆内的三叶草形画廊、耶鲁大学艺术与建筑系馆的工作室和埃克塞特学院图书馆的大厅所示）、弓形循环（梅赛德斯-奔驰博物馆内的传奇展厅），以及流动空间内墙壁的独立定位（柏林新国家美术馆）。

**概括**：概括性场景对上述场景进行了全景式概述，甚至是在一种强调的视角下对所有主角进行最后的回顾，使人联想到宏大的歌剧或音乐剧。梅赛德斯-奔驰博物馆内最后一幕在弯道上的车辆队列便有这种效果（但此处的弯道是布景中的高潮，而不是空间戏剧中最精彩的部分）。在瓦尔斯镇温泉浴场、埃克塞特学院图书馆和柏林新国家美术馆的大厅内，可以看到不那么喧闹却令人陶醉和鼓舞的概括性场景。这些场景位于过渡入口空间之前，因而弱化成了独立的尾声。例如，从柏林新国家美术馆的内部楼梯可以最后一次仰视天花板的壮观底面。相比之下，在埃克塞特学院图书馆内，穿过大厅后沿着石灰华楼梯向下看到的场景，远远逊于进入建筑时从下方仰视所见的场景。

**加速**：在对梅赛德斯-奔驰博物馆的讨论中，我们注意到，噪声、欢乐和活力与我们对先前所见元素进行的压缩、强化和加速回顾密切相关，几乎到了疯狂的地步。在意大利咏叹调中，这是“结尾加快段”（stretta），在交响乐中，这是“终曲”，在正式舞会中，这是“最后一支舞”。如果我们将俄亥俄州立大学娱乐与体育运动中心的休闲区视作尾声，那么我们从跑道上看到的全景就是“结尾加快段”。

**淡出**：兰根基金会美术馆利用景观进行了缓慢的淡出处理。相比之下，在局促的城市环境中，很难对空间边界、结构、主题和氛围进行缓慢淡出、逐渐稀疏或完全消解的协调处理。然而，在柏林爱乐音乐厅中，随着人们朝着出口走去，门厅的复调结构逐渐淡化，变得稀疏。在俄亥俄州立大学娱乐与体育运动中心休闲区及麦可考米克论坛学生活动中心，边缘区域为人们离开提供了不同的路径选择。

**平衡**：在卢浮宫朗斯分馆的出入大厅中，可以看到与主场景强度平衡相对应的结构（宽敞且具有多功能），它不是简单的淡出或尾声，但也不是概括或进行强调的空间。

**开放**：开放式结局可以通过“它们不是什么”来进行最佳定义：它们是不使用上述六个选项的结尾。它们没有示范性的结束场景——这种场景无法存在于具有可互换场景（无须按顺序

由皮埃尔·查里奥设计的玻璃屋（1931）

体验）的戏剧作品中。[185]像耶鲁大学艺术与建筑系馆和阿布泰贝格博物馆这种过渡类型的戏剧就是这种情况（再如麦可考米克论坛学生活动中心和费尔贝林广场地铁站亭）。从某种意义上说，俄亥俄州立大学娱乐与体育运动中心也是这个类型：跑道、绯红色天桥、大堂和休闲区提供了多个可选择的结束场景。

最后，同样重要的是，结束场景绝不是入口场景的镜像，埃克塞特学院图书馆可以证明这一点。相反的视角和不同的时间体验赋予同一空间以不同的意义：在进去的路上充当主场景序幕的部分，在出来的路上可能就显得微不足道了。

## 参数12：场景

使用

在剧院戏剧构作的背景下，我们将场景定义为"从时间的无定形流动和空间的无定形边界中摘录的实体，它们可以吸引目光、明确预期或唤起记忆"。同样地，就其本身而论，是使用者而不是创造者定义了构成场景的元素，这一点绝对适用于空间的戏剧构作。与剧院不同的是，空间不创造第二现实，而是通过"被使用"来展现自己。因此，建筑场景可能比实际界定的空间要小或大。例如，窗户把手不仅展现了打开窗户的可能性，还通过被使用变成了一种场景。在由皮埃尔·查里奥（Pierre Chareau）设计的玻璃屋（Maison de Verre）（1931年）内，"打开"（open）这一动作创造了一种场景：转动滑轮便可拉开百叶窗。铁轮旁边，三角钢琴的乳白色琴键触手可及，铁轮和钢琴摆放在镶有橡胶的地板上，这一场景不亚于"缝纫机和雨伞在手术台上偶遇"[186]的超现实主义场景。这种摆放方式已经变成了一种独立的实体，机械转轮和乳白色琴键的双重场景也因此与其他元素联系起来。

下面，我们通过几个案例中的衣帽存放处（或运动设施中的更衣室），对这种以目标为导向进行使用操作的布景处理进行研究。

细分、排序和选择

自古以来，前厅一直是用来协调、定向和控制通路（及检查装束）的空间。无论是狭窄的封闭空间，如德国柏林旧国家美术馆[Alte Nationalgalerie Berlin，1876年，由弗雷德里希·奥古斯特·施图勒（Friedrich August Stüler）设计]，还是宽敞的门厅空间，如纽约的大都会艺术博物馆[Metropolitan Museum of Art，1902年，由理查德·莫里斯·亨特（Richard Morris Hunt）设计]，这类临界空间都与后续空间清楚地分隔开来，通常是通过在空间内提供狭窄的、可望而不可即的视角来实现的。柏林爱乐音乐厅将衣帽存放处向深处延伸至门厅，使其成为门厅的沟通式元素和结构的一部分来解决这种分隔情况。这样，它们就不会成为潜意识里令人不快的空间（通常沿着墙壁迎面排列或是躲进昏暗的角落），而是位于主入口通道的两侧，这样一来，等候和递交外套也变成了门厅漫步体验的一部分。

在柏林新国家美术馆中，前厅和主要房间的传统顺序彻底改变了。这里没有前厅，衣帽存放处也像展品一样设置在大型展厅内——只有在参观者欣赏了空间戏剧之后才会进入视野。在俄亥俄州立大学娱乐与体育运动中心，在前往更衣室之前，人们首先会看到后续空间的诱人场景。而在莱斯班德码头水上运动中心，封闭的更衣室是一个过渡区，在这里可以完成从泳池的初始轴向视野到对角线视野的转换。

相比之下，在瓦尔斯镇温泉浴场中，更衣室位于传统风格的主要空间之前，并被设计成临界空间。在威亚地区幼儿园中，更衣室最先出现，并被设计成后续房间的一部分。沃尔萨尔市新艺术画廊的衣帽存放处只不过是主入口大厅的一个边缘分支，而在梅赛德斯-奔驰博物馆、卢浮宫朗斯分馆、阿布泰贝格博物馆和兰根基金会美术馆中，衣帽存放处位于尽头或地下室。在这些案例中，衣帽存放处则被视为不具备交际功能的次级服务区。尽管衣帽存放处属于次要空间，但是在卢浮宫朗斯分馆和阿布泰贝格博物馆中，对构建主要空间和次要空间的两种主要对比方法进行了说明：在卢浮宫朗斯分馆，几乎所有与博物馆参观相关的次要活动（从野餐到参观图书馆）均被纳入卖场一样的入口大厅，而在阿布泰贝格博物馆，所有次要场景都作为展览空间内“正在展出的展品”[187]散落在博物馆各处。

模糊的边界、内部或先前的布置、收集、分配和替换是定位、连接和重叠场景的主要选择。

谈到场景的布置，首先必须对它们所形成的分组规模进行处理。

分组

研究案例空间和路径结构表（本书第230页）显示，“服务”空间的数量，即对公众开放的区域，几乎从来不会超过5个——这似乎是人在经过时能够记住和理解的最大空间数量。如果出现5个以上的不同空间的群组，显然需要进一步分组，每组的组成空间数量仍然不超过5个。就这一点来说，麦可考米克论坛学生活动中心是个例外，它有8个独立的组成空间，其中几个空间总是立刻就能被看到。这样不仅可以发挥调动和激励作用，而且还能提供定位并辅助记忆——事实上，8个成员中的“额外”空间可能超出了我们的理解范围，但通过它们的（片断性的）存在，导致“较少”的连续场景，从而有助于人们定位。

间离效果

如果场景“有什么不对的地方”，或者虽然是连贯的，但并不自然，这可能与间离效果有关。通过背离特定规则、惯例及相关意义，我们可能会对某个场景倍感陌生，因此每次体验时都会重新考虑自己的想法。间离效果超越了仅仅给人带来惊讶或突然中断的元素，当不仅是个别元素而是整个场景都背离了我们所理解和期待的逻辑、理性、动机和常态时，它可能会产生相当持久的影响。贝尔托特 · 布莱希特（Bertold Brecht）意识到，间离效果本身并不会引发批判性思考，相反，它有助于我们更加彻底地融入环境；他基于“催眠暗示”，对间离效果的“古老”形式（如中世纪和东亚的古老戏剧所示）和“全新的”间离效果（按照他的提倡和预期）进行了区分，并认为应当“将社会环境中的现象从书系的烙印中释放出来”[188]。

本书的几个案例利用间离效果打造了持久但并不能完全理性解析的效果。卢浮宫朗斯分馆难以靠近的墙壁不仅使个别场景从环境中突显出来，还为展示艺术作品创造了令人迷醉的背景。在兰根基金会美术馆中，虽然巨大的户外楼梯与地下长廊在主题上相关，但是其不明确的用途（除了临时用途外）和不合理的位置着实令人困惑。它似乎关联了某些未被认定的直接背景的元素，因而还有待诠释。耶鲁大学艺术与建筑系馆的报告厅运用间离效果来挖掘缩放法在趣味性方面的潜力：虽然报告厅仅比富丽堂皇的客厅大一些，但其具有大都市剧院的所有结构特征，其内的每个场景都带有讽刺意味。

这三个场景以多元化且模棱两可的方式关联了其他场景和情境。较为明显的是，在麦可考米克论坛学生活动中心（如庭院内植入的设有折叠式躺椅的“小屋序列”）和阿布泰贝格博物馆（夜总会风格的视听设施的设计），在间离效果的使用中可以看到其他场景和世界（字面意义上的）的置换。

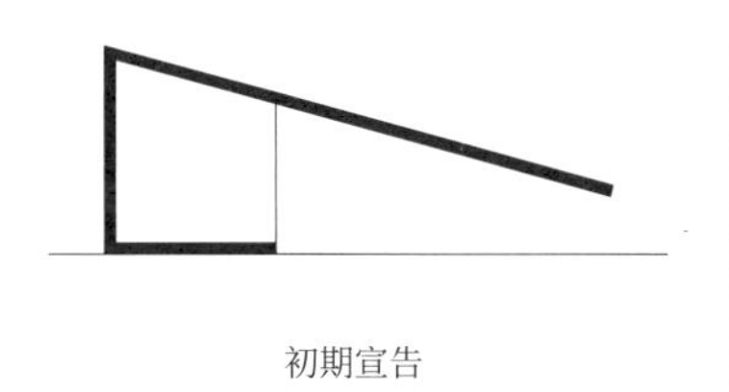

初期宣告

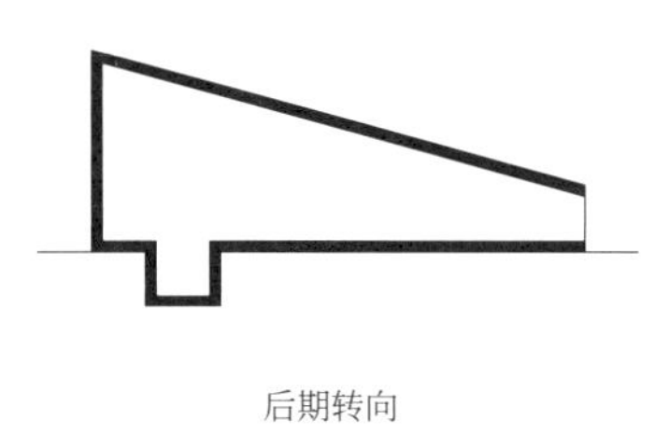

后期转向

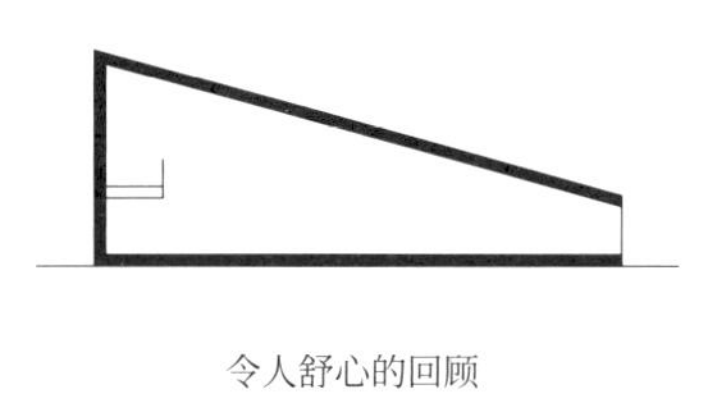

令人舒心的回顾

空间序列（Ⅰ）

## 参数13：序列

在我们转向戏剧性发展线等包罗万象的现象之前，我们首先会在微观层面上对场景的顺序进行研究。建筑内也涉及某些场景的布置，这些场景按照惯例来固定，而且会在建筑及建筑史的叙述中反复出现。它们成为体验和理解空间的重要时刻，因为它们不只是简短的插曲，即使在初期的时候我们也能体验这些空间。

### 初期宣告

在参数9一节中，我们将三合一的开场序列呈现为宣告、转向和抵达。人们即将看到的空间的初期宣告是一种大型场地所钟爱的设置，因为它使我们意识到它的规模，并使我们对空间有了一个整体的认识，我们可能会假定这是对客户本人有了精心组织的“整体认识”。初期宣告，通过“对前方信息进行传递”[189]这一方式建立一条主要的戏剧性发展线。它是英式园林设计最喜欢使用的方法：视图是以风景如画的乡村庄园场景进行展现的，但是道路并不直接通向那里；相反，道路通向远方，并向其他区域和中心延伸，似乎忽略了我们的目的地。地面的起伏变化和植被遮挡了目的地，我们会从另一个方向突然抵达。我们沿途经过的其他元素会吸引我们对场地进行深入的探索。初期宣告不一定出现在戏剧的开头，也可以出现在戏剧的发展过程中，如引入一个全新的部分。俄亥俄州立大学娱乐与体育运动中心的跑步机桥和莱斯班德码头水上运动中心的多个前视图和对角线视图便是此类初期宣告的范例。

### 后期转向

三合一的开场序列不一定需要很多的空间。我们可以建立并尽可能长时间地保持“宣告”的活力，然后再次借用剧作家古斯塔夫·弗赖塔格的戏剧理论，产生“在最后一刻突然转向”的效果。例如，在快要抵达明亮房间的大门之前，我们可以看到昏暗房间一侧的有趣场景，我们粗略地参观了一下，因为场景很近，我们不想错过这里。在场景内，我们忘记了原定的目的地，直至我们离开次要房间时，才突然记起我们的初衷。阿布泰贝格博物馆，还有它的后继者，由汉斯·霍莱因设计的形如一块蛋糕的法兰克福现代艺术博物馆（Museum of Modern Art in Frankfurt），都充满了这种戏剧交织结构。

### 令人舒心的回顾

三合一开场序列的另一常见变体是建筑通道的回望视图，如从桥或走廊望向别处。我们走进入口大厅，看到了护面墙上方有一条无法直接进入的走廊，走廊一直延伸至侧墙。我们从走廊下方穿过，进入建筑的深处，如进入楼梯大厅，爬上楼梯，转几个弯，顺便检查一下我们的方向，然后突然从门里钻出来，进入走廊，我们可以在这里回望入口区域的景象。这是一个令人放松和兴奋的时刻，因为这里充当了停歇区域，不仅标示出抵达的时间和空间舞台，还为人们提示了方向。在由卡尔·霍赫德（Carl Hocheder）设计的新巴洛克风格的慕尼黑公共浴池（Müllersches Volksbad）（1901年），人们便可以通过几处这样的走廊回望入口大厅及主泳池大厅的景象，而由勒·柯布西耶设计的拉罗什别墅（1922年）更是对走廊进行了细致入微的打造。我们研究的几个案例，如柏林爱乐音乐厅、麦可考米克论坛学生活动中心、莱斯班德码头水上运动中心和格拉斯哥艺术学院里德大楼，都拥有大量的回顾视角——在这里，行程不会分散我们的注意力，因此并没有真正让人舒心和宽慰的效果。然而，在梅赛德斯-奔驰博物馆中，M区画廊面向中庭开放，而传奇展厅及C区画廊则与中庭分隔开来。在威亚地区幼儿园案例中，人们可以透过工作室内的落地窗回望会客厅内的景象。

### 过渡交织

如果形成鲜明对比的连续空间的主导参数不是同时发生变化，而是像影片淡入淡出一样互相衬托，便会产生一个兼具两个世界特征的过渡区。例如，将低层房间的地面延伸至高层房间

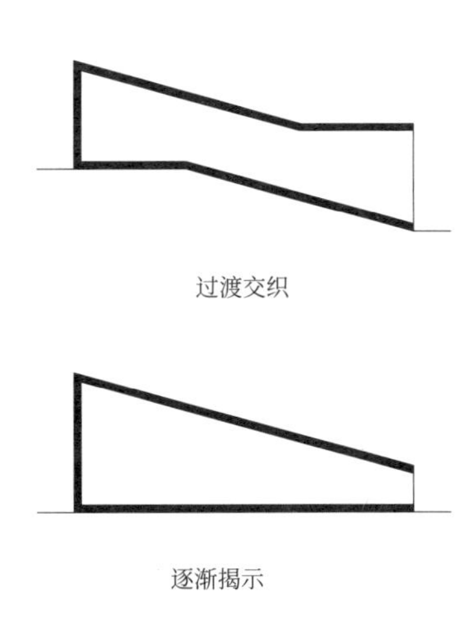

过渡交织

逐渐揭示

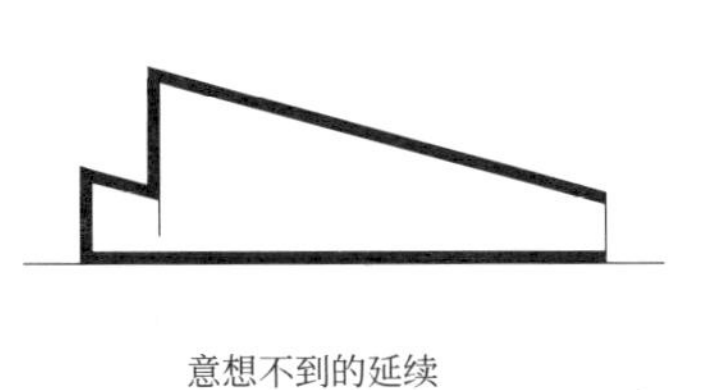

意想不到的延续

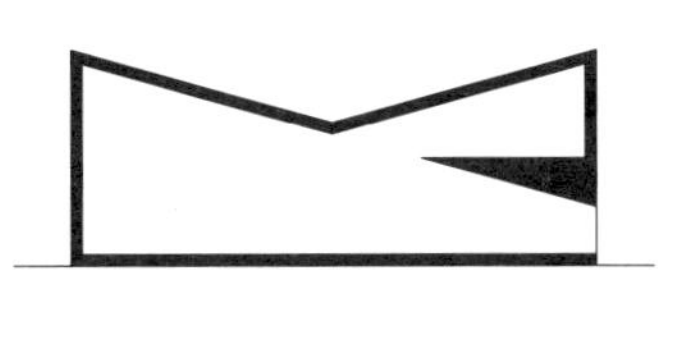

令人惊讶的揭示

空间序列（Ⅱ）

的空间，可能会影响洒满黄色灯光的低层水平空间与自然光照射的高层垂直空间之间的过渡区。这是一种引人注目、令人欣喜的姿态：我们好像是从下方进入大厅的，然而已经置身其中，并感受着它的规模与亮度。阿布泰贝格博物馆的各个部分都存在这种过渡交织情况，还有前面提到的法兰克福现代艺术博物馆，从前厅到大厅的过渡区也存在这种过渡交织情况。

### 逐渐揭示

场景的线性序列可以根据不同的原则进行布置：整齐的行列（阿布泰贝格博物馆中的立方体）、规则的波动（埃克塞特学院图书馆）、越来越快的简短片段（俄亥俄州立大学娱乐与体育运动中心）或逐渐增加的强度（林肯大道1111号停车场）。特别是在前两种较为安静的形式中，逐渐揭示的过程甚至不需要引入新的元素。例如，从初始场景可以看到即将到达的目的地和通往目的地的道路的局部景象，随着人们继续向前，目的地的场景陆续显露出来，最终呈现出完整的画面。这种逐渐揭示甚至可以将单室空间中最简单的线性过程变成趣味横生的体验，因为前进路上的每一步都有助于人们理解初始画面的缘由和效果。对于这类戏剧构作，浮现的景象必须壮观或令人印象深刻，但还不能过早地揭示效果背后的缘由（例如，光源的位置和类型或耳堂的宽度）。逐渐揭示是我们称为“教堂戏剧构作”的核心原则，因为教堂及其他相似空间的拉丁式十字平面一定会有这种效果。莱斯班德码头水上运动中心、瓦尔斯镇温泉浴场和埃克塞特学院图书馆均是以逐渐、定量的揭示方式进行操作的，在卢浮宫朗斯分馆和柏林爱乐音乐厅中，双重的空间结构也是以两个部分接连自我展现的方式进行布置的。

### 意想不到的延续

通过将空间序列延伸到目的地之外，逐渐揭示可以被重申和超越。这在线性、定向和逐渐展现的序列中非常有效。在很多英国大教堂（如韦尔斯大教堂）中，高祭坛的后方空间在主唱诗班席位的高潮之后延续继而达到顶峰。它们并不是尾声，因为它们与主唱诗班席位一样属于同一空间类型。更确切地讲，它们是意想不到的“加演曲目”，显而易见的“多即是多”，信心十足的“乐趣无穷”。我们在满腹疑惑时被突然吸引，这也是它们独特魅力的一部分：在敏感的时刻，通过控制我们对结束的期待，打开了通往近乎童话般的另一世界的大门。

### 令人惊讶的揭示

当意外的延续出人意料时，短暂的怀疑会让我们感到惊讶，但这种情况具有童话般的特质，却反过来证实了事先存在的序列。更令人惊喜的是让我们已经知道和见过的事物呈现出新的光芒。这种令人惊讶的瞬间是“转身”时刻，那时我们才意识到我们身后是什么，并意识到自己有些愚蠢可笑。在由西奥多·菲舍尔（Theodor Fischer）于1910年设计的乌尔姆圣保罗教堂（St. Paul's Church in Ulm）中，圣坛区域面向西面而不是东面，并进行了不可思议的压缩，半圆形后殿完全没有缓和前墙给我们留下的坚硬印象，面对这种粗糙、刺眼的景象，我们只好转过头去。这时，我们便能够看到两层错落有致的宽阔的弧形唱诗班阁楼，上方的穹顶内还有一个同样错列的管风琴。我们在刚刚穿过了这道东墙（相当于奥托王朝时期的西墙），在进入教堂的时候完全没有意识到它并没有像通常那样（尽管经常展示玫瑰窗）附属于圣坛区域，而是被设计形成直接的对立面，可以说它是教堂中更为主要的时刻。[190]

这种令人惊讶的揭示与逐渐揭示的临时视角大相径庭，这一点应当是明确的。虽然我们在案例研究中描述了很多意想不到的延续和令人惊讶的揭示例子，但是这些和谐相融的视角和空间的影响在韦尔斯大教堂（Wells Cathedral）和乌尔姆圣保罗大教堂的单室戏剧构作中更为明显。

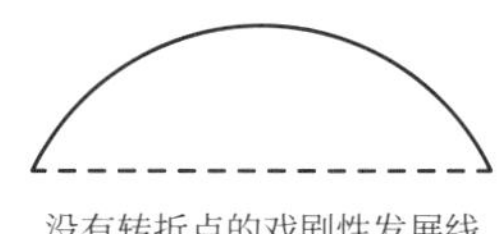
没有转折点的戏剧性发展线

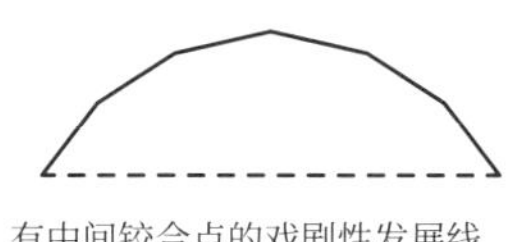
有中间铰合点的戏剧性发展线

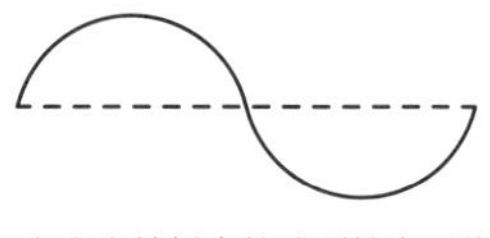
有中央转折点的戏剧性发展线

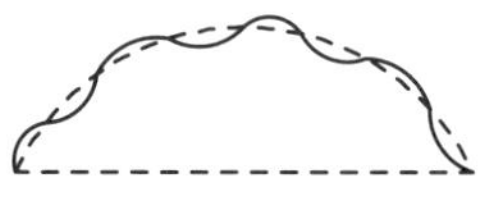
有多个转折点的戏剧性发展线

有几个转折点的渐进式间隔

初期出现转折点的间隔

戏剧性发展线（Ⅰ）

## 参数14：戏剧性发展线

空间戏剧构作可能与戏剧界的戏剧类型有相似之处：阿布泰贝格博物馆与时事讽刺歌舞剧相似，瓦尔斯镇温泉浴场和林肯大道1111号停车场与前面提到的场景剧相似，柏林新国家美术馆像单人剧，而沃尔萨尔市新艺术画廊像双人剧。这种结构上的相似性让这些建筑展现类似的戏剧构作效果。然而，通常情况下，空间戏剧构作是多样且不相关的，因此，在进行结构研究时，最好抛开戏剧类比。

### 没有转折点的戏剧性发展线

空间戏剧中的转折点标志着情绪的变化，造就了我们所见的事物，然后以一种全新的角度出现，或是表示空间体验的一个全新的、意料之外的方向。拉孔琼塔博物馆、威亚地区幼儿园、莱斯班德码头水上运动中心、费尔贝林广场地铁站亭中的空间序列均有惊喜和高潮的时刻，但是没有转折点。没有转折点的戏剧性发展线像是没有反派角色的戏剧，如上述四个案例所示。它们最适用于单一空间建筑和小型空间序列。没有反派角色的较长的空间序列可以是不同寻常的或充满禅意的，通过看似永无休止的变化来保持这种状态，否则戏剧性发展线就达不到预想的效果。例如，粗糙雕琢的新古典主义通常试图通过夸张的手法来克服这一点，但多半是不成功的，过度装饰或强行插入气派的中庭结构的现代主义办公建筑也是如此。

### 有中间铰合点的戏剧性发展线

如果人们看到的事物呈现出一些新的维度，如果连续的情绪逐渐发生变化，或者空间序列朝一种意料之外但又显得很真实的方向展开，那么这些变化的点被称为铰合点。在拉孔琼塔博物馆、威亚地区幼儿园、莱斯班德码头水上运动中心、费尔贝林广场地铁站亭中都存在铰合点。不过，铰合点在有“反派角色”的空间戏剧中最为明显，例如，在格拉斯哥艺术学院里德大楼案例中，峡谷中庭和工作室之间的对抗带来了很多铰合点，但并没有形成完整的转折点。这些是小惊喜、充满活力的时刻、重要事件、站场空间和注入空间。它们以较小的规模存在着，常见于一组空间内，如柏林爱乐音乐厅的门厅、瓦尔斯镇温泉浴场和莱斯班德码头水上运动中心的大厅、梅赛德斯-奔驰博物馆M区画廊等。铰合点是设计空间戏剧构作的重要工具。

### 有中央转折点的戏剧性发展线

单一的中央转折点可能在长时间的开场之后出现，如柏林爱乐音乐厅或卢浮宫朗斯分馆所示，也可能在几个明显漫无目的的序列之后出现，如兰根基金会美术馆所示，甚至是在半路上制造惊喜，如SR所示。每个案例中都有一个积聚而成的悬念，在给人们带来期望感的同时，又不会透露关于最后即将出现的结构的形式或本质。在卢浮宫朗斯分馆和柏林爱乐音乐厅中，转折点出现较早，但是随后人们的体验会通过各种令人愉快的转向而被尽可能地延迟。转折点在出现时是势不可当的，释放的情绪和迷人的效果不断涌现。最后，我们置身于即将出现的新元素的结构中，解放我们的思想来接纳这里。转折点对于具有喜庆特色的空间序列来说至关重要，而且会提升大多数空间的戏剧性。

### 有多个转折点的戏剧性发展线

在俄亥俄州立大学娱乐与体育运动中心中，每到达一个新空间都会遇到一个新的转折点。但是，由于我们从抵达的那一刻起就知道建筑内存在一个高潮点，因此，体验不会只是一系列独立的片段。我们要么穿过深谷，沿着突然出现的宽阔的弧线路径行走（引导我们离开高潮点直至忘记这个高潮点），要么在抵达高潮点时，通过回顾性的循环路径以电影的方式“总结”我们所见的一切。我们的其他案例并没有体现这一戏剧原则，这是英式园林、柯布西耶式漫步建筑及娱乐与体育运动中心常见的操作方式。

框架间隔

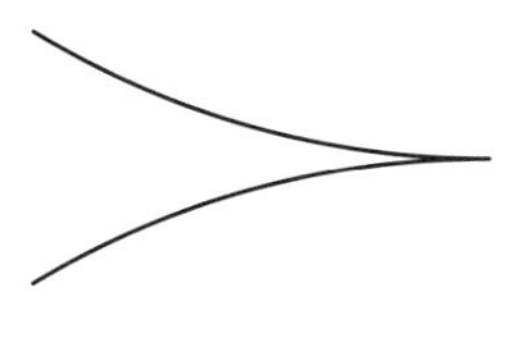

汇聚线

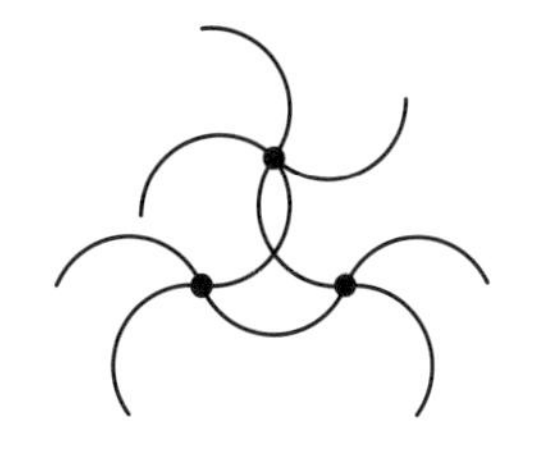

竞争发展的转折点

收缩至单点

**戏剧性发展线（Ⅱ）**

**有几个转折点的渐进式间隔**

在林肯大道1111号停车场中，两种空间类型——高举架的和被压缩的——以一种不规则且变化无常的渐进式序列形式交替出现，然后到达高潮，也就是终点。

**初期出现转折点的间隔**

在埃克塞特学院图书馆和瓦尔斯镇温泉浴场中，我们不会想到空间的渐进式序列，由于引导性场景的限制，以及由不确定性引发的期待被整体结构的概览所取代，游客可以在逼仄或宽敞的空间、中心或外围、大厅或洞口结构之间自由漫步。游客可以冷静且自信地探索空间，先前不确定的感受被兴奋的紧张感所替代。

**框架间隔**

在梅赛德斯-奔驰博物馆，游客穿过一系列有着不同氛围、主题和尺度的引导性空间序列，然后抵达标志着走廊开端的单缸发动机的转台。从这里，空间在M区画廊和C区画廊之间、路径之间交替出现，然后抵达最后的弯道，其中两个线程在此汇聚一处，并延伸至结尾多线程的商品销售区。

**汇聚线**

沃尔萨尔市新艺术画廊的走廊出现了很多令人意外的时刻，但只存在于塔楼房间的最后空间内，它们在这里汇聚。在SGE内，尽管建筑内存在各种其他庄严、宏伟的时刻和操作，但汇聚线程仍是支配一切的主题。

**竞争发展的转折点**

在有些戏剧构作中，在不影响整体内在一致性或平衡性的前提下，几乎每一种情境都是最重要的部分。这类戏剧只能在“分散式”建筑中得以发展。在阿布泰贝格博物馆、麦可考米克论坛学生活动中心以及SdC中，各个部分不断地竞争；在耶鲁大学艺术与建筑系馆中，对建筑中心点的细化加工不断地被古怪主题的变化和强调所削弱。这种戏剧构作的用意是将我们的注意力从整体转向个体，在众多的点和线中转移我们的注意力，引导并吸引我们。通过丰富的体验，使人们感到愉悦，即便这是一幕令人疲惫的讽刺剧。

**收缩至单点**

在柏林国家新美术馆案例中，在与重要空间建立联系之前，建筑的各个部分被设计成连续的体验，这样便可以将它们作为一个整体进行体验。线条消失并收缩至一个单点。

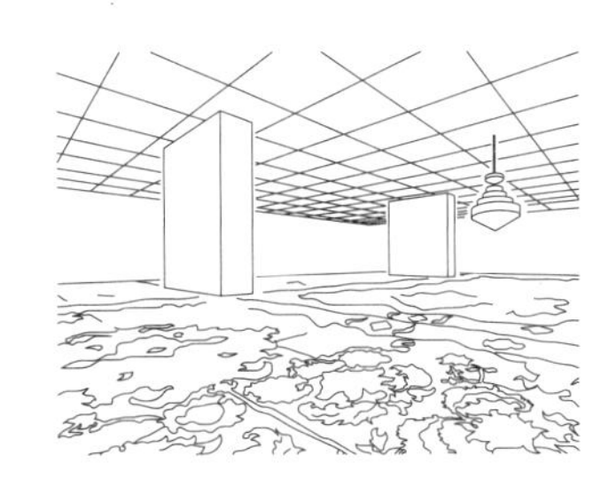

由鲁道夫·斯汀格尔设计的德国柏林新国家美术馆的“生活”展厅（2010年）

# 主 体

## 参数15：通感

所有空间戏剧构作都是通感模式的。虽然对建筑通感模式相关性的认知获得了越来越多的关注，特别是通过尤哈尼·帕拉斯玛（Juhani Pallasmaa）[191]和格诺特·波默的作品[192]，但通感模式在实践中的应用一直是断断续续的。由于缺乏对非视觉感官的考虑，很多建筑恢宏的内部空间都不尽如人意。例如，很多博物馆的新鲜空气供应普遍不足[193]，无菌空气已经成为博物馆永恒氛围的特征之一。在埃克塞特学院图书馆中，空调的噪声和由此产生的干燥空气影响了人们的空间体验——这种情况在一座结构本身容易形成烟囱效应的建筑内很难避免。

现在我们对视觉、触觉及听觉特性协同作用的可能方式进行一下研究。最偶然的形式是同一个元素同时刺激了多种感官，如当我们步行穿过空间时，可以看到光滑的大理石地面，听到脚步的回声。如果元素的连续表现刺激了多种感官，便可建立空间的联系：耶鲁大学艺术与建筑系馆的地毯、沃尔萨尔市新艺术画廊和埃克塞特学院图书馆的木制品，以及柏林新国家美术馆、瓦尔斯镇温泉浴场和阿布泰贝格博物馆的石头便起到了这样的作用。我们先是听到脚下的声音，然后直接碰触长凳。不同感官印象的不同触发因素通过同步（如麦可考米克论坛学生活动中心和娱乐与体育运动中心）或对比（林肯大道1111号停车场的混凝土视觉、触觉断奏与周边环境的白噪声），通过从属关系（卢浮宫朗斯分馆玻璃圆柱的无噪声效果和整体可见性）或借助媒介使它们以情景化的方式组合在一起（梅赛德斯-奔驰博物馆中穿越时间线的展品与历史背景相结合），营造出不一样的氛围。

因此，大受追捧的通感绝不是感官组合设计的唯一方法。事实上，如果协调得过于完美，感官印象很快就会变得平淡无奇。针对不同感官的不同信息——即使有时不那么协调——是可取的、刺激的，甚至是必要的。我们必须承认，并非每次都要明确地涉及所有感官。柏林爱乐音乐厅简化的色彩搭配是预算有限的产物，引发的触觉刺激相对较少，更多的是视觉和听觉的刺激。几乎没有什么会像突然沉寂某个感官通道那样令人感到解脱和振奋，例如，从德国柏林新国家美术馆的花岗岩地面切换到楼下的地毯后，我们的脚步声消失了。画家鲁道夫·斯汀格尔（Rudolf Stingel）通过在柏林新国家美术馆大厅铺设地毯，赋予宽敞、开放的大厅以会客厅的品质，而大厅中央的吊灯更是进一步突出了这一效果。[194]出乎意料的是，宽敞布局与吸音效果并没有相互抵消，由此产生的间离效果令人们惊叹不已，使人们停下脚步，在空间中闲聊起来。

## 参数16：表面

与空间戏剧构作相关度最高的表面特征是材料、结构、色彩以及粗糙度、硬度、亮度和穿孔。我们已经在案例研究中详细介绍了各项目的材料特性和结构或图案，它们的穿孔效果将分别在“参数17：光线”和“参数18：视图”两节中进行论述，本节我们来分析表面参数的色彩、粗糙度、硬度和亮度。

### 色彩

1986年，重建后的巴塞罗那展馆重新开放，而从1989年柏林墙倒塌后，游览德绍包豪斯学校建筑（Bauhaus Building in Dessau）变得容易起来。人们这才惊讶地发现，这些建筑事实上有着艳丽的色彩，而在此之前，它们仅出现在黑白照片之中。对色彩的分析和再现的技术迅速发展，使色彩成为建筑创作和体验的焦点。

色彩在空间戏剧构作中的作用基本上可以通过主色调、次生色或点缀色来进行理解。主色调和次生色通常覆盖了较大的表面，而点缀色则强调了较小的表面，这三种类型在一个房间内同时出现或是分散在一系列房间内。次生色可以像主色调一样有存在感，甚至比主色调更有存在感，但其定性作用仍是次要的，这或许是因为它一般被应用在不太突出的表面上，或者因为它的色调不那么醒目。在我们的多数案例中，主色调为中性色，而点缀色则比较鲜艳。更重要的是，多数案例只使用了一种主色调（通常是材料本身的色彩），不使用次生色，但使用多个点缀色。在使用多个点缀色的案例中，这些颜色通常会被应用在建筑的不同部分。次生色的缺失会带来两个结果：一是以主色调表面为背景的点缀色更加醒目；二是色彩并非持续的主旋律。

在我们的案例中，主色调最为醒目的是费尔贝林广场地铁站亭的红墙，在绿色和黑色的对比下，红墙向各个方向有力地延展，使灰色的地面、白色的天花板和黄色的顶灯退为背景色。正是这种角色的明确分配，使墙壁能够引导人的移动，并赋予站亭以动态特性。另外，在耶鲁大学艺术与建筑系馆，橙色和米色对比鲜明的相互作用建立了一种令人兴奋却精致平衡的移动和停歇模式。柏林新国家美术馆（灰色和黑色或白色）和威亚地区幼儿园（高饱和度的颜色和白色）这两个案例，采用了以双色配色方案创造自身平衡的独特空间这一方法。不过，麦可考米克论坛学生活动中心的四色方案与上述案例不同：在这里，色彩从一个区域向另一个区域延伸，而移动则有助于平衡体验。

在莱斯班德码头水上运动中心和阿布泰贝格博物馆，从彩色洞穴结构中可以看到点缀色不仅最具戏剧性，同时也最为矛盾。浴池边缘红—黄—绿三色的戏水浅池洞穴很像镜框式舞台，规模虽小却向各个方向伸展，使整个空间焕发生机。与互助会建筑的圣坛或教堂的后殿一样，戏水浅池洞穴是人们在水上运动中心内的目的地。另外，阿布泰贝格博物馆封闭的彩色洞穴仅局限于博物馆的内部：人们发现自己突然沉浸其中，好像体验了一场短暂而密集的色彩淋浴，沐浴后的人们倍感清爽和欣慰。在柏林爱乐音乐厅的白色门厅中，点缀色的使用则大为不同：色彩只用在个别平面上，虽然从远处就能看到这些平面，但是它们并没有起到吸引目光、划定区域或建立独立空间的作用，最多只能产生所谓的透光圆花窗的同等效果。这一点同样适用于柏林新国家美术馆：通风管道的绿色大理石覆层是唯一的色彩，由于这些是凸面体量（而独立式凹面木质衣帽间并不是步入式空间），因此材料的点缀色是对物体而不是对空间进行了定义。

如果增加颜色，即不是材料本身或染料的色彩，它们通常具有非物质化的特性。如拉孔琼塔博物馆粉刷过的石膏板或涂漆的天花板，它们与墙壁和地面的混凝土不同，也不会与墙壁和地面的混凝土形成对比，像是经过了“隐藏”处理。威亚地区幼儿园也采用了类似的原则，用色彩来掩盖天花板的质地，只有在近距离观察时才能认出那是裸露的刨花板。

#### 粗糙度

在现代建筑中，光滑的地面、墙壁和天花板是标准结构。卫生、使用的灵活性、安全性、明确的施工规格和表面上的良好品质要求这些饰面达到最佳状态。粗糙的表面要么被认为是不完美的或有缺陷的，要么被视为特殊状态或精彩的高潮点。在我们的案例中，只有拉孔琼塔博物馆对光滑的表面毫不妥协，甚至早在建筑泛出铜绿之前，就保留了建筑构造的痕迹和材料的时间性。相比之下，在耶鲁大学艺术与建筑系馆中，虽然脊形混凝土表面也很粗糙，但整体效果却是人为制造的，是高度城市化的产物。格拉斯哥艺术学院里德大楼的峡谷中庭和柏林爱乐音乐厅门厅的墙壁和立柱可以看到相反的效果，尽管刷上了油漆，但粗糙混凝土的质地仍然非常明显：色彩层次成功地弱化了粗糙的质地，但并没有彻底掩盖，因此在近距离观看时，它的纹理仍然十分明显。在柏林爱乐音乐厅，礼堂墙壁不均匀的粗糙质地和天花板底面吸声灰浆的均匀粗糙度表明，墙壁既不像纸一样薄，也不是整体筑造而成的，而是精心装配而成的。表面浮雕展现了粗糙度的另一个方面：即使浮雕的个别表面非常平滑，如莱斯班德码头水上运动中心的六个边界表面所示，浮雕作为一个整体，也可以说是一种放大的粗糙度形式。这种“平滑粗糙度”或“粗糙平滑度”赋予边界表面一种反常的、不朽的触觉特性。

## 硬度

通常，我们希望建筑结构保持其形态和形式。[195] 在我们的案例中，至少有三分之一在地面铺设了地毯，地毯柔软、易折，但只能保持一小段时间，然后便自行恢复原有形态。窗帘可以拉开和收拢，或是在风中飘动，但通常也会回到原来的位置。在柏林新国家美术馆和卢浮宫朗斯分馆中，窗帘沿玻璃幕墙排列着，但是在库哈斯设计的鹿特丹当代美术馆（Kunsthal Rotterdam）（1992年）和坂茂（Shigeru Ban）设计的位于东京的住宅中，窗帘本身变成了真正的主角。坂茂的老师雷蒙德·阿伯拉罕（Raimund Abraham）则把自己设计的“有窗帘的房子”（House with Curtains）（1972年）看成一个项目，因为在现实生活中，这座房子中的窗帘需要借助人造风来展现其不断飘动的形态。

在所有边界表面中，天花板最有可能变成柔性结构，即无伸缩性变形，但是我们的案例缺少这种天花板示例，这可能是受到了设计意图和现代天花板内复杂管道装置的影响。只有当我们用“柔性”来描绘造型而不是材料质地时，才能将柏林爱乐音乐厅的弧形天花板和SdC的藏书室视为近似于由柔性结构组成的天花板示例。在梅赛德斯-奔驰博物馆内，游客可能会思考：墙壁—天花板褶皱的巨大扭曲是否为柔性结构，或者它们只是形成的结果？

在这个背景下，我们还可以思考一下“坐姿”。近年来，数字化改变了家庭环境与工作环境之间的常规界限和风格界限，公共领域和私人领域之间的界限也发生了根本变化。如今，舒适、休闲、休息室般的内部空间为酒店酒吧、工作场所或展厅等各种各样的公共空间增色不少。我们多数的案例没有反映这一趋势，但两个有着讽刺意味的案例却在这一方面起到了铺路的作用：阿布泰贝格博物馆非同寻常的沙发布置，耶鲁大学艺术与建筑系馆外观雅致的沙发及令人紧张的放置方式。

## 亮度

在互助会建筑内，我们已经注意到增加材料反射率（从沉闷到有光泽）的总体策略。在我们的案例中，这种策略并不多见，交替模式的例子也不多。相反，它们确立并保持了一种贯穿连续空间的光泽特征，如上蜡的抹灰地面。当然也有例外：在柏林新国家美术馆的大厅中，力求同时呈现光亮的花岗岩地面和亚光的黑色天花板，在反射表面和吸收表面之间保持某种平衡。为了展现亚光表面的效果，较低层放弃了这种平衡，允许油画反光。在卢浮宫朗斯分馆，亚光背景小于房间尺寸并化作框架，反过来被闪闪发光的表面所包围：闪闪发光的墙壁，连同光滑地面和具有调光效果的条状板材天花板，使空间边界融入光线作用而变得模糊起来，让艺术作品重新焕发生机。在卢浮宫朗斯分馆中，亮度是一大特色，而在麦可考米克论坛学生活动中心，则尝试了对不同程度的亮度进行对比：从石膏板沉闷、未加工的表面到铝制和沥青浇筑的亚光表面，再到色彩斑斓的全息墙面和反射出失真映像的不锈钢面板。

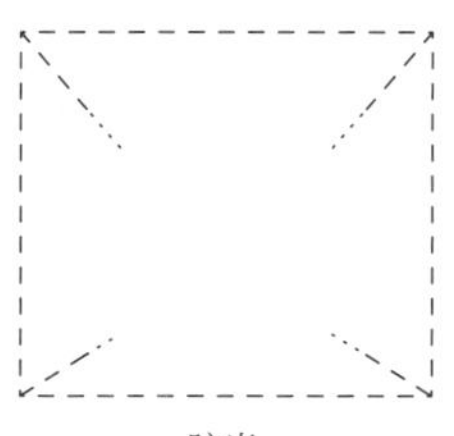
眩光

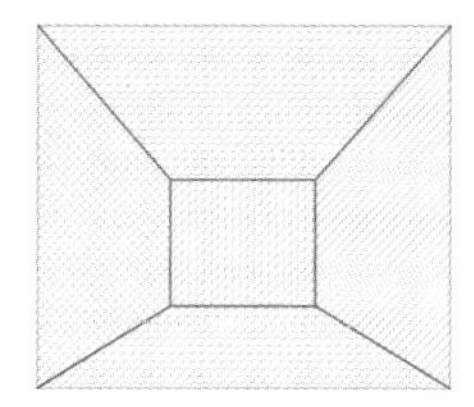
泛光

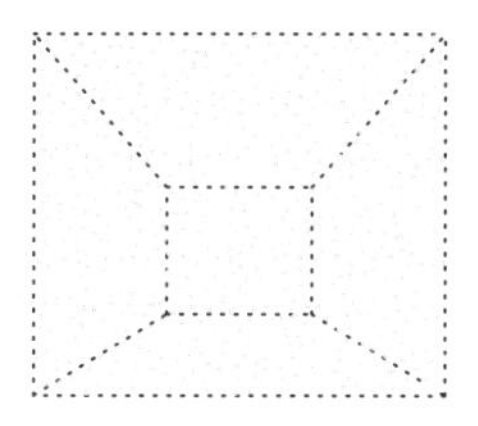
漫射光

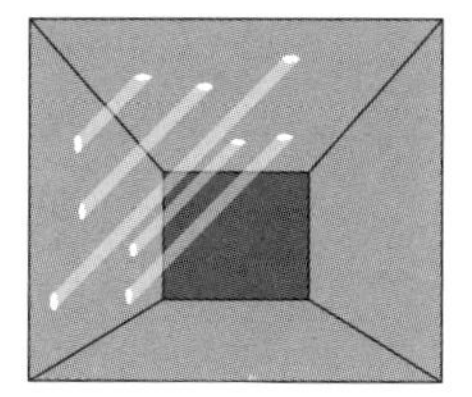
斑驳光

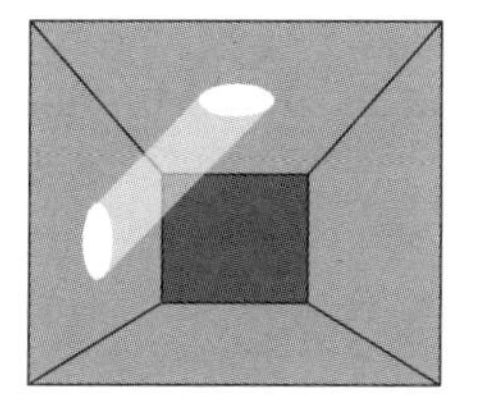
成形光

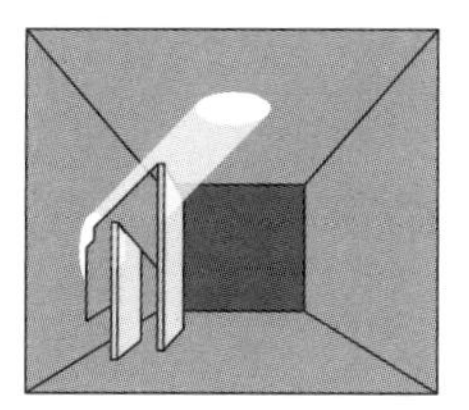
分段光

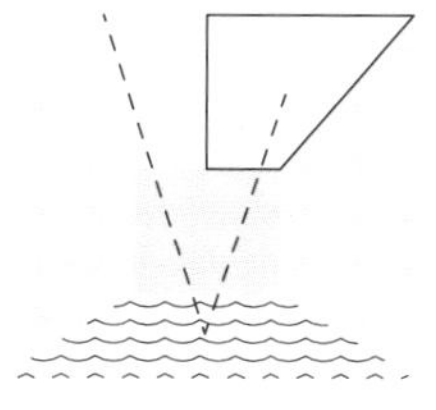
反射光/移动光

移动光

光线表现

## 参数17：光线

### 光线表现

诸如直接照明和间接照明这样的概念配对，或“由暗到明”等标准方法往往非常模糊，并没有展现光线影响空间戏剧构作的迷人方式。虽然在这里系统地探讨所有可能性是不现实的，但是我们可以对自然光线在建筑空间内的惯常表现进行研究。

**眩光**：如果光量过多，我们要么避开光线，寻找减少其影响的方法，将其汇聚成几个小的闪光点，要么将其用作瞬间的视觉冲击，如阿布泰贝格博物馆的桶形玻璃拱顶。

**泛光**：大量的光线照亮了空间的各个角落，空间看上去就仿佛被淹没在光线中（如威亚地区幼儿园蓝色的小桥、麦可考米克论坛学生活动中心淹没在黄色光线中的空间、阿布泰贝格博物馆的拱形大厅）。这样的光线是可以感受到的、可以测量的、具有笼罩作用的，也是可渗透的。泛光具有令人愉悦和令人沉醉的特点，因此不适合长时间使用。

**漫射光**[196]：如果大量的光线经滤光物质（雾、云、半透明玻璃、雪花石膏）发生散射，就会产生漫射光。漫射光是欣赏艺术作品时的理想光线。如果滤光物质本身是看得见的，它们在柔和的光线下发光时，会给空间带来一种质朴的活力（如沃尔萨尔市新艺术画廊和拉孔琼塔博物馆的天窗）。在被漫射光照亮的展览空间内，另一种避免使沉思效果变得过于枯燥的方法是铺设反光地面（如沃尔萨尔市新艺术画廊的抛光砂浆层），并在次要表面上形成交错的光影和运动。漫射光营造了一种庄严的宁静感（如埃克塞特学院图书馆的大厅）或古老的永恒感（如拉孔琼塔博物馆）。

**斑驳光**：如果光线经滤光物质后没有发生散射，而是部分穿透了滤光物质，就形成了斑驳光。树叶、穿孔金属薄板、木质格栅、织物网眼或丝网印刷玻璃（梅赛德斯-奔驰博物馆和麦可考米克论坛学生活动中心）会在表面创造光束点，构成斑驳的图案。

**成形光**：如果光线是因障碍而形成的，光线投射的表面便会出现强烈的明暗对比或对照。成形光具有引人注目的对话式特点。这种对话可产生于光线形成的孔洞与出现的光斑之间（如沃尔萨尔市新艺术画廊的窗户）、狭槽与光线之间（瓦尔斯镇温泉浴场）、光影条纹之间（埃克塞特学院图书馆的阅读走廊和兰根基金会美术馆的环境），以及光线落在物体或主体上时，光线与主体之间。在格拉斯哥艺术学院里德大楼中，光线—主体的对话在表象及样式之间、永久形式和临时变形之间、材料和色彩之间来回切换。在地中海明亮的正午阳光照射下，勒·柯布西耶所倡导的明暗对照效果是戏剧性的，甚至非常明显。在一天当中，这种光线建立起形式与空间之间的关系，标明中心区域，然后将它们分开并进行重新排序，引发更多的关注。这种光线足以掩盖那些只有细微差别的空间之间的差异，让人们对于整个空间的感知更加集中和明确。它主导一切，但是只有当周围空间足够昏暗时，光线才能以光束的形式出现，成为空间的主导。

**分段光**：如果成形的光线投射到空间内的多个表面或主体上，产生了碎片化光斑，这就是分段光。光线可能来自远处，犹如教堂内的光线，在空间内创造发光点和一种浩瀚的感受。在俄亥俄州立大学娱乐与体育运动中心的大厅内和麦可考米克论坛学生活动中心的西侧尽头，这种光线反映了复杂的主体—空间关系。

**反射光**：当光线从反射介质上反射，并将偏转的光线照射到一个表面上时，我们称之为反射光。反射表面发光或反射（如卢浮宫朗斯分馆的展厅墙壁），接收表面则沐浴在光线中，特别是当表面无法被直接照亮时（如莱斯班德码头水上运动中心的天花板）。埃克塞特学院图

照明条件

| | 令人兴奋 | 令人平静 |
| --- | --- | --- |
| 埃克塞特学院图书馆 | 成形光 | 漫反射光 |
| 瓦尔斯镇温泉浴场 | 人造光变化的光斑 | 柔光 |
| 沃尔萨尔市新艺术画廊 | 成形暖光 | 上方的漫射冷光 |
| 梅赛德斯-奔驰博物馆 | 侧光 | 天花板的人造光 |
| 卢浮宫朗斯分馆 | 分段光 | 过滤和反射光 |
| 俄亥俄州立大学娱乐与体育运动中心、格拉斯哥艺术学院里德大楼 | 成形和分段光 | 漫射光 |

书馆的大厅非常巧妙地展现了无形的光线：亚光混凝土桨叶将光线柔和地反射到大厅的混凝土围墙上，使它们从内部看起来更加明亮。薄片状的混凝土表面看上去很像悬挂在空间内长长的布帘。

**移动光：**当过滤介质（麦可考米克论坛学生活动中心玻璃墙前随风摇曳的树枝）或光线接收表面处在移动时（兰根基金会美术馆、瓦尔斯镇温泉浴场、莱斯班德码头水上运动中心和柏林新国家美术馆泛起波纹的水面），光线似乎也在移动。最终效果取决于移动的节奏及观看者与移动表面之间的距离：无论实际移动多么剧烈，那些近距离看起来令人注意力分散、焦躁不安的东西，从远处看时可能会引发沉思。磨砂玻璃、冕牌玻璃（SdC）、压花玻璃和玻璃砖在本质上提供了移动光的介质。

光线条件

不同光线的有序排列同样提供了一些戏剧构作的可能：

**统一的光线条件：**房间的光线条件几乎保持不变时，其他动态现象就会成为焦点，如威亚地区幼儿园变化的空间色彩或尺寸，拉孔琼塔博物馆变化的空间高度，莱斯班德码头水上运动中心交替呈现的表面浮雕。虽然这里的光线在表面上充当了背景，但是随着时间的推移，它开始发挥关键作用：几乎恒定的光线条件让光线在一天中的细微变化越发明显。这样可以带来非常迷人的效果，如万神殿中超越物质性的戏剧性空间所示。如万神殿所示，成形的光源并非必要——拉孔琼塔博物馆的漫射顶光，以及莱斯班德码头水上运动中心泛光、成形光、反射光和移动光相结合的形式，都同样适用这种戏剧构作。唯一的前提是，光线的入口无法提供有趣的外部视野。

**交替的光线条件：**尽管有大量选择存在，但常见的模式是充满生气和令人平静的光线条件之间的交替。根据光线强度及其在空间内的时间，特性对比可以得到强化，从而形成经过仔细测量的压制和释放条件（如林肯大道1111号停车场和卢浮宫朗斯分馆所示）。交替的光线条件具有激励作用，因为游客可以自行控制交替的速度和节奏。光线对比鲜明的场景具有一个特征，就是不存在中间地带，因此，不同的部分被明显地分隔开来。除了俄亥俄州立大学娱乐与体育运动中心之外，对应结构总是在“最后一刻”出现，而且尽可能不影响在空间之前出现的光线。只有在沃尔萨尔市新艺术画廊内，成形光在临时展馆的漫射光中以强调的形式出现在角落里，虽然小心谨慎，但具有讽刺意味。

**变化的光线条件**：SdC的两个大厅将两种截然不同的光线表现结合在一起——无形光和发光体，或漫射光和泛光。在阿布泰贝格博物馆内，人们可以同时看到两种以上不同特点的光线，而麦可考米克论坛学生活动中心甚至将不同的光线情景融合在一起：泛光、移动光和分段光，形成了与教堂类似的光线效果。这里所说的光线条件并不是像古埃及神庙那种线性戏剧构作，而是多元化、片段化的空间序列。游客一直在“四处奔走”，而光线表现和光线条件也在很大程度上影响着他们的移动速度和方向。

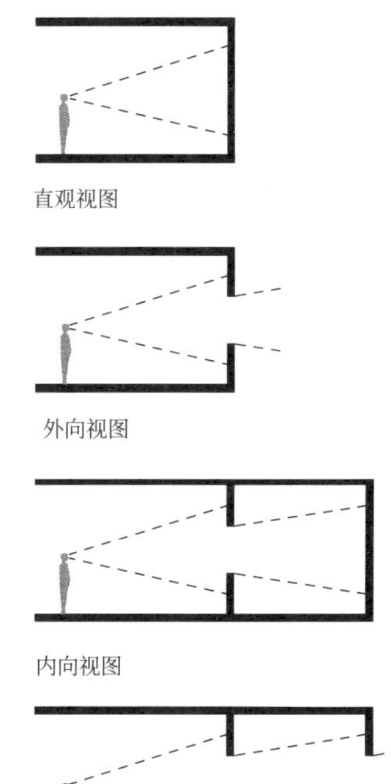
直观视图

外向视图

内向视图

通透视图

**框架视图**

## 参数18：视图

勒·柯布西耶认为，如果从正面看雅典卫城的所有建筑，就好像人们在用同样的音量在交谈[197]。视图的戏剧构作不仅与主题（“我看到了什么”）有关，还与其被看的方式（“我如何观看事物”）有关。在对我们所看到的进行探讨之前，我们首先要阐明人们观看事物的方式。

### 无意识视图

视图对刺激做出了反应。我们的目光不安地搜寻、扫视和回望，在远近之间摇摆不定，这是出于避免危险的需要和寻找有趣内容的渴望。有意识地指引人们的目光需要实践和努力，即便如此，人们的目光还是会脱离控制。在徘徊和漫步了一段时间之后，人们的目光会自然而然地停留在一些有趣的事物上。它也许是眼前视野的最深处，是吸引其注意力的事物，是关注范围内的部分，或是一些在远距离移动的物体，如飘过的云朵、潺潺的流水或穿梭的火车。通常，我们看到的是这四个部分的组合。这些“闲适幽雅的景象”[198]的主观或情境变体可以作为其他活动的临时背景。但是，如果想要引起人们的注意——无论出于何种原因，那么这些“闲适幽雅的景象”的组成部分——深度、衔接、平衡对比和移动——要么形成一种理想的和谐，要么把这种老式的和谐感打破。

### 补偿性视图

与所有感官活动一样，人们的目光会本能地寻求平衡。因此，为了从专注阅读中得到放松，人们会凝视着阅览室的屋顶（连续平衡），或是通过补偿其他负面的感官感受来平衡：例如，当感觉到寒冷时，人会本能地将关注点放在温暖的物体上（同步平衡）。如果目光不是偶然落在某物上，而是专注其上，那它必须具备更多的特点，而不仅是具备令人愉悦的温暖或明亮的特点。这类变体可分为框架视图和非框架视图两大类。

### 框架视图

人类的视野在侧面大致呈蛋形。视野边缘模糊不清，视界为弧形。[199]但是，西方艺术品和图像很大一部分是矩形的，其边缘清晰可见，并面向扁平的水平方向。这是通过将空间压平的方式吸引我们走近。在空间设计中，面对我们的墙壁就形成了一种空间的对抗。即使只是简单地在这堵墙上开一个洞，也可以同时引发兴趣并破坏墙面，从而在视线、障碍、框架和空间之间建立起丰富的关系：

- 作为面向我们的不透明表面，墙壁向我们展示了自身的直接景象。
- 如果这个表面被打上一个孔洞，它就向我们呈现出外部景象。

· 如果我们通过孔洞看到另一个独立空间，它就向我们呈现出内部景象。
· 如果后续的墙壁也被打上孔洞，这些连续的开口会将空间串联起来，呈现出通透的景象。

**直观视图：**直观视图通常是正面的，能够吸引我们的目光，不可避免地使我们在其前方驻足——如互助会建筑的圣坛墙和拉孔琼塔博物馆的空白前墙。柏林爱乐音乐厅通过创建多边形凹面的空间来避免此类醒目的视觉效果，以促进持续的视觉运动。因此，两个倾斜支撑墙和控制室的墙体在近距离看时显得更加厚重。

**外向视图：**在很多空间戏剧构作中，都有意（沃尔萨尔市新艺术画廊或埃克塞特学院图书馆）或无意地（柏林爱乐音乐厅）将外向视图用作平静或平衡的视图。在此功能中，它们展示了上文所述的“闲适幽雅的景象”的四个要素——深度、衔接、平衡对比和移动。在麦可考米克论坛学生活动中心中，外向视图通过过滤墙壁被扭曲变形；在俄亥俄州立大学娱乐与体育运动中心中，外向视图变成了戏剧舞台场景；梅赛德斯-奔驰博物馆的外向视图兼具上述两种特点；兰根基金会美术馆的外向视图变成了一种现代主义的空间压缩形式。

**内向视图：**内向视图激发了我们的窥视欲，尚未或不再属于我们这个世界的奇妙景象可以作为迷人的前方视图、忧郁的侧面视图或怀旧的后方视图（阿布泰贝格博物馆、SGE建筑和娱乐与体育运动中心运动场馆的景象，或沃尔萨尔市新艺术画廊楼梯井和爱泼斯坦藏品展厅的窗口景象）。

**通透视图：**通透视图可以用于衔接次要空间，或是通过连贯的纵向排列促进移动。但是，当出于有节制且谨慎地制造复杂高潮的目的时，即将出现的目的地的通透视图可能是可望而不可即的。对于一些案例来说，通透视图促进移动，而对另一些案例来说，通透视图则会让人停下脚步，无论内向视图和外向视图的配置是内—外—内（麦可考米克论坛学生活动中心）、外—内—外（柏林新国家美术馆）、外—内—内（拉孔琼塔博物馆）、内—内—外（威亚地区幼儿园），还是内—内—内（麦可考米克论坛学生活动中心、卢浮宫朗斯分馆、梅赛德斯-奔驰博物馆和娱乐与体育运动中心）。通透视图使我们同时暴露于一种或多种环境、光线条件和温度下，从而对我们产生影响。它们对关系进行整理或使关系变得模糊不清，并创造一种期待感或渴望感：在哈德良别墅的海上剧场内，皇帝从他的宝座上可以俯瞰运河的景象，这里有多达11个空间层次，然后他的目光会停留在远方的亚平宁山脉上（详见第84页）。通过空间分区或过渡可以巧妙地构造出通透视图。

框架视图所有变体的关键吸引力在于，框架掩饰可有效地从视图中抹去中间地带，使前景的轮廓与远处的背景形成鲜明对比。中间地带被抹去以及分际线被中断，将背景隔开，看起来如画框中的画面般浮动着。此外，框架本身，其尺寸、比例及接合与展现[200]明确定义了框架视图的范围。框架越宽，视线越会沿着线条游走（威亚地区幼儿园的狭槽），框架越高，图像越挺拔（如拉孔琼塔博物馆所示）。一般来说，框架形式越长，越引人注目。在瓦尔斯镇温泉浴场的竖向形式窗外，与房间等高的视图平衡了移动和方向，而展现的深度则使对面的斜坡看起来似乎移到了远处。

<u>**非框架视图**</u>

人类视觉的方向性将我们周围的环境分成可见和不可见两个部分。不受阻碍的视野可以从前往后、从下到上自由移动[201]（在许多文化中也会从左到右移动）。当我们进入一个未知的空间时，我们会转动头部，以此获得180°的房间全景视野。当我们站在房间内或是抵达房间中

央时，我们会完全转过身去。如果因为空间内有遮挡或是难以靠近，空间中央不允许这种放松形式，我们会倍加感激能够从高处获得的空间概貌——可以提前（瓦尔斯镇温泉浴场，卢浮宫朗斯分馆）、随后（俄亥俄州立大学娱乐与体育运动中心）或是时不时地（莱斯班德码头水上运动中心）置身其中。另一种弥补缺乏中央视图的方法是采用离心式空间姿态和精彩的外向视图（林肯大道1111号停车场）。

**正面**：这些效果也取决于视角。与其他视角相比，正面视角需要的是回应（互助会的圣坛墙，拉孔琼塔博物馆的前墙）。因此，正面视角常通过外向视图来软化，或通过凹陷结构（长方形会堂和教堂的后殿）接收和反射，或是用充满语义的意象或字母（麦可考米克论坛学生活动中心的荣誉走廊）来丰富其意义，以调和其沉默的抵抗，或是通过调整视角内其他主角的位置来弱化其背景的作用（柏林新国家美术馆花园墙壁前的雕塑）。护面墙离我们越远，对抗效果越弱，因为透视线的作用越发重要，使我们意识到空间的凹度。而凹形空间通常是非常有吸引力的。

**斜向视角**：斜向视角确实有很多的优势：它们呈现了两到三面墙壁及地面和天花板，形成了一个平衡的凹形整体。如果房间的角落没有恰好在视野的中分线上，它会轻轻地引导我们的斜向视野绕过拐角。如果房间入口位于角落，我们便可以在进入时获得更远的视野和更多的信息（如SGE和莱斯班德码头水上运动中心所示）。申克尔在他的绘画以及城市领域中使用的典型的四分之三侧面透视法使得即使是最凸出的独立建筑也显得不那么有压迫感。

**侧面视角**：侧面视角总是转瞬即逝，因为它要求我们转动身体，甚至走上一条新路——而这时它们就不再是侧面视角了。它们可能在场边向我们示意，提前或随后通知我们身在何处，或是我们要去往何处。兰根基金会美术馆内殿侧壁的狭缝窗户甚至揭示了理解空间组合较接构成的关键。恢宏结构的戏剧构作，如德国柏林新国家美术馆，不会因为侧面视角而分散人们的注意力，这一点不言而喻。

在俄亥俄州立大学娱乐与体育运动中心，大厅壮观的视图被设计成侧面视图，因为正面视角会给人一种窥视的感觉。

另外，麦可考米克论坛学生活动中心则既可以看成人们散步时偶尔瞥到的侧景，也可以被看成一个永久的全景。

**仰望视角**：当人们仰卧下来时，自然而然就产生了仰望视角，威亚地区幼儿园、瓦尔斯镇温泉浴场和莱斯班德码头水上运动中心案例都阐明了天花板设计的重要性。人们能以一种放松的坐姿看到上方的景象，这也是沃尔萨尔市新艺术画廊塔楼房间的靠窗座位会吸引人们仰望出檐结构的原因。然而，在站立的姿态下，突然抬头向上，即所谓的“地牢视角”，可能会引发脖子僵硬，这也是仰望时间仅够一览壮观的天花板的原因（如梅赛德斯-奔驰博物馆和埃克塞特学院图书馆所示），然后人们只会在想象中回味。与长度和宽度相比，房间高度更难判断，因为我们无法通过亲自跨越空间的方式来丈量房间。仰望视角也是不稳定的，它们只是唤起了奇妙或渴望的感受，因为视觉空间永远不会变成触觉空间。如果房间非常宽敞，如万神殿或柏林新国家美术馆（很少有天花板可以与柏林新国家美术馆的天花板相比，如果有的话，也只能是万神殿的天花板），那么我们只需稍稍抬起头，看向天花板角落，就能欣赏到室内空间上方壮丽的景象。毕竟，崇高之感最好在安全的距离和舒适的视角下体验。

**俯瞰视角**：从高处的廊道上向下看的视角，这个术语在19世纪仍然在使用，与概览视角差不多，但现在已经过时了。现在这个词用于形容陡峭的向下视角，就像凝视深渊一样，更加可

对比鲜明的开场顺序的视图设计

| | 初期视图（开场视图或初次看到的景象） | 主要视图（再次看到的景象） |
|---|---|---|
| 柏林爱乐音乐厅 | 遮蔽视图 | 中央视图 |
| 柏林新国家美术馆 | 远观视图 | 近观视图 |
| 埃克塞特学院图书馆 | 从楼梯处向上看 | 大厅内的景象 |
| 瓦尔斯镇温泉浴场 | 概览视图 | 通透、内向和外向视图 |
| 梅赛德斯-奔驰博物馆 | 仰望视图 | 内向、外向和通透视图 |
| 兰根基金会美术馆 | 远观视图和内部景象 | 俯瞰视图和直观视图 |
| 莱斯班德码头水上运动中心 | 正面视图 | 斜向通透视图 |
| 卢浮宫朗斯分馆 | 内向、通透和外向视图 | 直观视图 |
| 格拉斯哥艺术学院里德大楼 | 仰望视图 | 通透视图和内向视图 |

怕，实际上也比陡峭向上的视角更加危险。在埃克塞特学院图书馆和梅赛德斯-奔驰博物馆内，讲台和问询台挡住了俯瞰视角。只有柏林爱乐音乐厅和林肯大道1111号停车场的级联式楼梯和螺旋楼梯才真正展现出具有惊人效果的俯瞰视角。路德维希·密斯·凡·德·罗似乎并不喜欢俯瞰视角，他设计的底座可以提供外向视角和概览视角，但是楼梯则限制了这一视角。

虽然博物馆建筑的任务是将注意力集中到艺术品的直观视图上，但是它必须以合理的间隔提供远景或斜向视图来让人眼得以放松。这种模式在拉孔琼塔博物馆内尤为明显。博物馆的房间高度和长度不尽相同，从而鼓励人们抬头向上看，门廊的非对称布局促使人们斜着望向凹形空间。因此，空白前墙的正面视图看上去更具对抗性，而回望葡萄园外部景象让人心旷神怡。

视图编排

视图系统很少由单一类型的视图组成。在这一参数中，单人剧的重复和不变的环境与连续平衡视图的生理需求相悖。因此，每个视图系统都需要变化或交替。它们变化的节奏可能非常紧凑，甚至发展成视图种类形成同步对比的程度（如麦可考米克论坛学生活动中心所示），或是与整体戏剧发展保持一致。

在卢浮宫朗斯分馆内，由于设有曲面玻璃圆柱的入口大厅初次会呈现内向视图、通透视图和外向视图，因而艺术品的直观视角会有所延迟。只有在空间戏剧构作的转折点出现一系列不断变化的视图后（一种非常密集的视图构成），艺术品才进入人们的视野。直观视角仅仅集中在各自的艺术品及它们的倒影上，但是穿过整个大厅的斜向通透视图也在不断地交替出现。

在梅赛德斯-奔驰博物馆的中庭内，以电影放映形式初次呈现的直观视图出现在仰望视角；在传奇展厅内，直观视图和通透视图的组合之前是概览视角；在藏品走廊内，直观视图和外向视图是耦合在一起的。这样一来，交替原则不仅体现在主题处理、房间形式、配色方案及采光条件上，还体现在视图类型上。

虽然这些关系对参观过程中出现的短期戏剧性发展线进行了描述，但是主要的戏剧紧张关系通常是由初期视图和后面主要视图之间的对比带来的。当初期视图与主序列形成对比时，它会为场景做好准备，并通过对比使接下来的场景给人们带来耳目一新的感受。这种关系适用于任何情景或主要视图类型，如第248页的表所示。

另外，林肯大道1111号停车场和耶鲁大学艺术与建筑系馆采用了一种交替模式，而不是独立的开场视图与主要视图；而在阿布泰贝格博物馆、麦可考米克论坛学生活动中心、俄亥俄州立大学娱乐与体育运动中心大厅和费尔贝林广场地铁站亭中，视图类型会以一种非线性模式并按照空间的非指定结构产生变化。

视角通常很难融入刻板的戏剧构作结构，因为视角虽然会被激发，但是不能强行加入。视图在本质上是混乱无序的、多变的、探究式的：它们随意移动、原路折回并悄悄溜走，人们“在匆忙中”接受新的视图类型。例如，德国柏林新国家美术馆的大厅激发了一览无余的视角和仰望视角，但游客是否注视、何时注视，是否直接观看展品，又能在多长时间内欣赏通风管道有纹理的大理石包层，这些完全取决于个人。因此，空间应当激活一系列不同的视图类型。

## 参数19：移动

### 节奏的限定

在表演艺术中，节奏是由制作人决定的；在视觉艺术中，节奏是由接收者决定的。但是，正如读诗的速度一定比读小说的速度慢，我们在瓦尔斯镇温泉浴场中的行走速度也比在俄亥俄州立大学娱乐与休闲体育运动中心中的行走速度慢。哪些因素会影响我们的移动和反应速度呢?

### 移动的自如性

狭窄、低矮、不均匀、有障碍或光线昏暗的空间不利于移动。在空间明亮、宽敞、空旷的情况下，地面的特性决定了我们移动速度的快慢：例如，我们会陷入沙砾中，或是在湿滑的大理石地面上打滑。比起地面的特性，地面的坡度更能促进或放缓移动。但是安全要求和对舒适感的渴望会在很大程度上限制空间戏剧构作的可能性。

### 信息量

假设安全能够得到保证，那么熟悉度会决定我们的步伐节奏。位置空间内有趣的、无法立即辨认的细节越多，我们行进的速度就越慢。

### 目的地

如果房间内只有一个目的地，我们会本能地看着它并朝着它的方向移动，而不是在房间内徘徊或走动。如果它是一览无余的房间内的唯一亮点，我们会迅速朝它走过去。

### 氛围

在空旷的罗马式教堂内四处走动通常是很容易的，因为教堂内的细节不多且仅有一个关键目的地——圣坛，但是我们不会像穿过空荡荡的体育馆一样从这里匆匆走过，教堂的氛围会让我们放慢行进的速度。氛围是一种我们可以感知的空间品质，而不仅是将我们的情绪投射到空间中。格诺特·波默认为：“氛围的空间性意味着它们可以无限地向广阔的空间渗透，也意

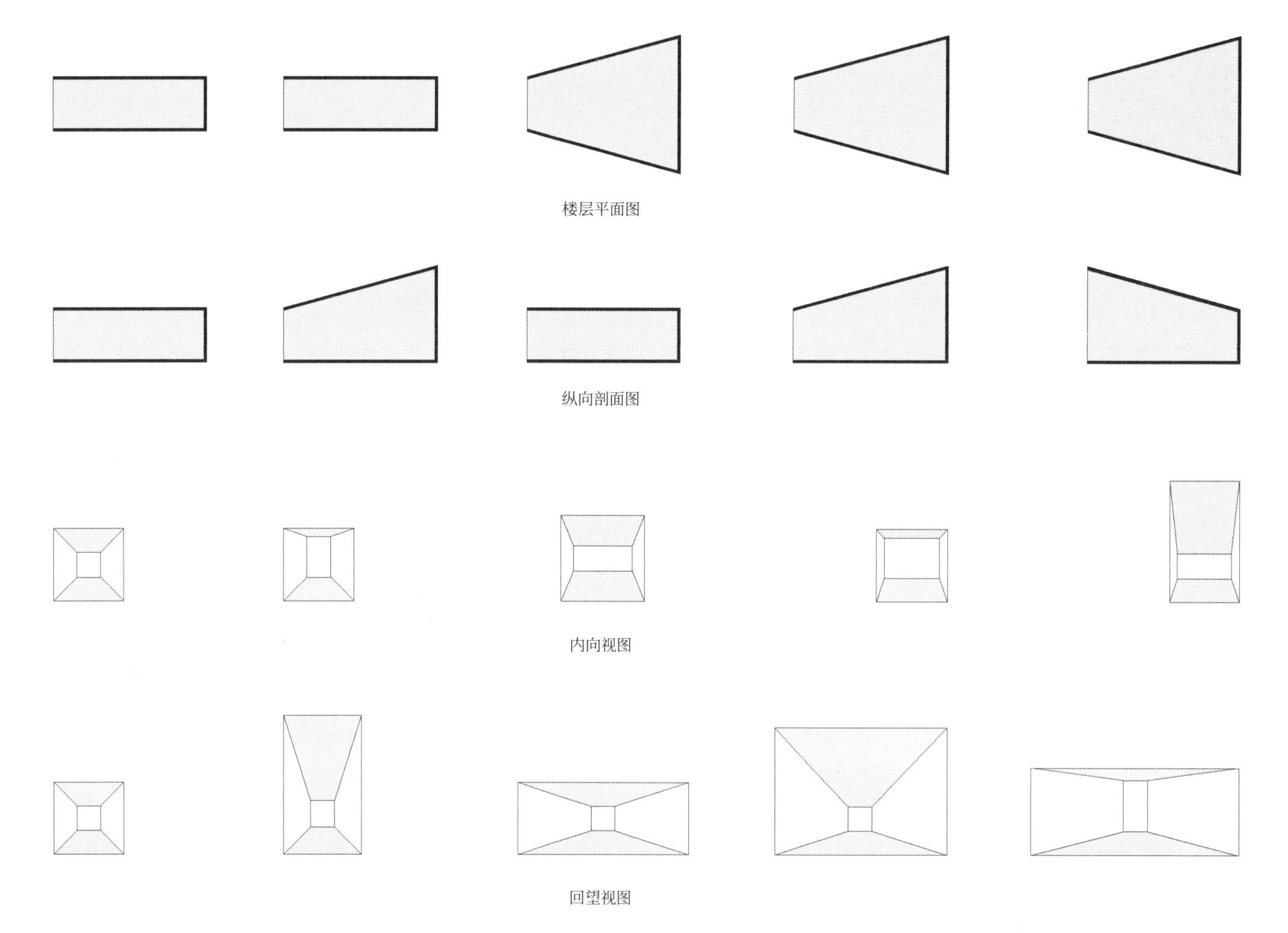


空间形式和外观：不同房间造型的拉动和放缓效果

味着人类可以通过身体感知氛围。”[202] 詹森和梯格斯对此给出了类似的定义：“氛围是表现力，借助这种力量，由建筑引发的情境会突然以表达情感的方式在整体上吸引我们。”[203] 他们认为，构成氛围的不仅是我们可以感知和理解的，也是我们所了解的一切：形式特色和空间承载、感官特性（如粗糙或明亮）、情绪（如令人振奋或令人沮丧）、印象（如引人注目）和激励行为（如停留），以及其他非物质因素，如气味和声音、表面的材料和相关特性及它们的象征意义。

## 视角

房间的比例同样会影响我们穿过房间的方式，不仅是穿过它们的客观比例——宽敞的空间使我们得以喘息，狭长的空间引导我们继续向前——还有空间的边缘是否及如何融入我们的视角：如果天花板位于我们的视角上方，那么狭长房间的吸引力会减弱。如果空间在轴线的长度上变宽或变高，那么我们会感觉自己处于停滞不前的状态。如果空间两侧或四面变窄，就会给我们一种还有很长的路要走的感觉，结果突然发现自己还在那里。简而言之：角度越小，吸引力越强，而角度越大，就越会阻碍我们前进的步伐。

## 减速装置

入口大厅之所以吸引人，是因为它们通过清晰的场景唤起了一种信任感。它们还经常充当减速装置，如借助高高的天花板（从而吸引凝视

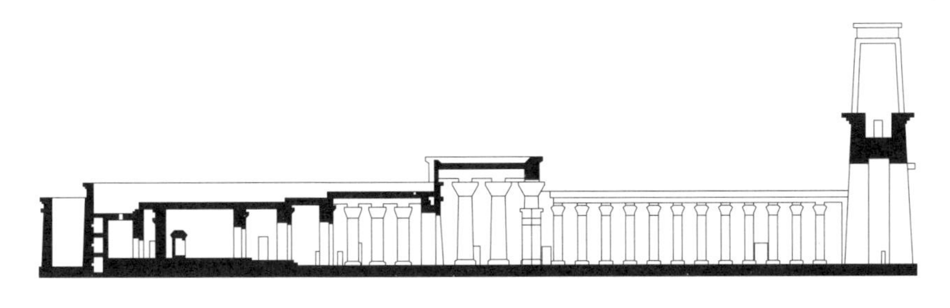

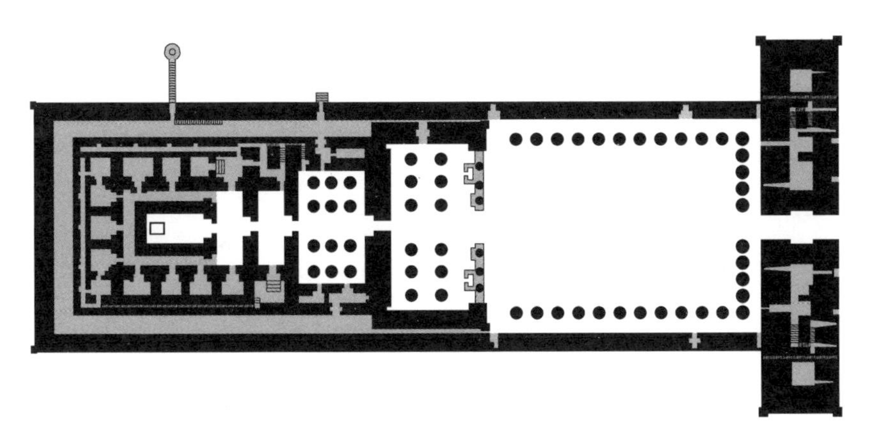

荷鲁斯神庙（Temple of Horus）的平面图和剖面图（前237—前57）：宽敞、长距房间的套叠式交错布局，引导着人们的视野方向并延缓人们前进的步伐

的目光）及平静的空间形式。古埃及人在他们的神庙中使用了一种经久不衰的减速和集中方法，利用横向空间来放缓人们前进的步伐，并依次将平面图和剖面图上的道路变窄，以此将人们的注意力集中在圣所上。但是，尽管教堂有纵向的定位和清晰的焦点，但它并不是一个让人们匆匆走过的空间，一部分是因为向我们靠近的墙壁和天花板之间的交会点位于我们的视野之外，另一部分是因为侧廊的信息和活动的强度促使我们驻足观看。因此，除了光线的特点和肃穆的氛围之外，还有很多世俗的原因促使我们放慢了脚步。

行走方式

漫步、闲逛、散步、行走、踱步、快走、飞奔、慢跑、奔跑……我们将不同的移动方式与不同的速度联系起来：踱步时为直线和清晰的转弯，漫步或闲逛时为波浪线，行走或慢跑时为柔和的弧线，散步时为临时改道或方向突变，快走、飞奔或奔跑时为两点之间的最短路径。

鉴于此处描述的参数组成越发主观，我冒昧地根据亲身观察体验来描述这些观感。在威亚地区幼儿园案例中，由于没有毫无特色的长走廊，孩子们很少在幼儿园里乱跑。兰根基金会美术馆的狭长围墙不会让人有匆忙通过的冲动，而是渗透着一种内省的感受，在这里，新鲜的空气、古老的形式和抽象的景观获得了一种宝贵的品质。当人们走进互助会建筑的上层礼堂时，海量的信息和侧门的布局避开了中轴线，使我们停下脚步。在费尔贝林广场地铁站亭的中转建筑内，尽管我们无法从整体上了解这座建筑，但我们仍匆忙地穿过空间，沿着醒目的红色墙壁前行。在阿布泰贝格博物馆，我们迟疑地环顾四周，然后选择一个方向前进，结果却突然转变了方向。在麦可考米克论坛学生活动中心，我们期待按照自己的特定节奏，就像在公共街道上一样匆忙行走。

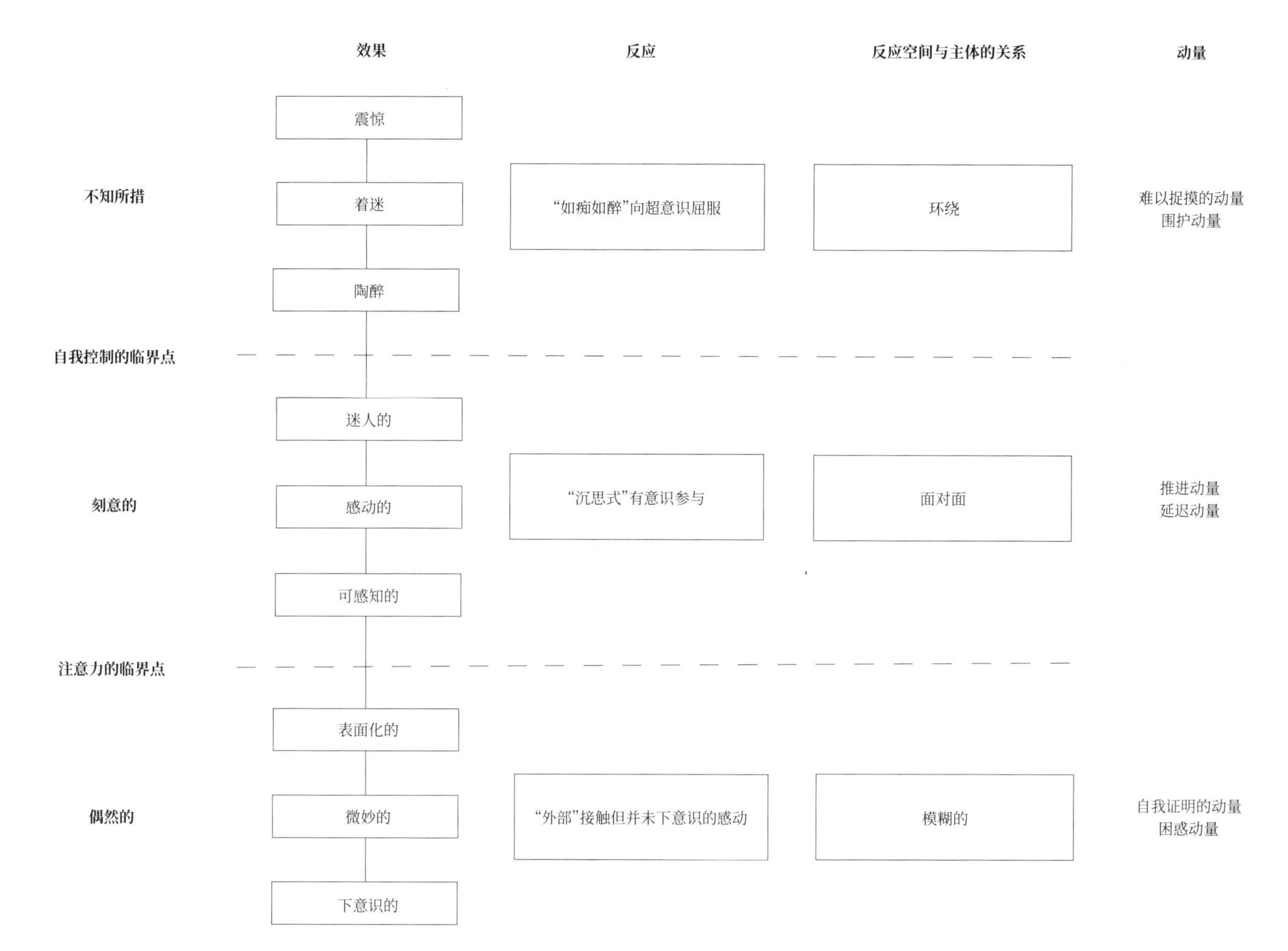

强度范围

## 参数20：强度

环 境

语言为我们提供了各种各样的形容词来表现密集体验给我们带来的喜悦心情。出于空间戏剧构作的目的，我们可以将体验的强度大致分为三类。

- 如果一种体验——如我们进入房间时的氛围——只是偶然的、下意识的、微妙的或表面的，那么它并不会改变我们先前的意图或情绪。我们只是被触及，但并未被感动。
- 如果氛围变化显而易见，使我们感动，甚至吸引我们走进，那么我们与它的关系就会变得被动并具有反射性。即使我们沉浸在“如鱼得水”的感觉中，我们仍然觉得自己的情感反应尚在自我掌控之中。如果我们远离情感体验，我们可能觉得受到了些许“冷落”，但抵制的努力仍然支配着我们。
- 如果我们失控了，被什么迷住了或是冲昏了头脑，我们将无法思考，甚至屈从于它。我们只能事后对体验进行分析，因为在实际事件中我们是完全沉浸其中的，以至于我们完全没有考虑到自己。

我们可以将这些情绪反应之间的下限称为注意力的临界点，上限是自我控制的临界点。

动量时刻

与其他艺术形式一样，建筑中难以承受的强度体验通常仅限于峰值瞬间（不考虑无意识的体验），通常出现于“参数14：戏剧性发展线”一节中讨论的转折点。相比之下，接下来的“动量时刻”对持续一定时间的强度，以及内部乃至外部空间吸引我们注意力的强度进行了描述。

**难以捉摸的动量**：我们在柏林爱乐音乐厅和阿布泰贝格博物馆内发现了这样一种特质，它们都有着迷宫般的多重视角。一段时间之后，细心的游客仍然无法彻底把握这种结构，开始屈从于延长持续探索快感的欲望——正如尼采在他的《七十九·梦游者之歌》（*LXXIX. The Drunken Song*）中写的：“快乐都想要永恒，想要深入且深远的永恒！”[204]为了构成一个短暂的永恒，整体结构必须显得无法分离，而且始终在变化着。我们称之为难以捉摸的动量。[205]

**围护动量**：如果空间要得到快速评估，它必须拥有独特的氛围来吸引我们的注意。这种氛围需要明确的边界线来容纳，这在大厅及俱乐部、酒吧、路边教堂、纪念馆或时间静止的空间中非常典型（如设备齐全但不再使用的内部空间）。这种包围大厅或房间氛围的封闭效果就是围护动量。

**推进动量**：在空间的线性进程中，连续的高强度围护动量会使人筋疲力尽。通过刻意推迟达到某个明确的解决状态，可以产生更加令人兴奋的体验：不断出现的新奇和曲折推动人们前进，让人们在等待中感受紧张和期待，并在最后才推翻它们，最终提供令人满意的解决方案，这种方式类似于传统戏剧的情节转折。建筑作品只有在时间的推移中才能展现其丰富性和密度。在景观花园、柯布西耶式漫步建筑、沃尔萨尔市新艺术画廊、林肯大道1111号停车场和兰根基金会美术馆，这种持续存在，有时又相当微妙的延迟是一种特有的主题。我们称之为推进动量。

**延迟动量**：如果一个空间在内部表现出自洽性和一致性，其自我封闭的特性令人信服，那么它也会拥有极具吸引力的戏剧性，无论它对其他空间的需求有多大。相似的元素和不同的元素、内部和外部、情感和理智逐渐产生共鸣，我们在不受情感驱使的状态下四处走动着，如柏林新国家美术馆、埃克塞特学院图书馆和威亚地区幼儿园所示。平衡的时刻占据着主导地位：我们称之为延迟动量。

**自我证明的动量**：当氛围的构成要素达到预期目的或是符合普遍审美时——氛围可以在不经意间触动我们，它们满足了我们当下的期望。然而，那些看似显而易见的东西，实际上是在历史的长河中形成和演变的。例如，在今天这个时代，我们普遍接受以白墙为背景衬托其他空间的现象。[206]这是常规的动量、公认的动量或自我证明的动量。

**困惑动量**：有时，独特的特点或特定的、特别的、非常规的、毫无目的的或不得体的元素会在我们没有察觉的情况下悄然出现在空间内。只有在潜意识层面，它们才会引发快乐或不满，或是将事物联系起来，如果有的话，只有到了后来才在我们的意识中浮现。我们称之为“困惑动量”。

对立与强度水平

上面阐述的六个动量是相互对立的。难以捉摸的动量是复杂性的产物，而围护动量需要清晰的界定；推进动量是瞬时演替的产物，延迟动量是空间一致性的产物；自我证明的动量是被忽视的主角，困惑动量显然是可以忽略的配角。然而，它们并不会相互压制，而是相互强化，或是相互制约。如果一个动量存在，那么另一个动量通常也在不远处：围护动量将柏林爱乐音乐厅和阿布泰贝格博物馆的外部与它们令人晕头转向的复杂内部区分开来；在沃尔萨尔市新艺术画廊和埃克塞特学院图书馆中，推进动量和延迟动量相互制衡。另外，在麦可考米克论坛学生活动中心中，难以捉摸的动量和围护动量以及一直存在的推进动量共同制约着延迟动量——也许这也是圣索菲亚大教堂的效果无可比拟的原因所在：它无时无刻不将这四个动量联结起来。

因此，强度不仅带来了“纯粹的喜悦”，还带来了“混杂的感觉”[207]，它们是不稳定的，改变不仅在当下，还会持续很长的时间。那些与这些感觉打交道的人很快就会意识到，过于简单的赞美之词对相关的体验强度来说是不够的。何时及哪些强度需要增加、保持或减少，在各个案例中都是不同的。空间的戏剧构作对我们的影响程度取决于情境和主观倾向。同样，上述三组相对的六个强度增加动量的配置不是关于因果关系的陈述，只是趋势所致。它们有助于我们对自己的反应提出质疑。

# 时间形态

建筑的时间性和我们在建筑中度过的时间的特性，在我们先前的讨论中始终存在，但我们尚未明确地对其进行研究。原因在于，建筑内时间体验的设计不仅是空间戏剧构作的一个深层化参数，更是它的目标。

所有的戏剧构作都在塑造时间。空间戏剧构作通过在空间内布置架构操作，引导游客流动，使这些操作在“恰当的时刻”出现。与物体一样，空间也需要获得自己的位置和时间。但是对空间的时间性进行设计，只是为了找到传闻中的恰当的时间点，即正确的时机吗？[208]难道无法围绕持续更久的时间形态展开吗？在第二部分关于音乐形式的戏剧构作趋势的论述中，我们看到音乐也可以围绕清晰可辨的时间形态展开。为了阐明建筑如何并在何种程度上成为一门时间的艺术，以及空间戏剧构作与时间形态的协作方式，有必要简单地了解一下建筑与音乐之间的关系。

## 音乐与建筑

文艺复兴以来，人们已经在诸多层面上对建筑与音乐之间的关系进行过探讨，而不仅是从戏剧构作的角度出发。对文艺复兴时期的人来说，毕达哥拉斯关于振动弦的长度与协和音程之间的关系（弦一半的长度对应一个八度音阶）的探索（约前570—前510）在当时已有2000年的历史，看上去很像开启上帝神圣计划的钥匙。[209]因此，他们热切地认为视觉世界也应该有一把类似的钥匙——至少将建筑专业提升至数学和艺术的高度，与算术、几何学、音乐和天文学并驾齐驱。但是，由于没有类似的自然法则出现，他们将音乐领域的规则应用到视觉艺术比例和关系的研究上。因此，音乐成为建筑梦寐以求的“新娘”，这并不是因为“音乐是爱的食粮”，[210]而是因为音乐的协和起源于物理原理。在巴洛克时期，建筑走上了一条完全不同的道路，突出了视听感知的主要差异。音程抵达耳朵时不会失真，而视程抵达眼睛时已经因为透视收缩而变得扭曲。比例问题此时不再由数学决定，而是由眼睛的判断来决定。[211]这些观点和结论并没有给巴洛克时期通感作用的探索带来影响，那个时代的艺术家创造了整体艺术。而在整体艺术中，感官愉悦和数学运算以同样的方式渗透了每个细节。

许多周期性出现的尝试将建筑和音乐作为两个主要的构建性艺术（与模仿性相对）进行艺术配对，似乎都将重点放在参数（高—低、长—短等）和隐喻（基础、装饰、规模等）上，很少考虑构图技巧。建筑有转折，但是并没有明确的调制技巧；音乐有自己的支撑结构，我们称之为“音柱”，但是这与建筑的传统五柱式没有可比性。在建筑中，设计者仅对作品的形式进行了模糊的考虑——回旋曲仅在某些特定场合与建筑有类似之处，赋格曲也只是在某种程度上与建筑相似。最后，在个别作品层面上进行，其准确性就更低了：《槌子钢琴奏鸣曲》和圣索菲亚大教堂都异常复杂，令人振奋、触动人心，但它们作用的方式完全不同。这种比较虽然在个人层面上是合理、有用的，但与个体分析相比，有效性并不高。总和不过是其组成部分的累加而已，组成部分有时还是相互矛盾的。因此，这种比较尝试只不过起到一点辅助的支持作用。关注层面越具体，越细致，起初无可辩驳的类比就显得越琐碎，越牵强。

在德国浪漫主义时期，寻找建筑与音乐之间关系的动力被再度激发，人们常常提到“建筑是凝固的音乐”或“音乐凝固成石”[212]，直到今天，这些表述还在使用，但与以前一样模糊不明。在很多情况下，说话人只是想强调在建筑中体验到一种类似听音乐时的享受，以此赋予原本难以理解的死寂体量以生命。然而，那些从字面上将建筑视作囚禁音乐精神的无生命砌块的人，无法将建筑的视觉和空间体验作为一个随着时间的推移而展开的过程。另外，如果我们将观察理解为一个解放建筑的空间和时间的过程，换句话说，如果建筑只是凝固的音乐，直到一位听众通过观察的过程能够在心中重建建筑的起源，逐步构建建筑，那么这种表述就有用了。我们甚至可以得出结论，建造建筑好像一篇乐谱，作为“音乐家”的我们通过“读谱”的方式决定节奏及其他方面。建筑可以被归为视觉艺术和表演艺术，一种通过时间[213]和空间的自由运动使接收者最大限度地参与其中的艺术形式。[214]

## 空间的时间性和时间的空间性

音乐总是含有空间的成分——体现在音乐词汇的建筑隐喻上（音高、音阶、变调、乐段、声音覆盖、阶梯式强弱效果、和弦构成、辅助和弦等）。它是一种空间艺术，可以使架构的空间触手可及，使其变得丰富而活跃。有时，它也令人陶醉，致使我们忽略了空间，它有着激发我们丰富想象的能力。听音乐的体验总能激发空间品质。[215]音乐让空间充满生命活力，并在我们心中构建感知空间。

音乐的另一个重要特性是赋予时间以形式。音乐不仅是在时间中形成的，还塑造了时间本身。[216]关于时间，建筑能否像音乐一样带来类似程度的丰富性，是其是否拥有时间成分及其本身是否为一门时间艺术（一种与时间配合的艺术）的试金石。尽管我们在建筑内操控并塑造时间的可能性比在音乐中要大得多，但是，空间的戏剧构作会为我们提供同样独特的时间形态吗？或许正是时间形态的特殊性建立了建筑与音乐之间的联系？

时间是如何在空间内“流逝”的？又是如何在我们回味之时呈现在我们面前的呢？在我们研究案例的空间结构中，我们遇到了至少五种在第二部分探讨过的时间形态。在参观期间，我们可能并未一直意识到时间的形态，但它们总是会在事后显现出来。

## 悬而未决的时间

时间转瞬即逝。我们忘记了衡量时间，甚至完全忘记了它的存在，当最终离开空间连续体的时候，我们感到自己陷入了一种难以完全理解的印象涌动之中。当我们回味的时候，记忆中的感受怎么也无法与再次拜访那样显示出相同的内容。我们在建筑内获得的时间体验继续占据着我们的思绪，但仍然没有得到解决。

这种不知所措的感觉意味着我们无法对自己的印象做出解释。持续不断地困扰我们的图像和文字没有给我们提供任何帮助，因为每个方面、每个视角、每个意想不到的发现、每个记忆的碎片都显得同样宝贵，从而与之前所有理解它们的尝试产生矛盾。这就是人们参观柏林爱乐音乐厅后的感受——正如马克斯 · 弗里施（Max Frisch）在给汉斯 · 夏隆的一封信中提到的那样[217]，柏林爱乐音乐厅是一栋人们甚至不想理解，只想一次又一次地反复体验的建筑，这也是我们在参观阿布泰贝格博物馆之后的感受。两栋建筑的空间连续体都有足够的结构，在巧妙、诙谐甚至讽刺的欢庆时刻隐藏自己的结构，避免出现混乱。这种时间形态在空间上的对应物就是迷宫。

## 暂时停滞的时间

我们步行穿过一栋建筑所花费的时间越长，对特定时刻所见事物的感知就越丰富。我们看到了所有与我们先前体验相关的事物。我们将空间在脑海中形成画面，并以同样的方式将一系列空间转换成画面序列。有时，这些序列非常一致，甚至融合为一个稳定的“心理构建”（mental construct），无须不断地重新组合。我们在连续体验了柏林新国家美术馆的四个主角（地面、天花板、墙壁、围墙）或有着古老内部秩序的埃克塞特学院图书馆之后，头脑中就会产生这样的合成画面。有些原则或概念，我们只有在回顾时才能真正理解，这种理解可能比我们在单个瞬间所获得的直接体验更加迷人。

与其他时间形态相比，在离开这些建筑时，理解其中潜在的秩序更能给我们带来满足感。通过思考和反思，我们超越了时间，而时间变成了画面——可以与抒情形象或是将连续的线条浓缩成复杂的同步感受的诗相媲美。这种时间形态在空间上的对应物是层次分明、稳定有序的空间布局，如单室建筑。

### 压缩的时间

虽然瓦尔斯镇温泉浴场和莱斯班德码头水上运动中心已经完美地融入各自的环境中，但是当离开这里时，我们还是会觉得受到震撼，因为在我们停留的期间，它们构建了一个包围着我们的强大而独特的世界。我们沉浸在它们特定的氛围中，这些氛围有自己的密度和流动性，我们能更清楚地感受自己、观察自己，享受我们适应它们的方式。我们更加自觉、主动地感知声音和气味，并逐渐忘记时间的流逝。从这种高度紧张的氛围中离开会令人突然清醒。沃尔萨尔市新艺术画廊的细腻雅致、耶鲁大学艺术与建筑系馆的讽刺性描绘、格拉斯哥艺术学院里德大楼峡谷中庭的流动空间，以及麦可考米克论坛学生活动中心欢快的“同类相食”的场景，在人们离开建筑后的几秒钟内就消失殆尽。这样的空间戏剧构成了自成一体的空间序列，我们在其中度过的时间也变得自成一体，是一种压缩的、独立于外部世界时间的时间，是一个隐秘的洞穴。这种时间形态在空间上的对应物是封闭的场所：一个天堂花园，一个空间站，一座监狱……

### 流动的时间

对于与周围环境相契合的内部环境来说，参观期间和后来的体验是截然不同的。这并不一定意味着外部环境必须成为内部环境戏剧构作的一部分，或是空间模糊了室内外环境的界限，而是内部环境与周围环境之间存在着一种结构和氛围上的紧密关系——无论它们之间的墙壁有多厚。它们是空间的压缩，是沿路的节点，而不是终点或断点。这种时间形态的应用实例可在兰根基金会美术馆及卢浮宫朗斯分馆、梅赛德斯-奔驰博物馆和拉孔琼塔博物馆中看到。

当离开这些内部环境及它们的戏剧构作时，给我们带来的影响微乎其微，因为我们从未真正地从那里离开：体验继续在周围环境中延续。我们在其中花费的时间并没有明确地分成过去、现在和以后，而是成为日常生活时间流动中柔和或有力、线状或混乱的临界点。这种时间形态在空间上的对应物是节点。

### 线状的时间

在功能性建筑中——所有建筑最终都是功能性的——我们只是想畅通无阻地到达目的地。即使一栋建筑的魅力和精神吸引我们以不同的方式去感受，从而将时间从纯粹的功能中解放出来——费尔贝林广场地铁站亭、林肯大道1111号停车场和俄亥俄州立大学娱乐与体育运动中心就是这种情况，最终我们记住的是来时的路径和行进的道路，而不是一个或一系列画面。时间仍然是有方向性的。这种时间形态在空间上的对应物是通道。

还有很多其他形式的类比。露天市场拥有不断扩张的相似单元，宛如一个音乐主题贯穿帕萨卡利亚舞曲一般贯穿整个穆斯林城市——难怪“帕萨卡利亚”这个词的本义是“沿街行走”——形成了步行的时间意向。阿拉伯的多柱式清真寺拥有无尽的大厅，其建筑如同极简主义音乐，呈现出一个暂时停滞的时间的画面。在许多巴洛克风格的室内空间中，紧凑和宽泛的时间转换无缝衔接，如同贝多芬奏鸣曲中的乐章。情境主义者在城市领域中恢复了模糊时间的观念，就像实验音乐的主张者所做的那样。骨架结构，它的网格以无尽的变化形式扩展，被视为结构化的时间。岛台设施像序列音乐一样，是时间在空间中的表现。中庭建筑像回旋曲一样，以反复出现的时间形态被体验。彼得·艾森曼设计的韦克斯纳视觉艺术中心将主题和反主题编织在一起，类似于方向性时间中的一首赋格曲。

显然，在某些情况下，相同的时间形态是建立在完全不同的建筑和音乐结构上的。同样地，鉴于我们探讨的是体验性时间，这里描述的时间形态既不详尽，也不客观，但是它们有证据作为支持，因而可以充当我们在音乐和空间的戏剧构作之间来回游走的桥梁。在时间的形成过程中，音乐与建筑在同一层次上运作，展现出相似的多样性和可塑性。关于“建筑是否只具有时间性，或者它本身是否也是一种与时间一起运作的艺术”的问题，我们如今得到了解答。建筑既是一种关乎空间的艺术，也是一种关乎时间的艺术，因此，空间戏剧构作作为关乎时间设计的研究，与关于雕塑构成的研究一样，对建筑有着至关重要的作用。戏剧构作是构图加时间。弗里茨·舒马赫是20世纪早期的建筑师和作家，他将建筑定义为“通过主体设计完成的双重空间设计的艺术”。今天，我们可以进一步发展他的想法（如第84页所述），并将其纳入更甚层次的定义：建筑是通过双重空间设计来设计时间的艺术。

# 空间戏剧构作中的戏剧性情境

我们已经确定了空间戏剧构作的参数体现在时间和空间上，并且在建造实例中通过身体感知来展现。我们还通过时间形态对建筑与其他艺术的相似性进行了研究。在很多例子中，空间的戏剧构作对建筑的重要性已经变得清晰起来，但是我们还没有将它作为整体来进行研究。

就建筑与其他艺术在戏剧构作组成方面的亲缘关系，以及戏剧构作对建筑的重要性而言，可以通过探讨一个问题来澄清，即是否存在一个共同的理念贯穿空间戏剧构作的各种表现形式，如果存在，那么这个理念要如何呈现在建筑的空间戏剧构作中。由于戏剧构作与具体情境密切相关，我们可以回顾一下第二部分中作为戏剧和电影中的戏剧基本特征进行探讨的“戏剧性情境”这一概念。我们能否将与空间相关的戏剧性情境视作所有建筑戏剧逐渐展现的本质呢?

## 以世界为参照

所有建筑作品的共同点是，它们服务于特定目的，并发挥着同样的基本功能：为无法以同样的方式在室外发生的活动和行为提供空间。例如，交通建筑也许能够自洽地实现其使用目的：它主要服务于一系列定义明确的活动，不受无法预知的人类行为的影响。一旦人类行为的定义不太明确，并且既追求“专注于自身”又追求“与他人交流”的相互矛盾的目标时，情况就变得更加复杂。在音乐厅中，这两个基本目的在空间和时间上或多或少是可以分开的——过程的安排可以是双重的，而非对立的。但在其他公共建筑中，如公共图书馆、幼儿园、学校、体育建筑或公共浴场，这两个意图难免不断地发生冲突。即使没有使问题变得更为复杂化的个别情况出现，例如，在规划、施工或使用阶段建筑功能发生变化，最初的委托、建筑本身及其功能——或者更笼统地说，建筑与世界的关系——在本质上是矛盾的。为什么？因为“专注于自己”和“与他人沟通”这两个意图在没有矛盾的情况下是无法相互调和的。如果建筑与更广阔世界的关系在本质上是相互矛盾的，那么它作为一个作品与自身的关系又是怎样的呢?

## 以作品为参照

作为一种艺术形式，建筑通过多种方式来实现其功能。这些方式包括功能性和氛围性、结构性和气候控制等。然而，这些不同的方式经常会在各种方面产生冲突，因此在设计过程中需要做出高度抽象的决策，如对空间和形式的组合进行决策。空间和形式的组合在追求最佳内在连贯性和一致性的同时，还必须考虑实用性因素，因此建筑永远无法达到完全的自主。即使建筑不需要服务于特定的目的，也无法达到理想的状态。事实上，在一个作品中，体量的构成与空间的构成天然对立。例如，一个理想的主体边界应该是封闭的，但是为了让光线进入空间内部，就必须妥协并打破边界。扬·托诺夫斯基（Jan Turnovský）在《墙面投影的诗学》（*The Poetics of a Wall Projection*）[218]中很好地描述了一个作品内在矛盾的必然性以及理想特征的局限性。因此，对于体量和空间的设计而言，即使站在更高层次上，也无法消除一个作品内在的冲突，也无法解决作品与世界之间的冲突。实际上，一个作品内在的冲突会让它与世界之间的冲突更加复杂。

## 空间的戏剧性情境

因此，建筑作品的两个重要参照本身在动机上是对立的，是相互矛盾的。在以世界为参照时，“专注于自身”和“与他人沟通”是对立的；在以作品本身为参照时，体量和空间是对立的。以世界为参照和以作品本身为参照之间存在矛盾。然而，这两种参照都有一个共同的目的，即创造一个向世界展现自己的作品。让我们回顾一下第二部分探讨的“戏剧性情境”的定义，贝恩德·斯蒂格曼给出了与“非情境对话”相反的解释。在探讨戏剧性情境时，他提到了黑格尔的理想化美学思想：“在黑格尔的理想化美学思想中，正是这种相互竞争的意图使共同世界以一种矛盾的结构形式出现。至于剧中涉及的人物，每个角色都必须有一个对立的、关联的意愿。这条规则尽可能地体现了戏剧性情境的逻辑。”[219]

在这个框架下，可以相应地构思空间的戏剧性。当建筑中的竞争性需要以一种传统的、妥协导向的方式解决时，它们之间会产生一种“非情境对话”，关联和对立的空间操作彼此互不影响，因为它们毫无关联。当建筑作品参照物内部及参照物之间的矛盾要求被明确表达、相互较量、彼此强化时，“空间的戏剧性情境”便浮现出来——这便开启了努力寻求解决方案的辩证过程。

在这个意义上，建筑的任务并不是像通常做法那样构建“解决方案”，而是不断维持作品内部的对立统一，将对立统一的过程体现在建筑作品内部，从而保持整个作品的开放性。

在我们研究的案例中，对六个艺术展馆墙壁进行的处理可以作为“在何种程度上并以何种方式展现各个‘空间戏剧性情境’”的例子。

## 互 动

建筑内所有墙壁的共同点是为屋顶提供支撑，并分隔房间或空间。除此之外，博物馆建筑还需要面向外部的立面和空白内部表面，用于挂放画作和浮雕。然而，在兰根基金会美术馆中，作品本身的自我参照要求所有表面均为光滑的清水混凝土，通过间隔规律的混凝土板接缝和孔洞呈现出节奏感强烈的视觉效果。若将艺术品悬挂于其上则会破坏这种原始表面。这两种动机是不相容的。从概念上来说，可以接受在服务空间中强调清水混凝土墙面并在展览空间中使用白色墙壁，但这样做过于传统且不符合情境需求。然而，设计者通过广阔的前置路径和空间，使白色墙壁较晚出现在场景中，成为实际上被削弱的角色，而混凝土墙面又多次中断和插入展厅，进一步弱化了白色墙壁的主角地位。空间的戏剧化情境得到了新的推动。设计者通过非常规形状的房间（长长的柱廊）、宏大的“死胡同”（露天楼梯）以及占据空间一半的建筑元素（2号大厅中的长长弯曲坡道）等手段，既挑战了艺术的主导地位，同时也肯定了它。

## 抑制与推动

在兰根基金会美术馆，世界参照和作品参照之间不断地相互影响，而在卢浮宫朗斯分馆，每个房间都以同样的信息再现：墙壁通过它们的反射能力来维护自己的参照物， 其他方面仍然保持了疏离和不可触及的氛围。一个拥有“请勿触摸！”的墙壁的卢浮宫可不仅会激起人们“啊哈！”的惊叹之声，还制造了一种时常出现且非常富有成效的紧张局势。对参观者和艺术品来说，德国柏林新国家美术馆的大厅也有类似的紧张局势：墙壁、地面和天花板显然不适合展示艺术品，空间似乎注定是用来安装空间装置的——直到伊米·克诺贝尔（Imi Knoebel）在“Zu Hilfe, zu Hilfe（2009）”展览上将日本报纸铺满玻璃墙。拒绝与世界建立关系可以刺激建筑自身世界的形成，反过来建筑也会一如既往地影响这个世界。

## 整体艺术

互动、反思、抑制与推动是源于空间戏剧性情境的架构操作。为了清晰地展现追求最大的自主性与达到目的之间的架构冲突，兰根基金会美术馆、卢浮宫朗斯分馆和柏林新国家美术馆都充分利用了现代艺术作品“无地方性”所提供的自由。[220]然而，无论柏林新国家美术馆引发的创造冲动有多强烈，这些创意都只是暂时地存在：艺术装置无法在大厅中永存。那么，是否可以通过将艺术和建筑融合成整体艺术[221]来解决参照世界和参照作品之间的矛盾呢？在阿布泰贝格博物馆，最佳的空间装置早已与建筑融为一体，像珊瑚生长在珊瑚礁上一样。策展人一定希望这些装置能够永久保存下来。[222]特定的空间、照明和材料品质及建筑的环境模拟（为艺术的呈现创造了“舞台”）具有生成和固定效果。它们具有解释和调动功能，使想法变成了作品并留存于世上——尽管无法达到永恒的理想状态。建筑在任何地方都不显得高不可攀，相反还会鼓励互动，同时加入自己的诠释。一切都在协商中，都在变化中。虽然在这里（与20世纪90年代以来的很多其他场所一样），博物馆收藏及展厅之间的界线模糊不清。但在沃尔萨尔市新艺术画廊中，界线被清晰地划定出来。在这里，两种与世界的关系都需要各自拥有特定的空间和围护结构。在阿布泰贝格博物馆，它们也试图通过隐喻暗示艺术与特定场所的关联，以此实现永恒的目标。然而，这两个世界并非以非情境的方式凝固在彼此对立的领域中，而是通过重现和引用（材料、视图）的方式交织在一起，通过重新组合强化彼此，同时又反映了建筑对自主性的渴望。

### 角色归属

在拉孔琼塔博物馆案例中，艺术和建筑并非不可分割的整体吗？毫无疑问，青铜浮雕与墙壁融合在一起，并一同向房间方向伸展，似乎将它们移除可能是一种对神灵的亵渎。它们好像是专门为这个场所设计的。但是，对墙壁的处理再次展现了空间戏剧的双重动机。展墙与空白墙之间的建筑明显与众不同，迎合了建筑和艺术品的需要。任何角色的转换或改变都是无法挽回的违规行为。虽然拉孔琼塔博物馆抗拒所有的改变，但也因墙壁的不同角色，并未呈现静止不变的状态。

### 架构操作

阿布泰贝格博物馆的模拟设计、沃尔萨尔市新艺术画廊的策略设计和拉孔琼塔博物馆的角色归属是保持空间戏剧性情境的操作，旨在将艺术品与它们所在位置关联起来。从这个角度看，很多博物馆建筑的白色“盒子”似乎只是临时的帐篷。这种将展品固定在一处展示的方式有一个矛盾之处，即这三个建筑作品不仅努力履行它们所承诺的功能，而且毫不妥协地彰显它们作为建筑作品的特点，并在两者之间找到了适当的对话层面。它们展现的选择并不是自命不凡的和预期的矛盾解决方案，而是在对建筑的探索、享受和逐渐理解中坚持辩证的相互依存关系。作为博物馆，它们不够理想，也不够完美，而是一种将它们对世界和对自身作为作品的追求交织在一起的产物。拒世界于千里之外的建筑作品和不愿走进人们视线的建筑，是不可能拥有成功的空间戏剧构作的。

我们兜了个圈回到原地：空间戏剧构作中的戏剧性情境将我们带回到本书开头定义的架构操作。架构操作现在可以描述为激活和维持空间结构中戏剧性情境的方法。空间戏剧构作将建筑的材料表现想象成在作品中执行操作的无声演员。

### 认 识

建筑无法脱离与世界的关系，也同样不会在世界中消失。因此，建筑材料表现的双重动机依然存在。将矛盾之间即将展开的非情境对话转化为空间的戏剧性情境，对参观者来说不过是被作品本身持续的刺激或激活后获得的反思性感知，同时提高自己与世界关系的审美享受。在互助会建筑内，今天的我们再也无法以参照世界的方式来直接体验，只能通过重建这种感知方式来理解其中涉及的架构操作——这个不足以让我们能够更加清晰地看到与作品相关的架构操作。

建筑作品有多少，认识空间戏剧性情境的可能性就有多少。它们以潜意识、意外或迷人的方式，吸引我们从用户的角度和开明的感知主体的角度感受空间的戏剧性。例如，埃克塞特学院图书馆空旷的中央空间便是对作品与世界之间矛盾关系的认识，这里没有阅读空间。而梅赛德斯-奔驰博物馆空旷的中央空间也没有车辆，只有投射到墙壁上的掠影。[223]除此之外，还有瓦尔斯镇温泉浴场、威亚地区幼儿园和莱斯班德码头水上运动中心多功能主体和长方体的抽象性，林肯大道1111号停车场“过高与过低”叠加的夸张表现，柏林爱乐音乐厅多余的移动和路径图形，还有费尔贝林广场地铁站亭错列的墙壁，俄亥俄州立大学娱乐与体育运动中心和麦可考米克论坛学生活动中心在氛围与功能上形成鲜明对比的空间景象，耶鲁大学艺术与建筑系馆的寓意蒙太奇手法和格拉斯哥艺术学院里德大楼的通感手法。

建筑与世界的关系可能会为空间戏剧构作创意的实现赋予灵感，但也不一定非要如此。然而，那些未能促进开放式参与的建筑，以及仅仅具有功能性的建筑只能提供浅层次的体验。如果没有戏剧性情境，发展戏剧构作的尝试就没有基本理念作为支撑。正是以作品本身为参照的方式与以世界为参照的方式产生的摩擦，以及我们对这种摩擦的尊重促成了空间的戏剧构作。因此，建筑的任务既不是否定，也不是解决空间的戏剧性情境，而是将其激活。

## 结 尾

读者会注意到，在本书的第四部分中，我们反复提到由彼得·艾森曼设计，位于俄亥俄州哥伦布市的韦克斯纳视觉艺术中心展厅。事实上，它已经继第三部分的案例后成为贯穿最后一部分内容的第19个案例。这不是巧合，也并无不妥，因为比起大多数建筑师的作品，艾森曼的作品可被视为对矛盾的重复实现，以及对传统解决方案的摒弃。建筑主要从其创作美学的角度来观察，是基于对其创生变革及其潜在意识形态的细致重建。因此，建筑作品似乎是这种转化过程附带的产物。然而，建筑的“其余部分”如此引人注目，即使在没有正式指导帮助的情况下，也能给人们留下深刻的印象。在这本以建筑为原创主题的书中，以图纸而不是以文字作为本书的结尾似乎更为恰当：在此，我们展示的是韦克斯纳视觉艺术中心的轴测图，其中有一段不知通向何处的小楼梯。

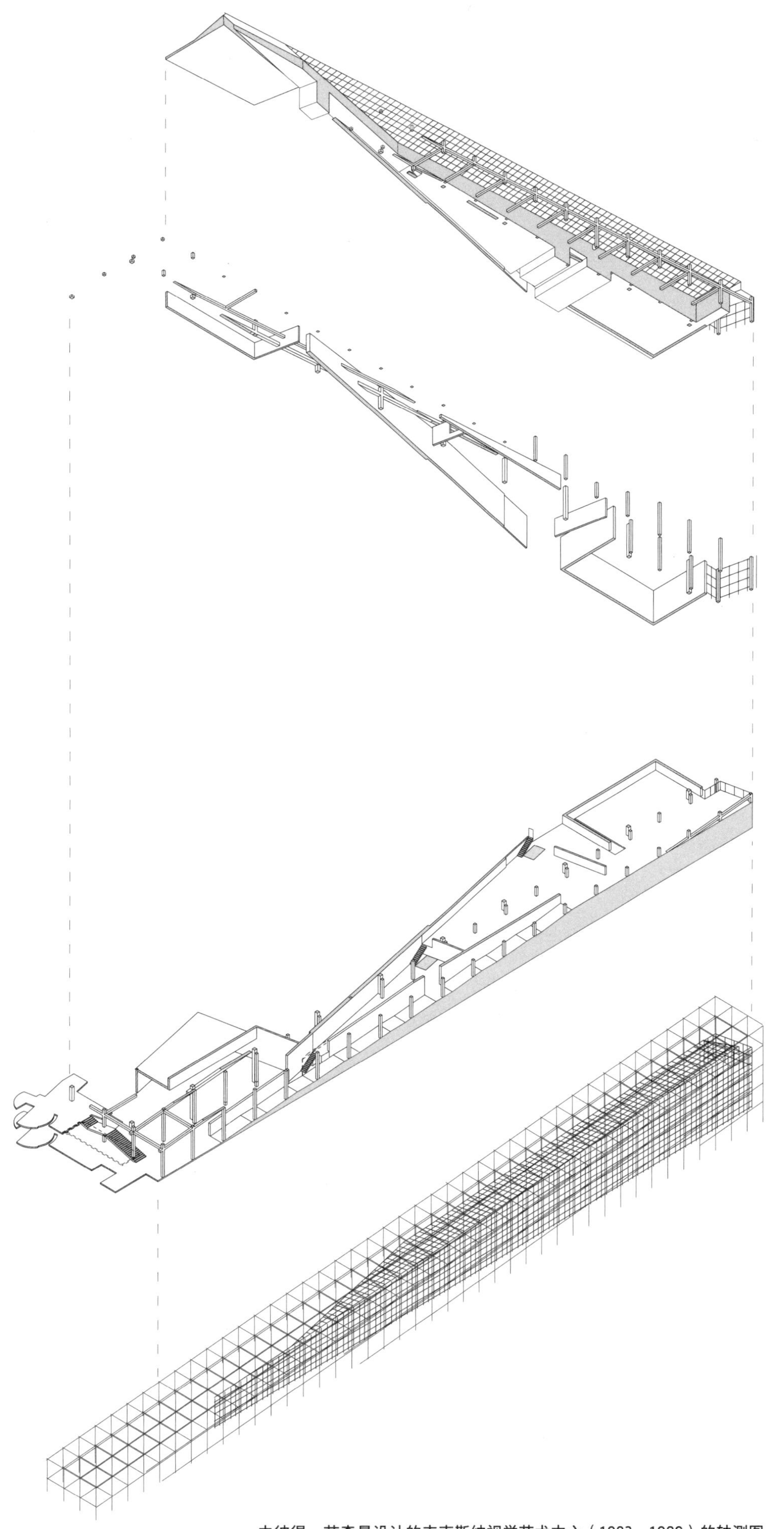

由彼得·艾森曼设计的韦克斯纳视觉艺术中心（1983—1989）的轴测图

# Notes
# 注 释

注释中相关内容的出处对应本书第272页“参考资料”中相应作者的著作。例如，注释9“Huse, Norbert，第61—62页”对应的是第274页倒数第13—14行。

1 阿尔弗雷德·布伦德尔，亚历山大·卡曼（Alexander Cammann）援引《灵魂多么渴望伟大的艺术？》（*Wie viel Geist braucht große Kunst?*）。出自《时代周报》（*DIE ZEIT*），2014年9月18日。

2 这是奥古斯特·施马索夫1893年于莱比锡大学就职演讲的题目。

3 乌尔里希·穆勒（Ulrich Mülle）在《沃尔特·格罗皮乌斯和路德维希·密斯·凡·德·罗作品中的空间、运动和时间》（*Raum, Bewegung und Zeit im Werk von Walter Gropius und Ludwig Mies van der Rohe*，德国柏林，2004年）中指出，沃尔特·格罗皮乌斯不仅从风格主义和立体主义及其对时间和空间的艺术描写所激发的冲动中汲取灵感，而且还与耶拿大学的物理学家费利克斯·奥尔巴赫（Felix Auerbach）有过长达数年的交流。

4 赫尔穆特·普莱斯纳提出了“离心定位”的基本概念。出自《有机体及人类的发展阶段》（*Die Stufen des Organischen und der Mensch*），德国法兰克福，2003年（1928）。

5 克劳斯·施蒂希韦，《音乐与时间》（*Musik und Zeit*）。出自《音乐与教堂》（*Musik und Kirche*），1996年4月，第201页。埃德蒙德·胡塞尔在其“内在时间意识现象学”（ On the Phenomenology of the Consciousness of Internal Time）系列讲座中阐述了他对内在时间意识的基本见解。讲座内容最初于1928年出版，英文版由约翰·巴内特·布拉夫（John Barnett Brough）翻译，1991年出版。他将时间意识整理成原印象、滞留和前摄行为。关于这点，他介绍了一些相关的术语，包括行为、视野、感悟、意义意向、证据、共呈、存在、纵向及横向意向。

6 奥尔本·詹森，弗洛里安·梯格斯，《建筑的基本概念》。伊恩·佩珀（Ian Pepper）译，瑞士巴塞尔，2014年。

7 勒·柯布西耶，出自《走向新建筑》（*Towards a New Architecture*），伦敦，1923年（法国巴黎，1923年），第5页。

8 贝内德托·克罗斯（Benedetto Croce）在1911年撰写的关于康拉德·费德勒（Konrad Fiedler）美学的论文《纯可视性的艺术理论》（*Theory of Art as Pure Visibility*）中用过这一术语。详见兰伯特·韦辛（Lambert Wiesing），第119页。

9 诺伯特·休斯（Norbert Huse）把他们的活动解释为对无能为力的“补偿”，并提到了保守派理论家加斯帕罗·孔塔里尼（Gasparo Contarini），孔塔里尼甚至将对互助会经济活动的宽容视为公民忠于贵族共和国的重要原因（Huse, Norbert，第61—62页）。

10 出处同上，第66页。

11 西尔维亚·格拉米尼亚（Silvia Gramigna）和安娜莉莎·佩里萨（Annalisa Perissa）的《威尼斯互助会的艺术与历史》（*Scuole Grandi e piccole a Venezia tra Arte e Storia*）中有关于威尼斯现有互助会建筑的完好文档记录。意大利威尼斯，2008年。

12 在互助会建筑的立面设计中可以看到双重功能，部分遵循世俗建筑的类型，部分遵循宗教建筑的类型。根据沃尔特斯（Wolters，198页）的观点，上层礼堂内原本是有讲道坛的，如今已经消失了。

13 为了了解列队行进的详情，它们的临时建筑及其对城市、教堂和互助会空间发展的影响，详见弗朗哥·波索科（Franco Posocco）的《市政厅与城市景观》（*La Vicenda urbanistica e lo spazio scenic*），意大利奇塔代拉，1997年。

14 休斯将下层礼堂视作临时的规划性解决方案：“如果礼堂必须位于楼上，那么礼堂下方可以设置非必要的多功能房间。对于文艺复兴时期的建筑师来说，为公民打造建筑是一次表现内部空间的机会，不仅可以建造大厅，还有连总督宅邸内都看不到的礼仪楼梯。”（Huse, Norbert，第68—69页）沃尔特斯甚至认为，直至15世纪，下层礼堂可能用来举行互助会成员的葬礼（Huse, Norbert/Wolters，第120页）。

15 关于建造过程和角色分布的详细信息，请参考沃尔夫冈·沃尔特斯（Wolfgang Wolters）的《建筑与装饰》（*Architektur und Ornament*），慕尼黑，2000年，特别是第28—29页。

16 曼弗雷多·塔夫里，《威尼斯与文艺复兴》（*Venice and the Renaissance*），坎布里奇，1995年（意大利语原版：*Venezia e il Rinascimento*，意大利都灵，1985年），第4章，《互助会》，第81—101页。

17 详见波索科关于1769年前后不同教堂立面设计的文献和探讨，同注释13。

18 在其他四个互助会——卡里特互助会（Scuola Grande di Carità，如今是学院美术馆的一部分），圣马可互助会（Scuola Grande di San Marco，如今是医院的一部分），未完工的米塞里科迪亚互助会（Scuola Grande di Misericordia）和圣特奥多罗互助会（Scuola Grande di San Teodoro），由于这样或那样的情况，内部装饰只有部分完好无损。

19 这种“失望”并不意味着负面评价，仅仅与游客所期待的有关。与碎块形工艺相比，水磨石绝不是劣质材料。其他主张以实用价值激励更加平衡、慎重方法的空间戏剧构作大师，如安德烈亚·帕拉第奥（卷I，第22章，第85页），明确建议使用。

20 关于威尼斯天花板（如装饰嵌板、交流框架、顶板镶板、蔓叶花样等）的系谱和类型的探讨，详见沃尔特斯关于模化天花板装饰的章节（Wolters，第232—233页）。

21 在《文艺复兴时期威尼斯的声音与空间》（*Sound and Space in Renaissance Venice*）（美国纽黑文，2009年）一书中，黛博拉·霍华德（Deborah Howard）和劳拉·莫雷蒂（Laura Moretti）提供了令人信服的证据，证明了16世纪威尼斯的教堂空间由于音乐和声学方面的需要，越来越多地采用平顶天花板。令人遗憾的是，他们的研究同样以艺术史和实验声学为根据，并未关注互助会建筑。

22 沃尔特斯在其著作中讨论过天花板横梁绘画或彩色壁纸的内容（Wolters，第236页之后）。

23 翁贝托·弗兰索伊（Umberto Franzoi）和弗兰卡·卢加托（Franca Lugato），《加尔默罗互助会》（*Scuola Grande dei Carmini*）（庞萨诺威尼托，2003年，第94—95页、第104页）。他们确信18世纪藏书室和旅馆的天花板是镀金的。

24 S. 菲利普·L. 索姆（S. Philip L. Sohm），《威尼斯互助会和毛罗·科杜西的楼梯》（*The Staircases of the Venetian Scuole Grandi and Mauro Codussi*），出处：《建筑师》（*Architectura*），卷八，1978年，第125—149页。

25 与SGE一样，SR最初也有一个线性的双通道特别楼梯，但仅使用了24年便于1545年被拆除了。关于SR多种不同楼梯设计的广泛说明性探讨见吉安马里奥·吉达雷利（Gianmario Guidarelli）的《皮翁博的尤纳·乔吉亚·利加塔》（*Una Giogia Ligata in Piombo*）（意大利威尼斯，2002年）、《拉维森达·德拉特别楼梯》（*La Vicenda della Scala a Tribunale*），第35—59页。

26 雅各布·伯克哈特，《意大利文艺复兴时期的艺术》（*Die Kunst der Renaissance in Italien*），德国法兰克福，1997年（1867年），第742页（94节）。

27 奇亚拉·瓦佐莱尔（Chiara Vazzoler），《圣乔瓦尼福音互助会》（*La Scuola Grande di San Giovanni Evangelista*），威尼斯，2005年，第33页。

28 格诺特·波默，《气氛美学》，编辑，让-保罗·蒂博，美国阿宾顿/纽约，2017年（德语原版：*Atmosphäre*，德国法兰克福，1995年，第48页）。

29 出处同上，第33—34页。

30 詹森，梯格斯，出处同注释6，第26—29页。

31 彼得·潘库克（Peter Pfankuch），《汉斯·夏隆》（*Hans Scharoun*），德国柏林，1993年（1974年），第290页。

32 在此，我们可以假设这是对圣经人物圣约翰的性格和角色的明确阐释，除了一些信件外，他的《福音书》和《启示录》当时还为《新约》做出了重要贡献，通过对一本书进行描述，使其成为整个互助会的象征。圣约翰的其他常见象征是鹰、十字架和圣杯中的蛇。

33 克里斯托夫·克内尔，《两厘米》（*Zwei Zentimeter*），《南德意志报》，2016年7月4日。法国2016年欧洲足联四分之一决赛（6：5）中，门将诺伊尔和布冯的点球决战。

34 详见米凯拉·克鲁茨（Michaela Krützen）《电影的戏剧构作》（*Dramaturgie des Films*）中的引用，德国法兰克福，2011年（2004年），第19页。

35 汉斯-蒂斯·莱曼，《后戏剧剧场》（*Postdramatic Theatre*），英国伦敦，2006年。

36 迪维亚克引用迪尔克·贝克（Dirk Baecker）的《关于下一个社会的研究》（*Studien zur nächsten Gesellschaft*），德国法兰克福，2007年，第180页。

37 保罗·迪维亚克，《整合制作》（*Integrative Inszenierungen*），德国比勒费尔德，2012年，第125—126页。

38 出处同上，第126页。

39 两段引文，一段为描述性的文字，内容丰富，另一段是令人愉快的争论，对间离效果的截然相反的观点进行了说明："作为一种表演过程，戏剧展现出一种难以定义的特定时间性。它可以通过固执重复、明显静止、因果倒置、时间变化和触电般的惊喜来'模糊'我们对时间的正常感知。"（Lehmann，第318页）极长或快速的节段同样可以改变我们对时间进程的看法。观众的耐心受到了考验，因此，时间的流逝变得难以忍受。运动无休止地重复着，所以观众开始有了"逻辑论证的烦恼"：首先，似乎没有进展（无聊），然后人们掌握了事实（我应该陷入无聊），最后人们变成了偷窥者（我不知道它们会持续多久，又是否会在这个过程中发生改变）（Stegemann，第39页）。

40 这些是斯丛狄描述的三个主要特征。彼得·斯丛狄（Peter Szondi），《现代戏剧理论（1880—1950）》[*Theorie des modernen Dramas* (1880—1950)]，德国法兰克福，1963年，第14页之后。

41 弗兰克·登·乌斯滕，《布景》（*Szenografie. Obszenografie*），出自拉尔夫·博恩（Ralf Bohn）和雷纳·维尔哈姆（Reiner Wilharm）主编的《舞台与事件》（*Inszenierung und Ereignis*），德国比勒费尔德，2009年，第402页。

42 "音乐的精神内核"是乐音和韵律。音乐在本质上是没有原型的，也没有明确的概念。其领域确实"不属于这个世界"，爱德华·汉斯力克（Eduard Hanslick）在《音乐之美：对音乐美学重新审视的贡献》（*The Beautiful in Music: A Contribution to the Revisal of Musical Aesthetics*）中提出了这个观点。该书由古斯塔夫·科恩（Gustav Cohen）翻译，第7次增补修订版，伦敦，1891年，第67页、第70页（德语原版Vom Musikalisch-Schönen，1854年）。

43 在纯音乐的背景下，对形式、内容、主旨、概念、本质、美感等术语及它们的起源和背景进行的知识性探讨可以在卡尔·达豪斯（Carl Dahlhaus）的《古典主义和浪漫主义音乐美学》（*Die klassische und romantische Musikästhetik*）中找到，特别是第二章"金尼斯坦或纯音乐领域"（Dschinnistan oder das Reich der absoluten Musik），第四章"从制度哲学到文化批判"（Von der Systemphilosophie zur Kulturkritik）和第五章"智能材料的精神"（Arbeiten des Geistes in geistfähigem Material）。

44 歌曲《雅克弟兄》的由来未知，尽管各种理论比比皆是。据说，歌曲最早发表于18世纪后期。乐曲被认为是作曲家让-菲利普·拉莫（Jean-Philippe Rameau）的作品。

45 罗伯特·麦基，《故事：材质、结构、风格和银幕剧作的原理》（*Story: Substance, Stucture, Style, and the Principles of Screenwriting*），美国纽约，1997年，第244页。

46 详见查尔斯·罗森《古典风格：海顿、莫扎特、贝多芬》（*The Classical Style: Haydn, Mozart, Beethoven*）（扩充版），美国纽约和英国伦敦，1997年。

47 同上，第59页。

48 阿多诺在1948年的随笔片段（Fragment 222）中描述了很多贝多芬作品中很多节段的诗性特质，并以《大公三重奏》（*Archduke Trio*）为例："形式会呼吸。它环顾四周。在这种扩展类型中，贝多芬的音乐获得了类似于自我反省的内容。表达形式也是之后的表达形式。或许可以在此找到扩展风格释放时间的最深刻原因。在我看来，它的扩展性——叙事诗的远行——构成了它的本质。"出自西奥多·W. 阿多诺的《贝多芬：音乐哲学》，埃德蒙·杰夫科特（Edmund Jephcott）翻译，美国剑桥，1998年，第7章。

49 查尔斯·罗森特别关注《槌子键琴奏鸣曲》和谐运动的广泛分析，出处同上，第409—434页。

50 理查德·克莱因（Richard Klein），《音乐哲学》（*Musikphilosophie*），德国汉堡，2014年，第125页。

51 例如，除了这个方面，贾钦托·谢尔西（Giacinto Scelsis）和卡尔海因兹·施托克豪森（Karlheinz Stockhausen）的作品没有什么共同之处。

52 出处同注释50，第126页。

53 例如，柏林合唱团指挥凯-乌维·伊尔卡（Kai-Uwe Jirka）和他的剧作家克里斯蒂安·菲利普斯（Christian Filips），在由尼尔斯·W.盖德（Niels W. Gade）创作的美妙清唱剧《十字军》（*Die Kreuzfahrer*）（1866年）的重演中便是这样做的，将《十字军》的乐章逐一与由乌埃德·兰戛尔（Rued Langgaard）创作的《天体乐声》（*Sph　renmusik*）（1916年）交织在一起，另外还通过改变照明环境来强调变化。这类做法将聆听或观看视角从沉浸式欣赏转变成远距离的批判性欣赏。

54 曼弗雷德·普菲斯特，《戏剧的理论与分析》，美国剑桥，1993年（德语原版*Das Drama. Theorie und Analyse*，德国慕尼黑，1982年）。

55 普菲斯特所言（出处同注释54，第50页）。

56 贝尔/库内尔/诺伊豪斯（Beil/K hnel/Neuhaus）在《电影分析》（*Studienhandbuch Filmanalyse*）中用这则有趣的诙谐双关语作为蒙太奇手法一章的标题，帕德伯恩，2016年（2012年）。

57 Eisenstein，1930年，第191页之后。

58 根据希区柯克本人在接受加拿大广播公司电视节目《望远镜》（*Telescope*）采访时所持的观点，1964年。

59 吉尔·德勒兹，《运动一影像》（*The Movement-Image*），美国明尼阿波利斯，1986年（法语原版Cinéma 1. L' image-mouvement，巴黎，1983年）。本书被频繁提及，如贝尔/库内尔/诺伊豪斯，出处同注释56，第7页，或艾尔塞瑟/哈根（Elsaesser/Hagener）。

60 详见贝尔/库内尔/诺伊豪斯，出处同注释56，第101—102页和第156—157页。

61 弗朗索瓦·特吕弗，《希区柯克》（*Hitchcock*），美国纽约，1985年，第72页。这句话也体现了古典电影美学和表演艺术之间的根本区别，以及"以实时所见为共同体验场景"的后戏剧剧场美学（莱曼，出处同注释35，第327页）。

62 莱曼，出处同注释35，第331页。

63 斯塔德勒（Stadler）和霍布施（Hobsch）在《喜剧电影艺术》（*Die Kunst der Filmkomödie*）（第1卷，第63页）中，根据对1000部电影的研究得出了这个结论。

64 伊娃·布赫尔（Eva Bucher），《无须多言，重新开始》（*Ach du Scheiße, es geht wieder los*），出自《时代周报》，2016年9月1日。

65 康拉德·保罗·李斯曼，《美学感受》（*Ästhetische Empfindungen*），奥地利维也纳，2009年，第137页。

66 特吕弗，出处同注释61，第64页。

67 莱曼，出处同注释35，第312页。

68 根据普菲斯特的观点，出处同注释54，第144页之后。

69 出处同注释54，第145页。

70 出处同注释54，第143页。

71 根据古斯塔夫·阿道夫·泽克（Gustav Adolf Seeck）在《希腊悲剧》（*Die griechische Tragödie*）（德国斯图加特，2000年）中的观点，长期及短期紧张氛围的交织而不是连续的独立事件，解释了为什么希腊的传奇故事在荷马而不是其他作者的著作中流传下来。

72 出处同注释54，第146页。

73 G. W. F. 黑格尔，《美学》（*Vorlesungen über die Ästhetik*），德国法兰克福，1986年（1835—1838年），第235—236页。

74 出处同注释73，第266—267页。

75 黑格尔在将情境分成“无情境”和“特定情境”时，如在描写希腊诸神的雕像时，反复地用“舒适”一词来描绘这些情境，而“低沉”一词仅用于涉及冲突的情境（出处同注释73，特别是第257—283页）。

76 贝恩德·斯特格曼，《第一课：戏剧构作》（*Lektionen 1. Dramaturgie*），德国柏林，2009年，第24—25页。

77 出处同注释76，第32—33页。

78 例如：克鲁茨，注释34，第69页。

79 详见克鲁茨，出处同注释34，第112页、第270页。

80 出处同注释34，第31页。

81 莱曼，出处同注释35，第351页。

82 席勒在1797年10月2日写给歌德的信中所说的话；引自《席勒与歌德往来书信（1794—1805）》(*Correspondence between Schiller and Goethe, from 1794 to 1805*)。乔治·H. 卡尔弗特（George H. Calvert）翻译，美国纽约，1845年。

83 斯丛狄，出处同注释40，第43—44页。

84 详见斯丛狄，出处同注释40，第35—36页。

85 根据亚里士多德的观点，戏剧长度没有标准。相反，戏剧转折点的心理准备决定了戏剧的长度。详见亚里士多德的《诗学》（约公元前335年），第7章。

86 亚里士多德，引自http://www.perseus.tufts.edu/hopper/text?-doc=Perseus%3Atext%3A1999.01.0056%3Asection%3D1452a（2017年6月25日最后一次访问）。

87 亚里士多德，引自http://www.identitytheory.com/etexts/poetics18.html（2017年6月25日最后一次访问）。

88 出处同注释71，第191页。

89 根据维基百科，亚里士多德的三一律首次广泛地用在《亚里士多德〈诗学〉疏证》中，该书由人本主义者洛多维科·卡斯特尔韦特罗（Lodovico Castelvetro）于1570年出版；https://en.wikipedia.org/wiki/Lodovico_Castelvetro，2017年1月30日最后一次访问。

90 详见古斯塔夫·弗赖塔格《论戏剧情节》，德国莱比锡，1912年（1863年），第119页。

91 出处同上，第117页。

92 弗赖塔格本人在席勒瓦伦斯坦的图解中，改变了他的金字塔戏剧结构（出处同上，第183页）。

93 详见席勒与歌德之间往来书信中的著名争论（斯特格曼，出处同注释76，第181页之后）。

94 彼得·汉特，《情景》(*Das Drehbuch*)，德国瓦尔德克，1992年，第102页。

95 肥皂剧中的故事情节越来越多，可能历时多年，每个故事情节都可能处在不同的阶段。个别情节没有完美的结局，但通常以戏剧性冲突（所谓的悬念）结束，为下一个情节留悬念。电影导演汉斯·W. 盖森多弗夫（Hans W. Geißendörfer）用“以饰带镶嵌的戏剧构作”来形容交织的叙事线索结构（https://de.wikipedia.org/wiki/Seifenoper；2017年2月5日最后一次访问）。

96 贝恩德·阿洛伊斯·齐默尔曼（Bernd Alois Zimmermann）的同名歌剧（1965年），强劲有力，而且接近原版。

97 沃尔克·克洛茨，《戏剧中的封闭与开放形式》，德国慕尼黑，1985年（1969年），第148页。

98 详见作者克洛茨于本书1975年版开头的附加注释。

99 详见克洛茨，出处同注释97，第101—102页。

100 奥托·韦赫（Otto Veh）在为《建筑》德语译本撰写前言时，描述了对普罗柯比的作品缺少关注的情况，第14—15页。

101 根据尤哈尼·帕拉斯玛（Juhani Pallasmaa）在《肌肤之眼》（*The Eyes of the Skin*）中的观点[英国奇切斯特，2005年（1996年）]，第26—27页。

102 出处同上。第四章第二段，第156页：“然而，为了简洁起见，让我们为它们做出如下定义：美使身体内各个部分和谐、合理，因此，没有什么是可以补充、清除或改变的，如果不是情况变糟的话。”

103 至于阿尔伯蒂对这个国家及鲁切拉伊家族花园的热爱，更多信息详见利亚纳·勒费夫儿（Liane Lefaivre）的《寻爱绮梦》（*Leon Battista Alberti's Hypnerotomachia Poliphili*），美国剑桥，1997年。

104 关于安全和控制问题，阿尔伯蒂认为“暴君会发现将秘密监听管道藏在墙体结构内以窃听客人或家人的谈话，是非常有用的”（第五章第三段V，3）。卡莫斯·德·梅济耶尔建议他的客户在厨房附近设置隐蔽的走廊或夹层楼面，以此暗中监视仆人（第96页）。贝阿特利斯·科洛米纳（Beatriz Colomina）在其研究私密性与公共性（美国剑桥，1994年）时，以这样的问题开始了关于“室内”的章节：“但是否存在关于发现本身、控制与被控风格的侦探故事呢？”（Colomina, Beatriz，第233页）。作为一名学习精神分析的侦探，她接着透露了阿道夫·路斯的见解，认为这是一种家庭环境与性别之间权力和控制的特别精细手段。

105 详见罗宾·米德尔顿（Robin Middleton）在1992年版英译本导言中的精彩介绍。

106 关于其在德语国家取得的反响，详见汉诺·沃尔特·克鲁夫特（Hanno Walter Kruft）的《建筑理论史》（*Geschichte der Architekturtheorie*）[德国慕尼黑，2013年（1985年），第174—175页]、雷吉娜·赫斯的《情绪运作》（*Emotionen am Werk*）[德国柏林，2013年，第57—66页]、路易斯·佩莱蒂埃（Louise Pelletie）的论文（网上发表），以及注释105中提到的罗宾·米德尔顿的导言。

107 对通感美学的简明概述——一场始于罗伯特·维舍尔之通感概念的运动，1872年被创造成“以想象方式把自己投射到所设想对象中的观察者”，将其提升为审美体验的基础——可在约尔格·格莱特（Jörg Gleiter）《当今建筑理论》（*Architekturtheorie heute*）一书中的文章《通感美学——建筑心理学》（*Einfühlungsästhetik. Zur Psychologie der Architektur*）中找到，德国比勒费尔德，2008年，第113—126页。

108 谢尔盖·艾森斯坦名为《蒙太奇与建筑》（*Montage and Architecture*）的手稿，1989年12月10日，第110—131页。在其死后于庄园里发现的这段文字可能写于1937年至1940年之间，艾森斯坦在文中引用了舒瓦西关于雅典卫城的整个章节。艾森斯坦对雅典卫城的着迷是可以理解的，因为视角的变化可以被视为“辩证蒙太奇”的早期实例。

109 关于勒·柯布西耶生前对雅典卫城的诸多不同引用，详见图利特·弗洛贝（Turit Fröbe）的《神话的上演——勒·柯布西耶和雅典卫城》（*Die Inszenierung eines Mythos. Le Corbusier und die Akropolis*），瑞士巴塞尔，2017年。

110 与雅典卫城离心布局截然相反的类型是迷宫：“迷宫之中令人颇感惊讶，其表现形式的架构手段是漫长、曲折的道路。我们认为迷宫式建筑是一种面向中央架构的特殊形式，不使用巴洛克风格的视觉强调和轴心方法——轴线、远景、透视或巨大的高度，而是长时间走来走去，直至最后走向目的地。可以说，迷宫作为一种建筑空间的排序分类，是轴向布局及其衍生物的反演。”——根据扬·皮珀（Jan Pieper）的《迷宫——关于建筑史上关于隐藏、神秘、危险理念的开拓性研究》（*Das Labyrinthische. Über die Idee des Verborgenen, Rätselhaften, Schwierigen in der Geschichte der Architektur*），德国布伦瑞克，1987年，第38—39页。

111 格雷格·林恩，《建筑中的折叠》（*Folding in Architecture*），出自《AD建筑设计》，102，1995年。

112 帕特里克·舒马赫，《参数化》（*Parametricism*），出自《AD建筑设计》，79，2009年。

113 详见注释115。

114 雷吉娜·赫斯，《情绪运作》，德国柏林，2013年。

115 勒·柯布西耶和皮埃尔·让纳雷（Pierre Jeanneret），《全集》（*OEuvre complète*），卷一，1910—1929年（1995年）。

116 科林·罗，《拉图雷特修道院》（*La Tourette*）（1961年），出自《理想别墅的数学运算》（*The Mathematics of the Ideal Villa*），美国剑桥/英国伦敦，1976年，第197页。

117 出处同上，第204页。根据科林·罗的观点，离心运动在“叠加体量”中占据主导地位，如萨伏伊别墅：“借用文森特·萨利的话说，这是勒·柯布西耶的一个中央大厅体量，是压缩于垂直平面之间的隧道空间。”

118 对于科洛米纳，见注释104，“窗户”一章。勒·柯布西耶的别墅本身是建造框架，在这里住户对自身的不满暴露无遗，因为这些实际上只是眼睛、相机、观察者、记录者和游客：“住在这里意味着置身于画中。正是这种观念的归化，使房子变成一栋房子，而不是一个家庭空间。房子是一个视图的框架。”（Colomina, Beatriz，第314页之后。）

119 塞缪尔：“从黑暗通往光明的天梯是基本的长廊类型。”（Samuel, Flor，第103页）

120 爱蕾欧诺尔·布宁，《过多的眼泪并不真实》（*Die übertriebene Träne ist nicht richtig*），出自《法兰克福汇报》，2014年7月7日。

121 早在1874年，尼采在《历史的用途与滥用》（*On the Use and Abuse of History for Life*）中，告诫人们不要使用现有文化机制来操控生活，但在对“所有历史”的认知中，人们体验“到底发生了什么”的能力被剥夺了。

122 这种中心视角与人类视觉并不相符，但其心照不宣的假设构成了“现实的大胆抽象概念，在‘现实’面前，我们指的是埃尔温·帕诺夫斯基（Erwin Panofsky）以近乎传统的方式在1927年的演讲《作为象征形式的透视》(*Perspective as Symbolic Form*)[克里斯多夫·S. 伍德（Christopher S. Wood）翻译]中展现的实际主观视觉印象”，1997年，美国纽约，第29页。

123 想想看，米开朗琪罗·安东尼奥尼（Michelangelo Antonioni）、安德烈·塔尔科夫斯基（Andrei Tarkovsky）或维姆·温德斯（Wim Wenders）等人的电影中引人注目的画面在时间流面前如何持续存在。

124 汉斯·夏隆有时会根据城市情况命名一系列空间，如在他的关于蒂尔加藤养老院（Tiergarten Old people's Home）竞标的备忘录中（出处同注释31，第218页）。把他创造的场所与景观或海洋建筑的情况做合理的比较。但在这里，我们关心的是柏林城市社会的建筑。

125 彩色窗户是与建筑师亚历山大·卡马罗（Alexander Camaro）一同设计的，一楼的地面是由雕塑家埃里希·弗里茨·罗伊特（Erich Fritz Reuter）设计的，球形灯是由君特·斯曼克（Günter Ssymmank）设计的。

126 阿诺德·勋伯格在他的两篇文章《新音乐、过时的音乐、风格和理念》（*New Music, Outdated Music, Style and Idea*）（1946年）和《巴赫》（Bach）（1950年）中提出了“展开性变奏”一词，将这种风格与维也纳学派的“同声旋律组合风格”（Schönberg, Arnold，第114页）相提并论。虽然他认识到它们共有的关键特征，如约翰·塞巴斯蒂安·巴赫（Johann Sebastian Bach）作曲方法中的“过渡偿付、戏剧性重述、多样化阐述、从属主题的由来”（Schönberg, Arnold，第116页），在我看来，他指的是发展中主题的一般技巧。然而，严格地说，展开性变奏被理解为成分物质并不以核心形式及其衍生物而存在，而是发展成不同的、但同样重要的主题。这种复杂性是约翰内斯·勃拉姆斯（Johannes Brahms）作品的突出特点，也是勋伯格作品的突出特点，因此勋伯格在他的文章《进步者勃拉姆斯》（*Brahms, the progressive*）（1933年，1947年大幅修订）中引入了这个术语，尽管它从未被真正使用过。这三篇文章都可以在勋伯格本人于1950年整理，并于1975年修订和扩充的《风格与理念》（*Style and Idea*）一书中找到。

127 库尔特·W. 福斯特（Kurt W. Forster）在电子邮件中提道：“当谈到这种拒绝或告诫时，我突然想到了佩夫斯纳（Pevsner）。他在学校开学当天进行了一次演讲，并借此机会宣传正统现代主义，告诫人们不要有保罗·鲁道夫（Paul Rudolph）那样反复无常的举动！我当时在场，对我来说，这就像是‘鸣枪警告’……虽然它显然并没有劝阻别人。尽管如此，这栋建筑还是受到了影响，我花了很长时间才认识到它的特点。”此外，他还记得，这栋建筑最初的氛围比“现在安装了符合规定的新照明设备后”看起来更具特色。“它们变化更大，更加阴郁……”在他的记忆中，地毯原本是“一种更亮的橙色。它们让我想起了朱砂色。直到20世纪60年代，很多建筑中使用的钢型材都被涂上了一层朱砂色作为防锈底漆。一段时间内，这种醒目的颜色可以在美国各地的建筑工地上看到。鲁道夫将这种颜色永远地印在这栋艺术和建筑大楼的地毯上。天花板以石棉为阻燃剂——这是一个致命的决定，因为空气对流使细纤维遍布整栋建筑。保罗·鲁道夫是少数几个因材料选择而去世的建筑师之一。他死于肺癌，这是石棉带来的疾病”。

128 例如，谢尔盖·艾森斯坦在《电影中的第四维》（*The Fourth Dimension in Film*）（1929年）一文中对电影蒙太奇手法的描述就使用了泛音如何在音乐中产生共鸣的隐喻。在俄语原著中，他使用了德语“Obertöne”一词，试图有意识地在特定场景中融入“次要趋势和强度”（Elsaesser/Hagener，第38—39页）。

129 最令人印象深刻的是来自赖克皮茨奇弗的行人视角，从这个角度来看，柱子和看台似乎是从起伏的草地上冒出来的。

130 那些谈到德国柏林新国家美术馆古典风格的人忽视了空间发展的特色在于对传统空间结构的全新评估、重新解码、移位或消除。上层——除了由于存在少量的柱子而变得开阔起来的环境——没有缓冲区，没有过渡入口空间，没有狭窄、昏暗、低矮的结构和宽敞、明亮、高大的结构，只有入口大厅作为展览空间。朱利叶斯·波塞纳（Julius Posener）发现这种双重功能令人烦躁，因此写了一篇题为“绝对建筑”（Absolute Architektur）的抨击性评论（波塞纳，1973年）。尽管结构是透明的，但是从外部向大厅的过渡不容忽视：声学和氛围的差异给人留下了一种跨过临界的印象。

131 这并不像乍看上去那么明显：在50 m × 50 m的房子里，柱子仍然被直接设置在玻璃前面，而德国柏林新国家美术馆可能是由密斯设计的唯一安装了悬臂屋顶板的战后建筑。

132 流动空间内有两个方形房间，房间内的中心轴柱被整合在一起。在密斯作品中，关于中世纪和基督教的宗教空间类型（修道院餐厅、教堂后殿、三通道布局、修道院花园……）记录的研究并不多见，但是这并不属于本书的范围。

133 在此，人们可能会说，艺术展览中的视角与画廊中的视角是完全一样的。在这个空间内，最引人注目的展览是诸如鲁道夫·斯汀格尔（Rudolf Stingel）、乌尔里希·吕克里姆（Ulrich Rückriem）或珍妮·霍尔泽（Jenny Holzer）的作品——利用地面和天花板，而不是在空间内插入展示墙。

134 可以与法国古典戏剧中的“场景衔接”技术相媲美（见本书第65页）。

135 如果不是这些独立的行为和节奏如此紧密地联系在一起，人们可能会认为这是四个单人剧，而不是四个主角。

136 路易斯·康，《秩序与设计》（*Order and Design*），首次发表于《前景Ⅲ》（*Perspecta Ⅲ*），1955年，第59—60页。

137 要了解更多关于通感美学和替代的概念——主体将自己置于客体中的能力，详见注释107和海因里希·沃尔夫林《建筑心理学导论》（*Prolegomena zu einer Psychologie der Architektur*），德国慕尼黑，1886年（英文版*Prolegomena to a Psychology of Architecture*，美国剑桥，1976年）。

138 在城市范围内，这栋钟楼甚至可与由弗里茨·霍格（Fritz Höger）和奥西普·克拉文（Ossip Klarwein）（1930—1934年）设计的柏林霍恩措勒广场教堂（Church on Hohenzollernplatz）的钟楼相提并论。

139 Schmarsow，1884年，第470页。施马索夫的意思似乎是我们始终位于我们用面部感觉感知的空间中心。

140 在此我们应该注意到，覆面最初并不是房间设计的一部分，可能是违背建筑师的意愿安装的。塔楼房间最初也是一个餐厅，而不是展览空间。考虑到这一点，我们的理解肯定比建筑师原本想的更加夸张：首先，我们关注建筑目前的状态，而不是原来的状态；其次，修饰强化了现状，并不是对现状进行重新解读。

141 伊利诺伊理工大学的教授马丁·克拉申（Martin Kläschen）在与作者的交谈中表示，在最初的设计中，建筑师打算设计一个具有自己特点的地铁站。

142 詹森，梯格斯，出处同注释6，第233页。

143 1938年，路德维希·密斯·凡·德·罗在阿默理工学院（今天的伊利诺伊理工大学）建筑系主任的就职演说，弗里茨·纽迈耶（Fritz Neumeyer）引用过《朴实无华的词：路德维希·密斯·凡·德·罗谈建筑艺术》（*The Artless Word: Mies van der Rohe on the Building Art*），马克·扎佐贝克（Mark Jarzombek）翻译，美国马萨诸塞州坎布里奇/英国伦敦，1991年，第317页。

144 出处同注释65。

145 多萝西娅（Dorothea）和格奥尔格·弗兰克（Georg Franck）（2008）以西格拉姆大厦（Seagram Building）为例，有力地阐述了为什么密斯式语言是传统的，而且已经过时。

146 详见雷姆·库哈斯在《小、中、大、超大》（*S, M, L, XL*）中对“同类相食”的定义（美国纽约，1995年，第76页）。

147 卡尔·罗森克兰茨，《丑的美学》（*Ästhetik des Hässlichen*），德国柯尼斯堡，1853年[英文版*The Aesthetics of Ugliness – A Critical Edition*，安德烈·波普（Andrei Pop）和麦琦蒂·维德里希（Mechtild Widrich）翻译、编辑，伦敦，2015年]。

148 同上，第405页。

149 同上，第7—8页。

150 迈克尔·豪斯凯勒，《这是艺术吗？》（*Was ist Kunst?*），德国慕尼黑，2008年（1998年），第62页。

151 路德维希·密斯·凡·德·罗，《建筑艺术与时代意志》（*Baukunst und Zeitwille*），纽迈耶引用过，Neumeyer，1924年，第245页。

152 详见纽迈耶解读密斯对圣奥古斯丁的批判性评价，Neumeyer，第369—370页。

153 M6的围墙在打开后进行了修改。目前的设计是由Atelier Markgraph公司完成的，内涵发生了变化。

154 在他的文章《电影中的第四维》[1929年，收录于谢尔盖·艾森斯坦《精选作品》（*Selected Works*），第一卷《著述》，1922—1934年，理查德·泰勒（Richard Taylor）编辑、翻译，英国伦敦/美国纽约，2010年]中，谢尔盖·艾森斯坦将他的蒙太奇手法分为五个部分：长度蒙太奇、节奏蒙太奇、色调蒙太奇、暗示蒙太奇和过渡蒙太奇。长度蒙太奇被描述为一种由“镜头的绝对长度”（第186页）定义的结构，通过简单的基于公式的关系连接在一起（如通过将3/4缩短到2/4再到1/4的长度来实现加速）。节奏蒙太奇，“内容填充镜头的程度”，被描述为决定镜头的“实际”长度：“抽象的学术测定长度被实际长度之间相关性的灵活性所取代”（Eisenstein,Sergei，第187页）。他以《战舰波将金号》（*Battleship Potemkin*）上的奥德萨阶梯场景为例，演示了“实际”调节长度的设置——通过强化来制造张力：“最后的紧张感是由士兵们走下台阶时的步伐节奏转变而来的，这是另一种新的运动形式，同样动作的下一个强化阶段是婴儿车滚下台阶。在这里，婴儿车作为直接的阶段性加速器与脚联系起来。脚的‘下降’变成了婴儿车的‘滚下来’。”（Eisenstein,Sergei，第188页。）

155 彼得·艾森曼在多篇文章中研究过建筑的自我参照符号。在他的文章《现代主义的角度》（*Aspects of Modernism*）中（日志，第30篇，2014年，第139—151页），他思考了勒·柯布西耶的多米诺住宅（Maison Dom-Ino）的原理框架，由于元素的分离特性，他把它当作现代主义者的自我参照宣言加以解读。人们可以将多层停车场作为多米诺住宅受实际位置影响的节奏变化图像来解读。

156 亚里士多德，《诗学》，翻译：S. H. 布彻，英国伦敦，1902年，第41页。

157 同上，第33页。

158 沃尔特·本杰明（Walter Benjamin），《机械复制时代的艺术作品》（*The Work of Art in the Age of Mechanical Reproduction*），出自沃尔特·本杰明的《光亮》（*Illuminations*），哈利·科恩（Harry Kohn）翻译，汉娜·阿伦特（Hannah Arendt）编辑，美国纽约，1969年，第222页（德语原版*Das Kunstwerk im Zeitalter seiner technischen Reproduzierbarkeit*，1935年）。

159 这是斯蒂文·霍尔在竞标方案中提出的概念（详见注释178）。

160 理查德·瓦格纳，《纽伦堡的名歌手》（1868），第三幕，第二场。

161 安珂·纳约凯特，《分层、过渡、拼贴》（*Schichtung Überblendung Collage*），出自菲利普·胡布曼（Philipp Hubmann）和蒂尔·朱利安·胡斯（Till Julian Huss）的《同时性》，德国比勒费尔德，2013年，第171—190页。

162 在这里，纳约凯特指的不是感知时间，而是同一建筑内不同历史时期同时存在。

163 罗杰·斯克鲁登（Roger Scruton），《建筑美学》，美国普林斯顿，1979年，第87—88页，参考罗马玛德玛宫（Palazzo Madama）圆柱群的例子。

164 奥尔本·詹森和索斯滕·伯克勒，《出场/场景》（*Auftritte/Scenes*），瑞士巴塞尔，2002年，第82页。

165 科林·罗，罗伯特·斯卢茨基，《透明度：字面与现象》（*Transparency: Literal and Phenomenal*），出自《前景》（*Perspecta*），第8期，（1964年）。

166 汤姆·斯坦纳特（Tom Steinert）在《复杂的感知与现代城市建筑》（*Komplexe Wahrnehmung und moderner Städtebau*）（瑞士苏黎世，2014年，第208页）中提到，罗和斯拉茨基曾计划写一篇关于透明度的文章——《第三部分对平面图和立面图之间的关系进行审视》，然而最终并没有完成。

167 卡斯滕·舒伯特，《主体·空间·表面》（德国柏林，2016）特别是第155—294页；“解决主体与空间冲突的解决方案”的表格视图，第161页。

168 可以与舒伯特对墙面的考虑相提并论，但专注于“空间包含天花板”（包括但不限于巴洛克风格）或“空间包含地面”（如卡洛·斯卡帕的作品）或天花板及地板（如在莱斯班德码头水上运动中心）的研究将成为一个有趣的课题。

169 汉斯·詹特森，特别是他的文章《关于哥特式教堂空间》（*Über den gotischen Kirchenraum*）（德国柏林，1951年）和专著《哥特式艺术》（*Kunst der Gotik*）（德国莱因贝克，1960年）。

170 詹森，梯格斯，出处同注释6，第341页。

171 据我所知，保罗·弗兰克尔是第一个在《建筑史原理》（1914年，英译本1968年）中将算术运算作为各个时代特征进行详细分析的人：加法空间构成是文艺复兴时期的特征，除法空间构成是巴洛克时期的特征。在他的术语中，除法等同于交替，但并没有提到乘法运算和减法运算。

172 约瑟夫·伊默德（Joseph Imorde），《阿道夫·路斯——空间体量与私密性》（*Adolf Loos - Der Raumplan und das Private*），出自《批判学报》（*Kritische Berichte*），2/06，第37页。

173 这只适用于公共浴场案例。与浴场的主要不同之处在于，房间更窄，更高。

174 雨果·里曼，《音乐的力度与速度》（*Musikalische Dynamik und Agogik*），德国汉堡，1884年。

175 托马斯·曼（Thomas Mann）关于瓦格纳主题技巧的矛盾美学术语。

176 详见“场景衔接”，本书第65页。

177 关于前苏格拉底时代主体与空间关系的思维模式的进一步资料，详见舒伯特，出处同注释167，第571—572页。

178 “与麦金托什建筑的砖石结构形成对比的半透明薄材料——在城市结构中展现学校活动的大量天窗，体现了艺术的前瞻性”（http://www.stevenholl.com/projects/glasgow-school-of-art，2017年3月21日最后一次访问）。

179 沃尔夫冈·迈森海默（Wolfgang Meisenheimer）在《建筑表皮的中空空间》（*Of the Hollow Spaces in the Skin of the Architectural Body*）一文中使用了“一级空间”和“二级空间”这两个术语，出自《代达罗斯》，13/1984，第103—111页。

180 关于开场姿态和入口空间，详见詹森和梯格斯（第207—209页和第331—335页），詹森和伯克勒（Janson and Bürkli，第217页、第226页）及蒂尔·伯特格（Till Boettger）的《入口空间》（*Threshold Spaces*），瑞士巴塞尔，2014年。杰拉德·热奈特（Gérard Genette）：《副文本：入口的解读》（*Paratexts. Thresholds of interpretation*），美国坎布里奇，1997年（法语版Seuils，1987年）。

181 伊丽莎白·布卢姆，《勒·柯布西耶之路》，德国布伦瑞克，1991年，第50—51页。

182 多萝西娅和格奥尔格·弗兰克，《建筑的品质》（*Architektonische Qualität*），德国慕尼黑，2008年，第39页。

183 汉斯·洛伊德尔（Hans Loidl）和斯特凡·伯纳德（Stefan Bernard）在《开场空间》[*Open(ing) Spaces*]（瑞士巴塞尔，2002年，第102—103页）中围绕景观建筑的空间特征、尺度和要求对道路进行了分类。

184 古斯塔夫·弗赖塔格，出处同注释90，第117页。

185 马克斯·科默莱尔（Max Kommerell）认为，“局部的不可替代性”及它们的“不可互换性”均是封闭戏剧的特征，或者用亚里士多德的话说：情节与整体相统一。

186 洛特雷阿蒙（Lautréamont）的观点——这句话已经成为超现实主义最流行的定义之一，出自《马尔多洛之歌》（*The Songs of Maldoror*）（1924年），（法语原版：Les Chants de Maldoror，1868年），6/1。

187 值得注意的是，将场景嵌入更大的场景中，如柏林新国家美术馆和阿布泰贝格博物馆那样，虽然设计初衷很好，但在日常使用中有些不切实际，因为它们难于管理。

188 贝尔托特·布莱希特的《戏剧小工具篇》（*A Short Organum for the Theatre*）第42和43段，出自布莱希特《谈戏剧美学的发展》（*Brecht on Theatre: The Development of an Aesthetic*），约翰·威利特（John Willet）编辑、翻译，英国伦敦，1964年，第192页。

189 普菲斯特，出处同注释54，第145页。

190 在由克劳斯·J. 菲利普（Klaus J. Philipp）举办的展览"上帝会接受混凝土吗？乌尔姆的圣保罗教堂"（Akzeptiert Gott Beton? Die Ulmer Pauluskirche im Kontext）中可以找到关于新教徒前驻军教堂提出的神学、社会学和艺术史问题的教育性解读（德国图宾根，2010年）。

191 出处同注释101。

192 出处同注释28。

193 新鲜空气作为设计因素的相关性研究，详见乌尔里克·帕斯（Ulrike Passe）和弗朗辛·巴塔利亚（Francine Battaglia）的《为自然通风设计空间》（*Designing Spaces for Natural Ventilation*），美国纽约，2015年。

194 "生活"展厅，2010年。

195 一项关于柔和空间边界及其相关社会实践的开创性研究，详见海蒂·赫尔姆霍尔茨（Heidi Helmhold）的《影响政治与空间：论建筑的结构》（*Affektpolitik und Raum. Zu einer Architektur des Textilen*），德国科隆，2012年。

196 亨利·普卢默（Henry Plummer），《建筑光线》（*The Architecture of Natural Light*），美国纽约/英国伦敦，2009年。他在书中使用了"雾化光"这个表达，与我们所说的漫射光类似。其灵感来源于卢克莱修·卡鲁斯（Lucretius Carus）的《物性论》（*De rerum natura*）和伊塔洛·卡尔维诺（Italo Calvino）的《新千年文学备忘录》（*Six Memos for the Next Millenium*）。

197 在《走向新建筑》中，勒·柯布西耶提到："建筑不应全部位于轴线之上，因为这样会像很多人同时在说话一样没有主次。"与此相关的图形出自舒瓦西所说的四个视角中的第二个视角（第91—92页）。

198 解释克洛普弗创造的一个术语，参考本书第83页。

199 更多关于赫尔曼·冯·亥姆霍兹（Hermann von Helmholtz）等人发起的心理研究及其与艺术创作相关性的信息，特别是格特鲁德·斯泰因（Gertrude Stein）和巴勃罗·毕加索（Pablo Picasso）的作品，详见展览目录立体主义中的玛丽安·L. 托伊贝尔（Marianne L. Teuber）的《对形式的想象与立体主义或巴勃罗·毕加索与威廉·詹姆斯》（*Formvorstellung und Kubismus oder Pablo Picasso und William James*）（1980年），西格弗里德·戈尔（Siegfried Gohr）编辑，德国波恩，1982年。

200 关于这一问题的详尽讨论可以参考卡斯滕·舒伯特的《主体·空间·表面》，德国柏林，2016年。

201 保罗·克洛普弗的观点。

202 出处同注释28，第25页。

203 出处同注释6，第26页。

204 弗雷德里希·尼采，《七十九. 梦游者之歌》，出自《查拉图斯特拉如是说》（*Thus Spake Zarathustra: A Book for All and None*），托马斯·康芒（Thomas Common）翻译，古登堡计划电子书，1998年，发布日期2008年11月7日，第694页。

205 当然，体验"难以捉摸"的特性暗指宏伟之感，18世纪以来，宏伟之感被认为是与美并列的另一种审美理想。宏伟之感的形式、定义和内涵多种多样，我们选择了与定义更为接近的词语"难以捉摸"。

206 然而，纯白色所营造的氛围绝不是素净的，而是令人振奋的、枯燥乏味的、优雅别致的、错综复杂的、冷静清醒的或充满活力的，这要视情况而定。它看起来干净、永恒、未受影响，因此可以为未来保留各种可能和希望。沃尔夫冈·迈森海默在他的《建筑空间的舞蹈编排》（杜塞尔多夫，1999年，4.12章）中写道，当我们进入空间时，空间揭示了其潜在的可能性。这尤其适用于我们今天看到的白色盒子。

207 详见康拉德·保罗·李斯曼《美学感受》（奥地利维也纳，2009年），其中有关于18、19世纪美学"感受"一词及其在当代艺术中的启示作用的极具可读性的分析。

208 我们有意识地不采用好莱坞编剧手册中的方式对时间周期进行量化考虑。克鲁茨在关于好莱坞大片的研究（出处同注释34，第101—102页）中推翻了悉德·菲尔德（Syd Field）倡导的著名的120分钟（30—60—30分钟）好莱坞电影三幕片场概念。同样地，艾森斯坦证实了|《〈战舰波将金号〉作曲中的有机统一与感染力》，出自艾森斯坦的《电影导演的笔记》（*Notes of a Film Director*），美国纽约，1970年，第53—61页|，在多样化动态戏剧构作的时代，电影的高潮必须位于胶片长度的6/10（在五幕戏剧的第三幕结尾，或是电影时长的黄金分割点）这一点并不适用。

209 详见鲁道夫·维特科尔（Rudolf Wittkower）的《人文主义时代的建筑原则》（*Architectural Principles in the Age of Humanism*），英国伦敦，1949年，特别是"音乐共鸣和视觉艺术"（Musical Consonances and the Visual Arts）一章。

210 莎士比亚的喜剧《第十二夜》（*Twelfth Night*）中，多愁善感的公爵奥西诺唱的副歌（1601年）。

211 出处同注释209，"打破调和比例建筑的规律"（The Break-away from the Laws of Harmonic Proportion Architecture）一章。

212 乌尔里希·穆勒在各种措辞中追溯并探讨了不同措辞的比较情况，出处同注释3，第128—129页。

213 因此，我们当然不能忽视时间客观发展的不可避免性："时间的流逝在性质上是不可避免的，简单地说，与时间相比，我们有空间，随着时间的推移，情况正好相反：时间有我们。我们不能在时间里自由移动，事实上，我们根本不能在时间里移动。"施蒂希韦，出处同注释5，第198页。

214 因此，经过数十年的前卫派思想和实验研究之后，视觉艺术和表演艺术之间的差异是渐进式的，不再是明确的。

215 施蒂希韦，出处同注释5，第202页。"给沉浸在音乐世界中的人们留下印象的并不是流逝的时间，而是通过外观变化延续审美的愉悦感。"他所指的世界与空间性无异，当快乐地沉浸其中时，时间的轮廓往往只有在事后才会显现出来。

216 理查德·克莱因将这一观点的起源归于黑格尔："对黑格尔而言，一部音乐作品与其说是受制于时间，不如说是塑造、处理并否定了时间。其重点不在于音乐事件会发生，而在于作品将事件的时间融入代表时间本身的连贯形式。"（出处同注释50，克莱因，第121页）。他在《时间的问题》（*Die Frage nach der Zeit*）一章中以矛盾的论断结束了其富有洞察力的阐述，即"音乐中的时间理论正处于萌芽状态"。

217 马克斯·弗里施在1964年4月20日给汉斯·夏隆的信中写道："迷宫：我的意思是，尽管环顾四周多次，我还是无法使其变得合理起来。与此同时，我被指引着，使我不会迷失其中：为我指明方向的是它的趣味性。我从来没有它在强迫我的感觉，只是着迷于建筑师的想法。"引自埃德加·威斯涅夫斯基（Edgar Wisniewski）的《柏林爱乐音乐厅》（*Die Berliner Philharmonie und ihr Kammermusiksaal*），柏林，1993年，第22页。

218 扬·托诺夫斯基，《墙面投影的诗学》，英国伦敦，2009年（德语原版：*Die Poetik eines Mauervorsprungs*，瑞士巴塞尔，1997年）。

219 斯特格曼，出处同注释76，第24—25页。

220 随着佛罗伦萨时代早期资本主义的产生，帆布画作为一种易于运输的媒介应运而生，后来成为现代主流艺术形式。

221 对建筑矛盾价值的思考，使人想起罗伯特·文丘里的《建筑的复杂性与矛盾性》（*Complexity and Contradiction in Architecture*）。尽管他的作品可能很有启发性，但是与我们的研究方向略有重叠。他的作品认为建筑主要是一种视觉艺术。他所研究的紧张关系是比喻的紧张关系，是孤立的时刻，所以他的书很少考虑轻松的时刻，也很少考虑作品会随着时间的推移而逐渐展开。

222 由格雷戈尔·施耐德（Gregor Schneider）设计的11、2、7和10号房间（1988—1993年）属于"暂时不变的"房间，用于展览特定的装置等艺术品，如布拉措·迪米特里耶维奇（Braco Dimitrijevic）名为《两位艺术家》（*About two Artists*）（1977年）的画作，理查德·赖特（Richard Wright）的拱形房间墙画（2006年）及格哈德·里希特的约2.4米高的画作*Grau*（1975年）和西格玛尔·波尔克（Sigmar Polke）的分为6个部分的系列作品（1986年）。

223 希尔维亚·莱文（Sylvia Lavin）在《亲吻建筑》（*Kissing Architecture*）（美国普林斯顿，2011年）中将墙上的影像投影描述为亲吻，它们无法辨认，也不会试图将人们的注意力集中在它们身上，而是会对我们产生影响（第30页）。她认为这种附加不是个人行为，而是政治行为（第112—113页）。

# Timeline of the Three Scuole Grandi

# 附：三座威尼斯互助会建筑演化时间线

| 年份 | | | | | SGE圣乔瓦尼福音互助会 | SR圣洛克互助会 | SdC加尔默罗互助会 | 参与艺术家 |
|---|---|---|---|---|---|---|---|---|
| 天花板演化时间 | 墙面演化时间 | 地面演化时间 | 设施演化时间 | 其他事件发生时间 | | | | |
| | | | | 1261 | 创建 | | | |
| | | | | 1286 | | | 威尼斯加尔默罗互助会建筑 | |
| | | | | 1300 | | | 加尔默罗互助会教团的创建 | |
| | | | | 约1350 | 柱顶（如今在下层礼堂内） | | | |
| | | | | 1369 | 获得圣物十字架 | | | |
| | | | | 1414—1457 | 一期建造 | | | |
| | | | | | | | | |
| | | | | 1477 | | 创建 | | |
| | | | | 1478 | | 准许照顾瘟疫病患 | | |
| | | | | 1478—1481 | 大理石围屏 | | | 彼得罗·隆巴尔多（Pietro Lombardo） |
| | | | | 约1480 | 文艺复兴早期艺术风格的各种转换 | | | |
| | | | | 1485 | | 获得蒙彼利埃的圣洛克的遗骸 | | |
| | | | | 1489 | | 先前的建筑，如今所谓的scoletta | | |
| | 1494—1502 | | | | 上层礼堂的画卷《十字架的奇迹》 | | | 彼得罗·佩鲁基诺（Pietro Perugino）、维托雷·卡巴乔（Vittore Carpaccio）、简提列·贝里尼（Gentile Bellini）等 |
| | | | | 1498 | 双段楼梯（法庭楼梯） | | | 毛罗·科杜西（Mauro Codussi） |
| | | | | 1517—1560 | | 一期建造 | | 彼得罗·邦（Pietro Bon）、桑特·隆巴多（Sante Lombardo）、安东尼奥·斯卡帕尼诺（Antonio Scarpagnino） |
| | | | | 1525 | | 双段楼梯（法庭楼梯） | | |
| | | | | 1541 | | 金匠A.卡拉维亚写了一首控诉互助会过于奢侈的诗 | | |
| | 1542 | | | | | 上层礼堂购买挂毯 | | |
| 1544—1546 | | | | | | 旅馆 | | |
| | | | | 1544—1546 | | 新楼梯（楼梯） | | |
| 1564—1588 | | | | | | 丁托列托创作的画卷 | | 雅各布·丁托列托等 |
| 1575—1581 | | | | | | 上层礼堂天花板上有丁托列托创作的画卷 | | 雅各布·丁托列托等 |
| | 约1580 | | | | 上层礼堂关于圣约翰生平的画卷 | | | 雅各布·丁托列托等 |
| | | 1582 | | | | 旅馆 | | 不详 |
| | | | 1587—1612 | | | 上层礼堂的圣坛和雕像 | | 弗朗西斯科·斯梅拉尔迪（Francesco Smeraldi）、托马索·孔廷（Tommaso Contin）、吉罗拉莫·坎帕尼亚（Girolamo Campagna） |
| | | | | 1594 | | | 创建 | |
| | | | 约1600—1642 | | | 上层礼堂的圣坛 | | |
| | | | | 1628—1644 | | | 一期建造 | 弗朗西斯科·卡斯特洛（Francesco Caustello） |

续表

| 年份 | | | | | SGE圣乔瓦尼福音互助会 | SR圣洛克互助会 | SdC加尔默罗互助会 | 参与艺术家 |
|---|---|---|---|---|---|---|---|---|
| 天花板演化时间 | 墙面演化时间 | 地面演化时间 | 设施演化时间 | 其他事件发生时间 | | | | |
| | | | 1657—1676 | | | 上层礼堂精雕细琢的长凳 | | 弗朗西斯科·皮亚塔（Francesco Pianta） |
| 1664—1674 | | | | | | | 上层礼堂的天花板 | 多梅尼科·布鲁尼（Domenico Bruni） |
| | 约1665—1705 | | | | | | 上层礼堂的壁画 | 安东尼奥·赞基（Antonio Zanchi）、格雷戈里奥·拉扎里尼（Gregorio Lazzarini）等 |
| | | | | 1668—1670 | | | 二期建造：砌块完工 | 巴尔达萨雷·隆格纳（Baldassare Longhena） |
| | | | | 约1670 | | | 藏书室的胡桃木长凳 | 贾科莫·皮亚泽塔（Giacomo Piazzetta） |
| | 1697—1703 | | | | | | 旅馆的壁画 | 安布罗吉奥·邦（Ambrogio Bon）、安东尼奥·巴莱斯特拉（Antonio Balestra）等 |
| | | | | 1727—1769 | 整体上重新设计的上层礼堂，屋顶抬升5～10米 | | | 希奥尔希奥·马萨里（Giorgio Massari） |
| | 1728—1739 | | | | | | 下层礼堂纯灰色装饰画 | 尼科洛·邦比尼（Niccolò Bambini） |
| 1728—1729 | | | | | | | 楼梯的抹灰顶棚 | 阿尔维塞·博西（Alvise Bossi） |
| | | | 1728—1729 | | 上层礼堂的圣坛 | | | |
| | | | 1731—1733 | | | | 上层礼堂的圣坛和圣坛墙 | 詹巴蒂斯塔·蒂耶波洛（Giambattista Tiepolo） |
| | | 1732 | | | 上层礼堂的设计 | | | 希奥尔希奥·马萨里 |
| | | | 1732—1733 | | 圣约翰的圣坛雕像 | | | 乔瓦尼·M. 莫莱特（Giovanni M. Morlaiter） |
| 1740—1749 | | | | | | | 上层礼堂的天花板彩画 | 詹巴蒂斯塔·蒂耶波洛（Giambattista Tiepolo） |
| | | | 1741 | | | 上层礼堂的圣坛 | | |
| | 1741—1743 | | | | | 圣坛区的浮雕 | | 乔瓦尼·马奇奥里（Giovanni Marchiori） |
| 1749—1753 | | | | | | | 档案室和旅馆的天花板彩画 | 加埃塔诺·卓姆皮尼（Gaetano Zompini）、朱斯蒂诺·梅内斯卡迪（Giustino Menescardi） |
| | | 约1750 | | | | | 档案室和旅馆的地面 | 不详 |
| | | 1752 | | | 上层礼堂的碎块形工艺 | | | 希奥尔希奥·马萨里 |
| | | 1759 | | | 室外房间铺设了镶嵌伊斯特拉石的粗面岩 | | | 希奥尔希奥·马萨里（存疑） |
| 1760—1762 | | | | | 上层礼堂 | | | 由朱塞佩·安杰利（Giuseppe Angeli）创作的中央壁画 |
| | | | | 1767 | | | 升级为互助会 | |
| | | | | 1784—1788 | 祈祷室的重新设计 | | | 贝纳迪诺·马卡鲁兹（Bernardino Maccaruzzi） |
| 1784—1788 | | | | | 祈祷室的天花板彩画 | | | 弗朗西斯科·马吉奥托（Francesco Maggiotto） |
| | | | | 1797 | | 共和制的终结 | | |
| | | | | 1806 | 解散 | | 解散 | |
| | | | | 1840 | | | 重建 | |
| | | | | 1856 | 成立了维护和管理先前互助会留存艺术品的协会 | | | |
| | | | | 1882—1895 | | 翻新 | | |
| | | 1884 | | | | 上层礼堂的碎块形工艺 | | 彼得罗·萨卡多（Pietro Saccardo） |
| | | | | 1929 | 重建 | | | |
| | | | | 1969—1971 | 安装排水设施并抬升下层礼堂的地面，以避免洪水 | | | |

# Referenced literature
# 参考资料

为方便读者检索资料，此部分保留了原版图书的语言，未做翻译。

**建 筑**


Alberti, Leon Battista: *On the Art of Building in Ten Books.* Transl. Joseph Rykwert, Neil Leach, Robert Tavernor. Cambridge, 1988 (Latin original: De re aedificatoria. 1443–1452, 1st publication 1485)

Arnheim, Rudolf: *The Dynamics of Architectural Form.* Berkeley, 1977

Blum, Elisabeth: *Le Corbusiers Wege.* Braunschweig, 1991 (1988)

Boettger, Till: *Threshold Spaces.* Basel, 2014

Boullée, Étienne-Louis: *Architecture; Essai sur l'Art.* Paris, 1953 (written 1793)

Burckhardt, Jacob: *Die Kunst der Renaissance in Italien.* Frankfurt, 1997 (1867)

Choisy, Auguste: *Histoire de l'Architecture.* Paris, 1899

Colomina, Beatriz: *Privacy and Publicity.* Cambridge, 1994

Eisenman, Peter: "Aspects of Modernism: Maison Dom-Ino and the Self-Referential Sign." In: *Oppositions*, 15/16, 1979, p 119–128

Franck, Dorothea and Georg: *Architektonische Qualität.* Munich, 2008

Frankl, Paul: *The Principles of Architectural History: The Four Phases of Architectural Style*, 1420–1900. Transl. and ed. James F. O'Gorman. Cambridge, 1968 (German original: *Die Entwicklungsphasen der neueren Baukunst.* Leipzig, 1914)

Frisch, Max: *Brief an Hans Scharoun vom 20.* 4. 1964. Quoted from: Wisniewski, Edgar: *Die Berliner Philharmonie und ihr Kammermusiksaal.* Berlin, 1993, p 22

Fröbe, Turit: *Die Inszenierung eines Mythos. Le Corbusier und die Akropolis.* Basel, 2017

Gleiter, Jörg: "Einfühlungsästhetik." In: *Architekturtheorie heute.* Bielefeld, 2008, p 113–126

Helmhold, Heidi: *Affektpolitik und Raum. Zu einer Architektur des Textilen.* Cologne, 2012

Heß, Regine: *Emotionen am Werk.* Berlin, 2013

Hirschfeld, Christian Cay Laurenz: *Theory of Garden Art.* Ed. and transl. Linda Parshall. Philadelphia, 2001 [German original: *Theorie der Gartenkunst.* Berlin, 1990 (1779)]

Holl, Steven: www.stevenholl.com (projects/glasgow-school-of-art)

Imorde, Joseph: "Adolf Loos – Der Raumplan und das Private." In: *Kritische Berichte*, 2/2006, p 33–48

Janson, Alban/Bürklin, Thorsten: Scenes. Basel, 2002

Janson, Alban/Tigges, Jacob: *Fundamental Concepts of Architecture.* Transl. Ian Pepper. Basel, 2014

Jantzen, Hans: "Über den gotischen Kirchenraum". In: idem: *Über den gotischen Kirchenraum und andere Aufsätze.* Berlin, 1951

Jantzen, Hans: *High Gothic.* Transl. James Palmes. New York, 1962 (German original: Kunst der Gotik. Reinbek, 1960)

Joedicke, Jürgen: *Space and Form in Architecture.* Stuttgart, 1985

Kähler, Heinz: *Hadrian und seine Villa bei Tivoli.* Berlin, 1950

Kahn, Louis: "Order and Design." In: *Perspecta III*, 1955, p 59f

Klopfer, Paul: *Das räumliche Sehen.* Erlangen, 1919. Quoted from: Friedrich/Gleiter: *Einfühlung und phänomenologische Reduktion.* Berlin, 2007, p 149–161

Koolhaas, Rem/Mau, Bruce: *S, M, L, XL.* Cologne, 1997 (1995)

Kruft, Hanno-Walter: *History of Architectural Theory.* Princeton, 1994 [German original: *Geschichte der Architekturtheorie.* Munich, 2013 (1985)]

Lavin, Sylvia: *Kissing Architecture.* Princeton, 2011

Le Camus de Mézières, Nicolas: *Le Génie de l'Architecture; ou l'Analogie de cet Art avec nos sensations.* Paris, 1780

Le Corbusier: *Towards a New Architecture.* London, 1923 (French original: *Vers une Architecture.* Paris, 1923)

Le Corbusier: *Talks with Students.* Princeton, 1999 (French original: *Entretien avec les étudiants des écoles d'architecture.* Paris, 1943/1957)

Le Corbusier: *OEuvre Complète.* Vol. 1; 1910–1929. Basel, 1995

Loidl, Hans/Bernard, Stefan: *Open(ing) Spaces.* Transl. Michael Robinson. Basel, 2002

Lucae, Richard: *Über die Macht des Raumes in der Baukunst.* Berlin, 1869. Quoted from: Denk/Schröder/Schützeichel (Eds.): *Architektur Raum Theorie.* Tübingen, 2016, p 68–81

Lynn, Greg: "Folding in Architecture." In: *AD Architectural Design*, Profile No. 102, 1995

Meisenheimer, Wolfgang: *Choreografie des architektonischen Raumes.* Düsseldorf, 1999

Meisenheimer, Wolfgang: "Of the Hollow Spaces in the Skin of the Architectural Body." In: *Daidalos*, 13/84, p 103–111

Middleton, Robin: "Introduction." In: *Nicolas Le Camus de Mézières: The Genius of Architecture.* Santa Monica, 1992, p 17–64

Mies van der Rohe, Ludwig: "Building Art and the Will of the Epoch." (1924) Quoted from: Neumeyer: *The Artless Word: Mies van der Rohe on the Building Art.* Cambridge, 1991 (German original: *Mies van der Rohe. Das kunstlose Wort.* Berlin, 1986)

Mies van der Rohe, Ludwig: "Inaugural Address as Director of Architecture at Armour Institute of Technology (today IIT)." (1938) Quoted from: Neumeyer: *The Artless Word: Mies van der Rohe on the Building Art.* Cambridge, 1991 (German original: *Mies van der Rohe. Das kunstlose Wort.* Berlin, 1986)

Müller, Ulrich: *Raum, Bewegung und Zeit im Werk von Walter Gropius und Ludwig Mies van der Rohe.* Berlin, 2004

Naujokat, Anke: "Schichtung, Überblendung, Collage." In: Hubmann/Huss: Simultaneität: *Modelle der Gleichzeitigkeit in den Wissenschaften und Künsten.* Bielefeld, 2013, p 171–190

Neumeyer, Fritz: *The Artless Word: Mies van der Rohe on the Building Art.* Transl. Mark Jarzombek. Cambridge, 1991 (German original: Mies van der Rohe. Das kunstlose Wort. Berlin, 1986)

Palladio, Andrea: *The Four Books on Architecture.* Transl. Robert Tavernor and Richard Schofield. Cambridge, 2002 (Italian original: *I Quattro Libri Dell'Architettura.* 1570)

Pallasmaa, Juhani: *The Eyes of the Skin.* Chichester, 2005 (1996)

Passe, Ulrike/Battaglia, Francine: *Designing Spaces for Natural Ventilation.* New York, 2015

Pelletier, Louise: *Nicolas Le Camus de Mézière's Architecture of Expression.* PhD thesis, McGill University, Montreal, 2000

Pfankuch, Peter (Ed.): *Hans Scharoun.* Berlin, 1993 (1974)

Philipp, Klaus Jan (Ed.): *Akzeptiert Gott Beton? Die Ulmer Pauluskirche im Kontext.* Tübingen, 2010

Pieper, Jan: *Das Labyrinthische.* Braunschweig, 1987

Plummer, Henry: *The Architecture of Natural Light.* New York/London, 2009

Posener, Julius: "Absolute Architektur" (1973). Quoted from: idem: *Aufsätze und Vorträge 1931–1980.* Braunschweig, 1981

Procopius: *On Buildings.* Transl. H. B. Dewing. Cambridge, 1940 (Greek original: Ktismata. 555)

Pückler-Muskau, Hermann Fürst von: *Hints on Landscape Gardening.* Transl. John Hargraves. Berlin/New York, 2014. (German original: *Andeutungen über Landschaftsgärtnerei.* 1834)

Rowe, Colin: "La Tourette." (1961) In: idem: *The Mathematics of the Ideal Villa.* Cambridge, 1977

Rowe, Colin/Slutzky, Robert: "Transparency: Literal and Phenomenal." In: *Perspecta 8*, 1964

Samuel, Flora: *Le Corbusier and the Architectural Promenade.* Basel, 2010

Schmarsow, August: *Das Wesen der architektonischen Schöpfung.* Leipzig, 1894.

Schmarsow, August: *Ueber den Werth der Dimensionen im menschlichen Raumgebilde. Leipzig*, 1896.

Schmarsow, August: *Barock und Rokoko.* Leipzig, 1897

Schubert, Karsten: *Körper Raum Oberfläche*. Berlin, 2016
Schumacher, Fritz: *Das bauliche Gestalten*. Basel, 1991 (1926, in: Handbuch der Architektur, IV/1).
Schumacher, Patrik: "Parametricism – A New Global Style for Architecture and Urban Design." In: *AD Architectural Design*, 79, 2009
Scruton, Roger: *The Aesthetics of Architecture*. Princeton, 1979
Sitte, Camillo: *City Planning according to artistic principles*. Transl. George R. Collins and Christiane Crasemann Collins. London, 1965 (German original: *Der Städtebau nach seinen künstlerischen Grundsätzen*. 1889)
Steinert, Tom: *Komplexe Wahrnehmung und moderner Städtebau*. Zurich, 2014
Turnovský, Jan: *The Poetics of a Wall Projection*. Transl. Kent Kleinman. London, 2009 (German original: *Die Poetik eines Mauervorsprungs*. Braunschweig, 1987)
Venturi, Robert: *Complexity and Contradiction in Architecture*. New York, 1966
Vitruvius: *Ten books on architecture*. Transl. Ingrid D. Rowland. Cambridge, 1999 (Latin original: *De Architectura Libri Decem*. 25 B. C.)
Whately, Thomas: *Observations on Modern Gardening*. London, 1770
Wittkower, Rudolf: *Architectural Principles in the Age of Humanism*. London, 1949
Wölfflin, Heinrich: *Renaissance and Baroque*. Transl. Kathrin Simon. Ithaca/New York, 1966. (German original: *Renaissance und Barock*. Basel, 1888)
Wölfflin, Heinrich: *Prolegomena to a Psychology of Architecture*. Transl. Florian von Buttlar, Ken Kaiser. Cambridge, 1976 (German original: *Prolegomena zu einer Psychologie der Architektur*. 1886)
Zucker, Paul: *Der Begriff der Zeit in der Architektur*. (1924) Quoted from: Denk/Schröder/Schützeichel (Eds.): *Architektur Raum Theorie*. Tübingen, 2016, p 301-311

哲学/认知理论/美学

Benjamin, Walter: "The Work of Art in the Age of Mechanical Reproduction." In: idem: *Illuminations*. Transl. Harry Kohn, ed. Hannah Arendt. New York, 1969 (German original: "Das Kunstwerk im Zeitalter seiner technischen Reproduzierbarkeit." 1935)
Böhme, Gernot: *The Aesthetics of Atmospheres*. Ed. Jean-Paul Thibaud. Abingdon/New York, 2017 (German original: *Atmosphäre*. Frankfurt, 1995)
Böhme, Gernot: *Architektur und Atmosphäre*. Paderborn, 2013 (2006)
Campbell, Joseph: *The Hero with a thousand faces*. Princeton, 2004 (1949)
Hauskeller, Michael: *Was ist Kunst?* Munich, 2008 (1998)
Husserl, Edmund: *On the Phenomenology of the Consciousness of Internal Time*. Transl. John Brough. Dordrecht, 1991 (German original: *Vorlesungen zur Phänomenologie des inneren Zeitbewusstseins*. Halle, 1928)
Joedicke, Jürgen: *Space and Form in Architecture*. Stuttgart, 1985
Lautréamont: *Les Chants de Maldoror*. 1869
Lefaivre, Liane: *Leon Battista Alberti's Hypnerotomachia Poliphili*. Cambridge, 1997
Liessmann, Konrad Paul: *Ästhetische Empfindungen*. Vienna, 2009
Nietzsche, Friedrich: *On the Use and Abuse of History for Life*. KSA, Cambridge, 2001 [German original: *Vom Nutzen und Nachtheil der Historie für das Leben*. 1980 (1874)]
Nietzsche, Friedrich: *The Gay Science*. Transl. Josefine Nauckhoff. KSA, Cambridge, 2001 (German original: *Die fröhliche Wissenschaft*. 1980 (1882))
Nietzsche, Friedrich: *Thus Spoke Zarathustra: A Book for All and None*. Trans. Thomas Common. Project Gutenberg Ebook, 1998 (German original: *Also sprach Zarathustra*. 1883-1885)
Panofsky, Erwin: *Perspective as Symbolic Form*. Transl. Christopher S. Wood. New York, 1997 (German original: "Die Perspektive als 'symbolische Form'." Lecture, 1927)
Plessner, Helmuth: *Die Stufen des Organischen und der Mensch*. Frankfurt, 2003 (1928)
Polanyi, Michael: *Personal Knowledge*. London 1983 (1958)
Rosenkranz, Karl: *The Aesthetics of Ugliness – A Critical Edition*. Transl. and eds. Andrei Pop and Mechtild Widrich. London, 2015 (German original: *Ästhetik des Hässlichen*, Königsberg, 1853)
Teuber, Marianne: "Formvorstellung und Kubismus oder Pablo Picasso und William James." In: *Kubismus*. Exhibition catalogue, ed. Siegfried Gohr. Bonn, 1982
Wiesing, Lambert: *The Visibility of the Image: history and perspectives of formal aesthetics*. Transl. Nancy Ann Roth. London/New York, 2016 (German original: *Die Sichtbarkeit des Bildes*. Reinbek, 1997)
Wohlhage, Konrad: "Das Berührende." In: *Tietz: Was ist gute Architektur? 21 Antworten*. Munich, 2006

音乐

Adorno, Theodor W.: *Beethoven*. Transl. Edmund Jephcott, ed. R. Tiedemann. Cambridge, 1998 (German original: *Beethoven*. Frankfurt, 1993)
Büning, Eleonore: "Die übertriebene Träne ist nicht richtig." In: *Frankfurter Allgemeine Zeitung*, 7/7/2014
Cammann, Alexander: "Wieviel Geist braucht große Kunst?" In: *DIE ZEIT*, 18/9/2014
Dahlhaus, Carl: *Klassische und romantische Musikästhetik*. Laaber, 1988
Hanslick, Eduard: *The Beautiful in Music*. Transl. Gustav Cohen. Enlarged edition London, 1891 (German original: *Vom Musikalisch-Schönen*. 1854)
Klein, Richard: *Musikphilosophie*. Hamburg, 2014
Riemann, Hugo: *Musikalische Dynamik und Agogik*. Hamburg, 1884
Rosen, Charles: *The Classical Style: Haydn, Mozart, Beethoven*. Expanded edition New York/London, 1997
Schönberg, Arnold: "New Music, Outdated Music, Style and Idea." (1946) In: idem: *Style and Idea*. Transl. Leo Black, ed. Leonard Stein. Berkeley, 1975, p 113-124
Stichweh, Klaus: "Musik und Zeit." In: *Musik und Kirche*, Heft 4/1996, p 194-203

表演艺术

Aristoteles: *Poetics*. Transl. S. H. Butcher. London, 1902 (Greek original: *Peri Poietikes*. Approx. 335 B.C.)
Beil, Benjamin/Kühnel, Jürgen/Neuhaus, Christian: *Studienhandbuch Filmanalyse*. Paderborn, 2016 (2012)
Brecht, Bertolt: "A Short Organum for the Theatre." In: *Brecht on Theatre: The Development of an Aesthetic*. Ed. and transl. John Willet. London, 1964 (German original: "Kleines Organon für das Theater." Berlin, 1953)
Bucher, Eva: "Ach, du Scheiße, es geht wieder los." In *DIE ZEIT*, 1/9/2016
Deleuze, Gilles: *The Movement-Image*. Minneapolis, 1986. (French original: *Cinéma 1. L'image-mouvement*. Paris, 1983)
Den Oudsten, Frank: "Szenografie. Obszenografie." In: Bohn/Wilharm (Eds.): *Inszenierung und Ereignis*. Bielefeld, 2009
Divjak, Paul: *Integrative Inszenierungen*. Bielefeld, 2012
Eisenstein, Sergei M.: "The fourth dimension in cinema" (1929). In: idem: *Selected Works, Vol. I: Writings, 1922-34*. Ed. and transl. Richard Taylor. London/New York, 2010
Eisenstein, Sergei M.: "Antworten zum 'Panzerkreuzer Potemkin' aus der Hollywooder Diskussion von 1930." In: idem: *Schriften 2*. Munich, 1973, p 187-192
Eisenstein, Sergei M.: "Montage and Architecture." (Approx. 1937) Quoted from: assemblage, 10, December 1989, p 110-131
Eisenstein, Sergei M.: "Organic Unity and Pathos in the Composition of the Film Battleship Potemkin." (1939) In: idem: *Notes of a Film Director*. New York, 1970, p 53-61
Elsaesser, Thomas/Hagener, Malte: *Filmtheorie*. Hamburg, 2013 (2007)
Freytag, Gustav: *Die Technik des Dramas*. Leipzig, 1912 (1863)
Goethe, Johann Wolfgang/Schiller, Friedrich: *Correspondance between Schiller and Goethe from 1794 to 1805*. Transl. George H. Calvert, New York, 1845
Hant, Peter: *Das Drehbuch*. Waldeck, 1992

Hegel, Georg Wilhelm Friedrich: *Vorlesungen über die Ästhetik.* Frankfurt, 1989 (1832-1845)
Klotz, Volker: *Geschlossene und offene Form im Drama.* Munich, 1985 (1969)
Kneer, Christof: "Zwei Zentimeter." In: *Süddeutsche Zeitung,* 4/7/2016
Krützen, Michaela: *Dramaturgie des Films.* Frankfurt, 2011 (2004)
Lehmann, Hans-Thies: *Postdramatic Theatre.* London, 2006 (German original: *Postdramatisches Theater.* Frankfurt, 1999)
McKee, Robert: Story: *Substance, Structure, Style, and the Principles of Screenwriting.* New York, 1997
Pfister, Manfred: *The Theory and Analysis of Drama.* Cambridge, 1993 (1988, German original: *Das Drama.* Munich, 1977)
Seeck, Gustav Adolf: *Die griechische Tragödie.* Stuttgart, 2000
Shakespeare, William: *Twelfth Night, or What You Will.* 1601
Stadler, Franz/Hobsch, Manfred: *Die Kunst der Filmkomödie. Vol. 1.* Frankenthal, 2015
Stegemann, Bernd (Ed.): *Lektionen 1: Dramaturgie.* Berlin, 2009
Szondi, Peter: *Theorie des modernen Dramas (1880-1950).* Frankfurt, 1963
Truffaut, François: *Hitchcock.* New York, 1985 (French original: *Hitchcock/Truffaut.* 1993)
Wagner, Richard: *Die Meistersinger von Nürnberg.* Libretto (first performance Munich, 1868)

威尼斯

Franzoi, Umberto/Lugato, Franca: *Scuola Grande dei Carmini.* Ponzano Veneto, 2003
Gramingna, Silvia/Perissa, Annalisa: Scuole Grandi e Piccole a Venezia tra Arte e Storia. Venice, 2008
Guidarelli, Gianmario: Una Giogia Ligata in Piombo. Venice, 2002
Howard, Deborah/Moretti, Laura: *Sound and Space in Renaissance Venice.* New Haven, 2009
Huse, Norbert/Wolters, Wolfgang: *Venedig. Die Kunst der Renaissance.* Munich, 1996 (1986)
Huse, Norbert: *Venedig. Von der Kunst, eine Stadt im Wasser zu bauen.* Munich, 2008 (2005)
Moretto Wiel, Chiara/Agnese, Maria: *La Scuola Grande di San Rocco e la sua chiesa.* Venice, 2009
Posocco, Franco: *La Vicenda Urbanistica e lo Spazio Scenico.* Cittadella, 1997
Sohm, Philip L.: "The Staircases of the Venetian Scuole Grandi and Mauro Coducci." In: *Architectura,* 8, 1978, p 125-149
Tafuri, Manfredo: *Venice and the Renaissance.* Transl. Jessica Levine. Cambridge, 1990 (Italian original: *Venezia e il Rinascimento.* Torino, 1985)
Vazzoler, Chiara: *La Scuola Grande di San Giovanni Evangelista.* Venice, 2005
Wolters, Wolfgang: *Architektur und Ornament.* Munich, 2000

# Illustration Credits
# 图片版权

除下列照片外，所有照片均由作者提供。感谢摄影师及相关建筑的业主的许可。为保证人名等信息的准确性，此部分内容基本保留了原版语言，未做翻译。

**摄 影**
Iwan Baan: p 192, 194, 195
Hélène Binet: p 136 right, 138, 142 right, 147-149
Emanuelle Blanc: p 179
Camerafoto Arte Venezia: p 15, 17, 22 top right, left and bottom right, 23, 24 right, 25-27, 30-36, 37 left, 38, 39 right, 46-48, 50
Didier Descouens: p 6
Kay Fingerle: p 7, 10 top right, 16, 37 bottom right
Google Earth: p 8
Zsolt Gunther: p 10 bottom, 11 bottom left, top and bottom right, 22 top left and middle left, 37 top right, 54
Carsten Krohn: p 110, 113, 115
Philippe Ruault: p 174 right, 177
Sabrina Scheja: p 196-199
David von Becker: p 114
Xiao Wu: p 104 right, 106, 107 top, 109

**图 纸**

图纸由下列人员进行绘制：

第一部分
Leona Jung and Maxine Shirmohammadi, Max Wieder

第二部分
Anja Trautmann

第三部分
Philharmonie: Pia Friedrich, Caroline Mekas
Yale: Lars Werneke
Nationalgalerie: Erik Schimkat
Exeter: Pia Friedrich
Fehrbelliner Platz: Pia Friedrich
Abteiberg: Ömer Solaklar
Vals: Nicole Duddek
Giornico: Anja Trautmann, Elena Fuchs
Walsall: Pia Friedrich, Yubeen Kim
Chicago: Xiao Wu
RPAC: Pia Friedrich
Stuttgart: Pia Friedrich
Langen Foundation: Kristin Bouillon, Pia Friedrich
Le Havre: Hannelore Horvàth
Miami: Pia Friedrich, Erik Schimkat
Louvre-Lens: Julia Pietsch, Pia Friedrich
Glasgow: Pia Friedrich
Weiach: Pia Friedrich

第四部分
Anja Trautmann (also Wexner Center) and Pia Friedrich, Leona Jung, Erik Schimkat, Nicole Duddek in cooperation with the author.

# About the Author
# 作者简介

霍尔格·克莱内，本科毕业于纽约库珀联盟学院建筑学专业，后在柏林理工大学建筑和音乐系深造。他的建成作品包括施泰因胡德湖上的写作屋（2002—2004年）、华沙德国大使馆（2001—2009年）和住宅项目“祖与占”（Jules et Jim，2010—2014年，与合伙人詹斯·梅茨共同完成），这些作品得到了广泛的宣传并获得了诸多奖项。2010年，他受聘成为德国威斯巴登莱茵曼应用科学大学室内建筑系的设计专业教授。2014年，他出版了《新清真寺》（*New Mosques*）一书。

# Subjects & Terms
# 主题与术语

这部分内容提供了本书不同主题和术语的概述，以方便读者在它们之间建立联系。因此，内容并未按字母顺序排列，而是按照书中主题的阐述进行排列。为方便读者查找资料及理解，本部分内容提供了英文对照。

## 架构操作

**架构操作** Architectural operations
定位 Positioning
- 转移强化 Shifting accents
- 后向移动 Backward shift 57
- 反转 Inverting
- 分层 Layering
- 镜像 Mirroring

关联 Relating
- 定向强化 Directing accents
- 组合 Combining
- 对位 Counterpoint
- 对比 Contrasting

界定 Delimiting
- 分解 Dissolving
- 超越 Transcending
- 画框 Framing

成型 Forming
- 侧展 Profiling
- 平铺 Stretching
- 流畅 Flowing
- 流动性 Fluidity
- 前向移动 Forward shift
- 起拱 Vaulting

姿态 Gestures
- 抬高 Elevate
- 顶棚 Canopy
- 变化 Oscillating
- 干扰 Disrupting
- 环绕 Encircling
- 连锁 Interlocking

分割 Subdividing
- 穿孔 Perforating
- 停顿 Punctuation
- 框架衔接 Articulation of framework
- 打断 Intermitting
- 分区 Zoning

## 戏剧类型

循环型 Circular type
对立型 Polar type
终结型 Finality type
过渡型 Transitorial type

单人剧 Monodramas
补充剧 Complementary dramas
交互剧 Alternating dramas
三合一剧 Triadic dramas

发展剧 Developing dramas
圆舞 Round dance
时事讽刺歌舞剧 Revue
场景剧 Station drama

## 原 型

**原型** Archetypes
- 相邻墙壁和天花板 Adjacent wall and ceiling
- 相邻墙壁和地面 Adjacent wall and floor
- 相邻墙壁 Adjacent walls
- 盆地 Basin
- 分隔 Bay
- 洞口 Cave
- 天花板 Ceiling
- 扣环 Clasp
- 走廊 Corridor
- 围合结构 Envelope
- 地面 Floor
- 框架 Framework
- 出檐 Hood
- 地面和天花板镜像 Mirrored floor and ceiling
- 镜像墙壁 Mirrored walls
- 壁龛 Niche
- 入口 Portal
- 环形 Ring
- 座位 Seat
- 遮罩 Shelter
- 舞台 Stage
- 帐篷 Tent
- 隧道 Tunnel
- 墙壁 Wall

## 参 数

1 原型（见上一个主题“原型”）

2 结构 Configurations
- 相对成行排列 Enfilade
- 视觉连续统一体 Visual continuum
- 流动空间 Flowing space
  - 指向墙 Directing wall
  - 引导墙 Guiding wall
  - 终点墙 Destination wall
- 流动空间：密斯式手法 Flowing space - The Miesian approach
- 体量连续统一体 Volumetric continuum
- 体量连续统一体：夏隆式手法 Volumetric continuum - Scharoun's approach
- 交错空间 Interleaving space

3 主体—空间关系 Body-space relationships
- 空间内的主体 Body within space
- 空间周围的主体 Body at perimeter of space
- 中间空间 In-between space
- 空间内的空间容纳主体 Space-containing body within space
- 环形主体 Ring-shaped body
- 结构化空间 Structured space
- 层次化空间 Layered space
- 空间—围合边界 Space-enclosing boundaries
- 空间背景 Spatial ground

4 算术关系 Arithmetic relationships
- 加法 Additions
- 乘法 Multiplications
- 减法 Subtractions
- 除法 Divisions
- 组合运算 Combinations

5 比例 Proportions
- 重复法 Repetition
- 缩放法 Scaling
- 调整法 Modulations
- 变化法 Variations
- 修饰法 Modifications
- 逆转法 Inversions

6 节奏 Rhythms
- 统一模式 Uniform
- 交替模式 Alternating
- 缓急模式 Agogic
- 切分模式 Syncopated
- 摆动模式 Oscillating
- 复合节奏模式 Polyrhythmic

7 呼应 Correspondences
- 呼应类型 Kinds of correspondences
  - 置换呼应 Transposing
  - 对比呼应 Decontrasting
  - 重复呼应 Repeating
- 呼应主题Corresponding motifs
  - 布景 Scenographic
  - 姿态 Gestural
  - 内在 Elemental
  - 表面—结构 Surface-textural
  - 方向 Directional
  - 结构 Constructional

8 戏剧构作关系 Dramaturgical relationships
- 重复 Repetition
- 对比 Contrast
  - 互补性对比 Complementary contrast
  - 逆转性对比 Inversion
- 组合 Combination
- 辩证 Dialectic
- 从属 Subordination
  - 中断 Interruptions
  - 减少 Reductions
  - 增加 Escalations
  - 对比 Contrasts

9 开场 Beginnings
- 开场姿态 Opening gestures
  - 直接开场 Direct openings
  - 依次开场 Successive openings
  - 延迟开场 Deferred openings
  - 宣告 Announcements
- 三合一的开场顺序 Triadic opening sequences

10 路径 Paths
- 路径类型 Types of paths
  - 引导路径 Channeled paths
  - 建议路径 Suggested paths
  - 可选路径 Optional paths
  - 独立路径 Individual paths
- 移动图形 Figures of movement
  - 移动图形 Figures of movement
  - 线条 Lines
  - 分岔 Forks
  - 分支 Branches
  - 交叉 Intersections
  - 平行 Parallels
  - 螺旋 Spirals
  - 环形 Loops
  - 蛇形 Serpentines
  - 梳状 Comb-like structure
  - 路径网络 Network of paths
  - 死胡同 Dead ends
  - 循环 Circular route

11 结束 Endings
- 返回路径 Return paths
  - 再现 Reprise
  - 短时再现 Short reprise
  - 标示出的完整循环 Signalled full circle
  - 突然出现的完整循环 Sudden full circle

结束场景 Closing scenes
- 解决 Resolution
- 告别 Farewell
- 概括 Summary
- 加速 Acceleration
- 淡出 Fade-out
- 平衡 Balance
- 开放 Openness

假的结尾 False ending
回望 View back

12 场景 Scenes
- 使用 Use
- 过程 Process
- 细分 Segmentation
- 排序 Sequencing
- 选择 Selection
- 分组 Grouping
- 间离效果 Alienation effect
- 场景衔接 Liaison des scènes
- 场景 Sceneries
- 戏剧场景 Comical scenes
  - 基本类型 Basic types
  - 幽默 Humour/Wit
  - 讽刺 Irony
  - 拙劣的模仿 Parody, Pastiche
  - 两次反转 Double twist
  - 夸张 Exaggeration
  - 间离 Alienation
- 结束场景 Closing scenes

13 序列 Sequences
- 初期宣告 Early announcement
- 后期转向 Late distraction
- 令人舒心的回顾 Reassuring retrospect
- 过渡交织 Transitional interleaving
- 逐渐揭示 Gradual revelation
- 意想不到的延续 Unexpected continuation
- 令人惊讶的揭示 Startling revelation
- 蒙太奇 Montage

14 戏剧性发展线 Dramatic arcs
- 戏剧性发展线 Dramatic arcs
  - 没有转折点的戏剧性发展线 without turning point
  - 有中间铰合点的戏剧性发展线 with intermediary hinge points
  - 有中央转折点的戏剧性发展线 with central turning point
  - 有多个转折点的戏剧性发展线 with multiple turning points
- 有几个转折点的渐进式间隔 Rising alternation with several turning points
- 初期出现转折点的间隔 Alternation with early turning point
- 框架间隔 Framed alternation
- 汇聚线 Converging lines
- 竞争的转折点 Competing turning points
- 收缩至单点 Contraction to a single point

15 通感 Synaesthetics
- 同步感官印象 Synchronizing sensory impressions
- 对比 Contrasting them
- 从属 Subordinating them to each other
- 情景化 Contextualising them

16 表面 Surfaces
- 质感 Qualities
  - 色彩 Colour
    - 主色调 Main colours
    - 次生色 Secondary colours
    - 强调色 Accent colours
    - 粗糙度 Roughness
    - 硬度 Hardness
    - 亮度 Shine
    - 图案 Pattern
    - 材料 Materiality
    - 明度/暗度 Brightness/Darkness

17 光线 Light
- 光线表现 Appearances of light
  - 眩光 Blinding light
  - 泛光 Flooding light
  - 漫射光 Diffuse light
  - 斑驳光 Dappled light
  - 成形光 Formed light
  - 分段光 Segmented light
  - 反射光 Reflected light
  - 移动光 Moving light
- 光线条件 Lighting conditions
  - 统一的光线条件 Uniform
  - 交替的光线条件 Alternating
  - 变化的光线条件 Changing

18 视图 Views
- 视图类型 Types of view
  - 无意识视图 Involuntary views
    - 近距离视图/远距离视图 Close up view/Distant view
    - 引人注目的物体 Eye-catcher
    - 闲适幽雅的景象 Restful image
  - 补偿性视图 Compensatory views
    - 同步平衡 Simultaneous balance
    - 连续平衡 Successive balance
  - 框架视图 Framed views
    - 直观视图 Direct view
    - 内向视图 Inward view
    - 通透视图 Through view
    - 外向视图 Outward view
  - 非框架视图 Unframed views
- 视角 Angles of view
  - 正面视角 Frontal view
  - 斜向视角 Diagonal view
  - 侧面视角 Sideways glances
  - 仰望视角 Upward view
  - 俯瞰视角 Downward view
  - 概览视角 Overview
  - 全景 Panorama

    - 球面视角 Spherical views
  - 视图编排 Choreography of views
    - 初始视图 Initial view
    - 远景视角 Prospective view
    - 回望 Retrospect
    - 视野 Field of view
    - 跟踪镜头 Tracking shot

19 移动 Movements

  - 节奏的限定 Pace determinators
    - 移动的自如性 Ease of movement
    - 信息量 Degree of information
    - 目的地 Destination
    - 氛围 Atmosphere
    - 视野 Field of view
  - 减速装置 Decelerators
  - 行走方式 Ways of walking
  - 移动空间 Space of movement
  - 移动中的停顿 Impulses of movement/of halt
  - 移动光 Moved light
  - 移动图形 Figures of movement

20 强度 Intensities

  - 环境 Conditions
  - 动量时刻 Moments of momentum
    - 难以捉摸的动量 Momentum of elusiveness
    - 围护动量 Momentum of enclosure
    - 推进动量 Impelling momentum
    - 延迟动量 Retarding momentum
    - 自我证明的动量 Momentum of self-evidence
    - 困惑动量 Momentum of bemusement
    - 氛围 Atmospheres

## 时 间

时间形态 Figures of time

  - 难忘的时光 Memorable time
  - 循环的时间 Cyclical time
  - 流动的时间 Flowing time
  - 凝固的时间 Suspended time
  - 跨步的时间 Striding time
  - 定向的时间 Directional time
  - 悬而未决的时间 Unresolved time
  - 平衡的时间 Balanced time
  - 再现的时间 Recurring time
  - 紧凑和宽泛的时间 Intensive and extensive time
  - 结构性时间 Structured time
  - 在空间内体现时间 Time manifest in space
  - 不确定的时间 Indeterminate time
  - 压缩的时间 Encapsulated time
  - 线状的时间 Linear time

体验性时间 Experienced time